U0160818

海相页岩气

Marine Shale Gas

邹才能　董大忠　蔚远江 等　著

科 学 出 版 社

北　京

内 容 简 介

本书根据我国海相页岩气地质认识进展和勘探开发实践成果，在对海相页岩气内涵、发展历程和勘探开发成果总结基础上，全面、深入归纳了我国海相页岩气形成富集条件、地质评价方法和资源评价技术，重点梳理了中国海相富有机质页岩发育背景与展布规律、地球化学与储层特征、页岩成气与页岩气富集条件；阐述了野外地质调查、页岩气储层地球物理评价、页岩气“六特性”评价和页岩储层实验测试等四方面评价方法，以及资源评价流程和方法、参数体系和标准、区带评价方法和选区参数标准、资源评价结果等；并对海相页岩气资源分布、与非海相页岩气异同、理论技术进展，以及北美成功经验与启示进行了阐述，最后对页岩气发展前景进行预测和展望。

本书可供从事页岩气与非常规油气勘探开发、技术研发的相关人员使用，也可供高等院校相关专业师生阅读参考。

审图号：GS（2021）4042 号

图书在版编目(CIP)数据

海相页岩气=Marine Shale Gas/邹才能等著. —北京：科学出版社，2021.5

ISBN 978-7-03-065057-3

Ⅰ. ①海… Ⅱ. ①邹… Ⅲ. ①海相–油页岩–油气勘探–研究–中国 ②海相–油页岩–油气田开发–研究–中国 Ⅳ. ①P618.130.8

中国版本图书馆 CIP 数据核字(2020)第 078684 号

责任编辑：万群霞 冯晓利/责任校对：杨聪敏
责任印制：师艳茹/封面设计：无极书装

科学出版社 出版
北京东黄城根北街 16 号
邮政编码：100717
http://www.sciencep.com
北京九天鸿程印刷有限责任公司 印刷

科学出版社发行 各地新华书店经销
*
2021 年 5 月第 一 版 开本：787×1092 1/16
2021 年 5 月第一次印刷 印张：19
字数：447 000

定价：280. 00 元
(如有印装质量问题，我社负责调换)

本书撰写人员

邹才能　董大忠　蔚远江

王玉满　李新景　郭　雯

前　言

页岩气是一种清洁、高效的非常规天然气。我国页岩气资源丰富，分布广泛。页岩气的有效开发利用既能有效保障国家能源安全、保护环境、减少 CO_2 排放，也能培育新的经济增长点，已成为我国能源战略发展的重要选择。

据预测，我国页岩气的技术可采资源量为 11.10×10^{12}～$14.18\times10^{12}m^3$，其中我国南方古生界发育了上震旦统、下寒武统、上奥陶统—下志留统等多套海相富有机质页岩，页岩气的技术可采资源量为 8.00×10^{12}～$9.40\times10^{12}m^3$，占我国页岩气技术可采资源量的70%左右，是我国页岩气开发重点战略领域。自 2005 年以来，我国借鉴北美页岩气勘探开发成功经验，开展了我国南方海相页岩气资源前景综合评价和勘探开发试验；2008 年中国石油天然气集团有限公司（以下简称中国石油）率先在四川盆地长宁构造钻探页岩气地质评价井——长芯 1 井，明确了上奥陶统五峰组—下志留统龙马溪组页岩气勘探开发的重要地位和有利层段；2010 年在威远气田古生界海相页岩中获得历史性突破，发现了威远页岩气田下寒武统筇竹寺组、五峰组—龙马溪组两套产气页岩层系，拉开了我国页岩气勘探开发的序幕。2010 年以来，我国在南方古生界海相页岩中进行了广泛的页岩气钻探，在多个地区、多套富有机质层系中发现了页岩气，在四川盆地五峰组—龙马溪组实现了页岩气商业性开发。迄今，我国页岩气勘探开发在南方地区发现了威远、长宁、富顺-永川、昭通、涪陵等古生界海相页岩气田，探明页岩气地质储量 $2.0\times10^{12}\,m^3$，建成页岩气生产能力 $200\times10^8\,m^3/a$，快速实现了我国页岩气工业化起步，发展形势明显好于预期。

为推动我国页岩气勘探开发持续、健康、有序发展，笔者根据我国南方地区古生界海相页岩气认识进展和勘探开发实践成果，撰写了《海相页岩气》一书。

全书共 5 章，邹才能负责全书构思和主持撰写工作，并撰写前言；第 1 章概论由邹才能、蔚远江、董大忠撰写；第 2 章海相页岩气地质特征由董大忠、蔚远江、李新景撰写；第 3 章海相页岩气评价方法由王玉满、蔚远江撰写；第 4 章海相页岩气资源评价由董大忠和郭雯撰写；第 5 章海相页岩气发展前景展望由邹才能、蔚远江撰写。全书初稿由董大忠、蔚远江和郭雯统稿、审校，由邹才能最后审定。

本书撰写过程中，得到了中国石油、中国石油勘探开发研究院、中国石油相关油气田分公司及相关院校有关专家的大力支持与帮助，在此一并表示诚挚的谢意。

未来必要时，笔者将根据我国页岩气研究和勘探开发进展，进一步完善相关认识，吸纳新的研究和勘探开发成果。书中不妥之处，恳请业内外专家、学者提出宝贵意见。

作　者

2020 年 10 月

目　　录

第1章　概　　论

页岩气开发利用是化石能源领域的一次革命，已经成为全球非常规油气勘探开发的热点方向和现实领域。我国发育大量富有机质页岩地层，具有广阔的页岩气勘探开发前景。

1.1　海相页岩气地质基础

1.1.1　页岩气相关概念

1. 页岩

页岩(shale)是由粒径小于0.0625mm的碎屑颗粒、黏土、有机质等组成，具页状或薄片状层理、容易碎裂的细粒沉积岩(中华人民共和国国家技术监督局和中国国家标准化管理委员会，2015)(表1.1)。页岩在自然界中分布广泛，约占沉积岩的55%。常见的页岩类型有黑色页岩、碳质页岩、硅质页岩、铁质页岩、钙质页岩等，其中钙质页岩和硅质页岩易于压裂，是主要的含气页岩类型。

表1.1　常用碎屑岩分类简表(据姜在兴，2003，有修改)　　(单位：mm)

岩石类型	颗粒粒径
砾岩	>2
砂岩	2～0.0625
粉砂岩(不含或含少量黏土、有机质)	<0.0625
页岩(含大量黏土、有机质，有纹层、页理)	<0.0625

当页岩中混入一定量砂质成分时，根据含砂颗粒大小，分为粉砂质页岩和砂质页岩两类。页岩矿物成分复杂，碎屑矿物包括石英、长石、方解石等，含量一般大于50%；黏土矿物有高岭石、蒙脱石、水云母等。碎屑矿物和黏土矿物含量不同导致页岩性质差异明显。富含二氧化硅的为硅质页岩，含大量碳化有机质的为碳质页岩。黑色页岩最基本的矿物成分是沉积成因形成的石英，以它为主体形成的各类黑色页岩占黑色页岩建造总量的三分之二以上。

2. 富有机质页岩

一般富有机质页岩中总有机碳(TOC)含量大于2%，是一种非常重要的细粒沉积岩，是形成页岩气的主要岩石类型。富有机质页岩层段通常是指由富有机质页岩或富有机页岩与粉砂岩、细砂岩、碳酸盐岩等薄夹层组成的地层单元(组合)，薄夹层单层厚度不大于 1m，累计薄夹层厚度占该页岩层段总厚度比例小于 20%。

富有机质黑色页岩含有大量的有机质与细粒、分散状黄铁矿、菱铁矿等，有机质含量通常为 3%～15%或更高，常具极薄层理。碳质页岩含有大量细分散状的碳化有机质，有机碳含量一般为 10%～20%，黑色、染手、含大量植物化石。

富有机质页岩的形成，需具备两个重要条件：一是表层水体中浮游生物丰富，生产力高；二是具备有利于有机质保存、聚积与转化的条件。因此，它主要形成于缺氧、富硫化氢的闭塞海湾、潟湖、湖泊深水区及深水陆棚等沉积环境中。

传统石油地质理论中，富有机质黑色页岩主要是提供油气来源的烃源岩，或阻止油气继续运移、逸散的封盖层，而非油气储集岩，未被纳入油气勘探对象。实际上，大量油气井钻遇富有机质黑色页岩层段中，曾发现了丰富的油气显示，甚至工业油气流，都因页岩致密、物性差而被放弃，只有在裂缝非常发育情况下，才能形成页岩裂缝型油气藏。

自 20 世纪 80 年代以来，特别是进入 21 世纪，北美地区页岩气成功规模开发后，人们逐渐认识到，富有机质黑色页岩可以形成源-储一体型油气聚集，尤其是页岩中有机质孔、粒间孔及颗粒内孔、纹层缝、微裂缝等发育(Loucks et al.，2012)，可以有效储集油气。

在页岩气储层中，富有机质页岩既是烃源岩，又是储层，也是盖层。这类页岩含有丰富的有机质，总有机碳(TOC)含量通常为 1%～15%或更高。北美及四川盆地重要页岩 TOC 含量统计如图 1.1 所示。

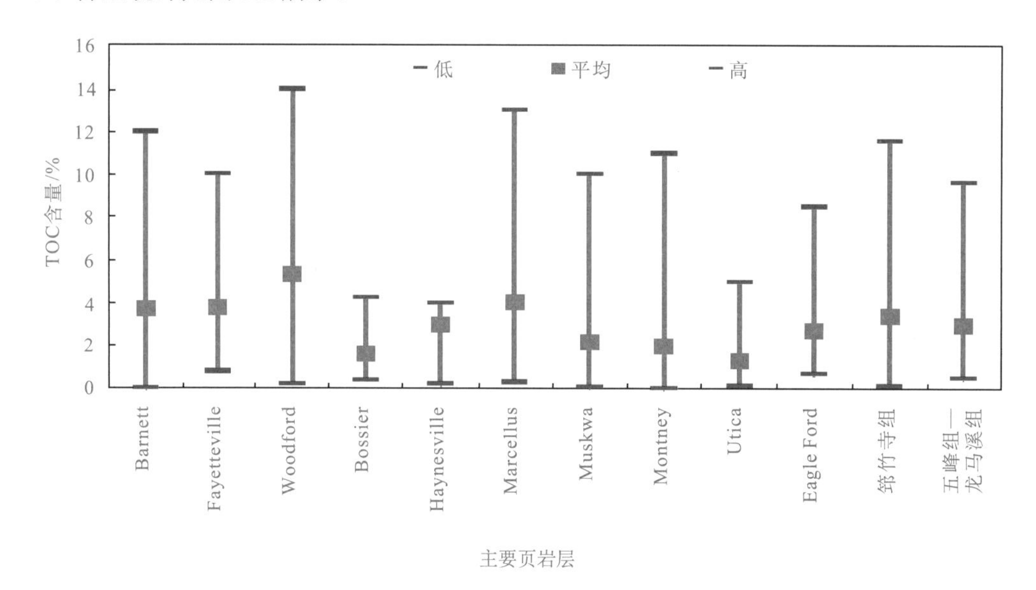

图 1.1　北美及四川盆地重要页岩 TOC 含量统计图

3. 页岩气

页岩气是指从富有机质黑色页岩中开采出来的天然气。美国地质调查局(USGS)

(2003)[①]认为，页岩含气系统属于典型的非常规天然气系统，为连续型天然气聚集。Curtis等(2011)认为，页岩气在本质上是富有机质黑色页岩系统中连续生成的生物化学成因气、热成因气或混合成因气的富集，具有普遍的地层饱含气性、大面积分布、多种岩性封闭及相对短的运移距离等特点，可以在天然裂缝和孔隙中以游离方式存在，也可以在干酪根和黏土颗粒表面以吸附状态存在，也可能在干酪根和沥青质中以溶解状态存在。

结合国家标准《页岩气地质评价规范》(GB/T 31483—2015)(中华人民共和国国家技术监督局和中国国家标准化管理委员会，2015)，笔者将其定义为：页岩气是以游离态、吸附态为主，赋存于富有机质页岩层段中的天然气，主体上为自生自储、原地滞留、大面积连续分布的天然气聚集。在地层覆压条件下，页岩储层基质渗透率一般不大于$0.001\times10^{-3}\mu m^2$，单井一般无自然产能，需要通过一定技术措施才能获得工业气流。页岩层段以富有机质页岩为主，可含极少量粉砂岩、碳酸盐岩等薄夹层。

页岩气在“富有机质”页岩区带中被发现，页岩气区带是富含大量天然气的一套连续分布的、具有相似地质和地理特征的页岩地层。重点是基于富含有机质与主要成分的粒径而确定。页岩气中的页岩是粒径小于0.0625mm的细粒黏土沉积岩，页岩必须为黑色页岩，富含有机质、黏土矿物成分，纹层与页理发育，与纯粹的粉砂岩、灰质泥岩等有显著区别。同时是已证实的有效烃源岩岩系，进入生气窗后的生气源岩。

由此可见，把握页岩气内涵对正确理解页岩气形成分布非常重要。页岩气形成不是靠天然气运移充注圈闭成藏，而是要有足够量的富有机质页岩、TOC含量及适中的热演化程度(R_o适中)，保证有足够的天然气赋存。页岩气本质上是以甲烷为主要成分的天然气，形成过程服从石油地质基本原理。必须有封闭的顶板与底板，保存要好，构造变形对页岩气的逸散作用至关重要。

1.1.2 页岩气类型

从不同角度或主控因素与成因出发，可对页岩气进行不同类型的划分和描述。根据含气页岩的沉积环境、盆地类型及构造、气源成因、有机质成熟度、有机质类型、埋藏深度、压力特征等不同主控因素，当前国内外学者对页岩气有如下五种分类。

1. 按沉积环境分类

根据富有机质黑色页岩或含气页岩形成的沉积环境，划分出海相页岩气、陆相页岩气和海陆过渡相页岩气三种类型。

海相页岩气是由海相富有机质黑色页岩生成并赋存在其中的天然气。海相页岩主要形成于沉积速率较快、地质条件较为封闭、有机质供给丰富的台地或陆棚环境中。目前美国勘探开发的页岩气以海相页岩气为主。我国海相富有机质黑色页岩主要发育在前古生代及早古生代，区域上分布于华北、南方、塔里木和青藏四个地区。南方古生界海相富有机质黑色页岩气是我国页岩气勘探首选层系和重要目标区。

陆相页岩气是由陆相湖泊环境的富有机质暗色页岩生成并赋存在其中的天然气，具

① USGS. 2003. Forspan model users guide. USGS, http: //pubs.er.usgs.gov/publication/ofr03354.

有与海相富有机质黑色页岩相似的水进体系与沉积背景。中国湖相富有机质黑色页岩形成于二叠纪、三叠纪、侏罗纪、白垩纪、古近纪和新近纪的陆相裂谷盆地、拗陷盆地，是中国陆上松辽、渤海湾、鄂尔多斯、准噶尔等大型产油区的主力烃源岩。虽然平面分布受限于分隔性较强的陆相环境，但页岩累计厚度大(50～2000m)、总有机碳含量高(局部平均值大于4%)，成熟度变化大，是我国有望发现页岩气的重要领域，以鄂尔多斯盆地三叠系延长组页岩为典型代表，主要形成页岩油，有一部分伴生气和热解气。由于热演化程度较低，以生油为主。

海陆过渡相页岩气是由海陆过渡相煤系富有机质黑色页岩生成并赋存在其中的天然气，主要包括形成于石炭纪—二叠纪海陆交互富有机质页岩段中的页岩气。这类页岩的特征是有机质以陆源植物为主，多为砂质页岩和碳质页岩，与煤系、砂岩共存，互层分布。中国南方地区二叠系富有机质暗色页岩，以及北方地区石炭系—二叠系页岩，多为海陆过渡沉积环境下形成，这些地区具有海陆过渡相页岩气勘探前景。

2. 按气源成因分类

按气源成因，划分出生物成因、热成因、生物+热成因的混合成因三种类型页岩气。

生物成因页岩气是页岩有机质在生物化学成岩阶段由细菌降解而形成的气体，也有富有机质盆地抬升后经后期生物作用改造而形成的气体。生物成因页岩气可分为两种：①早成型，气藏的平面形态为毯状，从页岩沉积形成初期就开始生气，页岩气与伴生地层水的绝对年龄较大，如美国 Williston 盆地上白垩统 Carlile 页岩气；②晚成型，气藏的平面形态为环状，页岩沉积形成与开始生气间隔时间很长，主要表现为后期构造抬升埋藏变浅后开始生气，页岩气与伴生地层水的绝对年龄接近现今，如美国 Michigan 盆地的 Antrim 页岩气。

热成因页岩气是指干酪根和已生成的原油在高温下热解、裂解形成的气体，原油二次裂解气对页岩气的贡献大。热成因页岩气又可分为二个亚类：①高热成熟度型，如美国 Fort Worth 盆地的 Barnett 页岩气；②低热成熟度型，如 Illinois 盆地的 New Albany 页岩气。

一般情况下，有机质经历充分热降解或热裂解的盆地斜坡/中心，热成因页岩气较发育；有机质成熟度较低、水动力条件优越的盆地边缘，生物成因气发育。目前北美已开发的页岩气田超过 15 个，其中 13 个为热成因气、1 个生物成因气。

3. 按有机质成熟度的分类

根据有机质成熟度高低，划分为未熟—低成熟页岩气、低成熟—高成熟页岩气、高成熟—过成熟页岩气三种类型。

4. 按压力特征分类

按照储层压力特征，分为异常高压页岩气、异常低压页岩气两类。由于页岩气作为一个完全封闭的体系而存在，导致页岩气大多具有异常压力。异常压力和气体的成因类型相关，具有热成因气的页岩气通常都是经历过足够的埋藏作用、压实作用，流体热增压及有机质向烃类转化过程中因体积的膨大等引起的高异常地层压力。生物成因气埋藏深度比较浅，易形成异常低压。

5. 按埋藏深度分类

按照美国的情况，以某一深度为界(1000m 或 2000m 不等)划分为浅层页岩气(藏)、深层页岩气两种类型。

浅层页岩气：埋深小于 2000m，以吸附气为主，TOC 含量是关键因素，如 Antrim 页岩，埋藏浅，页岩气为生物成因，埋深 609.6～914.4m，游离气和溶解气量很少，原始地质储量(GIP)主要由有机质吸附气贡献。

中深层页岩气：埋深大于 2000m，以游离气为主(原油裂解成气为主)，更高的压力和孔隙度是关键因素。目前在美国开发的页岩气盆地主要是中深层页岩气。

以上几种分类虽然划分角度不同，但均以气源成因划分为核心，存在着紧密的因果关系，相辅相成。本书沿用按页岩气沉积环境分类的方法，根据我国目前页岩气开发现状，以开发最现实、成功的海相页岩气为研究对象，重点对海相页岩气的地质特征、地质评价、资源评价等方面进行阐述。

1.1.3　海相页岩气与其他天然气的差别

页岩气具有独特的地质特征和开发特点(董大忠等，2009；邹才能等，2011a)，主要表现在储集特征、聚集机理、气藏特征和开发特点等方面，与常规天然气、煤层气和致密气均有着明显的差别(图 1.2、表 1.2)。

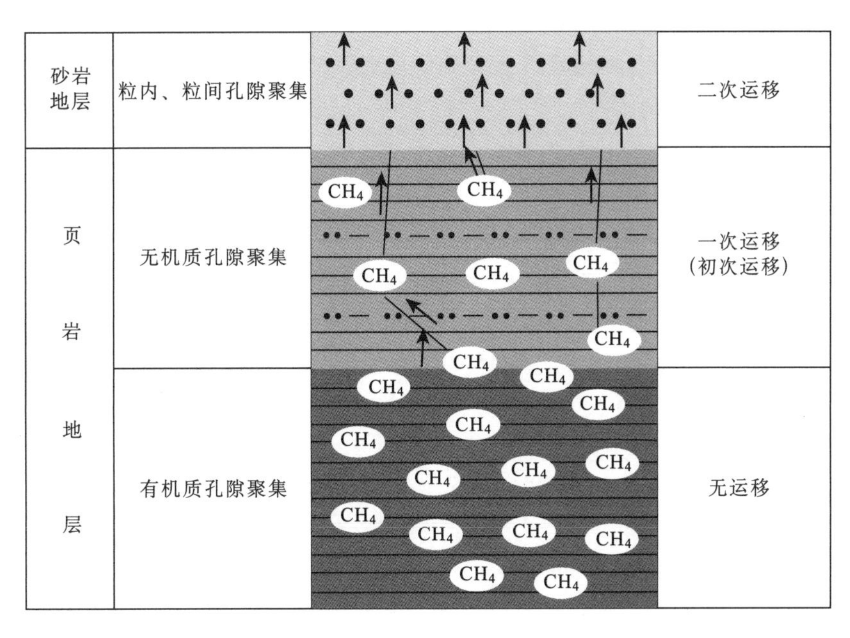

图 1.2　页岩气形成机理与聚集模式(据邹才能等，2014)

表 1.2 页岩气与其他类型天然气藏特征对比（据邹才能等，2014）

气藏主要特征		常规气	页岩气	煤层气	致密气
烃源岩条件		富有机质黑色页岩、煤系地层等	富有机质黑色页岩（TOC含量＞2.0%）	煤岩（层）	富有机质黑色页岩、煤系地层等
聚集特征	气体成分	甲烷为主（V_{CH_4} ＞60%）	甲烷为主（V_{CH_4} ＞90%）	甲烷为主（V_{CH_4} ＞97%）	
	气-水关系	分异程度高	无水	分异程度差	分异程度差
	含水饱和度/%	45～70	＜45	＞50	30～50
	束缚水饱和度	高（45%～70%）	低	高	25%～50%
	气藏压力	常压、超压或欠压	超压或常压	异常压力或常压	超压或欠压
	分布特征	正向构造单元为主	负向构造单元为主（盆地中心或斜坡下部，与成气烃源岩范围基本一致）	陆相高等植物发育区	盆地中心或斜坡部位
聚集机理	源-储关系	外源，烃源岩与储集岩一般隔离较远，少数紧密接触或侧向接触	自源，自生自储、原位饱和富集，生-储一体	自源，自生自储、原位饱和富集，生-储一体，泥、页岩为顶底封盖	外源，源-储直接接触或紧密相邻，具有良好的封盖层
	气体成因	多种成因	多种成因（热成因为主）	生物成因与热成因	多种成因
	气体赋存方式	游离气为主（＞90%）	游离气与吸附气并存，相对含量变化范围大	吸附气为主（大于 90%）	游离气为主
	圈闭特征	多种类型圈闭	无明显圈闭界限	无明显圈闭界限	非构造圈闭
	运移距离	运移距离一般较远	极短或无运移	极短或无运移	运移距离有远有近
	封盖条件	致密岩石盖层为主	富有机质黑色页岩	致密顶底板岩石	致密岩石或其他（如水）封盖
储集特征	岩性	砾岩、砂岩、碳酸盐岩、火山岩等	以富有机质黑色页岩为主	煤岩	以富含石英的致密砂岩为主，及碳酸盐岩等
	岩石密度/（g/cm³）	2.65～2.75	2.60	1.20～1.70	2.65
	孔隙类型	以原生粒间孔、粒内溶孔、晶间孔、溶洞等为主，少量次生孔隙	基质孔隙（粒间孔、粒内溶孔、晶间孔）、有机质孔隙、纹层缝网微裂缝	基质孔、割理、裂缝等	残余粒间孔、粒内溶孔、高岭石晶间孔、杂基内微孔、裂缝等次生孔隙为主
	孔隙直径/nm	＞1000	5～1000（平均 100）	2～30	
	孔隙结构	单孔隙结构为主	双重孔隙结构	双重孔隙结构	双重孔隙结构
	孔隙连通性	好或极好	极差或不连通	连通性好	差或不连通
	孔隙度/%	＞12	4～6	1～6	3～12，一般小于 10
	渗透率（覆压下）/$10^{-3}\mu m^2$	＞0.1	<0.001	0.01～100	≤0.1
开发特点	资源特征	以圈闭为单元	资源丰度较低，储量按井控区块计算	资源丰度较低，储量按井控区块计算	含气区块为单元
	开采范围	圈闭以内	较大面积连片	较大面积连片	致密岩性
	采收率/%	75～90	10～35	10～15	15～50

续表

气藏主要特征		常规气	页岩气	煤层气	致密气
开发特点	渗流特征	达西流为主	解吸、扩散、滑移等非达西流为主	解吸为主，非达西流	达西流为主
	是否排水降压	否	否	是	否
	井间距	一般较大	小	小	小
	产气曲线	下降型	由高到低，后期平稳时间长	产气由低至高至低	产气由低至高至低
	有效厚度/m	变化范围大	＞20	＞20	变化范围大
	开采工艺	直井为主	水平井、大型体积水力压裂	直井、水平井、压裂	直井、水平井、压裂

1. 源-储一体无明显圈闭界限，需封闭保存条件

页岩气成因类型多，可以形成于有机质演化的各阶段，包括生物成因气、热成因气和热裂解成因气，源-储一体，成藏过程为持续充注、原位饱和聚集。据有机质生烃理论及对产气页岩热成熟度的统计，高产富集页岩气的成熟度 R_o>1.4%，尤以 R_o 为2.0%～3.5%部分为页岩产气的主体，反映出页岩气以热降解气与原油热裂解气等热成因气为主。

页岩气的形成与富集过程复杂，有机质转化成甲烷的过程亦复杂，但其形成模式较为简单。在成岩作用早期阶段，微生物的生化作用将部分有机物转化成生物甲烷气，剩余有机物在埋藏和加热条件下转化成干酪根。后生成岩作用早—中期，干酪根逐渐转化形成液态烃和湿气；后生成岩作用晚期，干酪根降解、液态烃热裂解等生成热成因甲烷干气。

从成因角度分析，页岩气和常规天然气的成因模式基本相同，唯一不同在于页岩气主要产自富有机质页岩自身，液态烃热裂解甲烷干气可能也主要存在于页岩中，它是以吸附气、游离气和溶解气等形式赋存的“原位滞留聚集”(邹才能，2010a)，为典型的源-储一体、形成早、持续充注、连续聚集的非常规天然气。而常规天然气是从烃源岩中运移到砂岩或碳酸盐岩等储层的圈闭内而聚集，主要受到气源、输导以及圈闭等因素的影响，良好的气源岩及储集条件对天然气的运移成藏产生重要影响。

相比之下，煤层气主要储存在“煤岩层”的微孔隙和裂隙中，基本上未运移出生气母岩，属典型的自生自储、原位聚集的非常规天然气。

页岩气的形成、聚集都在页岩层系中，源-储一体，含气范围与有效气源岩相当，没有明显圈闭界限，无统一气水界线，不存在传统意义上的圈闭。

页岩气为自源型聚集，生-储-盖三位一体，以热成因气为主，吸附气与游离气并存，页岩储层很致密，大面积层状连续含气，较易保存，主要原因：一是富有机质页岩一般形成于构造低部位或盆地中心，封闭条件得天独厚；二是页岩气运移距离极短或无运移，不间断供气、连续聚集，即使某个时期局部有所散失，后期仍有大量气源持续供气弥补；三是形成高产富集仍需要良好的封闭顶、底板保存条件，构造稳定、区域盖层或封闭条

件仍必不可少。

常规天然气为外源型聚集，气体成因复杂多样，以游离气为主，圈闭界限明显且圈闭类型多样，常有远距离运移，需要致密岩石封盖和生-储-盖良好匹配方能聚集成藏。传统油气勘探中，核心目标是寻找圈闭型“油气藏”。

2. 储层致密，以微纳米级孔隙为主

页岩储层致密，岩性以富有机质黑色页岩为主，孔隙大小以纳米级为主。据研究(Loucks et al.，2009；Daniel et al.，2008)，页岩储层孔隙以微孔(孔隙直径不小于0.75μm)和纳米孔两种尺度的孔隙为主，具有双重孔隙结构。平均孔隙直径为100nm，储层孔径分布范围一般在5～200nm。北美页岩气储层纳米级孔径50～100nm，四川盆地五峰组—龙马溪组海相页岩气储层平均孔径为5～200nm。页岩孔隙连通性极差或不连通，孔隙度、渗透率普遍较低(图1.3)，孔隙度一般小于6.5%；渗透率一般小于1μD(1μD = 10^{-9}μm^2)，未压裂的页岩储层基质渗透率小于100×10^{-9}μm^2，只有在微裂缝发育区孔隙度能达到10%，渗透率达到200×10^{-9}μm^2。

常规天然气储层孔隙直径大于1000nm，以单孔隙结构为主，孔隙连通性好，孔隙度、渗透率普遍高。常规砂岩孔隙比Barnett页岩孔隙大400倍，页岩孔隙大约为40个甲烷分子直径大小(甲烷分子直径0.38nm)。

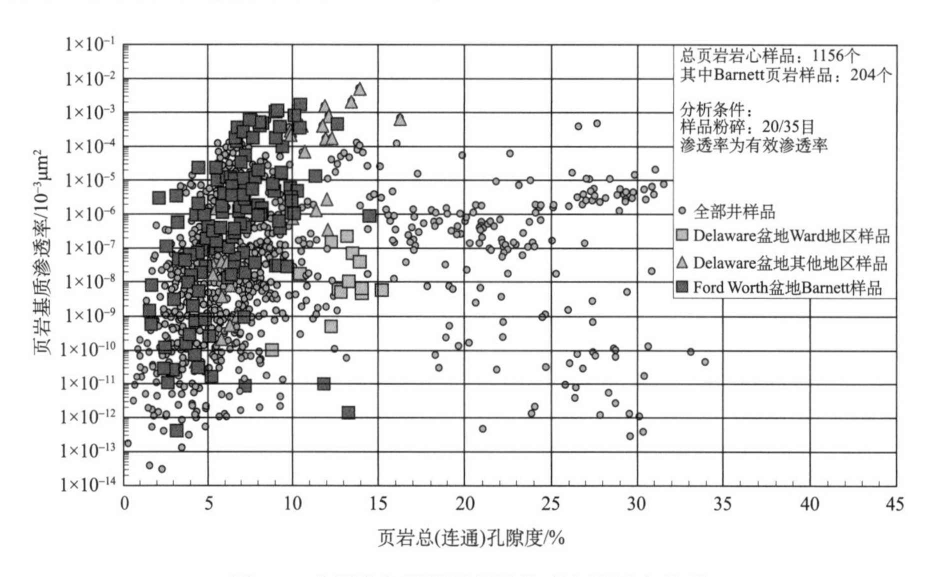

图1.3 美国产气页岩储层孔隙度与渗透率关系

资料来源：Core Lab. 2006. 页岩储层综合评价——页岩储层特征和产量预测. 休斯敦：Core Lab.

煤层气储层孔径分布范围为2～30nm，渗透率变化区间很大。致密砂岩气孔隙度低(<12%)、渗透率较低(<0.1mD)、含气饱和度低(<60%)、含水饱和度高(40%)，其储层孔隙孔径分布范围为40～700nm，孔隙连通性好于页岩气，渗透率高于页岩气(图1.4)。

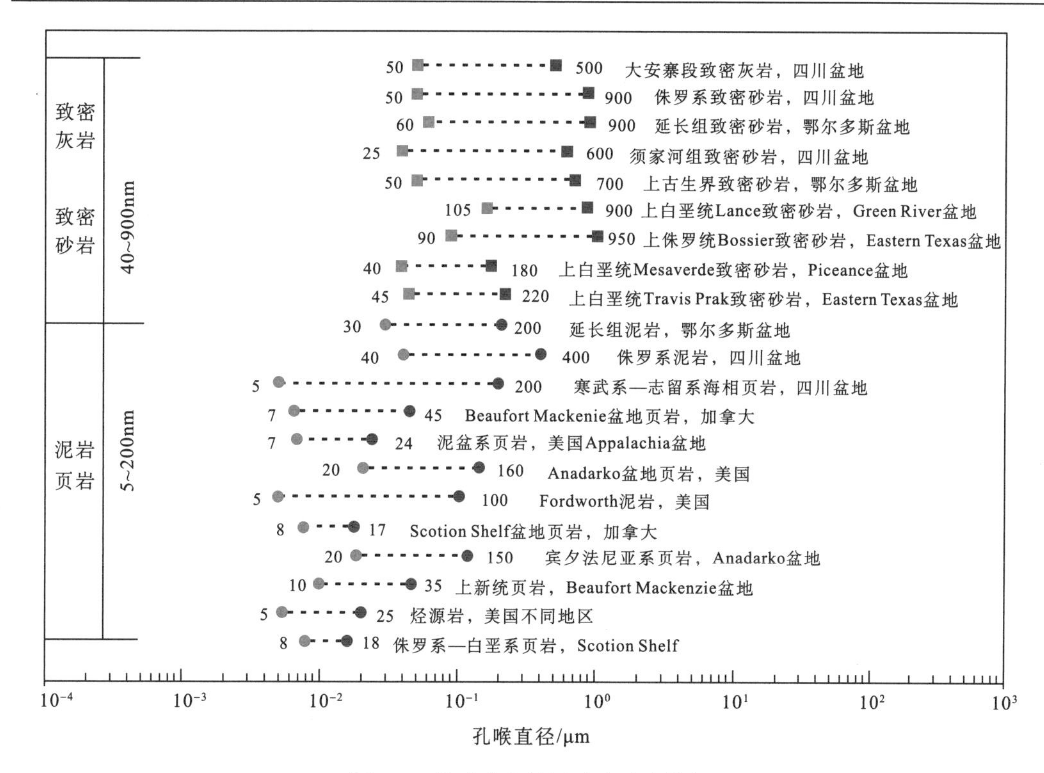

图 1.4 典型致密储层孔喉分布特征

3. *以游离态与吸附态两种主要相态赋存，以游离态为主*

页岩气赋存于黑色页岩或高碳质页岩(有机质含量一般为4%～30%)中，主要以游离态、吸附态两种方式赋存，少量溶解态(存在于干酪根、沥青质、残留水及液态原油中)。吸附气大量存在于黏土与矿物颗粒、有机质颗粒、干酪根颗粒及孔隙表面上，含量一般可占总气量的20%～80%。游离气大量存在于页岩、孔隙、纹层缝、裂缝及其他储集空间，含量一般可占总气量的20%~80%。

游离状态的页岩气在页岩孔隙或裂隙中可以自由流动，其数量的多少取决于孔隙体积、温度和地层压力。页岩气由页岩基质进入体积改造形成的高渗缝网通道之前，游离气需经基质扩散作用进入微裂缝体系内，再通过低速渗流和扩散作用进入高渗缝网通道。游离气最先在页岩气井产量中发挥作用，游离气含量越高，气井初始产量就越高。如Barnett、Fayetteville和Woodford游离气含量分别为60%、80%、40%，单井初始产量分别为$5.3\times10^4\ m^3/d$、$7\times10^4\ m^3/d$和$5.5\times10^4\ m^3/d$；Haynesville、Muskwa和Eagle Ford游离气含量分别为80%、80%和75%，单井初始产量分别为$28\times10^4\ m^3/d$、$14\times10^4\ m^3/d$和$23\times10^4\ m^3/d$。

吸附气需先从吸附态解吸为游离态，才可由基质内运移至高渗缝网通道。吸附机理可分为物理吸附和化学吸附。物理吸附作用一般是由范德瓦耳斯力引起，具有吸附时间短、可逆性、普遍性、无选择性等特点。它能发生多级吸附，但总优先选择能量最小一个能级范围内的分子吸附，接着进行下一能级的分子吸附。化学吸附作用是物理吸附作用的继续，当达到某一条件时就可以发生化学作用，具有吸附时间长、不可逆性、不连续性、有选择性等特点。页岩对天然气的吸附通过物理和化学作用共同完成，但两者所占主导优势的地位随形成条件及页岩和气体分子等改变而发生变化。表面吸附作用开始很快，越后越慢，被吸附到的气体分子，容易从页岩颗粒表面解吸下来，进入溶解相和游离相，在吸附和解吸速度达到相等时，吸附达到动态平衡。

当页岩气分子满足吸附后，一部分很可能进入液态物质中发生溶解作用，以溶解态存在于干酪根、沥青等中。溶解度取决于液体的温度、矿化度、环境压力和气体成分等。溶解机理主要有间隙充填和水合作用。

页岩气的上述三种赋存机理并不是相互独立、一成不变，当页岩生烃量发生变化或外界条件改变时，三种赋存机理的表现形式可以相互转化。影响吸附气与游离气含量的因素很多，如岩石矿物组成、有机质含量、地层压力、裂缝发育程度等，不同页岩储层有不同的游离气和吸附气量(图 1.5)。页岩吸附气与游离气含量，随深度不同也有较大变化。页岩储层物性愈好，游离气含量愈高。极少量页岩气以溶解状态储存于干酪根、沥青质、水或石油中。

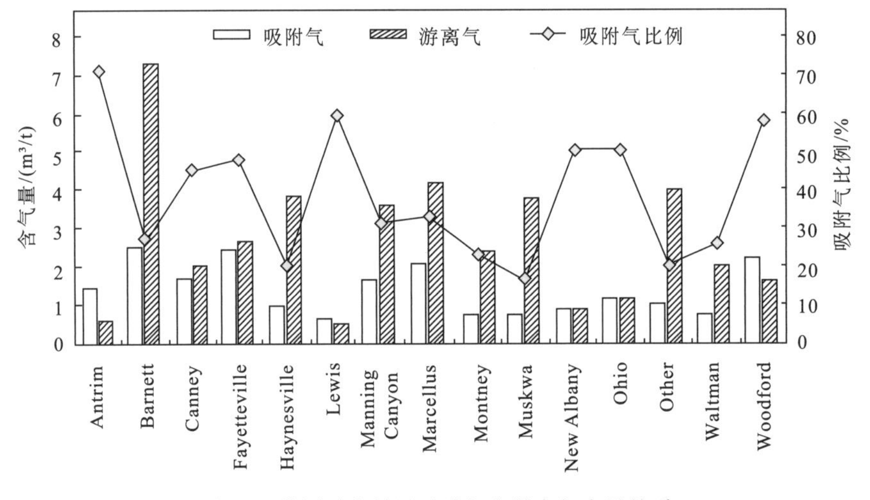

图 1.5　美国页岩储层吸附气和游离气含量关系

页岩气组成以甲烷为主，占比可大于 90%，乙烷、丙烷含量较少，可以存在 N_2、CO_2 等非烃气体，但极少有 H_2S 气体。

常规天然气以游离气赋存为主，占比大于 90%，蕴藏在地下多孔岩层或裂缝型岩层中，主要产出于油气田，也有少量产出于煤田。和页岩气相似，储层物性越好，游离气含量越高。

煤层气赋存一般以吸附在煤基质颗粒表面为主，占比可大于 90%，部分游离于煤、围岩孔隙中或溶解于煤层水中。页岩吸附气含量一般小于煤层吸附气，占比可达 85%以上。

4. 平面发育连续型“甜点区”，纵向发育高产“甜点段”

无论什么页岩储层，其 TOC、R_0 和脆性矿物等指标在纵/横向上都存在一定变化，使页岩气存在区域上的“甜点区”和纵向上的“甜点段”（图 1.6）。美国的 Barnett 页岩气田面积约 $1.55\times10^4\,km^2$，其中页岩气开发“甜点区”面积 $0.5\times10^4\,km^2$，非“甜点区”面积 $1.05\times10^4\,km^2$。在 Barnett 页岩气核心区的中部，Mineral Wells 断层沿近北东方向切穿页岩储层，在该断裂带附近页岩气井产出大量水、产气量很小，页岩气钻井过程中需避开该断裂带。中国中—上扬子地区五峰组—龙马溪组页岩总厚度 100～700m，其中底部 TOC 含量＞3%、笔石化石发育的 20～30m 储层是页岩气开发的“甜点段”，已经落实焦石坝、长宁-昭通和威远等页岩气开发“甜点区”。

实践发现与研究认为，海相页岩气富集高产“甜点区”需具备地质上“含气性优”、工程上“可压性优”、效益上“经济性优”，即“又甜、又脆、又好”的三优特征。根据长宁、涪陵等页岩气田五峰组—龙马溪组产层特征，提出地质上“四高”（即高 TOC 含量、高含气量、高孔隙度、高地层压力）、“两发育”（即页岩纹/层理发育、天然微裂缝发育）是确定页岩气富集段与水平井轨迹的关键指标；工程条件以脆性指数高、地应力差小为好；地表简单、目的层埋深适中、管网较完善、气价合理、政策支持到位等是页岩气的关键经济指标（表 1.3、图 1.6）。

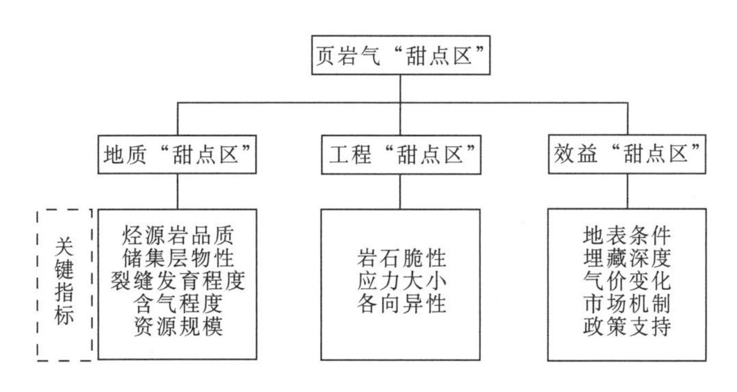

图 1.6　页岩气“甜点区”主要评价指标构成

从图 1.7 中可见，单井初始测试产量超过 $15\times10^4\,m^3/d$ 的高产井埋深为 2000～4000m，优质页岩厚度为 20～80m，地层压力系数为 1.3～2.1。当压力系数大于 1.3 时，单井初始测试产量大幅增加，为 7.0×10^4～$55.0\times10^4\,m^3/d$，水平井单井产量为直井单井产量的 5～10 倍甚至以上。据统计，高产井产层 TOC 含量一般大于 3.0%，孔隙度大于 4.0%，含气量大于 $3.0m^3/t$，压力系数大于 1.30，优质页岩厚度大于 20m，脆性指数大于 40%，弹性模量大于 20GPa，泊松比小于 0.25，页岩纹(层)理及天然微裂缝较发育。从建立的有利埋深 2000～4000m 的海相页岩气“甜点区”评选条件与分类指标看(表 1.3)，I 类为经济性最好区带，II 类为次经济性区带，二者均为页岩气勘探开发重点目标，III 类区带的经济性较差，可作为远景区带。

表 1.3　中国海相页岩气“甜点区”评选条件与分类指标

分级	有效页岩厚度/m	地球化学指标			储集层指标					沉积相	水平应力差/MPa	弹性模量/GPa	泊松比	构造与保存条件	压力系数	电阻率/(Ω·m)	埋深/km	面积/km^2	地表条件	管网条件
		TOC/%	R_o/%	有机质类型	脆性矿物含量/%	孔隙类型	孔隙度/%	裂缝孔隙度/%	含气量/(m^3/t)											
Ⅰ类	>30	≥3	1.1~3.0	Ⅰ-$Ⅱ_1$	>55	基质孔隙、裂缝	>4.0	>0.5	>3.0	深水陆棚	<10	>30	<0.20	稳定区	>1.5	>20	2.0~3.0	≥300	丘陵、山间平坝	区内管网较好
Ⅱ类	20~30	2~3	3.0~3.5	$Ⅱ_2$	40~55	基质孔隙、裂缝	2.0~4.0	0.1~0.5	2.0~3.0	半深水-深水陆棚	10~20	20~30	0.20~0.25	较稳定区	1.3~1.5	10~20	3.0~4.0	100~300	低山丘陵	距管网较近
Ⅲ类	10~20	1~2	>3.5	$Ⅱ_2$-Ⅲ	<40	基质孔隙	<2.0	<0.1	1.0~2.0	半深水-浅水陆棚	>20	<20	>0.25	改造区	<1.3	<10	<2.0 或 >4.0	<100	山地	距管网较远

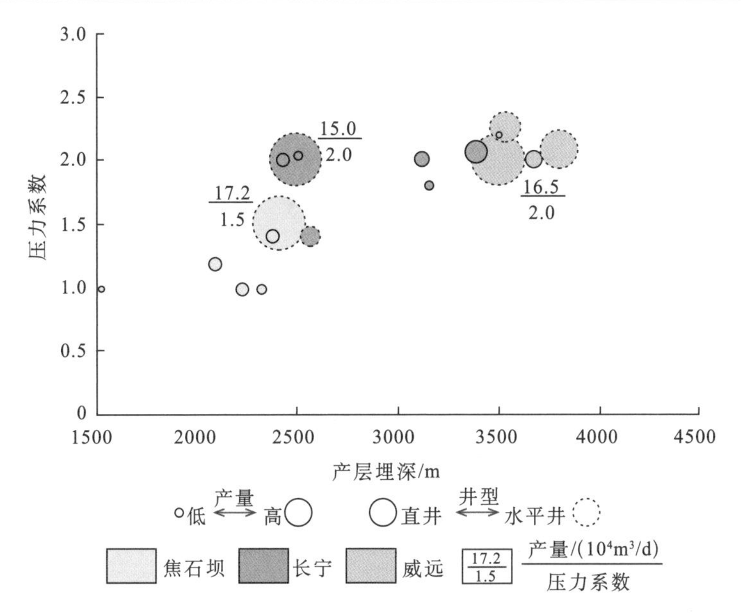

图 1.7 四川盆地五峰组—龙马溪组页岩气层压力系数、储集产层埋深与产量关系图

四川盆地五峰组—龙马溪组发育构造型“甜点区”和连续型“甜点区”两类页岩气富集模式(图 1.8、图 1.9)。构造型“甜点区”以焦石坝页岩气田为代表(图 1.8)，其构造边缘复杂、内部稳定、裂缝发育。连续型“甜点区”以威远-富顺-永川-长宁页岩气区(图 1.8、图 1.9)为代表，属盆地内大型凹陷中心和构造斜坡区，面积大、稳定连续分布。长宁、涪陵等开发试验区所钻平台井组也有一定比例的井页岩气产量相对较低，表明在“甜点区”内也存在非均质性，既有宏观地质条件的差异，也有微观地质结构的不同，其富集高产主要受沉积环境，热演化程度，孔、缝发育程度和构造保存“四大因素”控制，特殊性在于高演化(R_o为 2.0%～3.5%)和超高压(压力系数为 1.3～2.1)：①半深水-深水陆棚相控制了富有机质、生物硅质-钙质页岩规模分布；②富有机质页岩 TOC 含量高、类型好，处于有效热裂解气范围，控制了有效气源供给；③富硅质、钙质页岩脆性好，易发育基质孔隙、页理缝及构造缝，为页岩气富集提供充足空间；④良好储盖组合及构造相对稳定区，原油裂解气和储集层经深埋后抬升，但保存状态始终较好，形成页岩气“超压封存箱”(图 1.10)。

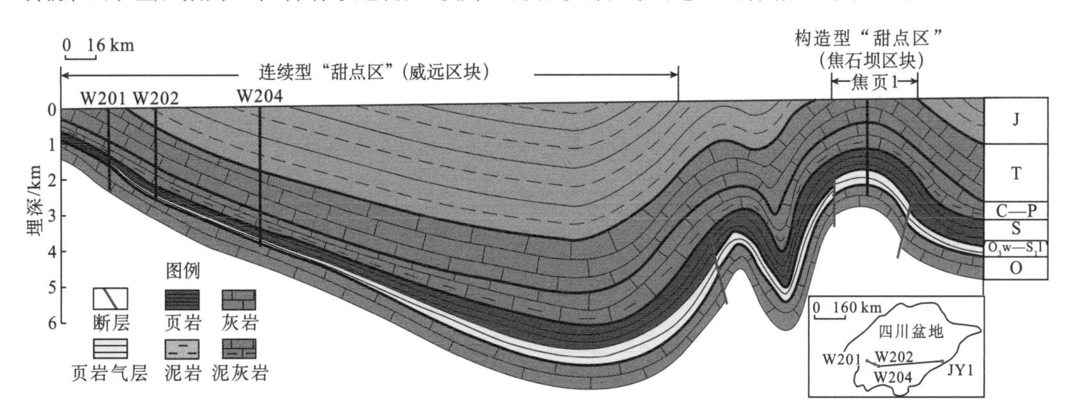

图 1.8 四川盆地五峰组—龙马溪组页岩气构造型“甜点区”与连续型“甜点区”富集模式图

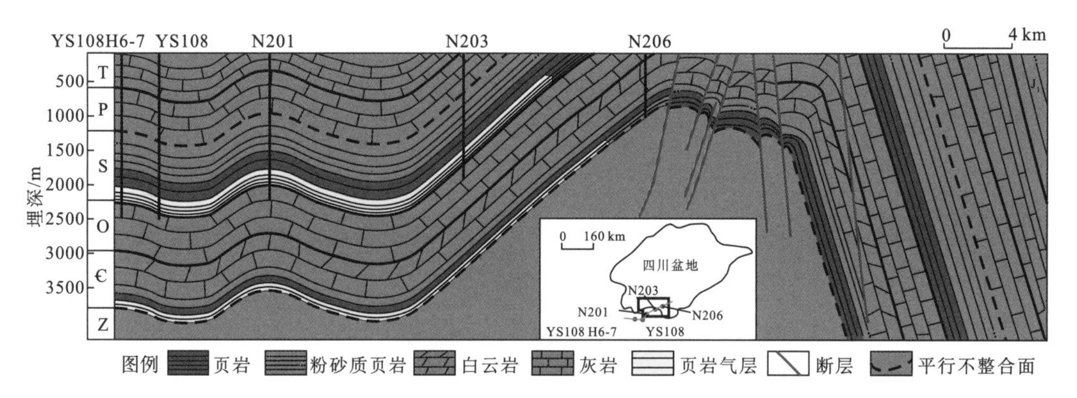

图 1.9　四川盆地长宁地区五峰组—龙马溪组连续型“甜点区”页岩气田剖面图

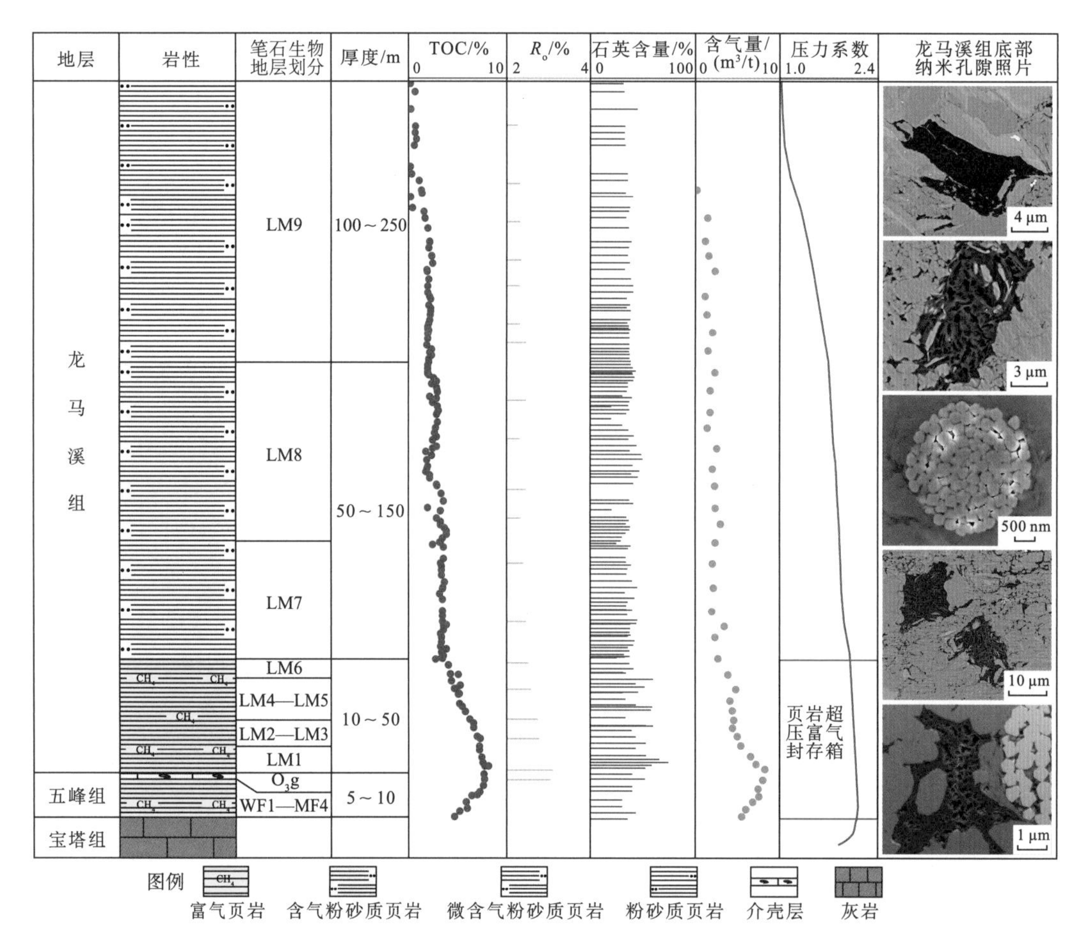

图 1.10　四川盆地五峰组—龙马溪组页岩富集高产“甜点段”与“超压封存箱”综合柱状图

5. 开采需大型压裂，初期产量高，低产周期长

页岩气开发需要钻探成百上千口水平井，且需要大型加砂压裂增产措施，才能达到一定规模的商业生产。这与常规气藏“稀井高产”的高效开发模式截然不同。因此，从某种意义上讲，页岩气是一种经压裂改造而成的“人工”或“人造”气藏。大批量的水平井钻井及大规模的压裂增产改造，使页岩气的开采成本较高，如何降本增效成为页岩气产业可持续发展的关键。

据美国东部早期页岩气井统计(《页岩气地质与勘探开发实践丛书》编委会，2009)，40%的井初期测试时无自然产量，55%的井初始无阻流量无工业价值，所有页岩气井都要实施储层压裂改造。因此在开采机理上，页岩气开采需要大规模储层压裂改造，形成“人造渗透率”产出机理，即通过“人造”裂缝系统，提高渗透率。页岩气的产出以非达西渗流为主，存在解吸、扩散、渗流等相态与流动机制的转化。早期以游离气产出为主，后期以吸附气的解吸、扩散为主。页岩气为低(负)压、低饱和度(30%左右)，生产过程中地层一般不产水或产水很少(King，1994；董大忠等，2009；李新景等，2009)，后期不需要排水降压采气。

常规天然气流的阻力比页岩气小，开采时一般采用自喷方式采气、排水式采气，开采技术较简单。煤层气开采一般是地面钻井开采、井下瓦斯抽放系统抽出。致密气一般无自然产能或自然产能低于工业气流下限，需要采取水力压裂等增产措施后获得工业气流。煤层气、致密岩性气及多数常规天然气的开采过程均有大量的水产出。

页岩气储层有效孔隙度和渗透率极低，开采难度大，通常采用大面积连片开采方式，井间距小，主要有水平井钻井技术和大型分段水力压裂技术、多层压裂技术、清水压裂技术、重复压裂技术及同步压裂技术。长水平段井和密切割分段水力压裂是主要的增产措施。

页岩气田采收率变化较大，一般为10%～35%。如一般埋藏较浅、地层压力较低、有机质丰度较高、吸附气含量较高的Antrim页岩气田的采收率为26%；而埋藏较深、地层压力较高、吸附气所占比例相对较低的Barnett页岩气田的采收率，在开采早期为7%～8%，随着水平井钻完井和压裂技术的进步，采收率逐渐在提高，2015～2019年已达25%以上。页岩气最终采收率依赖于有效的压裂措施，压裂技术和开采工艺直接影响着页岩气井的经济效益。

常规天然气开采通常以圈闭为单元，开采工艺以直井为主，井间距一般较大，采收率高(70%～90%)。致密气、煤层气均可采用直井、水平井、压裂方式开采，致密气采收率为15%～50%，煤层气采收率为10%～15%。致密气采出时，在井口气流上开始与常规天然气流无区别，随后致密气流衰减，但比较慢。页岩气流衰减较快，第二年就衰减50%～80%。

不同于常规天然气，吸附机理提高了页岩气的保存能力及抗破坏能力，但同时也导致了页岩气井具有单井产量低、开采寿命长和生产周期长(一般低产可稳产20年)、采收率变化较大的特点，且分布范围广，厚度大、普遍含气，能够长期稳定的产气。

截至2019年，北美页岩气井有近10×10^4余口，实现了“平台式”钻井、“工厂化”

生产，平均单井初始产量直井一般为2800～8000m^3/d，水平井为300000～500000m^3/d。页岩气井生产周期一般可达15～20年，以增加单井接替实现产量增加、稳产和效益开发，但目前3～4年采出单井预计最终采收率达50%～60%。

1.1.4 海相页岩气开发意义

1. 页岩气革命对世界能源格局产生了重要影响

美国页岩气开发成功引发了全球能源革命，对全球天然气市场、能源供给格局及地缘政治产生了重大影响。

首先，在美国推动下，激发了全球页岩气开采热情。全球页岩气资源约为456×10^{12} m^3，发展潜力很大。随着开发技术日臻成熟，越来越多国家实施商业开发，页岩气将成为世界能源市场上举足轻重的新军。

其次，页岩气革命对世界能源格局的影响已经呈现。2019年，美国页岩气产量达到7100×$10^8$$m^3$，基本实现能源独立。美国的“能源独立”为其世界政治、军事部署调整提供了较大空间，对国际石油市场产生了强烈冲击。

第三，当前国际政治格局的变化对世界能源格局的影响已经呈现。近年来，受非常规油气加速发展的影响，世界油气供应从传统的中东和原苏联地区主导的“双极”格局，演变为中东、原苏联地区、美洲地区共同主导的“三极格局”，供应重心显著“西移”，重塑全球油气生产版图。在此形势下，将来是否有更多国家加入到页岩气商业开发的队伍，非常值得关注。

2. 页岩气开发对我国能源保障具有重大意义

作为一种清洁、高效、绿色环保的能源资源页岩气，规模开发对我国能源安全、绿色环保及能源外交等诸多方面产生重要影响。

第一，大力发展页岩气有利于缓解天然气供应压力，保障国家能源供应及安全。当前，我国天然气市场进入了发展期，天然气消费增长迅速，由2000年的235×10^8 m^3迅速增长到2019年的3064×10^8 m^3，年均增长149×10^8 m^3，年均增速14.9%(图1.11)。我国2019年天然气进口量达到1327.8×10^8 m^3，对外依存度45.1%。今后较长的一段时期内，我国经济发展对能源资源的需求将日益增加，国内能源供求紧张和环境恶化的压力越来越大。过度依赖进口天然气将严重加剧我国能源供应形势与国家能源安全隐患。我国页岩气可采资源量达12.85×10^{12} m^3，资源丰富，开发潜力巨大。加快页岩气资源开发，能够直接增加我国天然气的供应量，缓解天然气供需矛盾，填补国内能源需求缺口，保障能源安全。

第二，大力发展页岩气有利于调整能源结构，推进节能减排。我国以煤为主的能源消费结构导致温室气体排放和其他各种污染排放不断激增，致使我国在环境保护、应对气候变化及节能减排上面临着巨大的国际压力和国内挑战。现阶段，立足国内，加大低碳清洁的页岩气等非常规天然气资源开发将是改善我国能源结构、提高清洁能源比例的最现实选择。例如，四川盆地百亿立方米级的涪陵页岩气田建成后，可每年减排二氧化

碳 3000×10^4t，相当于植树近 2.2×10^8 棵、1606×10^4 辆经济型轿车停开一年，同时减排二氧化硫 60×10^4t、氮氧化物近 20×10^4t。由此可见，加快页岩气勘探开发和利用，对满足社会经济发展及清洁能源的巨大需求，控制温室气体排放，构建资源节约、环境友好的生产方式和消费模式，改善居民用能环境，提高生态文明水平具有重要的现实意义。

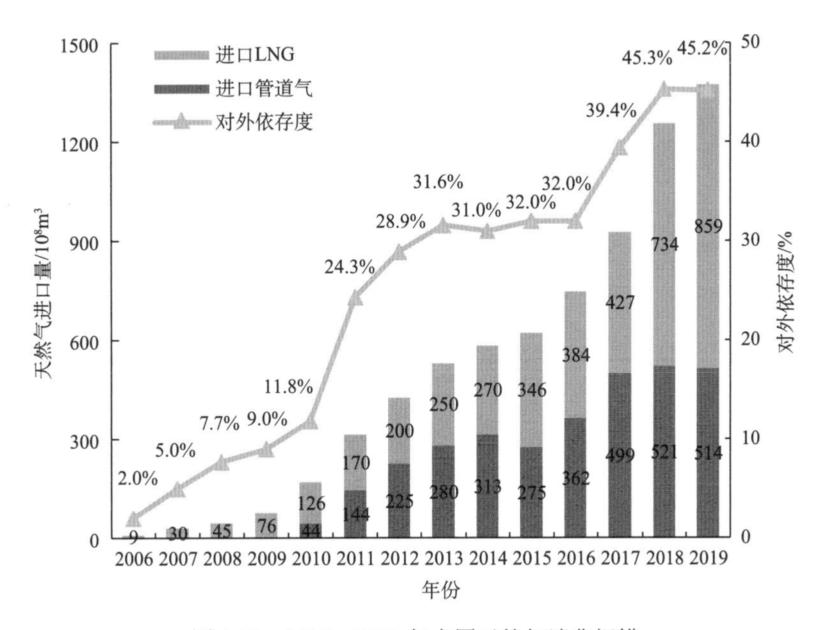

图 1.11 2006～2019 年中国天然气消费规模

第三，大力发展页岩气有利于推动油气勘探理论技术进步和油气装备制造业发展。页岩气革命也是一场技术革命。近年来，页岩气成藏理论突破了传统油气成藏地质学的认识，催生了水平井钻井、分段压裂、同步压裂、微地震监测和多井平台式工厂化生产等多种先进技术，整体推进了我国油气高效开发。随着技术进步，今后开采时间将更短，产量增速将更快，对开采所需要的水量和环境影响将更小，也将有利于不断提升油气装备制造业自主创新能力，加速形成我国的专业技术服务队伍。

第四，大力发展页岩气利于带动关联产业发展及基础设施建设，促进区域经济发展。我国页岩气资源很大一部分地处交通不便、管网欠发达或经济欠发达的地区，页岩气开发对改善当地基础设施建设，促进区域天然气管网、液化天然气(LNG)、压缩天然气(CNG)的建设及发展等具有重要意义。同时，页岩气规模开发及利用也将拉动国内钢铁、水泥、化工、交通运输、装备制造、化工及工程建设等相关行业和领域的发展，增加劳动力需求，扩大就业机会，增加税收收入，对促进区域经济可持续发展具有重大意义。

第五，大力发展页岩气利于开展分布式就近利用与天然气发电，提高能源利用效率。目前，我国正鼓励天然气分布式利用，到 2020 年在大城市推广使用分布式能源系统，装机容量达到 5000×10^4kW。我国有很大一部分页岩气资源丰富区靠近能源需求负荷中心，例如页岩发育的华北板块位于或靠近北京、山东、河南、河北等能源负荷区，扬子板块位于或靠近四川、湖北、湖南、上海、江浙等能源负荷区，这些地区经济发展快，能源需求高，适于开展分布式开采及就近利用，丰富能源利用方式，提高能源利用效率。同时，页岩气开发将增加可用于发电的天然气供应，相对于传统的燃煤火电厂，以甲烷气体为主的页岩气及天然气发电在能源利用效率方面具有更大优势，这将直接提高中国能源利用效率。

1.2 海相页岩气发展历程

近年来，北美地区的美国、加拿大和亚洲地区的中国等相继成功进行了海相页岩气商业性勘探开发，其他国家和地区还普遍处于起步阶段。因此，按美洲及美国、亚洲及中国、其他地区分述其发展历程与勘探开发进展。

1.2.1 美洲地区及美国海相页岩气

美洲的海相页岩气勘探开发主要集中在北美的美国、加拿大，其次在南美的阿根廷，均实现了商业化页岩气开采。

美国是北美地区，乃至全球海相页岩气发现最早、最大规模商业化开采的国家，开展研究工作也最多。总结历史，美国海相页岩气勘探开发主要经历了如下四个发展阶段。

1. 早期缓慢发展阶段(1821～1975 年)

早期以页岩裂缝气藏和生物成因气的研究和开发为主。1821 年，第一口商业性页岩气井完钻于美国纽约州 Chautauqua 县 Fredonia 镇附近的泥盆系 Perrysbury 组 Dunkirk 页岩，比第一口油井早 35 年。第一口页岩气井出气层段井深 8.2m，产出的气体用于纽约州 Fredonia 地区附近村庄居民的照明。到 1863 年，在 Illinois 盆地肯塔基西部泥盆系和密西西比系页岩中也发现了天然气。19 世纪 80 年代，美国东部地区的泥盆系页岩因临近天然气市场，在当时已经有相当大的产能规模。其后，以泥盆系和密西西比系黑色页岩为目的层，开展了大量浅层钻探，相继获得了大量低产页岩气井。

1914 年，在 Appalachia 盆地泥盆系 Ohio 页岩的钻探中获得日产 $2.83\times10^4\ m^3$ 的高产气流，发现了世界上第一个页岩气大气田——Big Sandy 气田。到 20 世纪 20 年代，页岩气已发展到弗吉尼亚州西部、肯塔基州和印第安纳州。1926 年，Big Sandy 气田成为当时世界上最大的天然气田。受理论认识和开采技术所限，开采方式以直井衰竭式为主，页岩气井产量低、效益差，发展非常缓慢。至 1975 年，美国页岩气产量仍不足 $10\times10^8\ m^3$。

2. 认识与技术创新阶段(1976～2002 年)

以生物成因气和热成因气研究和开发为主。美国能源部加快了天然气的勘探开发，1978 年启动了东部页岩气研究项目(ESGP)。经该项目研究证实了美国东部泥盆系和密西西比系黑色页岩巨大的产气潜力。1980 年，美国第 29 条税收补贴政策的颁布与实施，推动和加快了美国油气公司对非常规油气的勘探与开发步伐。1981 年，Mitchell 公司针对得克萨斯州 Fort Worth 盆地密西西比系的 Barnett 页岩，钻探了 C.W.Slay No.1 井，实施了氮气泡沫压裂，并成功产出页岩气流，发现了美国第一大陆上页岩气田——Newark East 气田。至 1991 年，美国页岩气产量为 $62.36\times10^8\,m^3$，1999 年达到 $112\times10^8\,m^3$。

2000 年开始，美国页岩气勘探开发全面展开，相关勘探开发技术不断取得进展并广泛应用，开采方式采用直井压裂改造，同时加密了井网部署，使页岩气的采收率提高至 20%，带动页岩气年产量和经济、技术可采储量开始攀升，成为世界最大的页岩气生产国。2000 年美国页岩气年产量为 $122\times10^8\,m^3$，生产井约 28000 口，2002 年页岩气产量达到 $150\times10^8\,m^3$(图 1.12)，已占美国天然气总产量的 3%。

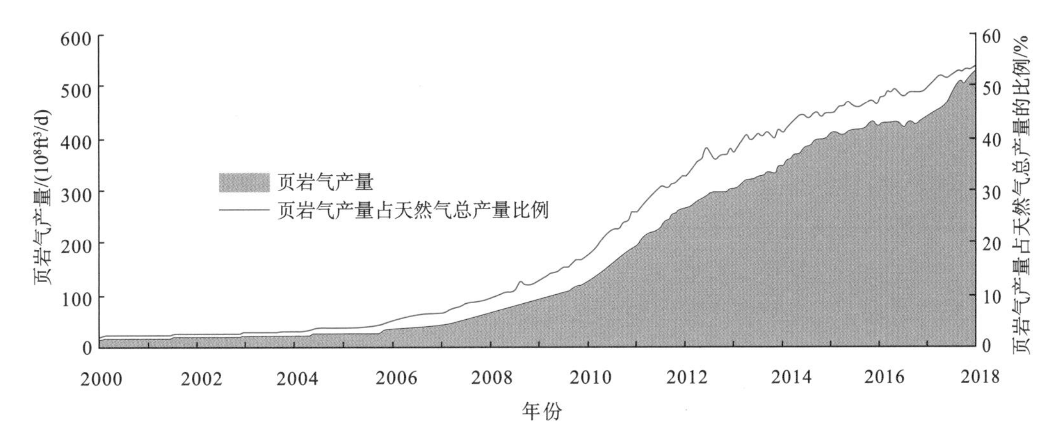

图 1.12　美国页岩气产量统计图(据 Kuuskraa，2013；EIA，2018，综合编制)

$1ft^3\approx0.0283168m^3$

3. 水平井、水力压裂技术应用阶段(2003～2006 年)

以热成因气研究和开发为主，水平井钻完井技术、重复压裂、大型水力压裂等技术规模应用。随着水平井的钻探数量激增，Fayetteville 等一批新的页岩气层获得快速开发，页岩气产量大幅度提高，2004 年页岩气产量占美国天然气总产量的 4%。美国天然气研究所与 ARI 公司(Advanced Resource International，Inc.)的研究数据表明，2005 年美国页岩气技术可采储量为 $11000\times10^8\,m^3$；2006 年，美国有页岩气井 40000 余口，页岩气年产量为 $311\times10^8\,m^3$。到 2018 年，页岩气产量占美国天然气总产量的比例已经突破 50%(图 1.12)。

4. 加快发展与全球推广阶段(2007 年至现今)

随着美国探索出一整套高效率、低成本开采技术，包括水平井钻探和多段大型体积压裂技术、清水压裂技术、同步压裂技术、储层优选技术、排采增产技术等，页岩气勘探开发取得突破性进展，呈现出油气并举、加快发展和产量快速增长的局面。

基于页岩气开发利用的广阔前景，加上相关政策的倾斜，大型跨国能源公司积极介入，拉开了石油巨头角逐页岩气开发的序幕。埃克森美孚在 2009 年以 410×10^8 美元收购了美国天然气巨头 XTO 能源公司，2011 年又斥资 16.9 亿美元收购了天然气公司 Phillips Resources 及联营公司 TWP。雪佛龙公司 2011 年以 43 亿美元收购 Atlas Energy

公司，从而获得了 Marcellus 页岩区的关键股份。此后，法国道达尔公司、英国天然气公司、壳牌公司等相继介入，高峰期参与的勘探开发企业达到 100 多家。2012 年初，中国石化以 9 亿美元收购 Devon 能源公司的页岩气区块，首次进入美国的页岩气市场。同年又收购其在美国 5 个页岩油气盆地资产权益的 33.3%，并宣布收购 Talisman 能源公司英国子公司 49%的股份。

2008 年，美国页岩气产量突破 $600\times10^8\,m^3$。2012 年页岩气产量达到 $2750\times10^8\,m^3$，约占美国天然气总产量的40%，平均年增长率高达45.6%。2013 年页岩气产量上升至 $3025\times10^8\,m^3$，占美国天然气产量的 44%。尽管 2014 年世界油价下跌，美国页岩油气通过加大核心甜点产区投入，使其仍保持了产量的持续性。美国页岩气产量的增长压低了美国及整个北美的天然气价格，导致 5 年来连续低于 4 美元/百万英热单位。

2014 年，美国页岩气产能从非核心向核心区带集中，资产从非优质向优质企业转移，并购交易因油价下跌而愈加活跃。而 Bakken 和 Eagle Ford 两大页岩区带仍是美国并购交易发生最频繁的地区，2014 年二叠盆地的部分资产完成交易金额 132×10^8 美元，是 2013 年 34×10^8 美元的 3.9 倍。2015 年美国页岩气生产井近 10×10^4 口，页岩气日均产量达到 $10.47\times10^8\,m^3$，页岩气总产量达到了 $3820\times10^8\,m^3$，占美国天然气总产量的 40%以上。

目前，美国已经对 30 余套页岩进行了勘探，在 48 个州发现了产气页岩，页岩气的主产区及潜在产区主要分布于美国的南部、中部及东部。实现商业性采气的页岩主要有 Antrim、Ohio、New Albany、Barnett、Lewis 五套传统产气页岩和 Marcellus、Utica、Fayetteville、Haynesville、Woodford 新兴产气页岩等古生界—中生界多套优质含气页岩层系，投入规模开发的主要为 Marcellus、Haynesville、Barnett 等 7 套主力页岩，主要层位为中上泥盆统、石炭系、侏罗系和白垩系。海相页岩气水平井钻完井、压裂施工周期为 20～30 d，单井成本低于 3000 万人民币。

加拿大是继美国之后世界上第二个成功开发页岩气的国家，勘探开发主要集中在加拿大西部沉积盆地，东部的 Appalachia 断裂褶皱带也有局部勘探开发工作分布。2001 年加拿大 Montney 页岩开始商业性生产。2005 年，加拿大西部地区开始大规模页岩气资源潜力评价及开发先导性试验，页岩气年产量约 $2.7\times10^8\,m^3$。2007 年不列颠哥伦比亚省东北部开发了第一个商业性页岩气藏，页岩气产量约 $10\times10^8\,m^3$。2007 年以来，许多公司投入大量资金，应用先进技术勘探阿尔伯达省(Alberta)、不列颠哥伦比亚(British Columbia)、萨斯喀彻温省(Saskatchewan)、魁北克、安大略、新 Scotion Shelf 等地区的页岩气资源，其中 Horn River 盆地和 Montney 盆地成为最重要的页岩气勘探开发活动地区。British Columbia 地区有超过 22 个试验区块获得批准，全国页岩气年产量也达到 $10\times10^8\,m^3$。此后，页岩气产量大幅增长。2009 年页岩气产量为 $72\times10^8\,m^3$，2012 年页岩气产量攀升至 $215\times10^8\,m^3$，当年中国石油海外勘探开发公司购买了壳牌公司在加拿大的页岩气资产中 20%的股份。2013 年和 2014 年仍保持这一水平，约占本国天然气产量的 15%。到 2015 年页岩气日均产量达 $1.16\times10^8\,m^3$，年产量达到 $423.5\times10^8\,m^3$。目前已发现 Muskwa、Montney 和 Duvernay 等多套产气页岩，商业开采主要集中在 Horn River、Montney 和 Utica 区块。加拿大的页岩气产量 2020 年为 $55\times10^8\,m^3$。

南美的页岩气勘探主要集中在阿根廷、墨西哥和巴西等国。阿根廷是南美页岩气开发利用前景最好的国家，页岩气可采资源量达 $21.92\times10^{12}\ m^3$，位居全球第三。2011 年在内乌肯(Neuquen)盆地完成了第一口水平井和多段水力压裂，发现高产页岩气流。2011 年 1 月，法国道达尔公司与阿根廷石油公司(YPF)合作，获得内乌肯盆地 4 个页岩气区块的权益。2011 年 8 月，埃克森美孚出资 7630 万美元，与加拿大美洲石油天然气公司(Americas Petrogas)合作开发内乌肯盆地 Los Toldos 矿区预计 $6.8\times10^{12}\ m^3$ 的可采页岩气资源。2012 年，阿根廷泛美能源公司(Pan American Energy)投入页岩气勘探，壳牌公司与阿根廷 Medanito 公司合作在阿根廷西南部开发页岩气。2013 年，阿根廷石油公司与美国陶氏化学阿根廷子公司签署了初步合作协议，马来西亚国油公司也参与了阿根廷的页岩项目。截至 2019 年底，阿根廷页岩气产量已达 $115\times10^8\ m^3$ 以上。

墨西哥国家石油公司于2011年3月在东北部靠近美国得克萨斯州边界的科阿韦拉州(Coahuila)完成第 1 口页岩气井。2011 年 10 月墨西哥能源部长霍尔姆·埃雷拉·弗洛雷斯宣布，在墨西哥北部与美交界处发现大规模页岩气田，预计能满足未来 90 多年的天然气需求。

巴西有 7 个盆地具备页岩气勘探潜力。2013 年 10 月，巴西启动首轮陆上页岩气区块招标，众多油气公司对巴西页岩开发似乎缺乏兴致，仅有壳牌等少数大型公司拥有巴西勘探页岩气的许可和开发计划。

1.2.2 亚洲地区及中国海相页岩气

亚洲地区的页岩气勘探开发，主要集中在中国，中国实现了页岩气重大突破。

追溯历史，我国不少地区早已在页岩地层中发现了丰富的油气，但大规模页岩气勘探开发是从 2005 年开始的。截至 2019 年，初步实现了我国海相页岩气勘探开发“理论、技术、生产”革命，正在进一步推动“成本”革命，实现勘探开发理论、技术、生产和成本四个一体化革命和规模性发展。我国海相页岩气勘探开发历程，可大致划分为如下五个发展阶段。

1. 常规油气勘探中零星发现阶段(1667～2000 年)

中国自 1667 年第一次在四川盆地的临邛火井发现天然气以来，在早期常规油气勘探开发中，就不断有页岩气的零星发现(王兰生等，2009)。1966 年在四川盆地威远构造钻探的 W5 井，在 2795～2798m 井深页岩层段中获日产气 $2.46\times10^4\ m^3$，成为中国早期发现的典型页岩产气井。20 世纪 60 年代以来，在松辽、渤海湾、四川、鄂尔多斯、柴达木等几乎所有陆上含油气盆地中都发现了页岩气或页岩裂缝油气藏(图 1.13)，但都没有作为一个单独的领域加以研究或进一步勘探开发。

2. 国际动态跟踪阶段(2000～2005 年)

2000 年以来，中国开始高度重视页岩气勘探开发，国内一些学者(陈建渝等，2003；张金川等，2004)开始注意北美页岩气的发展动态，在学术刊物上发表页岩气潜力与前景评价方面的论文。该阶段总体以跟踪为主，没有开展实物工作。

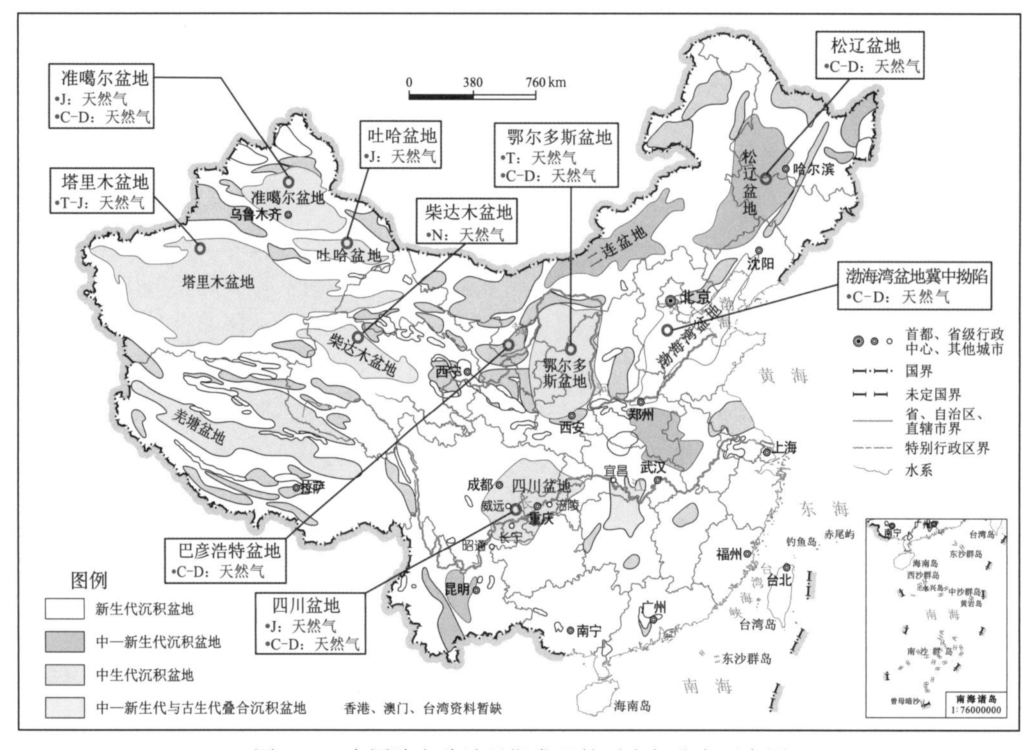

图 1.13　中国陆上盆地早期发现的页岩气分布示意图

3. 地质条件研究与评价选区阶段(2005～2010 年)

2005 年以来，我国开始将页岩气的研究提到工业化油气勘探开发的重要日程上来，借鉴北美成功经验，针对不同地质背景、不同类型页岩，以野外调查、老井复查和选区评价为主，开展中国页岩气赋存地质条件研究、资源前景评价和“甜点区段”评价优选(图 1.14)。2006 年中国石油与美国新田石油公司进行了首次页岩气国际研讨，2007 年进一步开展了威远地区页岩气潜力与开发可行性联合研究；2008 年国土资源部在全国油气资源战略选区调查与评价专项中确立了中国重点地区页岩气资源潜力和有利区带优选项目。中国石油等国内石油企业开始与丹文、埃克森美孚、康菲、壳牌等公司进行广泛的交流与选区评价。2008 年 11 月，中国石油勘探开发研究院在上扬子地区古生代海相页岩地层广泛露头区地质调查与老井资料复查的基础上，在川南地区钻探了中国第一口页岩气地质评价井 CX1 井，获取了大量页岩气地质信息，对川南地区和上扬子地区页岩气的前景做了准确判断。2009 年，中国石油在四川盆地威远气田钻探了中国第一口海相页岩气勘探评价井——W201 井，在四川盆地威远-长宁、云南昭通等地区率先论证页岩气工业生产先导试验区建设，与壳牌(Shell)在四川盆地富顺-永川区块启动了中国第一个页岩气国际合作勘探开发项目，同年国土资源部天然气资源战略研究中心在重庆市綦江县启动了中国首个页岩气资源勘查项目。2010 年，W201 井经大型水力体积压裂改造，在下古生界五峰组—龙马溪组海相页岩地层获得工业气流，成为四川盆地及我国页岩气勘探开发重要里程碑突破。

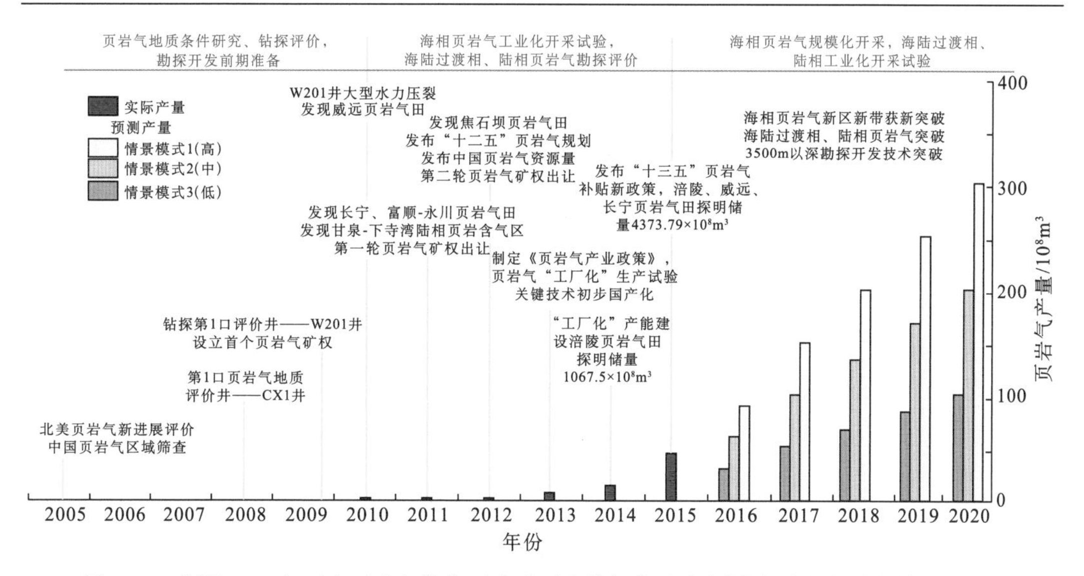

图 1.14　中国 2005 年以来页岩气勘探开发重要事件与发展阶段划分图(据邹才能等，2016)

这一阶段，在四川盆地及邻区钻探了 CX1、YY1、W201、N201、JY1、WX2 等井，在滇东北昭通地区钻探了 Z101 井，在湘西地区钻探了湘页 1 井，在下扬子地区钻探了宜页 1 井，在鄂尔多斯盆地钻探了 LP177 井等一批具有战略意义的区域评价井。先后在我国南方寒武系、奥陶系—志留系、石炭系—二叠系、三叠系—侏罗系和鄂尔多斯盆地三叠系、石炭系—二叠系等层系页岩中发现了页岩气，评价优选了四川盆地及邻区、鄂尔多斯盆地为我国页岩气勘探开发有利区，锁定了威远、长宁-昭通、富顺-永川、涪陵、巫溪、甘泉-下寺湾等一批有利页岩气目标。

4. *海相页岩气工业化开采试验阶段*(2010～2015 年)

2010 年，我国石油在四川盆地 W201 井的海相寒武系、志留系页岩中获高产气流，实现我国页岩气的首次工业化突破；其后中国石化在四川元坝地区 YB9 井和湖北恩施建南地区 J111 井的侏罗系自流井组陆相页岩中获得突破。

自 2010 年起，我国先后在四川威远-长宁、富顺-永川、涪陵、云南昭通等区块发现高产页岩气流，建立了三个工业化生产示范区。以南方下古生界五峰组—龙马溪组、筇竹寺组(及相当层位)海相页岩为重点，开展川南-昭通、川东-渝东南两大领域的区域评价勘探，先后实施了 N201-H1、阳 201-H2、JY1HF 等一批先导试验水平井，陆续在四川、渝东鄂西、滇黔北、湘西等地区五峰组—龙马溪组发现页岩气(图 1.15)，在川南-昭通区的长宁、富顺-永川及川东-渝东南区的涪陵先后获得单井高产气流，发现四川盆地五峰组—龙马溪组特大型海相页岩气区。

2011 年 12 月，国务院批准页岩气设为新的独立矿种，正式成为我国第 172 种矿产，确定其勘探开发为战略性新兴产业。国土资源部先后于 2011 年 6 月、2012 年 10 月和 2013 年 6 月组织了三轮页岩气探矿权招标，在全国掀起了“页岩气热”。2012 年 3 月，壳牌与中国石油就四川盆地的“富顺-永川”区块签署了国内首个页岩气产品分成协议。2012

年 3 月，国家发改委、财政部、国土资源部、能源局发布了《页岩气发展规划(2011～2015)》。2012 年，中国开始生产页岩气，2015 年页岩气产量跃升至 $45\times10^8m^3$。

经过 3～4 年的理论技术攻关、评价勘探和先导开发试验，在海相页岩气资源潜力评价及“甜点区段”优选、地质评价及先导试验、水平井优快钻进、大型体积压裂改造、“工厂化”平台井组生产模式、水资源及安全环保、有效组织与管理等方面取得了一系列突破性进展，初步建立了高演化、超高压海相页岩气富集地质理论，探索并提出了复杂构造区海相页岩气富集规律(郭旭升，2014)，基本形成了适宜于页岩气勘探开发的地球物理、钻完井、压裂改造等关键技术，基本实现了目的层埋深 3500m 以浅海相页岩气勘探开发关键技术和可移动式钻机、3000 型压裂泵车、可钻式桥塞等主要装备国产化及规模化应用，发现了四川盆地-黔北-渝东-湘鄂西五峰组—龙马溪组海相页岩气超级含气区，初步圈定和落实川南-川东-川东北五峰组—龙马溪组万亿立方米级海相页岩气大气区，发现了涪陵、威远、长宁等千亿立方米级以上页岩气大气田。

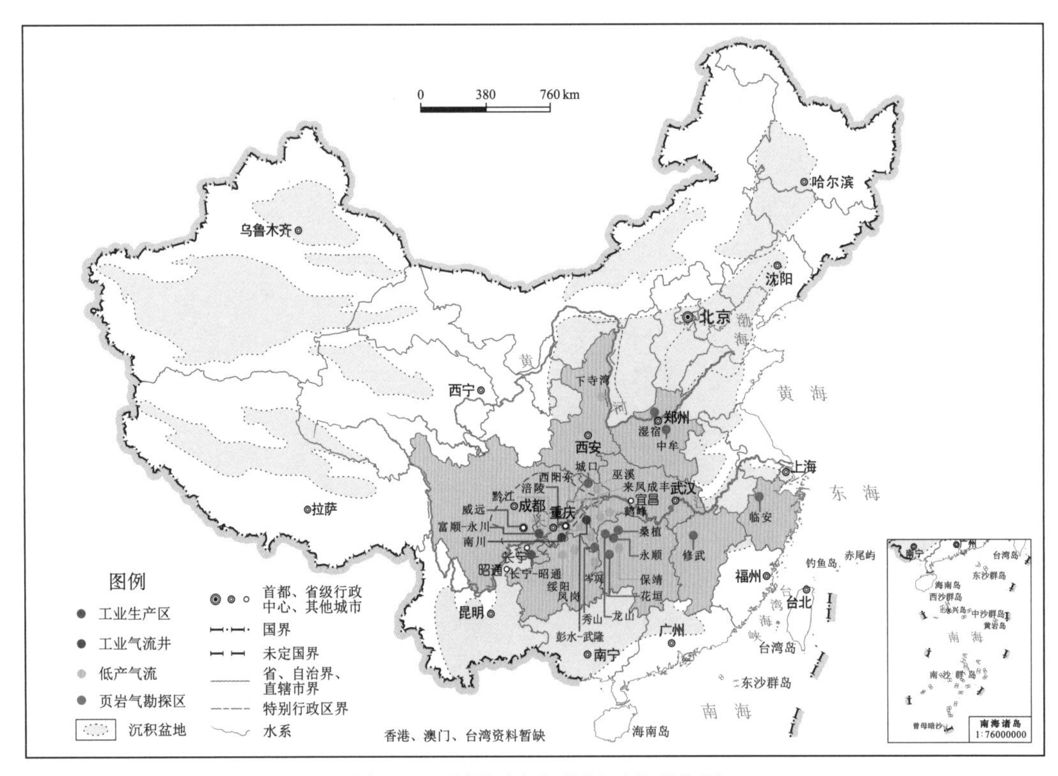

图 1.15　我国页岩气勘探开发形势图

5. 海相页岩气规模化开采阶段(2015 年至今)

自 2015 年起，我国有序向海相页岩气规模化开采阶段发展(郭焦锋等，2015)，总结了我国海相页岩气地质和储集层特征，结合“十二五”期间页岩气开发取得的理论和技术成果，建立了我国海相页岩气开发评价关键技术指标体系、静动态参数及经济指标相结合的页岩气井综合分类标准。针对海相页岩气井压裂后形成的复杂缝网特征，联合分形介质和连续介质理论刻画复杂裂缝系统，建立海相页岩气全过程渗流生产模型，并根据输入参数特征构建概率分布模型，利用蒙特卡洛随机模拟方法，预测不同概率下的气井生产动态指标；同时提出水平井段及主裂缝参数、开发井距和生产制度等关键开发参数优化的具体思路和方法(贾爱林等，2016)。研究页岩气纳米孔气体传输机理和传输模拟，建立了页岩气纳米孔体相气体传输机理判别参数组，并绘制了多相气体传输机理分类新图版(吴克柳和陈掌星，2016)。我国海相页岩气大规模效益开发在地质理论、渗流机理及产能评价方法、开发技术政策及经济效益方面仍然面临许多亟待解决的难题。

2015 年我国页岩气探明储量实现重大突破，涪陵页岩气田完钻井 250 余口，探明页岩气面积 383.54 km^2，探明页岩气地质储量 $3805.98\times10^8 m^3$，累计生产页岩气 $43\times10^8 m^3$；在长宁、威远页岩气田完钻井约 130 口，威远页岩气田 W202 井区、长宁页岩气田 N201 井—YS108 井区探明页岩气面积 207.87km^2，探明页岩气地质储量 $1635.31\times10^8 m^3$，累计生产页岩气 $15.15\times10^8 m^3$ 以上。

到 2019 年底，国土资源部、地方、油气公司等共计完成二维地震 2.5×10^4 km 以上，三维地震 8500km^2，完钻页岩气井 1200 口。经过水力压裂和测试，日产超过万立方米井 23 口(其中直井 15 口、水平井 8 口)，日产超过 $10\times10^4 m^3$ 井 7 口，已设立威远-长宁、昭通等页岩气先导试验区(图 1.16)。其中，中国石油长宁区块的 N201-H1 井日

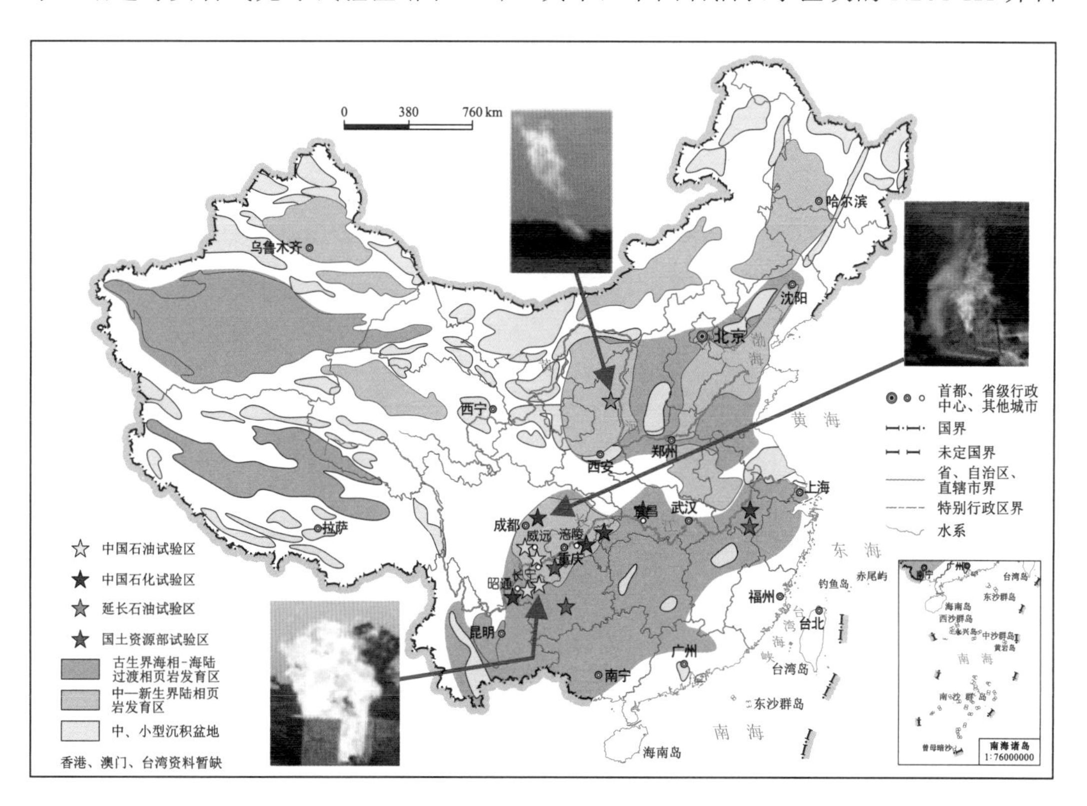

图 1.16 我国页岩气勘探开发先导试验区分布示意图

产气 15×10^4 m^3，富顺-永川区块的阳 201-H2 井日产气达 43×10^4 m^3；中国石化涪陵区块的 JY1HF 井日产气 20.3×10^4 m^3，元坝区块的 YB21 井日产气 50.3×10^4 m^3(郭彤楼和张汉荣，2014；王志刚，2015)。累计探明海相页岩气地质储量 1.78×10^{12} m^3，其中探明可采储量 $0.445\times10^{12}m^3$，2019 年页岩气产量达到 154×10^8 m^3，海相页岩气勘探开发实现了跨越式发展。

统计表明，水平井钻完井周期从 150 d 减至 60 d，最短 35 d，分段压裂增产改造由最初的最多 10 段增至目前的平均 15 段(最多 26 段)，水平井单井平均综合成本大幅降低(从 2010 年的 1 亿元下降到 2019 年的 5000 万～7500 万元)，推动了威远、长宁、涪陵、昭通页岩气田快速建产。2019 年中国页岩气年产量 154×10^8 m^3，累计页岩气产量超 400×10^8 m^3，建成年页岩气生产能力 200×10^8 m^3 以上，基本实现了页岩气规模生产，成为继美国、加拿大之后的全球第三个实现页岩气商业化生产国(表 1.4)。

表 1.4　全球主要页岩气生产国家储量、产量统计表

国家	页岩气勘探开发起始时间	页岩气资源量①/10^{12} m^3	钻井数量②/口	探明储量③/10^8 m^3	年产量/10^8 m^3
美国	1821 年	17.64	约 100000	56543.95	7140
加拿大	2006 年	16.23	3000		51
中国	2005 年	31.57	1200	17810	154
阿根廷	2012 年	22.71	300		115

注：①EIA，美国数据更新日期为 2019 年 12 月，加拿大、中国、阿根廷数据更新日期为 2019 年 12 月。

②钻井数量来源复杂，为不完全统计，仅为一个大约数。

③http://www.eia.gov/dnav/ng/ng_enr_shalegas_a_epg0_r5301_bcf_a.htm. 中国储量来自国家储委。

此外，勘探开发还在多处发现了其他海相层系页岩气流，如三峡地区震旦系页岩气、广西柳州地区泥盆系页岩气(日产气约 2.0×10^4 m^3)、贵州六盘水地区石炭系页岩气(日产气近 5.0×10^4 m^3)，这些发现将为南方地区进一步的页岩气地质综合评价、有利区优选及勘探突破提供重要依据，但规模突破仍需进一步评价。

迄今为止，我国将页岩气设置为独立矿种，放开了页岩气勘查开采市场，制定了鼓励外商投资、引导产业发展、建设示范区、推进科技攻关、页岩气开发利用减免税等一系列政策措施，为页岩气勘查开发营造了良好的投资环境(董大忠等，2011；郭焦锋等，2015)。对页岩气开发非常重视，设立了非常规油气重大专项加强页岩气开发与科技攻关，中国石油、中国石化、中国海油三大公司和自然资源部投入大量资金和力量，在资源评价、选区及先导试验方面积极探索。

亚洲地区的印度和印度尼西亚等国也积极开展页岩气资源调查与勘探。印度信实工业公司 2010 年分别斥资 17 亿美元和 13.15 亿美元，收购了美国东部 Marcellus 页岩 40%的股份和美国先锋自然资源公司旗下 Eagle Ford 地区页岩气资产的部分股权。2011 年，印度天然气公司投资 9500 万美元，收购卡里索在 Eagle Ford 页岩气区块 20%的权益，并在 Damodar Valley 盆地发现了第一个页岩气田。经印度国家地球物理研究所评估，印度拥有 15×10^{12} m^3 页岩气资源量，远高于 EIA 的评估结果。印度将页岩气勘探开发政策框架写入“第十二个五年计划”，并确定在坎巴伊(Cambay)、阿萨姆-若开(Assam-Arakan)、贡达瓦纳(Gongdawana)、KG陆上(KG onshore)、高韦里陆上(Cauvery onshore)和Indo Gangatic 六个盆地实施第一阶段资源勘探评估。尽管页岩气资源相当丰富，但受基础条件差、气价过低、投资少、无规模开发经验、水源不足等因素的影响，至今尚未进行试验性开采。

印度尼西亚自2010年开始勘查页岩气资源，并寻求从美国获取相关资料和技术。

1.2.3　全球其他地区海相页岩气

美国页岩气成功之后，其他地区也跃跃欲试，开始页岩气开发，全球曾掀起一场“页岩气革命”。

欧洲地区页岩气勘探响应较早，有多个跨国公司展开行动。2007 年 10 月，波兰天然气公司(PGNIG)着手勘查波兰志留系黑色页岩气资源潜力，并试图于 2014 年实现工业化开采。但2013年底以来，前期介入的埃克森美孚、道达尔和马拉松石油等一批国外公司离开，雪佛龙公司宣布因投资成本过高而停止在波兰勘探页岩气作业，总体进展缓慢。2009 年初，德国等多个国家联合启动“欧洲页岩项目(GASH)”，计划每年投入 16 万欧元，在6年内建立欧洲黑色页岩数据库，指导页岩气勘探开发。埃克森美孚公司2008年在匈牙利Makó地区部署了第一口页岩气探井，2009年在德国Lower Saxony盆地完成10 口页岩气探井(王琳等，2011)，并持有德国下萨克森州盆地 75 万英亩(1 英亩≈$4046.86m^2$)土地的租赁权。Devon 能源公司与法国道达尔石油公司建立合作关系，获得法国页岩气盆地的钻探许可。波兰启动了五个页岩气勘探开发项目，迄今已对外颁发了100 多份勘探许可证。2011 年 2 月，Enegi 石油公司取得了在爱尔兰西部克莱尔盆地$495km^2$土地的勘探权。2011年4月乌克兰举行首次页岩气招标，与壳牌和埃克森美孚签署了页岩气勘探开发协议。保加利亚政府将为期5年的页岩气勘探许可以3000万美元授予了雪佛龙公司，在面积达$4400km^2$的Novi Pazar页岩分布区勘探作业。2012年俄罗斯能源部提出了一个大规模开发页岩气的发展计划，并宣布对一批页岩气项目招标。

总体看，欧洲地区的德国、法国和瑞典初步开展了页岩气研究和试验性评价，部分企业已着手进行商业性勘探开发。但页岩气勘探屡遭挫折，最终陷入停滞状态，页岩气发展充满不确定性，主要是欧洲多数国家对水力压裂法的安全性存在争议。2011年后，法国、西班牙和德国等相继发布页岩气勘探开采禁令或推迟令。2015年1月，英国宣布禁止在国家公园内利用水力压裂开采页岩气。同时，苏格兰政府决定推迟英国Cuadrilla页岩公司的两个水力压裂项目，宣布暂停发放非常规油气开发许可证，停止使用水力压裂法。此外，俄罗斯页岩气资源开发面临法律法规、监管和税收政策等障碍，如今欧美因乌克兰危机对其能源领域实施的制裁又给俄罗斯页岩气开发蒙上了一层阴影。

非洲地区的页岩气勘探开发尚处于起步阶段。南非卡鲁(Karoo)盆地南部是目前非洲面积最大的页岩气作业区，划分成35个勘探区块。壳牌公司于2011年2月获得勘探许可证，随后美国Bundu、Chesapeake Energy、南非Sasol、法国雪佛龙、英国Falcon、挪威Statoil公司相继与南非签订合同。阿尔及利亚拥有丰富的页岩气资源、完善的基础设施和政府的鼓励政策，曾计划斥资800亿美元用于页岩气勘探，埃尼公司、壳牌公司、埃克森美孚、加拿大塔里斯曼能源公司均与阿尔及利亚签署了页岩气勘探合同。

在大洋洲地区，澳大利亚拥有 28.3×10^{12} m^3 以上页岩气资源量，潜力巨大。澳大利亚已在库珀(Cooper)、卡宁(Canning)、珀斯(Perth)和马里伯勒(Maryborough)等盆地开展页岩气勘探活动。2010 年，澳大利亚全球勘探公司(AWE)在珀斯盆地发现了页岩气，澳大利亚能源公司 Santos 在昆士兰完钻了第一口页岩气井。澳大利亚海滩能源公司 2011 年 7 月在澳洲南部 Cooper 盆地钻探的页岩气井成功实施压裂，获得了商业性页岩气流。近年来，Cooper 盆地、Canning 盆地、Perth 盆地和 Maryborough 盆地页岩气勘探活动逐渐增多。但若要进行全面开发，还需要实施成熟的环保措施并降低开发成本。

在中东地区，沙特阿拉伯页岩气和其他非常规天然气资源量为 16.0×10^{12} m^3，是其常规天然气资源量的两倍。2013 年以来开始推进页岩气的勘探，这将有可能使沙特在满足国内需求增长的同时，继续保持原油的出口。

第 2 章　海相页岩气地质特征

海相页岩主要形成于地质条件较为封闭、有机质供给丰富的台地或陆棚环境。海相富有机质页岩发育的我国南方古生界是我国页岩气勘探开发的首选地区和主要层系。

2.1　中国海相富有机质页岩沉积特征

我国的地质构造演化分为前南华纪陆核与古中国地台形成、古地台解体与古中国大陆形成、印支期后中—新生代中国大陆继承发展三大阶段，每一阶段都形成了多种类型、结构复杂、多期叠合、多期构造变动的沉积盆地，且都有富有机质页岩沉积。

2.1.1　中国海相富有机质页岩沉积背景

中国大陆处于太平洋板块、印度板块和西伯利亚板块等多个板块的交汇处(图 2.1)，动力学体系复杂，具多块体拼合、多期次、多旋回的复杂构造特征，决定了中国古生界海相沉积盆地沉积的特殊性。20 世纪 70 年代以来的持续研究表明，海相盆地主要发育在一系列小型古板块之上，经过古生代海相和中—新生代陆相两大沉积演化阶段，现今由代表古生代洋壳性质的天山-阴山、祁连山-秦岭、昆仑山和龙门山、贺兰山等造山带环绕。古板块的分离、聚敛与古洋壳的生长和消亡决定了中国古生界海相盆地的形成及演化过程。

前人(李春昱，1982；王鸿祯，1982；关士聪，1985)将中国含油气盆地的构造-沉积发展，划分为“元古代—中石炭世小陆壳板块漂移和海相盆地沉积、晚石炭世—中三叠世陆壳板块向北拼合聚敛和海陆交互相沉积、晚三叠世—早白垩世统一大陆内部稳定沉降和湖相沉积盆地、晚白垩世—古近纪印度与亚欧板块碰撞和陆内变形、新近纪至今前陆挤压冲断和盆山耦合”五大演化阶段，每一演化阶段都有富有机质页岩沉积。

其中，元古代—中石炭世小陆壳板块漂移和海相盆地沉积阶段，以海相拗拉槽-裂陷槽和克拉通拗陷盆地为主，这些盆地被后期中—新生代陆相大型拗陷盆地、裂陷盆地、前陆盆地叠置。

研究认为在元古代就已固结的塔里木、华北、扬子三大板块，奠定了中国大陆早古生代海相盆地形成与演化的构造基础。新元古代晚期罗迪尼亚(Rodinia)古陆解体，塔里木、华北、扬子等陆块裂解出来，被古亚洲洋、古中国洋和原特提斯洋三个相互连通的洋盆分隔。早古生代早期，这些陆块还处于南半球的中低纬度区，塔里木、华北、扬子三大板块之间也相差很远的距离，随后这些板块向北发生远距离的漂移。早古生代末，这些被大洋分隔的板块开始趋向拼合，形成中国古大陆的雏形。早古生代华北和扬子两个古板块当时相距至少有 4000km(李春昱，1982)，塔里木、华北和扬子古板块分别漂移在昆仑洋、秦岭-祁连山洋和天山洋之间。震旦纪—早古生代，漂移于大洋中的塔里木、

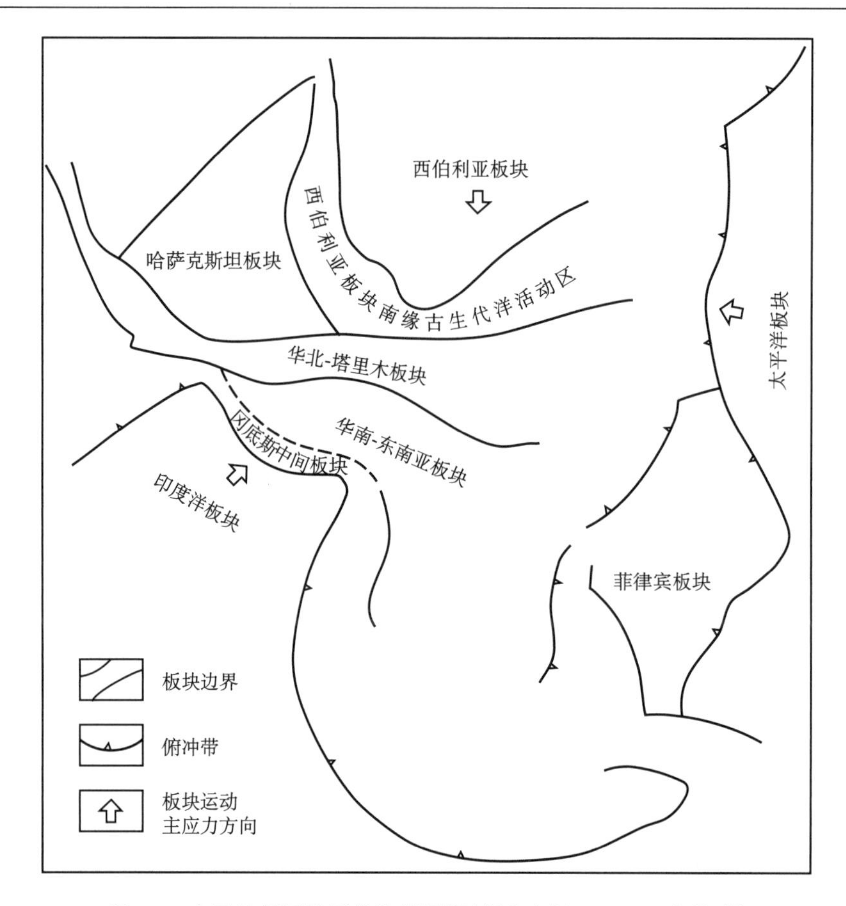

图 2.1　中国及邻区地质构造背景图(据李春昱，1982，有修改)

华北、扬子等板块稳定沉降，板块内以台地相碳酸盐岩沉积为主，板块边缘以拗拉槽、被动陆缘或边缘拗陷的盆地相或盆地斜坡沉积为主(图 2.2)，沉积了一套深水环境下的陆缘海相碳酸盐岩、砂砾岩和页岩组合，如华北板块北部的燕辽地区、鄂尔多斯盆地西北部贺兰山拗拉槽、塔里木板块东部的库鲁克塔格拗拉槽、四川盆地西部发育大型板内裂陷，在深水环境沉积了一套富有机质页岩。

一些板块内发育稳定的深拗陷，沉积了具有烃源岩特征的灰质页岩和黑色页岩(图 2.3)，例如塔里木盆地塔中地区的奥陶系灰质页岩就属于克拉通拗陷的沉积层序。早古生代中期，塔里木、四川、鄂尔多斯三大克拉通板块稳定沉降，主体沉没于海平面之下，以陆表海沉积为主。到晚奥陶世，华北古板块出露于水面成为古陆，长期遭受剥蚀。早—中志留世，塔里木和扬子两个古板块广泛接受海相泥质碎屑沉积(图 2.3)。中—晚志留世，古板块均露出洋面成为古陆，发育在古陆壳板块之上的海相沉积层序在加里东运动中受到周缘洋壳板块的俯冲推挤作用，在板块内部形成古隆起。

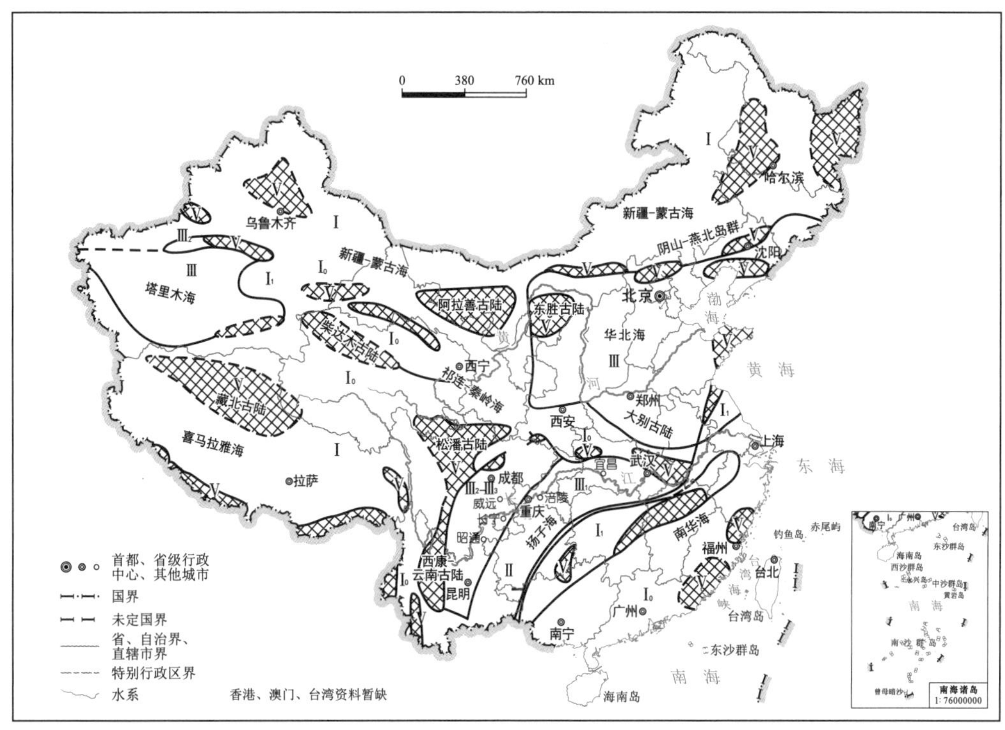

图 2.2　中—晚寒武世海陆分布与沉积相图(王鸿祯，1982；关士聪，1985)

I. 海相(未细分)； I_0. 槽盆地相； I_1. 盆地相； II. 台地边缘相； III. 台地相(未细分)

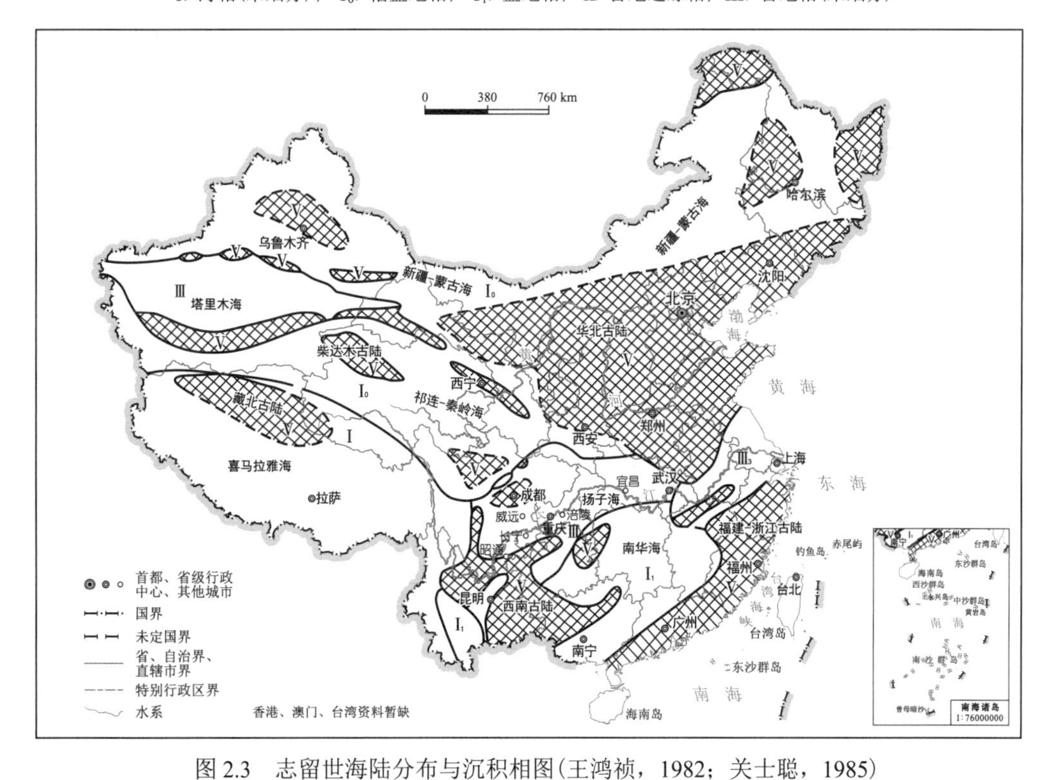

图 2.3　志留世海陆分布与沉积相图(王鸿祯，1982；关士聪，1985)

I. 海相(未细分)； I_0. 槽盆地相； I_1. 盆地相； III. 台地相(未细分)； III_3. 大陆斜坡相； V. 古陆

晚石炭世到晚三叠世古大洋逐步消亡，板块逐渐拼贴聚合，在板内的拗陷盆地和板缘的裂陷盆地中普遍接受了含煤的海陆交互相沉积，例如鄂尔多斯盆地沉积了寒武系—中奥陶统稳定的陆表海碳酸盐岩层序和石炭系—二叠系海陆交互相、陆相含煤沉积；塔里木盆地发育齐全的下古生代碳酸盐岩和上古生代海陆交互相碎屑岩沉积；四川盆地除泥盆系—石炭系部分出现沉积间断或剥蚀外，整个古生代海相沉积普遍发育(图 2.4)。

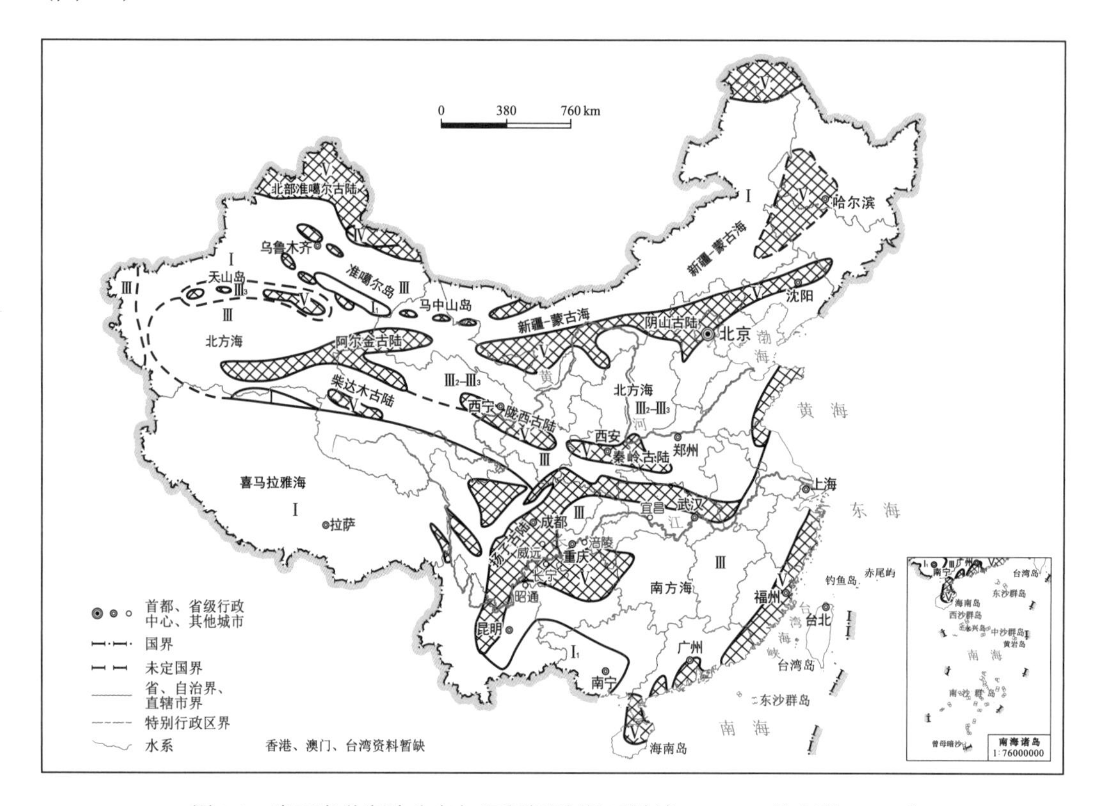

图 2.4　晚石炭世海陆分布与沉积相图(据王鸿祯，1982；关士聪，1985)

I. 海相(未细分)；I_1. 盆地相；III. 台地相(未细分)；III_2.局限海台地相；III_3. 大陆斜坡相；V. 古陆

综上所述，中国海相页岩沉积盆地地质结构特征明显：平面上以较稳定、未变形或弱变形的克拉通为核心，边缘环绕褶皱带或冲断变形的前陆冲断带，从边缘向克拉通内部，构造变形越来越平缓。纵向上为海相克拉通层序与经受了中—新生代前陆盆地或冲断带叠加改造后的陆相层序组合，如塔里木盆地中间为稳定的古生代克拉通海相层序、周缘库车、塔西南、塔东南为中—新生代前陆冲断带叠合复合而成。鄂尔多斯盆地为中间稳定的早古生代克拉通海相层序和西缘中—新生代冲断带复合而成；四川盆地整体上由川中稳定古生代克拉通海相层序与边缘被卷入变形(隆升剥蚀或挤压推覆)的冲断带组成。经历不同阶段构造-沉积演化的海相沉积盆地，控制了海相富有机质页岩的沉积和分布、类型与页岩气资源潜力。

2.1.2　中国海相富有机质页岩展布特征

中国富有机质页岩丰富，时代跨度大、分布地域广，形成于海相、海陆过渡相和陆相三大沉积环境(图2.5)。初步统计，中国陆上富有机质页岩分布在12个主要领域，跨越50余个层系(表2.1)。

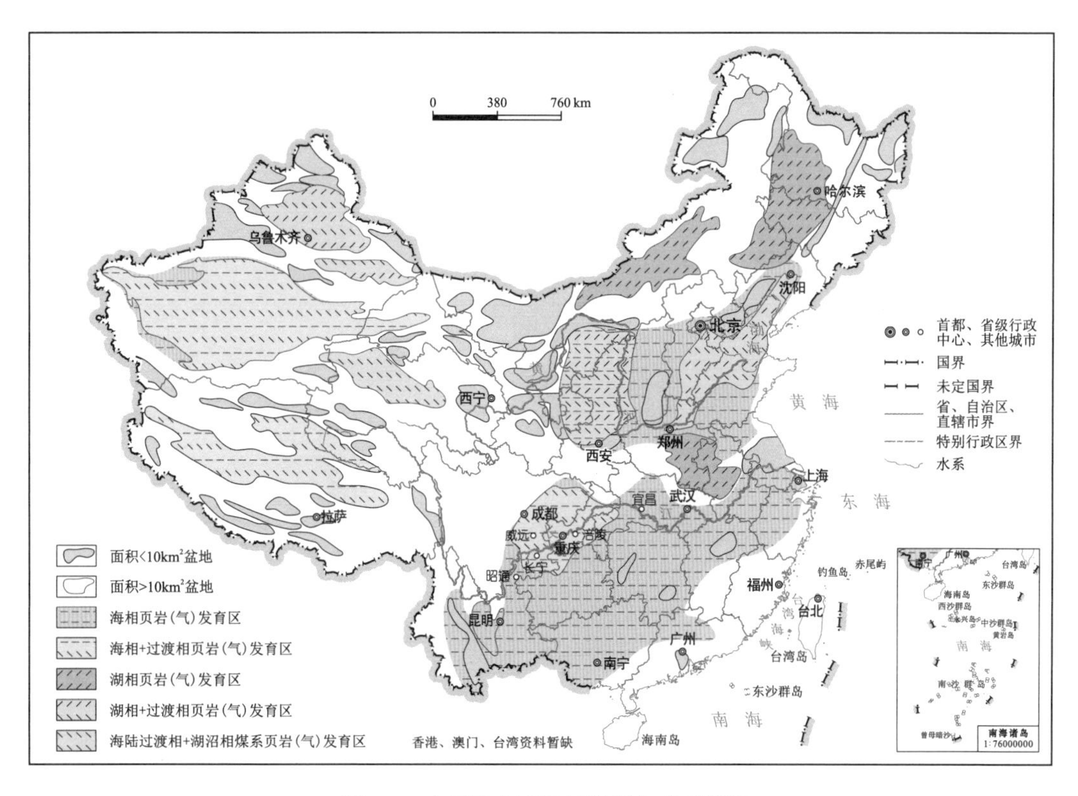

图2.5　中国陆上页岩气资源分布示意图

海相富有机质页岩沉积的主要领域及层系为：①南方地区古生界，主要层系有上震旦统陡山沱组、下寒武统筇竹寺组、上奥陶统五峰组—下志留统龙马溪组、中泥盆统印堂组—罗富组、下石炭统大塘组—旧司组，以及与上述层系相当的层系；②华北地区(渤海湾盆地-鄂尔多斯盆地)元古界—古生界海相富有机质页岩，包括长城系串岭沟组、蓟县系下马岭组、洪水庄组、中奥陶统平凉组；③塔里木盆地古生界海相富有机质页岩，包括下寒武统玉尔吐斯组、下奥陶统黑土凹组、中—上奥陶统萨尔干组、印干组；④羌塘盆地中生界海相富有机质页岩，主要为上三叠统肖茶卡组、中侏罗统夏里组、布曲组等(关德师等，1995)。

中国最古老的海相富有机质页岩为古元古界长城系串岭沟组—中元古界蓟县系洪水庄组、待建系下马岭组及新元古界震旦系陡山沱组页岩。长城系—蓟县系—待建系页岩分布在华北北部地区的承德宽城—张家口下花园—鄂尔多斯盆地一带，以承德宽城—张家口下花园出露为主，鄂尔多斯盆地西缘零星出露。迄今在露头区发现以此套富有机质页岩

表 2.1　中国陆上主要含油气盆地(区)富有机质页岩统计表

界	系	统	渤海湾盆地(华北地区)	鄂尔多斯盆地	四川盆地	南方其他地区	柴达木盆地	准噶尔-吐哈盆地	塔里木盆地	羌塘盆地
新生界	侏罗系	中统			沙溪庙组(J_2s)		大煤沟组(J_2d)	西山窑组(J_2x)	恰克马克组(J_2qk)	夏里组(J_2x)
									克孜勒努尔组(J_2kz)	布曲组(J_2b)
		下统			自流井组(J_1z)		湖西山组(J_1h)	三工河组(J_1s)	阳霞组(J_1y)	
								八道湾组(J_1b)		
	三叠系	上统		延长组[7](T_3ych^7)	须家河组(T_3x^{1-3-5})			百碱滩组(T_3b)	塔里奇克组(T_3t)	肖茶卡组(T_3xc)
				延长组[9](T_3ych^9)					黄山街(T_3h)	
上古生界	二叠系	上统			龙潭组(P_2l)	龙潭组(P_2l)				
		中统	山西组(P_1s)	山西组(P_1s)				下乌尔禾组(P_2w)/平地泉组(P_2p)/芦草沟组(P_2l)		
		下统	太原组(P_1t)	太原组(P_1t)				风城组(P_1f)		
								佳木河组(P_1j)		
	石炭系	上统	本溪组(C_2b)	本溪组(C_2b)			克鲁克组(C_2k)	滴水泉组—巴山组(C_1d—C_2b)		
		下统				旧司组(C_1j)				
						大塘组(C_1d)				
	泥盆系	中统				罗富组(D_2l)				
						印堂组(D_2y)				
下古生界	志留系	下统			龙马溪组(S_1l)	龙马溪组(S_1l)				
	奥陶系	上统			五峰组(O_3w)	五峰组(O_3w)			印干组(O_3y)	
		中统		平凉组(O_2p)					萨尔干组($O_{2-3}s$)	
		下统							黑土凹组($O_{1-2}h$)	
	寒武系	下统			筇竹寺组($€_1q$)	筇竹寺组($€_1q$)			吐尔玉斯组($€_1t$)	
新元古界	震旦系				陡山沱组(Z_2d)	陡山沱组(Z_2d)				
	青白系		下马岭组(Qbx)							
中元古界	蓟县系		洪水庄组(Jxh)							
	长城系		串岭沟组(Chcch)							

注：表中省略了部分非海相层系。 海相富有机质页岩， 海陆过渡相富有机质页岩， 陆相富有机质页岩。

为源的大量油苗，但尚未发现以此为源而形成的工业性油气藏。震旦系页岩在南方的扬子地区(尤其是中—上扬子地区)广泛发育，在西部塔里木盆地东北部库鲁克塔格及孔雀河斜坡、塔西南周边露头区也有发现。以震旦系富有机质页岩为源的油气苗及沥青在露头区广泛存在，四川盆地威远震旦系气田、安岳龙王庙气田的气源与该页岩密切相关。

古生代是中国海相富有机质页岩沉积的主要时期，形成了以下寒武统筇竹寺组、下志留统龙马溪组为代表的多套海相富有机质页岩(图2.6、图2.7)(王世谦等，2009)。寒武纪在扬子地台、塔里木地台和华北地台三大主要海相沉积区都发育有较好的富有机质页岩。扬子地区的下寒武统筇竹寺组($€_1q$)(或与沧浪铺组、牛蹄塘组、水井沱组、巴山组、荷塘组、幕府山组等相当层位)页岩和塔里木盆地下寒武统吐尔玉斯组($€_1t$)页岩。筇竹寺组页岩厚度大、分布范围遍及整个扬子地台区，是麻江、凯里等古油藏及威远气田、安岳龙王庙气田的主力源岩。塔里木盆地寒武纪早期和晚期分别沉积了一套富有机质页岩，在柯坪、塔西南、塔中隆起、塔北隆起、满加尔拗陷等区域广泛分布，是塔里木盆地的重要烃源岩(梁狄刚等，2009)。

(a) 塔里木盆地柯坪地区奥陶系萨尔干组页岩露头照片

(b) 四川盆地长宁地区志留系龙马溪组页岩露头照片

图2.6　中国古生界海相富有机质页岩露头特征照片

奥陶系页岩在塔里木地台、华北地台、扬子地台都有分布。奥陶系整体以碳酸盐岩为主，鄂尔多斯盆地西缘-南缘发育中奥陶统平凉组(O_2p)页岩，塔里木盆地奥陶系沉积遍及全盆地，从下至上均有页岩层段发育，下部层段有黑土凹组页岩($O_{1-2}h$)(图2.7)，中部层段有萨尔干组页岩($O_{2-3}s$)，上部层段有印干组(O_3y)页岩，扬子地台区奥陶系是典型的台地相沉积，下奥陶统以稳定的碳酸盐岩为主，上奥陶统相变剧烈，页岩层段为上奥陶统五峰组页岩，在上—中扬子地区稳定分布。

志留纪是寒武纪之后，古生代第二个重要的富有机质页岩沉积期。在扬子地台区，晚奥陶世—早志留世，连续沉积了五峰组—龙马溪组富含笔石、钙质与硅质页岩，分布于整个扬子地台区，是四川盆地五百梯、罗家寨、建南等石炭系气田的主力源岩。

泥盆纪海相页岩沉积在滇、黔、桂、粤等南方地区大面积分布，以中泥盆统的罗富组(D_2l)、印堂组(D_2y)及相当层位页岩为主，在剖面上构成黑色页岩、泥灰岩、白云质灰岩及硅质岩互层组合。

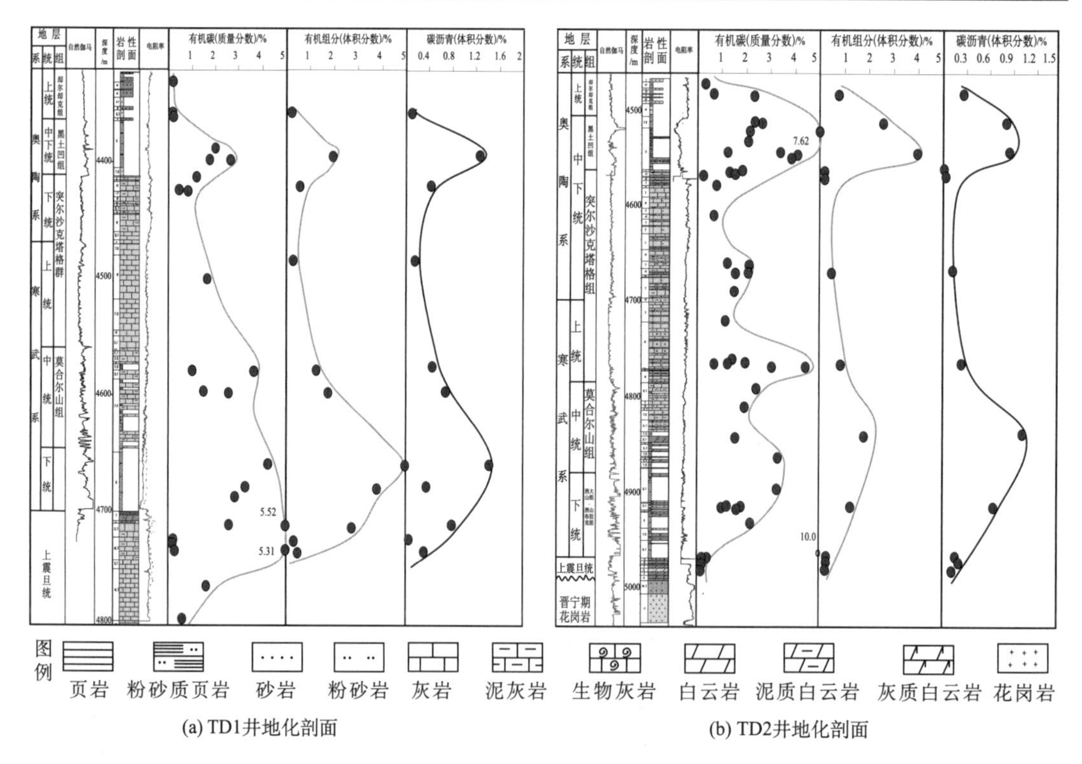

图 2.7　塔里木盆地奥陶系黑土凹组海相富有机质页岩钻井剖面图

石炭纪时期在华北地台和塔里木地台区沉积了浅海相碳酸盐岩和海陆交互相碎屑岩(页岩)含煤建造，海陆过渡相煤系页岩发育，准噶尔盆地形成了较大规模的浅海相及海陆交互相沉积，发育了较大规模的黑色页岩。扬子地台区石炭系以海相沉积为主，在滇、黔、桂等地区沉积了大塘组(C_1d)、旧司组(C_1j)等页岩地层。

综上所述，中国海相富有机质页岩分布面积广、厚度大。我国南方地区古生界震旦系—石炭系海相页岩分布面积为 9.7×10^4 km^2(石炭系旧司组)至 87×10^4 km^2(寒武系筇竹寺组)，累计厚度为 200～1500m，平均厚度为 500m。川西南(自贡-宜宾)、川南-黔北(重庆-贵阳)、川东-鄂西(石柱-彭水)、川北(广元-南江)、当阳-张家界、盐城-扬州、宁国-石台、黔南-桂中等地区页岩厚度较大。塔里木盆地寒武系与奥陶系页岩分布在巴楚-阿瓦提、满东两个地区，以满东地区寒武系页岩发育最好，面积为 10×10^4 km^2 (奥陶系印干组)至 13×10^4 km^2(寒武系玉尔吐斯组)，累计厚度 40～300m，平均厚度 150m。

2.1.3　中国南方海相富有机质页岩展布特征

中国南方地区包括扬子地台区、华南地区，广泛发育了元古界—古生界海相沉积(图 2.8、图 2.9)。据统计，其海相地层分布面积约 95×10^4 km^2，累计厚度最大超过 10000m。中生代以来的构造运动十分复杂，海相地层保存差异大。

经筛查，中国南方地区元古界—古生界发育震旦系、寒武系、志留系、泥盆系、石炭系等多套海相富有机质页岩，分布稳定，有机质含量高，在盆地内、向斜稳定区及隆起构造低部位等有利区域内页岩气形成、富集与保存条件相对优越。

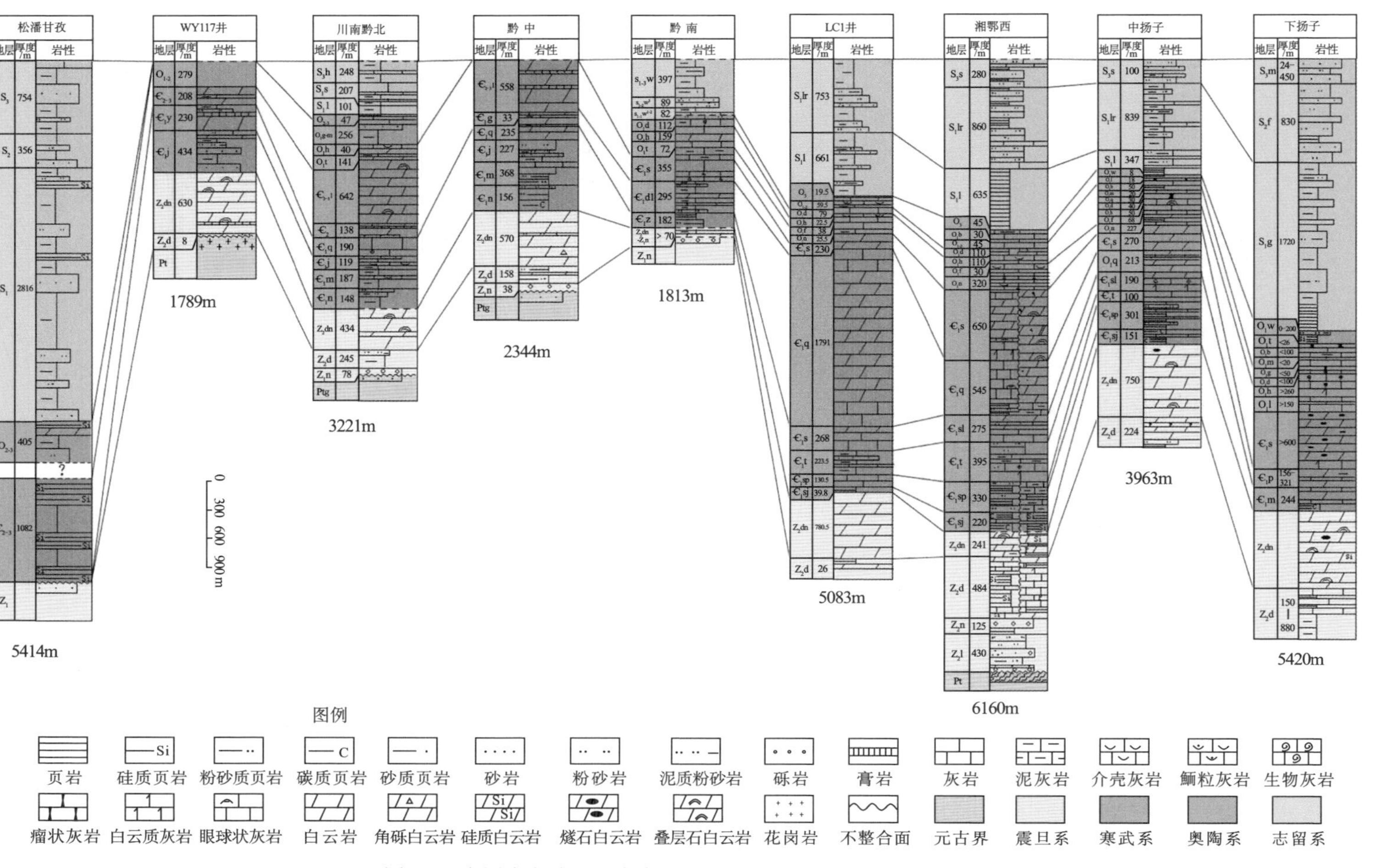

图 2.8　中国南方地区下古生界海相页岩钻井与露头剖面对比图

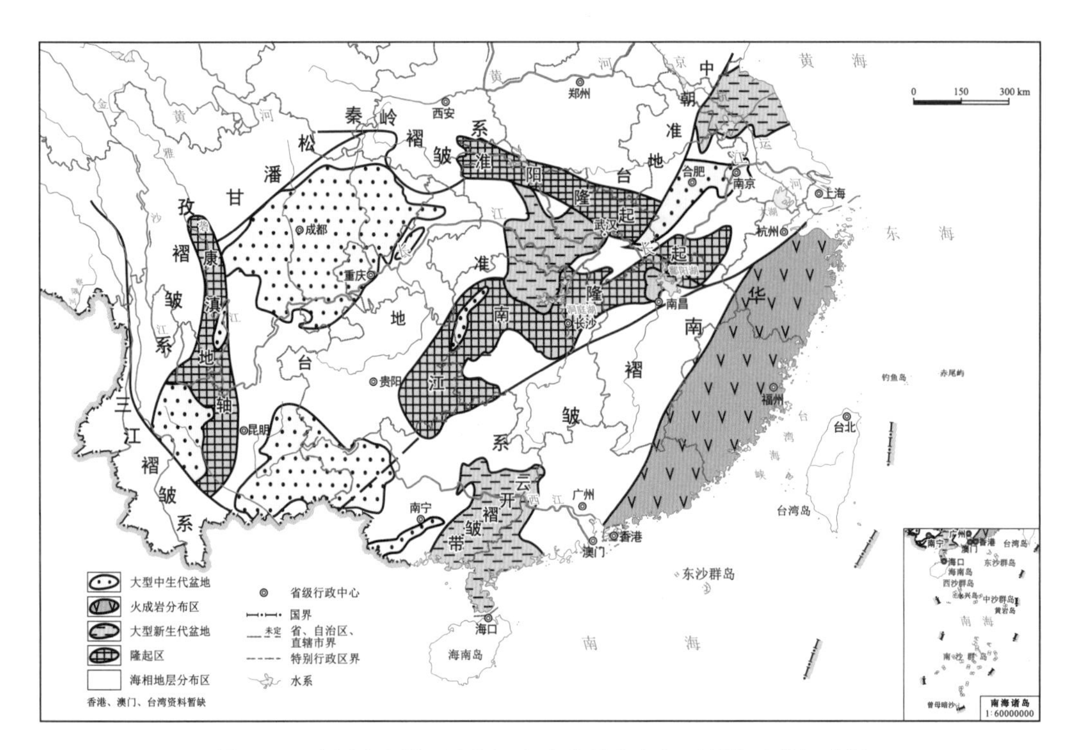

图 2.9　中国南方地区海相沉积岩出露分布与区域构造特征略图

上震旦统陡山沱组页岩主要沿上—中扬子地台克拉通台地边缘分布，在上—中扬子浅海陆棚相区及其东南的黔东-湘西和鄂东南至湘中次深海和深海相沉积区，沉积了黑色碳质页岩、硅质页岩、硅质-碳质页岩。川东南、黔东北、渝东-鄂西地等地区陡山沱组富有机质页岩厚 10～100m（图 2.10），如金沙岩孔、遵义松林、桐梓-綦江、秀山-涪陵、万州一带厚 30～90m，TOC 含量为 1.8%～4.6%；铜仁、镇远、都匀、三都、独山一带厚 10～30m，局部厚达 80m，TOC 含量为 0.8%～3.0%；兴山大峡口-鹤峰白果-永顺王村一带厚 26.1～114.6m，TOC 含量为 0.41%～2.6%。

寒武纪时期，中国南方扬子地台区发生了早古生代最大的海侵事件。早寒武世发育了梅树村、筇竹寺、沧浪铺和龙王庙四个阶，沉积了梅树村组和筇竹寺组黑色页岩，四川盆地、川东-鄂西、下扬子等地区稳定分布。沧浪铺组和龙王庙组中上部为碳酸盐岩，下部为灰绿色页岩，主要分布在上扬子地区。

下寒武统筇竹寺组页岩区域上相当层位，包括九老洞组、牛蹄塘组、水井沱组、荷塘组和冷泉王组，岩性主要为黑色页岩、碳质页岩、硅质页岩、粉砂质页岩，上扬子地区的滇东、黔东北区寒武系底部普遍发育含磷层，下扬子地区寒武系底部夹石煤层。该页岩层段面积较大，遍布四川盆地、湘鄂西地区、黔中隆起及周缘地区、中扬子地区及

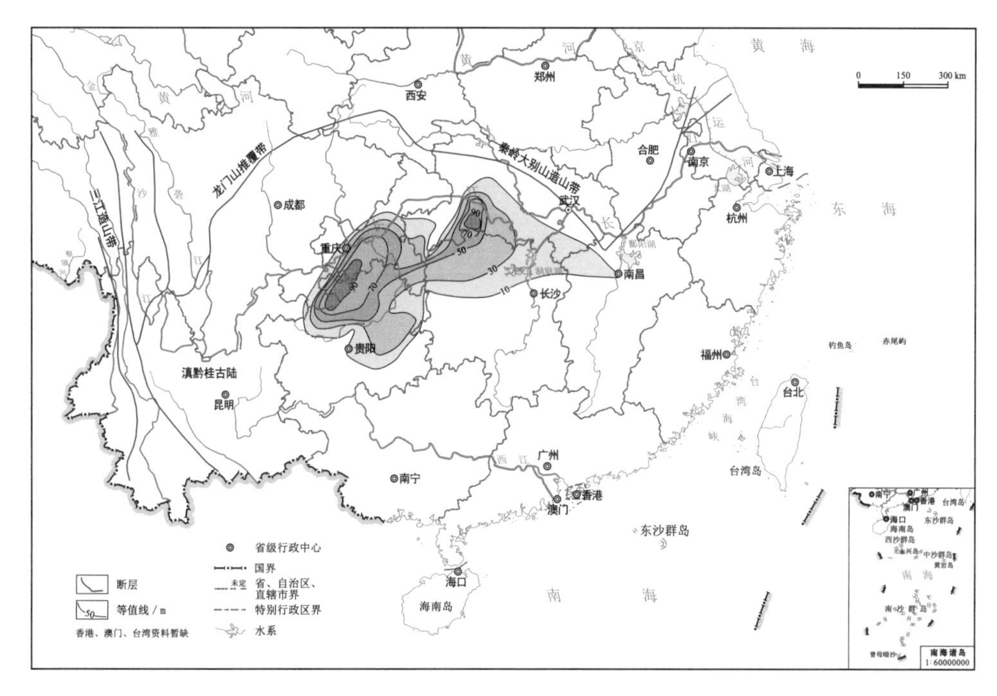

图 2.10　南方地区上震旦统陡山沱组页岩厚度分布图

下扬子地区，现今残留面积约 87×10^4 km^2(图 2.11)。筇竹寺组页岩厚 30～700m，在川南地区厚 200～400m，川东-鄂西、黔北页岩厚 100～450m，滇北-黔北地区厚 50～150m，江南隆起北缘厚 200～400m，下扬子地区西北部厚 50～120m，皖南、苏南区厚 30～50m。四川盆地筇竹寺组厚 74～400m，乐山-龙女寺区筇竹寺组厚 100～400m，资阳—威远地区厚 250～350m，厚度大于 50m 的面积约 60×10^{4}km^2(图 2.11)。晚奥陶世—早志留世为中国南方地区黑色页岩主要发育期。在江南-雪峰低隆区(有时为水下隆起)到滇黔隆起以北的克拉通边缘发育滞流盆地相，为较深水-深水缺氧的非补偿性沉积环境，沉积了上奥陶统五峰组黑色页岩、碳质页岩、硅质页岩、笔石页岩和下志留统龙马溪组黑色、灰黑色砂质页岩、钙质黑色页岩、碳质页岩、硅质页岩和笔石页岩等。上奥陶统五峰组富含笔石化石和有机质的黑色页岩厚度不大、但分布稳定，厚度一般几十厘米至十余米不等，分布遍及扬子地区。下志留统龙马溪组页岩主要发育在中—上扬子地区及皖南、浙西沉积区，厚度大，一般 30～700m，集中分布在川南、川东、鄂西-渝东、中—下扬子等地区。

五峰组—龙马溪组页岩以半深水-深水陆棚相沉积为主，页岩分布范围广，厚度大，TOC 含量高，热演化程度 R_o 高，岩石脆性好，孔隙-裂缝发育，页岩气生成、富集条件优越。五峰组—龙马溪组页岩主体厚度为 300～600m，由三个岩性段组成(图 2.12)。上部岩性段为龙马溪组三段(简称龙三段)，由杂色黏土质页岩夹薄层碳酸盐岩组成，厚 120～400m，有机质丰度低，TOC 含量一般小于 1.0%。中部岩性段为龙马溪组二段(简称龙二段)，以粉砂质页岩为主，夹薄层极细砂岩、粉砂岩，厚 40～100 m，有机质丰度较高，TOC 含量为 1.0%～2.0%。最下部岩性段为五峰组—龙马溪组一段(简称龙一段)，由黑色碳质、硅质、钙质、富笔石页岩组成，厚 80～120 m，有机质丰度极高，TOC 含量平均大于 3.0%。龙一段底部 30～50m 以富生物成因硅质、钙质页岩为主，TOC 含量为 3.0%～6.0%，孔隙度为 4.0%～6.0%，含气量为 4～7m^3/t，压力系数为 1.2～2.0，与北美页岩气层地质特征相当，是五峰组—龙马溪组页岩气主力产气层段，即“甜点段”。

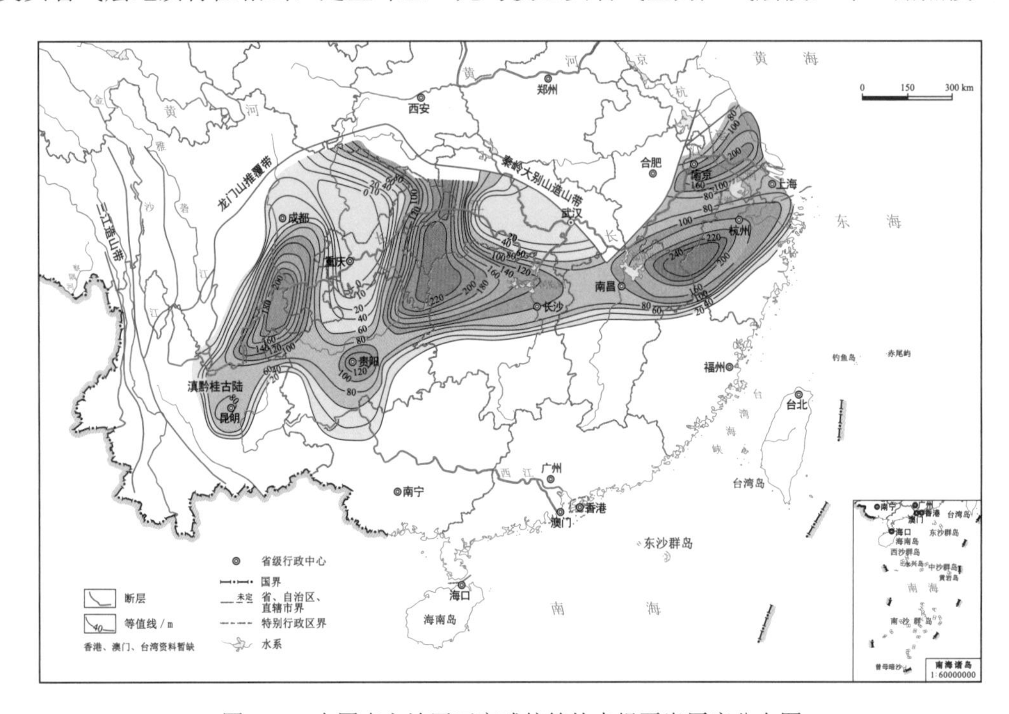

图 2.11　中国南方地区下寒武统筇竹寺组页岩厚度分布图

五峰组—龙马溪组页岩厚度稳定，但也存在多个厚度较大区(图 2.13)：一是下扬子地区页岩厚 50～200m，存在南、北两个厚度区；二是中扬子地区页岩厚 50～300m，存在咸宁和湘鄂西两个厚度区；三是上扬子地区页岩厚 100～700m，存在川南、川东、川北三个厚度区，川南区厚度最大，达到了 846.6m。

泥盆系黑色页岩分布在黔南、湘桂地区(图 2.14)。南盘江地区黑色页岩发育在中泥盆统罗富组中，向上可延续到上泥盆统榴江组；湘中地区中泥盆统棋梓桥组黑色页岩在北部的涟源、中部的邵阳凹陷厚度相对较大，大于 100～300m，其中涟源凹陷棋梓桥组页岩最大厚度位于安化县青山冲附近，北东向展布，邵阳凹陷棋梓桥组页岩最大厚度位于新邵县铜柱滩附近，北东向展布。在南部零陵凹陷页岩厚度较小，一般 100 余米，北东向展布。

下石炭统海相黑色页岩仅分布在南盘江、桂中地区，厚度 50～600m，厚度较大区沿垭紫罗-南丹断裂分布，最大厚度区位于南丹-河池地区(图 2.15)。

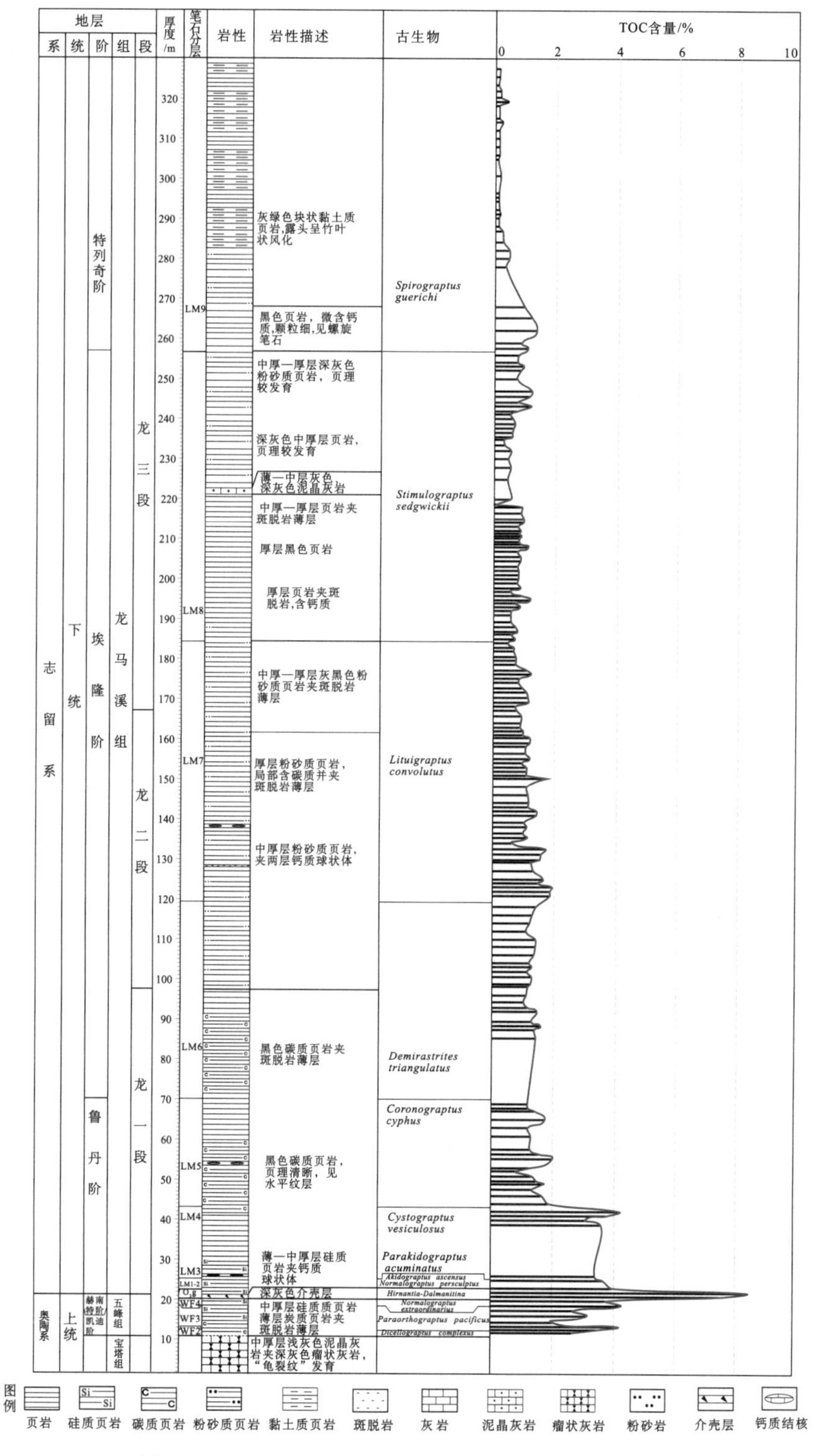

图 2.12　中国南方地区五峰组—龙马溪组岩性段划分图

LM3～LM9 为在马溪组笔石带小层号；WF2～WF4 为五峰组笔石带小层号

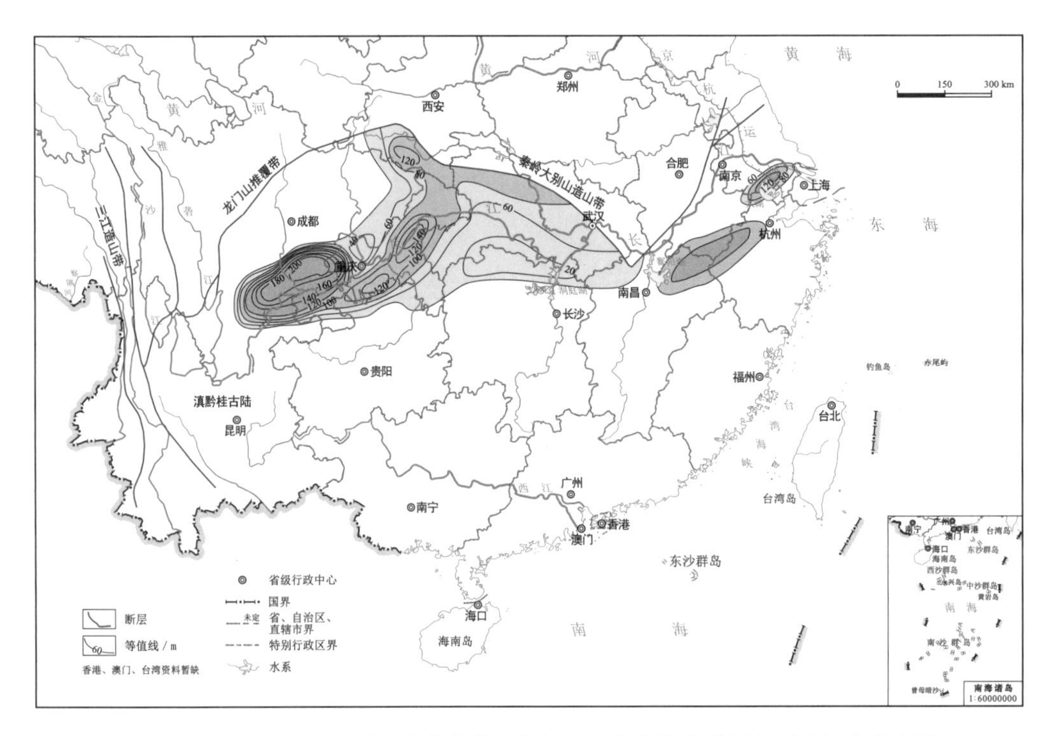

图 2.13　中国南方扬子地区上奥陶统五峰组—下志留统龙马溪组页岩厚度分布图

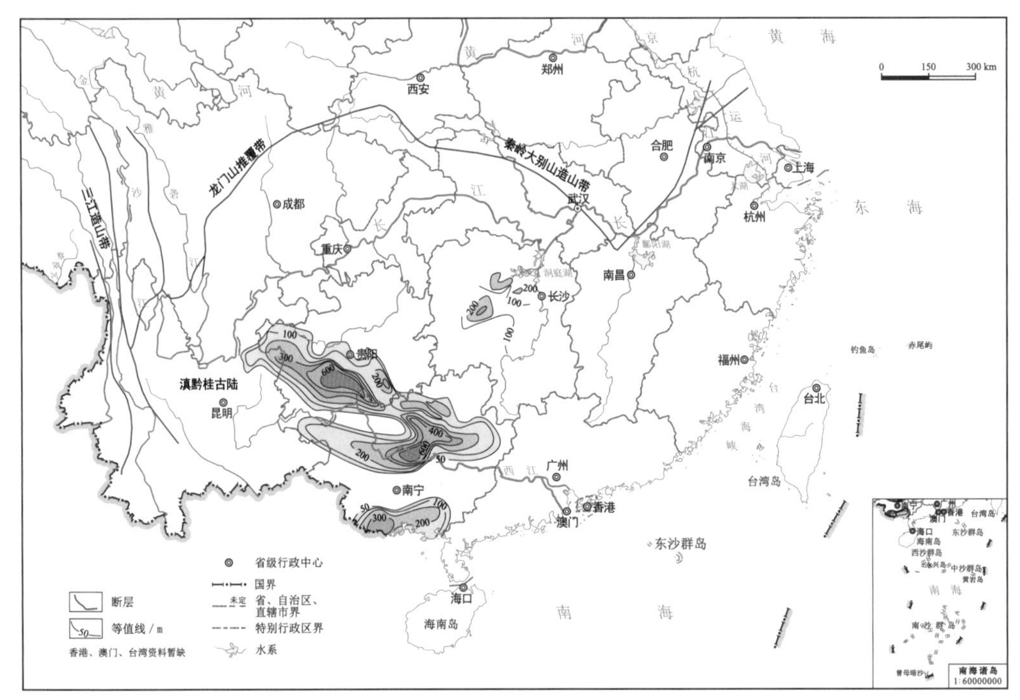

(a) 中国南方地区中泥盆统黑色页岩厚度分布

(b) 中泥盆统页岩露头照片1

(c) 中泥盆统页岩露头照片2

图 2.14　中国南方地区中泥盆统黑色页岩厚度分布与露头特征图

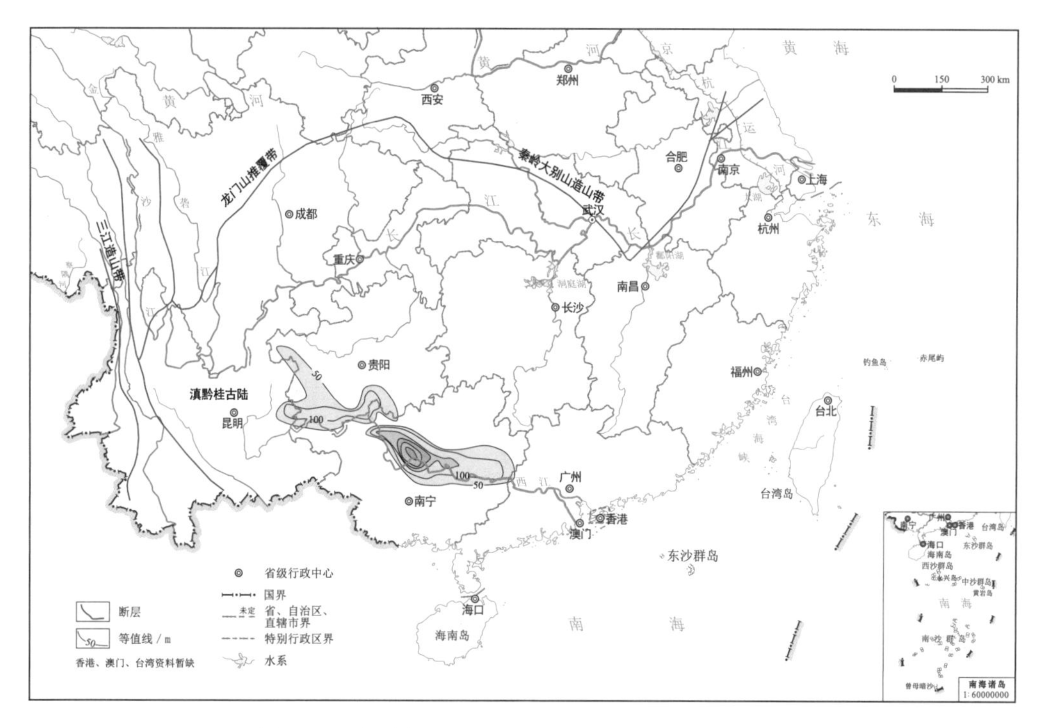

图 2.15　中国南方地区下石炭统黑色页岩厚度分布图

2.2　中国海相页岩有机地球化学特征

中国海相富有机质页岩主要地质特征归纳如表 2.2 所示，总体特征是 TOC 含量高，有机质类型为 I - II$_1$ 型，为典型的倾生油型有机质。热演化程度高，R_o 值为 2.0%～5.0%，处在原油裂解成气后期阶段，即高—过成熟阶段所形成的页岩气富集为典型的热成因气。

表 2.2　中国海相富有机质页岩主要地质特征参数表

地区	页岩名称	时代	页岩面积/km^2	页岩厚度/m	TOC 含量/%	有机质类型	热成熟度 R_o/%	脆性矿物含量/%	黏土矿物含量/%
华北地区	下马岭组	Q_bx	>20000	50～170	0.85～24.3/5.14	I	0.6～1.65	45.1～67.3	23.1～33.5
	洪水庄组	J_xh	>20000	40～100	0.95～12.83/2.84	I	1.1	42.9～59.3	25.3～40.3
	平凉组	O_2p	15000	50～392.4/162	0.1～2.17/0.4	I - II	0.57～1.5	30.7～68.2	23.1～44.5
四川盆地及南方地区	陡山坨组	Z_2d	290325	10～233/60	0.58～12/2.02	I	2.0～4.5	28.5～56	25～42
	筇竹寺组	$€_1q$	873555	20～465/225	0.35～22.15/3.44	I	1.28～5.2	28～78	8～47
	五峰组—龙马溪组	$O_3w—S_1l$	389840	23～847/225.75	0.41～25.73/2.57	I - II	1.6～3.6	21～44	10～65
	印堂组—罗富组	$D_{2-3}y—D_{2-3}l$	236355	50～1113/425	0.53～12.1/2.36	I - II	0.99～2.03	32～74	21～57/43
	旧司组	C_1j	97125	50～500/250	0.61～15.9/3.07	I - II	1.34～2.22	18～43	51～82/67.9
塔里木盆地	玉尔吐斯组	$€_1t$	130208	0～200/80	0.5～14.21/2.0	I - II	1.2～5.0	55～82	4～44
	萨尔干组	$O_{2-3}s$	101125	0～160/80	0.61～4.65/2.86	I - II	1.2～4.6	54～86	14～45
	印干组	O_3y	99178	0～120/40	0.5～4.4/1.5	I - II	0.8～3.4	32～57	24～36
羌塘盆地	肖茶卡组	T_3x	141960	100～747/253	0.11～13.45/1.63	II	1.13～5.35	中等	低
	布曲组	J_2b	79830	25～400/181	0.3～9.83/0.55	II	1.79～2.4	中等	低
	夏里组	J_2x	114200	78～713/366	0.13～26.12/2.03	II	0.69～2.03	中等	中等

注：表中数据“/”之前为范围值，“/”之后为平均值。

2.2.1　中国海相页岩有机碳含量

TOC 含量是衡量岩石有机质丰度的重要指标。北美资料统计，有经济开采价值的页岩气远景区的页岩是富有机质页岩，最低 TOC 含量 2.0%以上。页岩中油气含量与 TOC 含量呈正比，高 TOC 含量页岩通常具有高的油气含量和丰富的油气资源，美国页岩油气产区的 TOC 含量为 4.0%～25%，含气量为 2.0～9.91m^3/t。

中国海相页岩的 TOC 含量系统分析表明，寒武系筇竹寺组页岩 TOC 含量为 0.14%～22.15%，平均为 3.50%～4.71%，其中 TOC 含量大于 2.0%的富集段位于下部和底部，富集段所占比例为 20%～40%。志留系龙马溪组页岩 TOC 含量为 0.51%～25.73%，平均为 2.46%～2.59%，TOC 含量大于 2.0%的富集段位于下部和底部，富集段所占比例为 30%～45%。目前岩石中的 TOC 含量是历经有机质演化生烃后的残余 TOC，原始 TOC 含量更丰富。按残余 TOC 与原始 TOC 间的经验比为 1∶1.16～1∶1.22(Picard，1971；张爱云等，1987)预测，寒武系筇竹寺组页岩原始 TOC 含量平均为 4.2%～5.6%，志留系龙马溪组页岩原始 TOC 含量平均为 2.92%～3.08%。因此，中国扬子地区寒武系筇竹寺组、志留系龙马溪组页岩具备形成页岩气所需的最低 TOC 含量(>2.0%)的要求，是中国海相页岩气勘探开发的有利靶区。

从实测数据来看，四川盆地长宁地区志留系页岩的 TOC 含量与页岩、测井伽马值密切相关(表 2.3)。随岩石颜色加深，TOC 含量增加，TOC 富集段为测井伽马值高值段。长宁地区龙马溪组底部龙一$_1$段—五峰组段厚 33.4～49.8m，TOC 含量为 2.5%～9.20%，

表 2.3　四川盆地长宁区块五峰组—龙马溪组页岩 TOC 含量与测井伽马值关系统计表

井号	最具潜力优质页岩层段特征				其他层段TOC 含量/%	R_o/%
	层段(笔石带)	井深/m	测井伽马平均值/API	TOC 含量/%		
N201	LM5～WF1	2504～2525	198	(2.5～4.5)/3.5	<2.0	2.76～2.95
		2479～2504	155	(1.0～3.0)/2.0		
N203	LM5～WF1	2377～2396.4	187	(2.5～6.0)/4.0	<1.0	2.54～2.77
	LM6～ LM9	2363～2377	161	(1.0～4.0)/2.5		
	龙一$_2$	2293～2363	149	(0.6～1.65)/1.0		
N208	LM5～WF1	1304～1323	211	(3.0～5.0)/3.2	<1.5	
	LM6～LM9	1285～1304	179	(2.0～3.0)/2.3		
N209	LM5～WF1	3155～3174	190	(3.0～4.0)/3.3	< 0.5	
	LM6～ LM9	3134～3155	164	(2.0～2.5)/2.2		
N210	LM5～WF1	2217～2243	178	(3.0～7.0)/3.5	< 2.0	
	LM6～ LM9	2194～2216	160	(2.0～5.0)/2.1		
N211	LM5～WF1	2333～2357	185	(2.0～8.0)/4.1	< 2.0	
	LM6～ LM9	2308～2333	190	(1.0～3.0)/2.0		
N212	LM5～WF1	2091.9～2112.5	203.6	(3.0～6.0)/3.5	< 2.0	
	LM6～ LM9	2073.7～2091.9	160.4	(2.0～3.0)/2.5		

注：WF1 为五峰组笔石带小层号；LM5～LM9 为龙马溪组笔石带小层号。表中数据“/”之前为最小～最大范围值，“/”之后为平均值。

自上而下 TOC 含量逐渐增大，各井测井曲线值差异不大，干酪根类型以 I 型为主，腐泥组分含量为 71.0%～90.0%，沥青组分含量为 10.0%～22.0%，不含或微含镜质、惰质组分。等效镜质体反射率 R_o 大于 2.0%，达高—过成熟阶段，以原油裂解干气为主。

2.2.2　中国海相页岩有机质类型

在确定页岩气有利远景区带时，有机质类型研究必不可少。普遍认为富氢有机质主要生油，氢含量较低的有机质以生气为主，且不同类型干酪根、不同演化阶段生气量有较大变化。通常海洋或湖泊环境下形成 I 型和 II_1 型有机质，主要生油，随热演化程度增加，原油再裂解成气。海陆过渡相和陆相湖沼环境下形成的 II_2 型和III型有机质，主要产气。当演化程度高时，所有类型有机质都能生成大量天然气。

图 2.16 显示了北美地区 TOC 含量与生烃潜量间的关系。通常 TOC 含量愈高，产气潜力愈大。北美页岩有机质类型主要为 I 型和 II_1 型，中国古生界海相页岩有机质类型也主要为 I 型和 II_1 型，具有非常好的产气潜力。

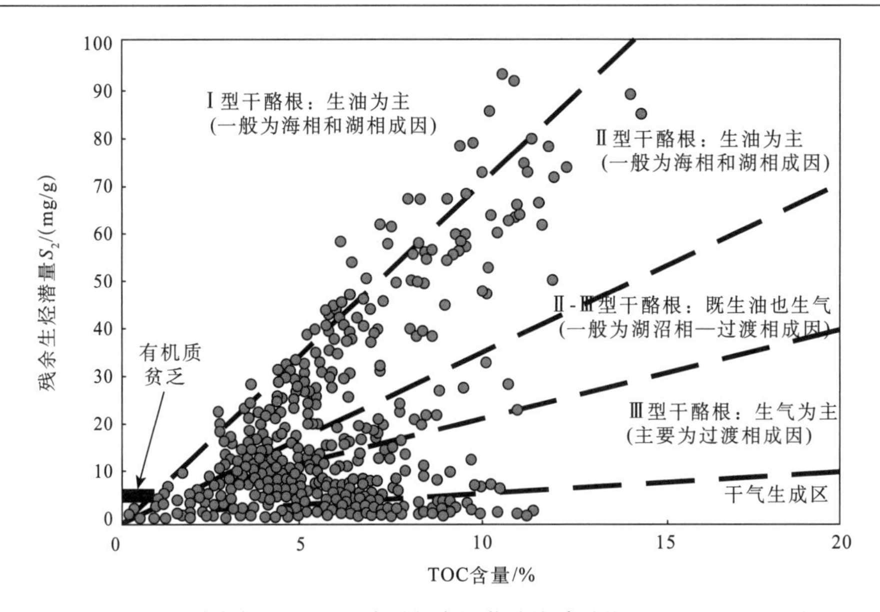

图 2.16　北美产气页岩 TOC 含量与生烃潜量关系图(据 Core Lab.，2006)

资料来源：Core Lab. 2006. 页岩储层综合评价—页岩气储层储层特征和产量预测，休斯敦：Core Lab.

2.2.3　中国海相页岩热演化程度

有机质成熟度是确定有机质生油、生气或有机质向烃类转化程度的关键指标。通常成熟度指标 R_o≥1.0%时为生油高峰，R_o≥1.3%时进入大量生气阶段。页岩气的成因包括有机质生物降解、干酪根热降解、原油热裂解及混合型等多种成因类型。从页岩含气量与产量参数对比看，页岩气以干酪根热降解、原油热裂解等热成因气为主。有机质成熟度低，页岩含气量和气井产气量小。成熟度变高时，页岩含气量和气井产气量增大。Jarvie 等(2004)研究认为，有利页岩气产区热成熟度以生气阶段为主，R_o 为 1.1%～3.5%。当干酪根和原油热裂解生气量大幅度增加时，高成熟页岩单井页岩气产量将大幅度增加。

北美产气页岩 R_o 为 0.4%～4.0%，表明有机质向烃类转化的整个过程中都可以形成页岩气。中国古生界海相页岩成熟度普遍较高，R_o 一般为 2.0%～5.0%，处于高—过成熟、原油裂解成气、干酪根裂解生干气为主阶段。与此相反，中—新生界陆相页岩成熟度普遍偏低，R_o 一般为 0.8%～1.2%，处于低成熟—成熟阶段，以生油为主，无气或低含气。

2.3　中国海相页岩储层特征

2.3.1　中国海相页岩岩石学特征

美国产气页岩，岩石矿物组成中石英含量为 28%～52%，碳酸盐含量为 4%～16%，总脆性矿物含量为 46%～60%。Hickey 和 Henk(2006)、Daniel 等(2008)统计发现，北美不同地区页岩岩矿组成存在较大差异。路易斯安那州侏罗系 Haynesville 页岩，由生物碎屑泥灰岩、纹层状页岩及硅质页岩组成，黏土矿物含量、石英与方解石等脆性矿物含量各为 50%。加拿大西部三叠系 Montney 页岩由纹层泥质粉砂岩、黑色页岩互层构成，陆源碎屑石英含量纵向波动变化。Barnett 页岩以硅质含量高、Eagle Ford 页岩以碳酸盐含量高(50%以上)为特征。总之，不同页岩的岩石矿物组成各不相同，且变化幅度较大。

中国海相页岩的岩石矿物组成与北美页岩有相似性，也有明显不同(Rickman et al.，2008；付小东等，2011；Hammes et al.，2011)。两者同样具有脆性矿物含量总体比较高(在 40%以上)的特征。中国南方上扬子地区的上奥陶统五峰组—下志留统龙马溪组页岩的石英与长石类矿物总含量平均达 82.8%，其中石英含量在 60%以上，平均为 78.2%；长石类矿物含量最高 10%。而黏土矿物含量变化大，变化范围为 1%～20%，部分达 30%以上。黏土矿物以伊利石为主，相对含量 73%；其次为绿泥石与伊蒙混层，相对含量为 14%[图 2.17(a)]。

中—上扬子区古生界牛蹄塘组页岩的石英与长石类矿物总含量为 83.2%，其中石英含量 31.0%～99.9%，平均为 74.9%；长石类矿物含量 10%以下。黏土矿物含量在 15%以下，少数达 40%左右，平均含量为 9.3%[图 2.17(a)]。

四川盆地蜀南地区井下岩心全岩 X 射线衍射分析资料看，龙马溪组页岩岩石矿物组成石英含量 47%～65%，长石含量一般小于 10%。龙马溪组底部长石含量一般为 1%～5%，方解石含量为 10%～20%，白云石含量一般小于 10%，黏土矿物含量一般为 20%～40%。最具页岩气潜力的龙一 $_1$ 段—五峰组页岩黏土矿物含量一般为 15%～30%[图 2.17(b)、(c)]。五峰组—龙马溪组页岩整体富含石英和碳酸盐，脆性好、易压裂。

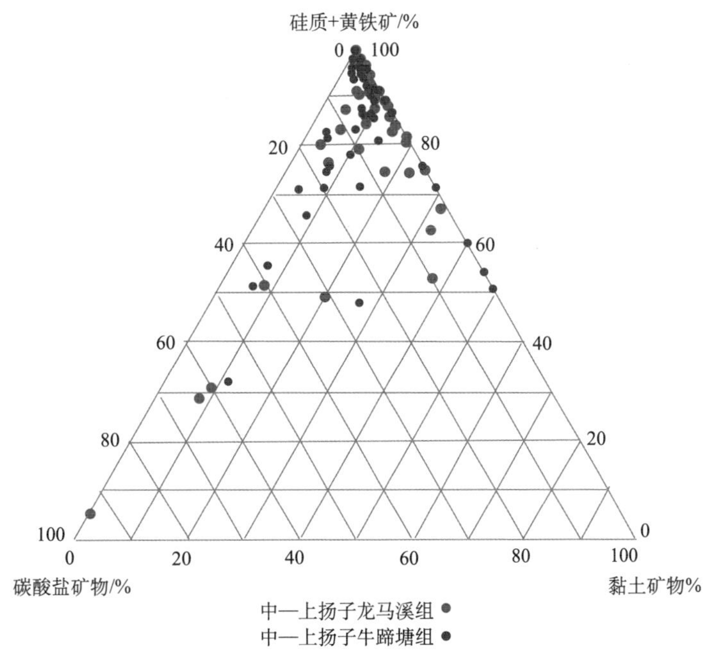

(a) 中—上扬子地区龙马溪组和牛蹄塘组页岩矿物组成

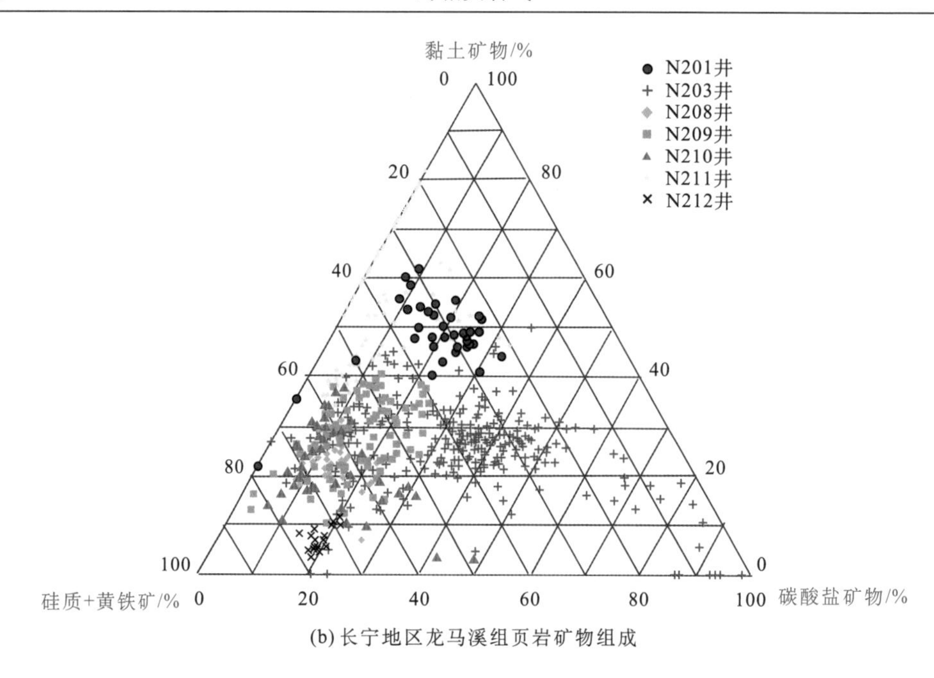

(b) 长宁地区龙马溪组页岩矿物组成

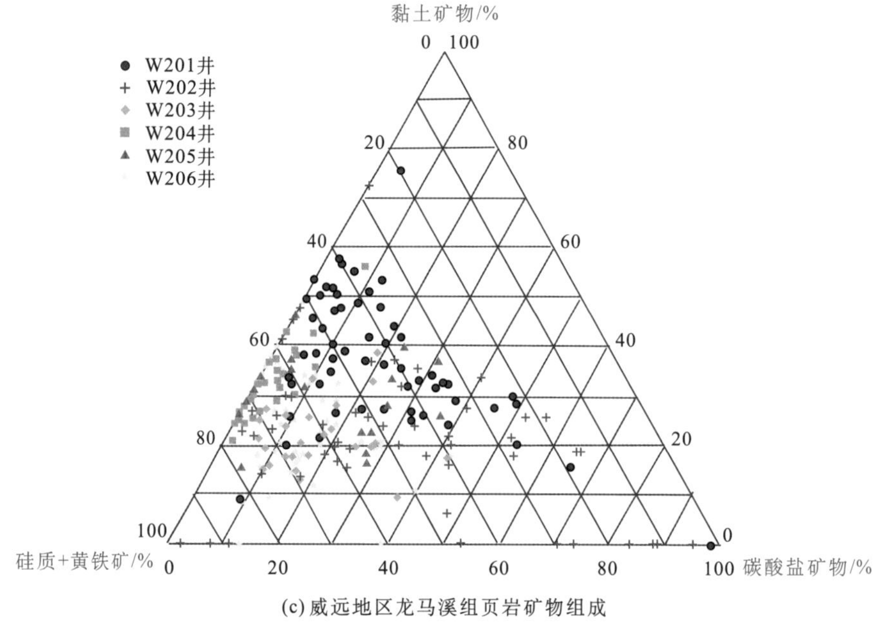

(c) 威远地区龙马溪组页岩矿物组成

图 2.17　中国典型海相页岩矿物组成特征图

四川盆地页岩气田压裂实践证实，富气页岩石英含量在 30%以上，威远、昭通地区页岩气田龙马溪组页岩黏土矿物含量较高，威远地区筇竹寺组页岩黏土矿物含量较低，昭通地区页岩气田龙马溪组碳酸盐矿物含量高(表 2.4)。根据薄片鉴定和测井资料解释，长宁页岩气田龙马溪组页岩矿物组分中石英含量高，黏土矿物含量中等，碳酸盐矿物含量低。岩性主要为黑色页岩，夹砂质页岩，属硅质页岩。威远地区页岩气田龙马溪组页岩矿物组分中黏土矿物、石英含量均较高，碳酸盐矿物含量低。岩性为黑色页岩，硅质、黏土矿物含量高，属硅质/黏土质页岩。昭通地区页岩气田龙马溪组页岩矿物组分中石英、碳酸盐、黏土矿物含量高。岩性为含灰质砂质页岩，纤维鳞片状伊蒙混杂黏土矿物为主，属钙质/硅质页岩。

表 2.4　中国典型海相页岩气田龙马溪组页岩矿物组分构成表　（单位：%，质量分数）

页岩气田	黏土矿物含量	石英含量	碳酸盐矿物含量
长宁	29.3	37.3	19.7
威远	36.5	35.8	19.2
焦石坝	41.2	36.2	21.1
昭通	39.6	30.1	23.4

2.3.2　中国海相页岩页岩储集空间特征

中国海相页岩储集空间类型包括孔隙和裂缝。孔隙包括有机质孔隙、无机质孔隙，即颗粒间孔、黏土矿物晶间孔、颗粒溶孔、溶蚀杂基内孔及有机质孔隙（王正普和张荫本，1986）。裂缝包括构造缝、成岩缝、层理缝、页理缝等。孔隙和裂缝都是页岩储层有效的储集空间（程克明等，2009；邹才能等，2011c，2012；董大忠等，2012），页岩储层孔隙以微米-纳米级孔隙为主，其孔隙发育和储集特征如表 2.5 所示。五峰组—龙马溪组页岩孔隙类型及孔隙构成以有机质孔隙、黏土矿物晶间孔隙、脆性矿物孔隙为主。

表 2.5　中国海相页岩气田五峰组—龙马溪组页岩储集空间构成表

页岩气田/有利区	构造背景	孔隙类型	总孔隙度/%	基质孔隙度				裂缝孔隙度/%	渗透率/$10^{-3}\mu m^2$
				有机质孔隙度/%	黏土矿物晶间孔隙度/%	脆性矿物内孔隙度/%	基质总孔隙度/%		
焦石坝 JY4井区	箱状、梳状背斜	基质孔隙和裂缝	4.6～7.8(5.8)	0.6～2.0(1.3)	1.2～3.6(2.4)	0.6～1.2(0.9)	3.7～5.2(4.6)	0.3～3.3(1.3)	0.05～0.30(0.15)
焦石坝 JY1井区	箱状、梳状背斜	基质孔隙为主，少量裂缝	3.7～7.0(4.9)	0.3～2.0(1.1)	1.2～4.1(2.6)	0.5～1.2(0.9)	3.7～5.6(4.6)	0～2.4(0.3)	0.0017～0.5451(0.058)
长宁页岩气田	宽缓斜坡	基质孔隙	3.4～8.4(5.5)	0.4～1.9(1.2)	0.8～5.6(3.0)	0.7～1.7(1.2)	3.4～8.2(5.4)	0～1.2(0.1)	0.00022～0.0019(0.00029)
威远页岩气田	古隆起斜坡	基质孔隙	3.3～7.0(5.0)	0.1～1.7(0.7)	1.1～5.7(3.4)	0.3～1.3(0.8)	2.6～6.6(4.9)	0～0.4(0.1)	0.0000289～0.0000731(0.0000436)
巫溪有利区	背斜	基质孔隙和裂缝	3.0～6.0	0.6～1.9(1.3)	1.1～3.5(2.3)	0.7～1.3(0.8)	3.0～5.4	0～1.4(0.5)	

注：括号内数据为平均值。

裂缝通常是页岩中呈开启状的高角度缝、层理缝及长度为几微米至几十微米、连通性较好的微裂隙，其成因包括构造活动、有机质生烃和成岩作用等，多以层理构造成因为主，发育程度在不同构造区、同一构造上不同井区和不同层段差异较大。在有机质孔隙和矿物孔隙区域分布稳定的前提下，根据裂缝孔隙发育程度的差异，可将焦石坝和长宁页岩气田页岩储集空间划分为基质孔隙+裂缝型、基质孔隙型两种不同类型。

裂缝可成为重要的储集空间、有效的运移通道、高效的渗流通道，能较大幅度提高页岩气单井产量(Hill and Nelson，2000；Griffiths et al.，2001；Hill et al.，2002；程克明等，2009)。董大忠等(2011)、Nelson(2011)认为，石英、长石、碳酸盐等脆性矿物含量高，则页岩脆性好，裂缝发育程度强。在裂缝孔隙发育段，孔、缝连通性往往较好。

岩石孔隙是油气储存的重要空间，50%的页岩气存储在页岩基质孔隙中(Ross and Mare，2009；Wang et al.，2009；邹才能等，2010a；2010b；Loucks et al.，2012)。孔隙大小从 1～750nm 不等，平均为 100nm，比表面积大，结构复杂，较大的比表面积可以吸附方式贮存部分气体(King，1994)。

中国南方海相富有机质页岩微米-纳米孔隙(图 2.18)包括粒间孔、粒内孔和有机质孔三种类型。其中石英、长石等无机碎屑矿物颗粒或晶粒间孔隙少，碳酸盐、长石等矿物粒间溶蚀孔隙较常见，孔径一般为 500nm～2μm [图 2.18(a)]；粒内孔在黏土矿物中较发育，形状以长条形为主，直径 50～800nm[图 2.18(b)]；高—过成熟海相页岩的有机质相对孔隙发育 [图 2.18(c)]，呈圆形、椭圆形、网状、线状等，孔径为 5～750mm，平均为 100～200mm。

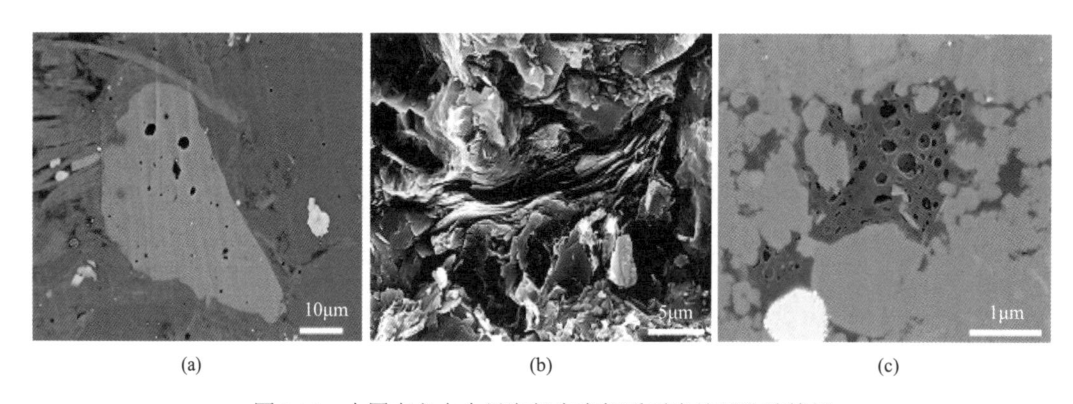

(a) (b) (c)

图 2.18 中国南方古生界海相富有机质页岩储层孔隙特征

根据 N201 等井岩心薄片资料，龙马溪组页岩水平纹层发育，基质孔隙为主，部分样品见溶蚀缝，面孔率小于 0.1%。镜下可见孔隙类型以黏土矿物片间隙、云母片间隙等孔隙为主，含泥质较重，一般呈片状、纹层状分布，部分样品微裂缝被碳酸盐充填。根据电镜观察，页岩是纳米级孔隙非常发育的储层(图 2.19)，具有存储页岩气的空间。

四川盆地寒武系和志留系高—过成熟海相页岩储集层中，呈分散状、纹层状分布的“基质颗粒”内部形成大量微米-纳米级孔隙，这些孔隙大至 3～4μm，小至几个纳米，一般为 100～200nm，为丰富的页岩气资源提供了充足的储集空间。露头剖面或井下岩心观察，均发现筇竹寺组、龙马溪组页岩性脆、质硬、裂缝发育，已识别出层理缝、成岩收缩缝、节理缝、溶蚀缝、构造缝等多种类型裂缝，在三维空间可构成成网络状孔、缝体系。其页岩气勘探开发需要首先寻找孔、缝相对发育区作为突破点。

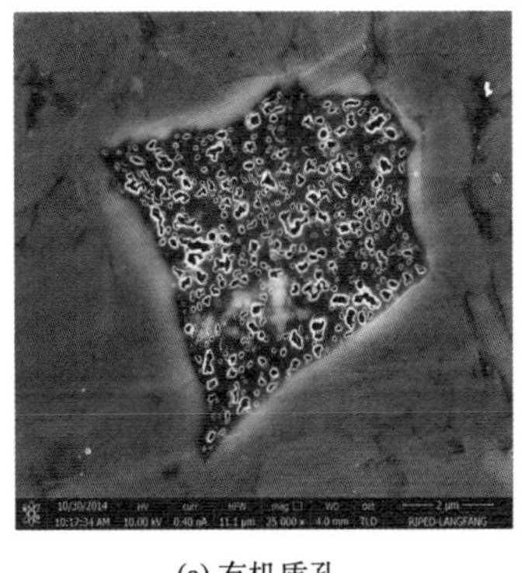

(a) 有机质孔

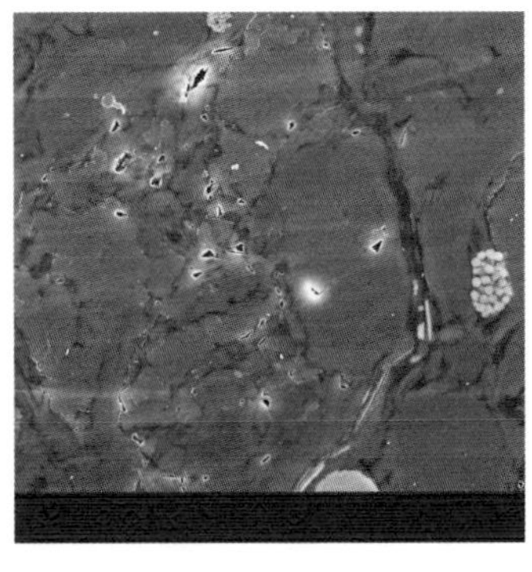

(b) 无机孔

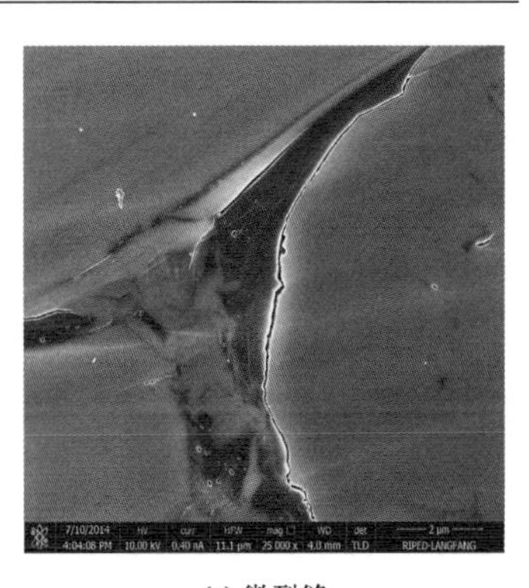

(c) 微裂缝

图 2.19　中国南方海相页岩储层纳米孔隙分布特征

2.3.3　中国海相页岩储集物性特征

中国南方海相页岩储集物性特征如表 2.5 所示。五峰组—龙马溪组页岩基质孔隙度平均为 4.6%～5.4%，其中有机质孔隙度为 0.7%～1.3%，黏土矿物晶间孔隙度为 2.3%～3.0%，脆性矿物孔隙度为 0.8%～1.2%。在裂缝孔隙发育段，孔、缝连通性较好，渗透率一般小于 $0.001\times10^{-3}\mu m^2$，其中层理缝具有较好的渗透性，压裂后对页岩气产出发挥关键作用。

焦石坝页岩气田 JY4 井区产层普遍发育裂缝，裂缝孔隙度为 0.3%～3.3%，平均为 1.3%；总孔隙度为 4.6%～7.8%，平均为 5.8%；渗透率为 0.05×10^{-3}～$0.30\times10^{-3}\mu m^2$。JY1 井区仅局部深度点上发育裂缝，裂缝孔隙度为 0%～2.4%，平均为 0.3%；总孔隙度为 3.7%～7.0%，平均为 4.9%；渗透率为 0.0017×10^{-3}～$0.5451\times10^{-3}\mu m^2$，平均为 $0.058\times10^{-3}\mu m^2$。

长宁页岩气田产层段裂缝发育程度较焦石坝页岩气田差，总孔隙度为 3.4%～8.4%，平均为 5.5%；裂缝孔隙度为 0%～1.2%，平均为 0.1%；渗透率为 0.00022×10^{-3}～$0.0019\times10^{-3}\mu m^2$，平均为 $0.00029\times 10^{-3}\mu m^2$。

数据表明，北美和中国南方典型海相页岩均为极低孔、渗储层，孔隙度一般为 2.5%～10%，渗透率小于 100nD(图 2.20)。Eagle Ford 与 Haynesville 页岩孔隙度较高，

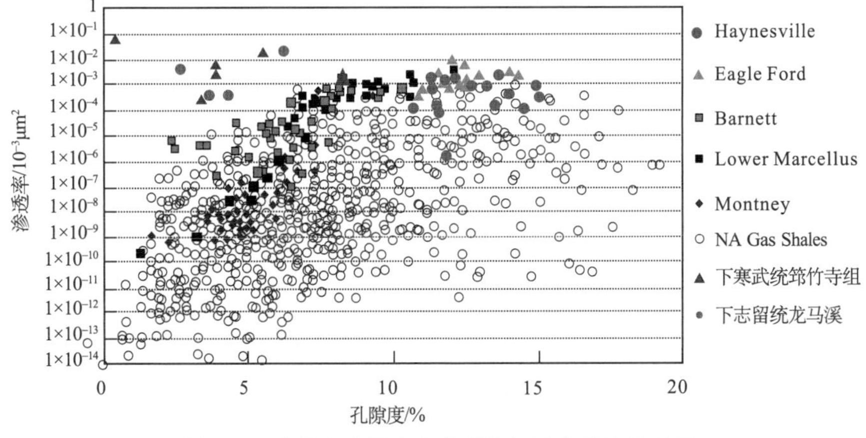

图 2.20　北美和中国南方典型海相页岩孔渗关系图

分布在 10%～15%，渗透率分布在 $0.1\times10^{-9}\sim10\times10^{-9}\mu m^2$，属优质储层。四川盆地井下寒武统筇竹寺组页岩孔隙度为 0.34%～5.50%，平均为 2.25%，渗透率为 $0.0006\times10^{-3}\sim0.158\times10^{-3}\mu m^2$，平均为 $0.046\times10^{-3}\mu m^2$；龙马溪组页岩孔隙度为 3.55%～6.5%，平均为 4.45%，渗透率为 $0.00055\times10^{-3}\sim0.1737\times10^{-3}\mu m^2$，平均为 $0.421\times10^{-3}\mu m^2$(图 2.20)。

长宁地区 N201—N212 井 6 口岩心物性测试分析资料统计表明(表 2.6)，龙马溪组底部孔隙度相对较高，最低孔隙度为 3.82%，最高为 9.49%，平均值为 6.13%。

表 2.6　蜀南长宁地区龙马溪组页岩岩心物性参数表

井号	井深/m	样品个数	岩石密度/(g/cm³)	孔隙度/%	含水饱和度/%	测井平均孔隙度/%
N201	2479.14～2503.75	23	2.36～2.64	2.78～10.27	32.40～67.75	
	2504.62～2523.44	21	2.36～2.72	3.82～9.49	27.83～63.16	
N203	2098.03～2405.5	306	2.42～2.87	0.47～8.03	8.01～98.8	
N209	2565.19～3166.99	25	2.53～2.75	1.84～5.81	28.9～95.9	3.3～6.7
N210	2154.47～2236.75	80	2.37～2.81	1.32～7.09	4.24～96.04	3.4～5.0
N211	2205.07～2358.19	148	2.46～2.67	1.19～8.73	16.49～77.2	4.3～5.9
N212	2010.62～2067.16	67	2.56～2.72	0.74～7.76	24.3～84.42	3.9～6.2

中国南方海相页岩孔隙发育受有机质热演化、黏土矿物含量和其他矿物成分、成岩作用等因素控制，在高—过成熟阶段出现物性变差的显著特征(Jones and Xiao，2005；崔景伟等，2013)。下寒武统筇竹寺组页岩基质孔隙度为 1.4%～3.1%，仅为五峰组—龙马溪组的 1/3～1/2，渗透率为 $0.001\times10^{-3}\sim0.010\times10^{-3}\mu m^2$。该组页岩物性变差的主要原因：①有机质出现不同程度炭化，导致有机质孔隙大量减少。依据电阻率和激光拉曼测试，川南及周边大部分地区下寒武统富有机质页岩具有较强的导电能力，测井电阻率小于 2Ω·m，干岩样电阻率小于 100Ω·m，拉曼石墨峰值高，已出现明显有机质炭化趋势(邹才能等，2010a)。有机质炭化导致有机质产气能力衰竭，有机质孔隙塌陷、充填和消失，有机质孔隙体积减小，甲烷吸附能力降低。长宁地区筇竹寺组有机质孔隙度为 0.2%～0.6%，有机质孔隙体积仅为五峰组—龙马溪组的 1/2，对甲烷的吸附能力仅为五峰组—龙马溪组的 80%。②黏土矿物晶间孔大量减少。下寒武统总体处于晚成岩—后生作用阶段，R_o 值为 3.4%～5.0%，黏土矿物结晶度高，具有较高孔隙体积的伊利石相对含量减少至 50%～60%，具有较低孔隙体积的绿泥石相对含量增至 30%～50%，为五峰组—龙马溪组的 2 倍，导致黏土矿物晶间孔隙度减少至 0.8%～1.6%。③脆性矿物内孔隙基本消失。通过电镜观察发现，筇竹寺组脆性矿物内孔隙主体为硅藻类颗粒体腔孔，普遍为硅质矿物所充填，残余颗粒内孔隙度仅为 0%～0.04%。

岩心离心实验和相对渗透率实验发现，页岩具有较高的束缚水饱和度，一般为 80%～95%，平均达到 92%以上。富气页岩孔隙内富含天然气，而含水较少，含水饱和度较低，一般为 10%～40%，这种初始含水饱和度值低于束缚水饱和度值的现象，称为超低含水饱和度。实践证实，富气页岩在储层条件下含水饱和度低，贫气页岩储层条件下含水饱和度高，其原因一方面是烃源岩生烃过程中水分参与了生烃反应，另一方面页岩气生成过程中烃类排出携带了大量水分，造成地层中的水分大大降低。如果没有后期构造运动导致的地层水再次进入，页岩的超低含水饱和度将得以延续，形成富含天然气的页岩，成为开发的有利目标。故超低含水饱和度现象将对页岩气的成藏与开发产生重要影响。若含水饱和度低，水将以束缚水形式存在，水分子膜降低了吸附能力，影响吸附量；相反，如果页岩的含水饱和度较高，纳米孔隙中大量充满水，大大降低页岩气储量。超低含水饱和度有利于页岩气渗流和开发，在这种情况下，页岩纳米孔隙中的气体流动呈现滑脱流的流动方式，渗流效率大大高于达西流，提高了页岩气渗流能力和产量。

2.3.4　中国海相页岩岩石力学特征

不同页岩气区块岩石力学参数对比表明(表 2.7)，长宁地区的龙马溪组页岩及威远的筇竹寺组页岩脆性高，威远地区和昭通地区的龙马溪组页岩脆性相对较差。这一结果与脆性指标对比结果一致，即威远地区的筇竹寺组页岩脆性最高，长宁地区和昭通地区龙马溪组的页岩次之，威远地区龙马溪组的页岩脆性相对最低(李荣等，2007)。

表 2.7　中国典型海相页岩气田龙马溪组页岩岩石力学参数对比

区块	杨氏模量/MPa	杨氏模量与评价指标比	泊松比	泊松比与评价指标比	脆性指数/%	脆性评价
长宁	36500	＞24000	0.20	＜0.25	43.2	较高
威远	15800	＜24000	0.22	＜0.25	39.1	较低
焦石坝	31500	<21000	0.21	<0.25	45.2	较高
昭通	15500	＜24000	0.20	＜0.25	41.2	较低

2.3.5　中国海相页岩含气性特征

含气量是衡量页岩气是否具经济开采价值及评估页岩气资源潜力大小的关键指标(邹才能等，2011b，2014a；董大忠等，2012)。页岩气主要以游离气和吸附气形式存在，页岩含气量越高，页岩气单井产量越高。美国哈里伯顿公司认为，商业开发远景区的页岩含气量最低应为 2.8m^3/t，北美进行商业开发的页岩层含气量最低为 1.1m^3/t，最高达 9.91m^3/t。图 2.21 说明了含气量、吸附气量、游离气量与 TOC 含量的正相关关系。四川盆地筇竹寺组页岩含气量为 0.9～3.5m^3/t，龙马溪组页岩含气量为 1～8m^3/t，与北美 Haynesville、Marcellus、Eagle Ford、Montney 等页岩气产层相当，达到了商业性开发的下限，具备商业开发价值。

我国已经实现工业开发的涪陵、长宁、威远、昭通页岩气田五峰组—龙马溪组页岩储层的含气量一般为 1.0～8.0m^3/t，含气量值主要分布于 2.0～6.0m^3/t(图 2.22)。没有实现工业开发的筇竹寺组页岩储层的含气量为 0.9～3.5m^3/t，平均为 1.9m^3/t，大部分页岩含气量在 1.0m^3/t 左右。

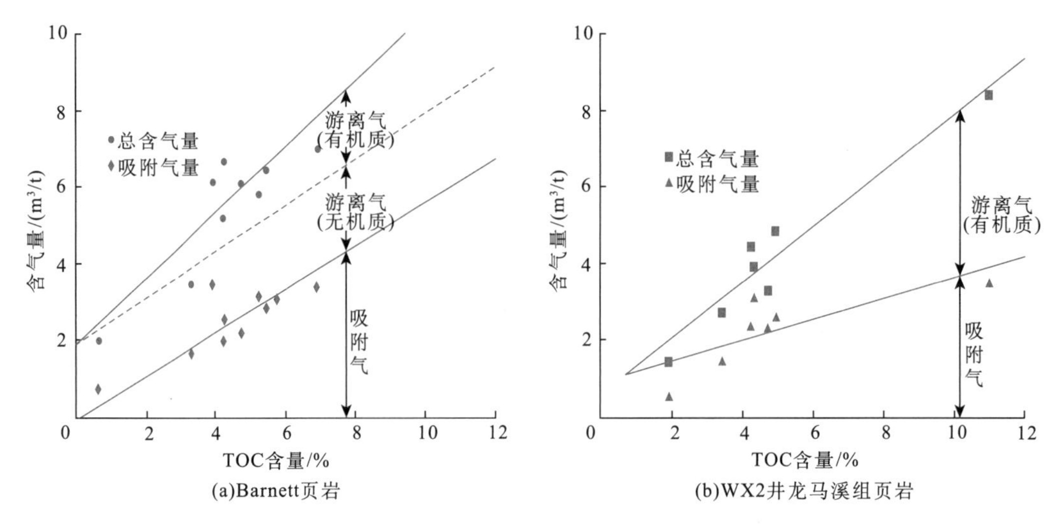

图 2.21　页岩 TOC 含量与含气量关系图

Barnett 页岩数据及曲线据 Wang 等(2009)和 Jarvie(2004)，有修改

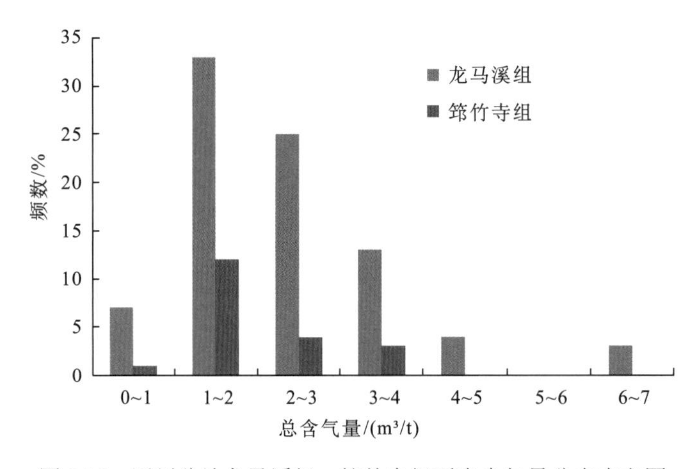

图 2.22　四川盆地龙马溪组、筇竹寺组页岩含气量分布直方图

2.4　海相页岩纹层及组合与其储集特征差异性

含气页岩纹层及其组合反映页岩的物质组成、储层微观结构，控制着孔隙特征和微裂缝展布，从而直接影响页岩的孔渗大小和储集性能、水平井体积压裂裂缝扩展规律和压裂效果。四川盆地下志留统龙马溪组一段典型井的相关实验分析和研究表明，海相含气页岩发育不同类型纹层及组合，其相应的储集层特征差异明显、成因各不相同(施振生等，2018，2020)。

2.4.1　海相页岩纹层类型及其组合特征

1. 海相页岩纹层表征及类型划分

页岩纹层是细粒沉积的基本单元，纹层研究首先要识别纹层、纹层组和层，然后提取纹层组成、结构和构造等关键属性，最后明确纹层组和层的组成、结构和构造。其中，纹层构造可从连续性(连续、非连续)、形态(板状、波状、弯曲状)及相互之间几何关系(平行、非平行)进一步细分为 12 类进行表征。纹层关键属性、表征内容、研究方法详见表 2.8。

表 2.8　页岩沉积纹层关键属性、表征内容和方法(据施振生等，2018，略有修改)

组成单元	表征项目	关键属性	表征内容	表征方法
纹层	组成	无机矿物	矿物类型、相对含量	野外阶段：盐酸法、肉眼观察法 室内阶段：常规扫描电镜、能谱、阴极发光、场发射 电子扫描电镜、感应炉、岩石热解
		有机质	有机质类型、丰度和成熟度	
		孔隙	孔隙类型、孔隙结构和孔隙度	
		颗粒类型	简单颗粒、复合颗粒	
	结构	颗粒粒径	细、中、粗	野外阶段：刻痕法 室内阶段：场发射电子扫描电镜
	构造	纹层形态	板状、弯曲状、波状	野外阶段：肉眼观察 室内阶段：大薄片观察
		连续性	连续型、断续型	
		叠置关系	平行、非平行	
纹层组	组成	纹层组成	各纹层相对含量与变化	室内阶段:X-衍射全岩、X-衍射黏土矿物、大薄片
	结构	颗粒粒径	细、中、粗	野外阶段：刻痕法 室内阶段：场发射电子扫描电镜
	构造	界面形态	板状、弯曲状、波状	野外阶段：肉眼观察 室内阶段：大薄片观察
		连续性	连续型、断续型	
		叠置关系	平行、非平行	
		粒序	正递变、反递变、均质状	
层	组成	纹层或纹层组组成	各纹层或纹层组相对含量与变化	室内阶段:X-衍射全岩、X-衍射黏土矿物、大薄片
	结构	颗粒粒径	细、中、粗	野外阶段：刻痕法 室内阶段：场发射电子扫描电镜
	构造	纹层组耦合	相似耦合、相关耦合	野外阶段：肉眼观察 室内阶段：大薄片观察
		界面形态	板状、弯曲状、波状	
		界面清晰性	清晰、欠清晰	

黑色页岩主要由粒径小于 62.5μm 的颗粒组成，根据颗粒粒径可细分为粗粉砂(62.5～31.2μm)、细粉砂(31.2～3.9μm)和细粒泥(小于 3.9μm)。光学显微镜下可识别的矿物颗粒最小粒径为3.9μm，因此本书将粒径小于3.9μm的颗粒统称为泥质，粒径为3.9～

62.5μm 的颗粒统称为粉砂质。根据纹层结构，黑色页岩按泥质和粉砂质颗粒含量可划分出泥纹层和粉砂纹层(Yawar and Schieber，2017)。泥纹层的泥质含量大于 50%，粉砂纹层的粉砂质含量大于 50%。根据纹层沉积组成，黑色页岩可划分出富有机质纹层、含有机质纹层、黏土质纹层和粉砂质纹层 4 类纹层(施振生等，2018)。

泥纹层和粉砂纹层相互叠置，构成多种纹层组合(王冠民和钟建华，2004)。根据纹层的组合关系与特征，黑色页岩划分为富有机质+含有机质纹层组和含有机质+粉砂质纹层组 2 类纹层组。进一步根据纹层组的组合关系与特征，划分为富有机质层、含有机质层、砂泥薄互层、生物碎屑层、黄铁矿层 5 类层。

2. 海相页岩纹层及其组合

四川盆地下志留统龙马溪组由下至上分为龙一段和龙二段，龙一段分为龙一$_1$亚段和龙一$_2$亚段，龙一$_1$亚段细分出 4 个小层(龙一$_1^1$—龙一$_1^4$)。龙一段为黑色、灰黑色薄层状页岩或块状页岩夹薄层状粉砂岩，含气页岩纹层发育；龙二段为泥质粉砂岩，有时夹粉砂岩。以巫溪 2 井为例，龙马溪组四类纹层均有发育(表 2.9)。富有机质纹层单层厚度为 0.1～0.6 mm，多纹层相互叠置，形成界面不清晰的富有机质层，也可与含有机质纹层叠置，构成反递变层。含有机质纹层单层厚度为 0.1～1.0mm，个别达 1mm，其中有机质呈块状或絮状分布，多个纹层相互叠置，形成界面不清晰的含有机质层，也可与粉砂质纹层互层，形成界面清晰的含有机质+粉砂质纹层组。粉砂质纹层厚度为 0.02～0.10 mm，一般为 0.05mm，常与含有机质纹层互层，形成界面清晰的砂泥薄互层纹层组或层。

龙马溪组纹层的矿物组成包括碎屑矿物、生物碎屑、有机质，这些矿物构成多种颗粒类型，碎屑矿物含量 93%，生物碎屑含量 3%，有机质含量为 4%(施振生等，2018，2020)。碎屑矿物主要有石英、黏土矿物、碳酸盐矿物、长石和硫化物，局部见硬石膏、萤石及磷灰岩。硫化物主要为黄铁矿，其中，草莓状黄铁矿发育，直径为 1～10μm。生物碎屑有笔石、放射虫和硅质海绵骨针等。笔石沿层面分布，龙马溪组发育 9 个笔石带(陈尚斌等，2010；邹才能等，2010，2015；刘树根等，2011；邱振等，2013，2017)。放射虫多被硅质充填，硅质可见被碳酸盐矿物交代，少数被黄铁矿和有机质充填。海绵骨针扫描电镜下形状平直，内部常发育大量自生钡长石。有机质为分散有机质和有形有机质。有形有机质显微组分为镜质体和丝质体。有机质以“海洋雪”、粪球粒和层状产出，局部富集成层。颗粒类型有简单颗粒和复合颗粒。复合颗粒分粪球粒、有机质-黏土矿物集合体、内碎屑、泥岩岩屑和絮凝颗粒。有机质-黏土矿物集合体含水量与絮凝颗粒相似，内碎屑成岩作用过程中常脱水形成压平状，并沿着其他颗粒发生弯曲，泥岩岩屑与基质性质差异明显，呈现明显的支撑性质或造成周围泥质发生弯曲。

龙马溪组发育 2 类纹层组(表 2.9)。其中富有机质+含有机质纹层组层厚 1～2mm，含有机质+粉砂质纹层组在显微镜下呈现亮暗纹层相间，可细分为稀疏型和密集型。稀疏型中含有机质纹层厚度为 0.1～1.0mm，一般为 0.8mm，粉砂质含量较高，分选性较差，大小混杂，而粉砂质纹层厚度为 0.1～0.3mm，呈脉状、透镜状或线状分布，含有机质纹层与粉砂质纹层厚度比为 8～10。密集型中含有机质纹层厚度 0.06～0.30mm，粉砂质纹层厚 0.03～0.10mm，含有机质纹层与粉砂质纹层厚度比为 2～3。

表 2.9　巫溪 2 井龙马溪组页岩纹层关键属性及特征(据施振生等，2018)

<table>
<tr><th>地层单元</th><th>类型</th><th colspan="2">特征</th></tr>
<tr><td rowspan="4">纹层</td><td>富有机质</td><td colspan="2">组成为黏土矿物(20%～30%)、碎屑颗粒(70%～80%)、有机质(4%～8%)和生物碎屑(3%)等
结构以细泥岩为主；构造为连续或断续板状、平行，界面不清晰</td></tr>
<tr><td>含有机质</td><td colspan="2">组成为黏土矿物(30%～40%)、无机碎屑颗粒(60%～70%)、有机质(2%～4%)和生物碎屑(3%～5%)等
结构以细泥岩为主，中泥增加；构造为连续或断续板状、平行，界面欠清晰</td></tr>
<tr><td>黏土质</td><td colspan="2">组成为黏土矿物(40%～60%)、碎屑颗粒(40%～60%)、有机质(小于 2%)和生物碎屑(1%～3%)等
结构为中泥岩为主；构造为连续或断续板状、平行，界面欠清晰</td></tr>
<tr><td>粉砂质</td><td colspan="2">组成为粉砂级石英(30%～40%)、长石(30%～40%)和碳酸盐矿物(20%～40%)
结构以粗泥岩；构造为单纹层呈透镜状或线状，局部发育波状，连续或断续，纹层界面平行或非平行</td></tr>
<tr><td rowspan="5">纹层组</td><td rowspan="2">富有机质+含有机质</td><td colspan="2">组成为富有机质纹层与含有机质纹层互层</td></tr>
<tr><td colspan="2">界面形态为板状平直，界面上下颜色和组成差异小，界面不清晰、难以识别；界面连续性为连续；叠置关系为富有机质纹层位于下部，含有机质纹层位于上部，有机质多呈脉状或透镜状分布；粒度变化为反递变，下部有机质含量高，上部粉砂质含量高</td></tr>
<tr><td rowspan="3">含有机质+粉砂质</td><td colspan="2">组成为含有机质纹层和粉砂质纹层互层，由下至上，粉砂质纹层数增加，含有机质纹层数减少</td></tr>
<tr><td>稀疏型</td><td>密集型</td></tr>
<tr><td>界面形态清晰，呈弯曲、不平直；界面连续性为断续状；叠置关系为平行或非平行，含有机质纹层/粉砂质纹层厚度比 8～10；粒度变化为由下至上，含有机质纹层厚度减薄，含有机质纹层/粉砂质纹层厚度比减小</td><td>界面形态为清晰板状、平行，连续或断续；界面连续性为连续或断续；叠置关系为平行或非平行；粒度变化由下至上含有机质纹层厚度减薄，含有机质纹层/粉砂质纹层厚度比减小</td></tr>
<tr><td rowspan="5">层</td><td>富有机质层</td><td colspan="2">多个富有机质纹层叠合，细泥岩，相似耦合，层界面呈板状、平行、连续，层界面不清晰</td></tr>
<tr><td>含有机质层</td><td colspan="2">多个含有机质纹层叠合，中泥岩和细泥岩，相似耦合，层界面呈板状、平行、连续，层界面清晰</td></tr>
<tr><td>砂泥薄互层</td><td colspan="2">2 类纹层组组成，中泥岩和粗泥岩，相关耦合，层界面平直、板状、连续、平行或非平行，层界面清晰</td></tr>
<tr><td>生物碎屑层</td><td colspan="2">生物碎屑(40%～80%)和黏土矿物(20%～60%)组成，相似耦合，层界面平直、板状、平行，层界面清晰</td></tr>
<tr><td>黄铁矿层</td><td colspan="2">黏土矿物(80%～90%)和黄铁矿(5%)，相似耦合，层界面平直板状、连续、平行，层界面清晰</td></tr>
</table>

龙马溪组发育的 5 类层中，砂泥薄互层界面上下常发育上超、下超和削截等现象。生物碎屑层单层厚度 6～9mm，生物碎屑有放射虫，椭圆状，呈粒度双众数分布。黄铁矿层厚 0.5～1.5cm，一般为 1.0cm，黄铁矿富集，呈斑点状、层状分布。

研究纹层纵向演化发现，巫溪 2 井龙马溪组由深至浅，脆性矿物含量轻微降低，黏土矿物含量逐渐增加，TOC 含量逐渐降低(图 2.23)。龙一$_1$亚段脆性矿物含量为 60%～80%，黏土矿物含量为 20%～40%，TOC 含量为 2%～7%。龙一$_2$亚段脆性矿物含量为 40%～60%，黏土矿物含量为 40%～60%，TOC 含量小于 2%。龙一$_1$亚段内部，脆性矿物含量、黏土矿物和 TOC 含量也呈现规律性变化，其中，龙一$_1$亚段 1～3 小层脆性矿物含量为 70%～80%，黏土矿物含量为 20%～40%，TOC 含量为 4%～7%；龙一$_1$亚段 4 小层脆性矿物含量为 60%～70%，黏土矿物含量为 30%～40%，TOC

含量为 2%～4%。

巫溪 2 井龙马溪组纹层类型纵向上呈规律性变化(图 2.23)。龙一$_1$亚段 1～3 小层富有机质纹层约占 90%，含有机质纹层和粉砂质纹层各占 5%；龙一$_1$亚段 4 小层含有机质纹层约占 55%，富有机质纹层和粉砂质纹层分别占 20%，黏土质纹层占 5%；龙一$_2$亚段黏土质纹层占 60%，粉砂质纹层占 30%，富有机质纹层和含有机质纹层各占 5%。纹层组类型中，龙一$_1$亚段 1～3 小层富有机质+含有机质纹层组占 90%，含有机质+粉砂质纹层组占 10%；龙一$_1$亚段 4 小层富有机质+含有机质纹层组约占 15%，含有机质+粉砂质纹层组约占 85%；龙一$_2$亚段富有机质+含有机质纹层组约占 5%，含有机质+粉砂质纹层组占 95%。层类型中，龙一$_1$亚段 1～3 小层富有机质层占 75%，含有机质层占 5%，生物碎屑层和黄铁矿层分别占 10%；龙一$_1$亚段 4 小层下部含有机质层占 70%，富有机质层占 20%，砂泥薄互层占 10%；龙一$_1$亚段 4 小层上部砂泥薄互层占 60%；龙一$_2$亚段砂泥薄互层占约 80%，富有机质层和含有机质层分别占 10%。

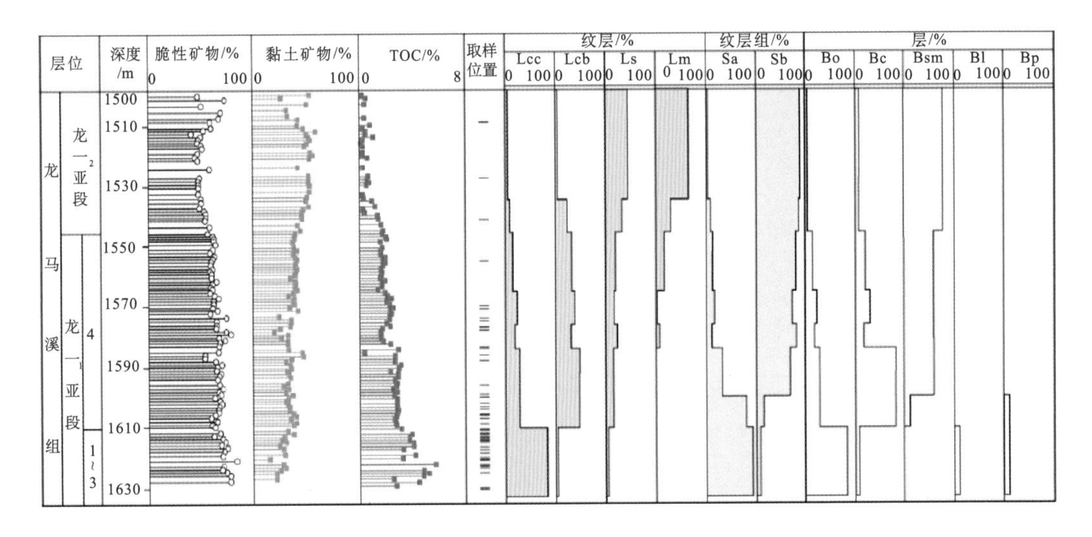

图 2.23　巫溪 2 井龙马溪组矿物组成与纹层分布

Lcc. 富有机质纹层；Lcb. 含有机质纹层；Lm. 黏土质纹层；Ls. 粉砂质纹层；Sa. 富有机质+含有机质纹层组；Sb. 含有机质+粉砂质纹层组；Bo. 富有机质层；Bc. 含有机质层；Bsm. 砂泥薄互层；Bl. 生物碎屑层；Bp. 黄铁矿层

2.4.2　海相页岩不同纹层储集层特征差异性

1. *纹层厚度和物质组成*

龙马溪组一段含气页岩发育泥纹层和粉砂纹层(图 2.24)。偏光显微镜与 SEM 图像综合分析表明，泥纹层单层厚度为 64.80～92.80 μm(平均值为 76.54 μm)，粉砂纹层单层厚度为 23.20～87.30μm(平均值为 54.14μm)。

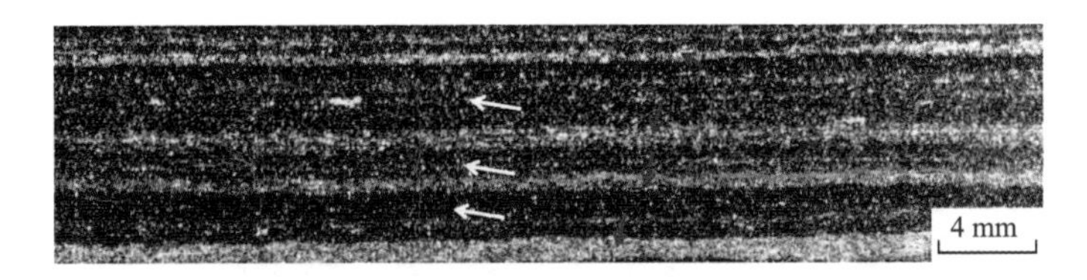

（白色箭头所指处为泥纹层，红色箭头所指处为粉砂纹层）

图 2.24　四川盆地龙马溪组一段含气页岩不同纹层特征

泥纹层有机质相互连通，粉砂纹层有机质相互不连通。泥纹层有机质多呈弥散状、条带状或团块状分布[图 2.25(a)]，不同有机质相互连通，在空间构成网状。粉砂纹层中粉砂质颗粒之间多呈点接触或线接触[图 2.25(b)]，少数呈分散状，有机质呈条带状、弥散状或团块状分散于粉砂质颗粒之间[图 2.25(b)]，多数相互之间不连通。泥纹层与粉砂纹层接触面处，由于矿物组分和颗粒粒度突变，有机质颗粒的纵向延伸受到阻碍。

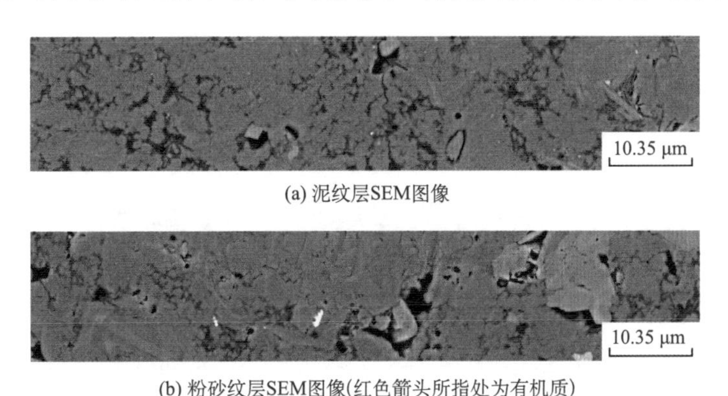

(a) 泥纹层SEM图像

(b) 粉砂纹层SEM图像(红色箭头所指处为有机质)

图 2.25　龙马溪组一段含气页岩泥纹层和粉砂纹层 SEM 图像

泥纹层石英含量大于 70%，有机质含量大于 15%。粉砂纹层碳酸盐含量大于 50%，石英含量大于 20%，有机质含量为 5%～15%。SEM 研究表明，泥纹层中泥质主要为石英(70%～90%)、有机质(15%～25%)和少量其他矿物(5%～15%)；粉砂纹层中粉砂质主要为方解石(25%～35%)、白云石(25%～35%)和石英(10%～20%)，局部黄铁矿富集，泥质主要为石英(20%～30%)和有机质(5%～10%)。泥纹层中石英颗粒粒径为 1～3μm，孤立分布或组成集合体；粉砂纹层中方解石和白云石颗粒粒径多为 20～40μm。偏光显微镜下泥纹层颜色较暗，常称作暗纹层(图 2.24)，粉砂纹层颜色较亮，常称作亮纹层(施振生等，2018)。

2. 孔隙类型及孔隙结构

黑色页岩发育有机孔、无机孔和微裂缝。有机孔分布于有机质中，形态有椭圆状、近球状、不规则蜂窝状、气孔状或狭缝状[图 2.26(a)、(b)]，单个有机质中有机孔面孔率为 13.6%～33.8%。无机孔分布于矿物颗粒内或颗粒之间，形态有三角状、棱角状或长方形。无机孔可分为粒间孔[图 2.26(c)、(d)]和溶蚀孔隙[图 2.26(e)、(f)]。溶蚀孔隙主要为碳酸盐矿物和少量长石溶蚀而成。微裂缝主要分布于矿物颗粒之间或有机质内部或矿物颗粒与有机质之间[图 2.26(a)]，呈条带状，常能沟通各类孔隙。

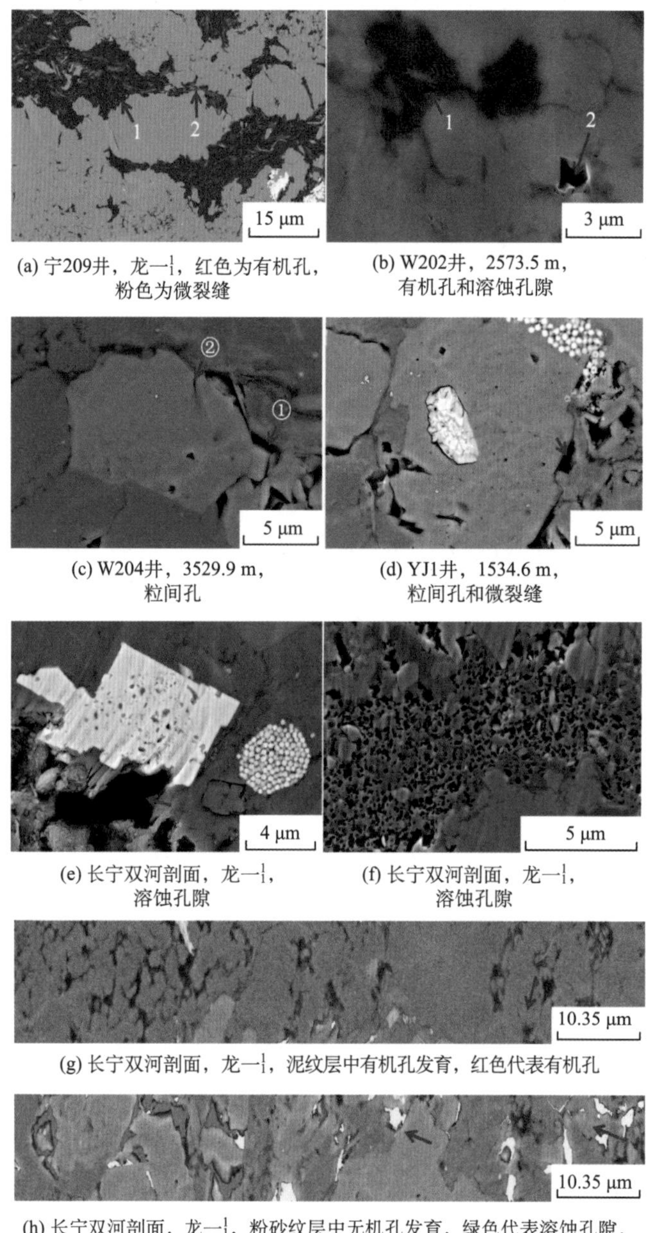

(a) 宁209井，龙一$_1^1$，红色为有机孔，粉色为微裂缝

(b) W202井，2573.5 m，有机孔和溶蚀孔隙

(c) W204井，3529.9 m，粒间孔

(d) YJ1井，1534.6 m，粒间孔和微裂缝

(e) 长宁双河剖面，龙一$_1^1$，溶蚀孔隙

(f) 长宁双河剖面，龙一$_1^1$，溶蚀孔隙

(g) 长宁双河剖面，龙一$_1^1$，泥纹层中有机孔发育，红色代表有机孔

(h) 长宁双河剖面，龙一$_1^1$，粉砂纹层中无机孔发育，绿色代表溶蚀孔隙，浅黄色代表粒间孔

图 2.26　四川盆地龙马溪组一段含气页岩孔隙类型及孔隙特征 SEM 照片

泥纹层有机孔含量高，粉砂纹层无机孔含量高。以SEM图像中单行长度为82.800μm、宽度为 8.172μm 的区域分别统计泥纹层和粉砂纹层不同类型孔隙的含量(图 2.27)。5 个泥纹层有机孔数量分别是 3799 个、14775 个、9737 个、4540 个、6679 个，平均为 7906 个；粒间孔数量分别为 0 个、0 个、0 个、1 个、0 个；溶蚀孔隙数量分别为 7 个、25 个、

5 个、1 个、18 个，平均为 11.2 个；微裂缝数量分别是 0 个、0 个、1 个、5 个、2 个，平均为 1.6 个。5 个粉砂纹层中，有机孔数量分别是 2644 个、4915 个、3031 个、2642 个、1227 个，平均为 2891.8 个；粒间孔数量分别为 0 个、4 个、3 个、0 个、0 个；溶蚀孔隙数量分别是 36 个、21 个、24 个、26 个、17 个，平均为 24.8 个；微裂缝数量分别是 1 个、0 个、0 个、5 个、1 个，平均为 1.4 个。泥纹层有机孔含量是粉砂纹层的 2.73 倍，粉砂纹层的溶蚀孔隙丰度是泥纹层的 2.2 倍。

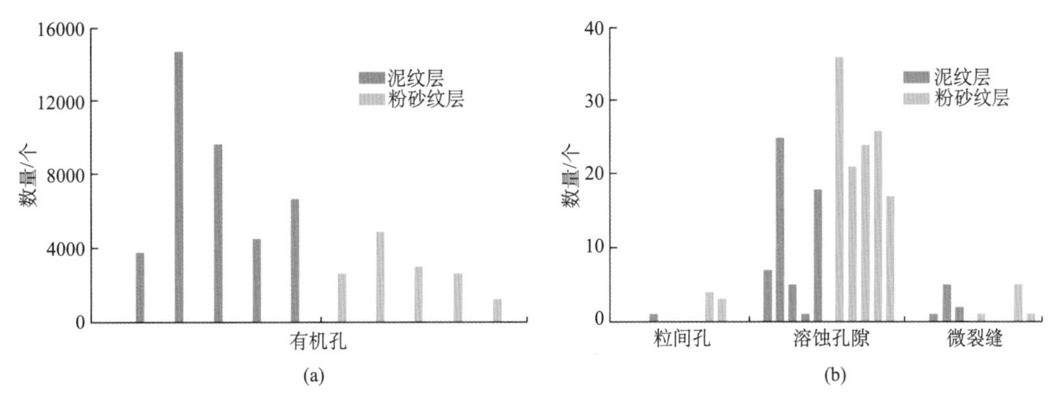

图 2.27　四川盆地龙马溪组一段含气页岩泥纹层和粉砂纹层不同类型孔隙丰度对比

泥纹层有机孔相互连通，构成网状；粉砂纹层有机孔和无机孔均为分散状，相互不连通。泥纹层有机孔沿着有机质广泛分布，有机质中有机孔相互连通，能在三维空间构成相互连通的网络。粉砂纹层中，无机孔多呈分散状[图 2.26(h)]，有机孔也呈不连续状分布，从而造成粉砂纹层中各类孔隙相互之间不连通。泥纹层与粉砂纹层之间，由于矿物组成及有机质分布的不连续，不同纹层之间孔隙连通性差。

泥纹层无机孔孔径小，粉砂纹层无机孔孔径大。泥纹层中，无机孔多数为微小颗粒溶蚀而形成的溶蚀孔隙[图 2.26(g)]；粉砂纹层中，无机孔多为较大颗粒溶蚀形成粒间溶孔或粒内溶孔，有些方解石甚至溶蚀形成网状溶蚀孔隙[图 2.26(e)、(f)、(h)]。

3. 面孔率

纹层面孔率的大小可反映其孔隙度大小。研究表明，泥纹层面孔率与粉砂纹层基本一致。以 SEM 图像中单行长度 82.800μm、宽度 8.172μm 的区域分别统计泥纹层和粉砂纹层面孔率(图 2.28)。5 个泥纹层面孔率分别为 0.81%、2.80%、2.26%、1.08%、1.73%，平均为 2.09%[图 2.28(a)]。5 个粉砂纹层面孔率分别为 3.02%、4.35%、2.20%、1.80%、1.73%，平均为 2.62%，粉砂纹层面孔率平均值高出泥纹层 0.5%。前人研究认为，龙马溪组一段含气页岩中微孔含量约占总有机孔的 25%～35%(Wang et al., 2019)。鉴于 SEM 图像只能识别孔径大于 10 nm 的介孔和宏孔，通过折算可得泥纹层总面孔率应为 2.65%，粉砂纹层总面孔率应为 2.93%，故泥纹层和粉砂纹层面孔率差别不大。

泥纹层有机孔面孔率高，粉砂纹层无机孔面孔率高（图 2.28)。5 个泥纹层有机孔面孔率占比分别为 52.9%、58.7%、60.6%、53.4%、26.6%，平均为 50.4%，有机孔面孔率均高于无机孔；5 个粉砂纹层无机孔面孔率占比分别为 73.2%、78.3%、81.7%、83.5%、

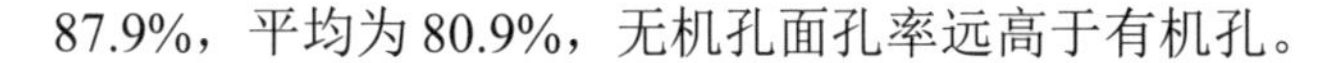

87.9%，平均为 80.9%，无机孔面孔率远高于有机孔。

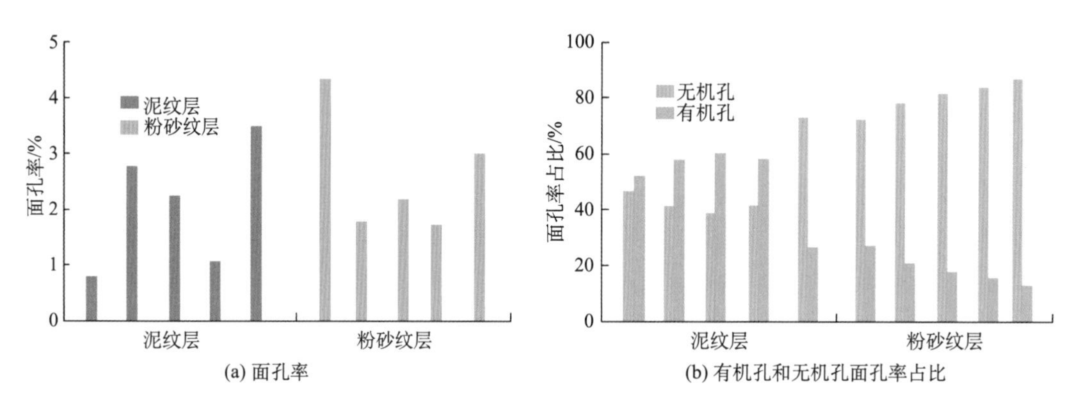

图 2.28 四川盆地龙马溪组一段含气页岩泥纹层和粉砂纹层面孔率及孔隙组成统计

4. 孔径分布

龙马溪组一段含气页岩以纳米孔隙为主，孔径为 0～1000nm，以 0～100nm 区间孔隙含量最大。

泥纹层 10～40nm 孔径区间孔隙含量最大，粉砂纹层 100～1000nm 孔径区间孔隙含量最大。有机孔孔径集中分布于 0～100nm，其中 10～40nm 区间孔隙含量最大[图 2.29(b)]。无机孔中粒间孔孔径分布于 200～1000nm，其中 500～1000nm 区间孔隙含量最大[图 2.29(c)]；溶蚀孔隙孔径分布于 40～1000nm，100～1000nm 区间孔隙含量最大[图 2.29(d)]。微裂缝长度为 10～200nm，其中 40～200nm 区间微裂缝含量较大[图 2.29(e)]。

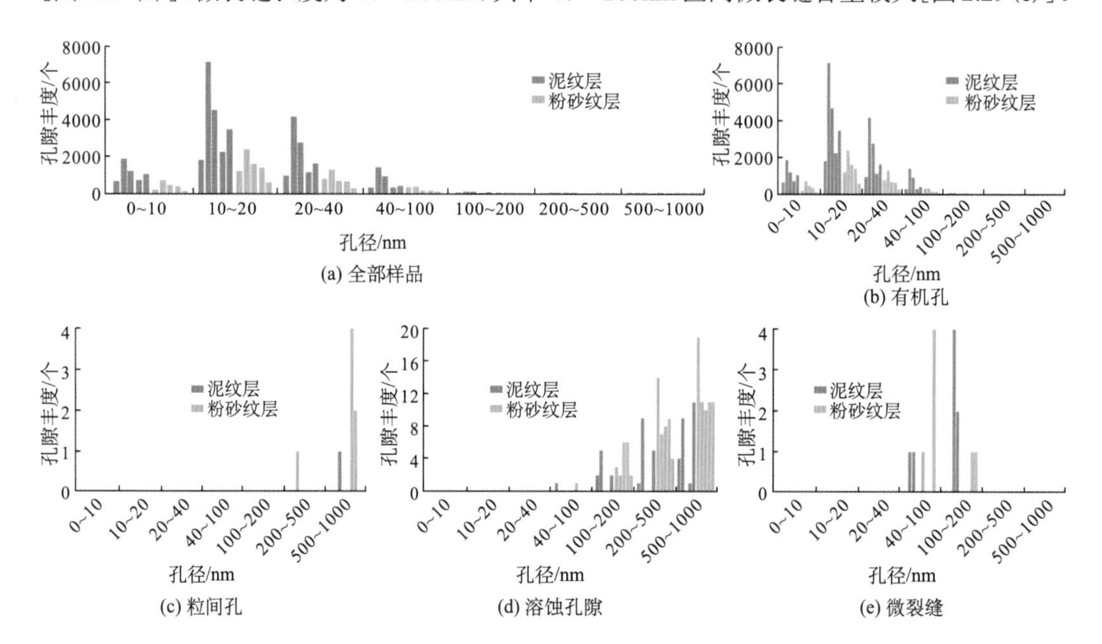

图 2.29 四川盆地龙马溪组一段含气页岩粉砂纹层和泥纹层不同孔隙孔径分布特征

泥纹层不同孔径区间有机孔含量均高于粉砂纹层[图 2.29(b)]，粉砂纹层不同孔径区间的无机孔含量高于泥纹层[图 2.29(c)、(d)]。以 SEM 图像中单行长度 82.800μm、宽度 8.172μm 的区域分别统计粉砂纹层和泥纹层不同孔径区间的孔隙含量(图 2.29)。0～100nm 孔径区间泥纹层有机孔含量是粉砂纹层的 2～3 倍。200～1000nm 孔径区间粉砂纹层粒间孔含量是泥纹层的 2～3 倍。100～1000nm 孔径区间粉砂纹层溶蚀孔隙丰度是泥纹层的 1～2 倍。

泥纹层有机孔孔径较小，粉砂纹层有机孔孔径较大。统计结果显示，泥纹层中孔径小于 100nm 的有机孔面孔率占比高于粉砂纹层，而粉砂纹层孔径大于 100nm 的有机孔面孔率占比高于泥纹层(图 2.30)。其中，20～40nm 区间泥纹层有机孔面孔率平均值为 25.9%，粉砂纹层为 20.3%；40～100nm 区间泥纹层有机孔面孔率平均值为 31.8%，粉砂纹层为 24.1%；100～200nm 区间泥纹层有机孔面孔率平均值为 18.1%，粉砂纹层为 18.9%；200～500nm 区间泥纹层有机孔面孔率平均值 17.9%，粉砂纹层为 23.6%；500～1000nm 区间泥纹层有机孔面孔率平均值为 6.3%，粉砂纹层为 13.1%。

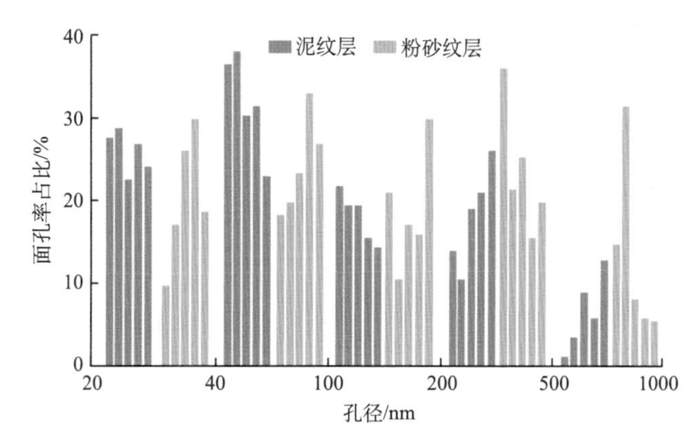

图 2.30　四川盆地龙马溪组一段含气页岩粉砂纹层和泥纹层有机孔面孔率分布

5. 微裂缝类型及密度

龙马溪组一段含气页岩发育大量微裂缝，按其与纹层面的关系可分为顺层缝和非顺层缝(董大忠等，2018)。偏光显微镜下，顺层缝平行于纹层面或与纹层面微角度倾斜[图 2.31(a)]，非顺层缝斜交和垂直纹层界面[图 2.31(b)]。顺层缝和非顺层缝常相互交切，构成网状[图 2.31(c)]。龙马溪组一段含气顺层缝和非顺层缝多数被方解石[图 2.31(c)、(d)]、有机质[图 2.31(e)]或硅质充填[图 2.31(f)]，少数被泥质、黄铁矿等充填物半充填或完全充填。

泥纹层顺层缝发育，粉砂纹层顺层缝不发育。龙马溪组一段含气页岩顺层缝密度是非顺层缝的 3 倍，单缝长度是非顺层缝的 5～6 倍。顺层缝长度受泥纹层连续性和厚度控制，纹层越连续，长度越大，单层厚度越大，顺层缝越发育。顺层缝主要分布于泥纹层中，沿着泥纹层中部或泥纹层与粉砂纹层接触面分布[图 2.31(a)]，粉砂纹层顺层缝不发育。SEM 图像下，顺层缝和非顺层缝起点位于有机质内部或有机质与碎屑颗粒接触面，其长度和丰度受顺层展布的有机质丰度控制。

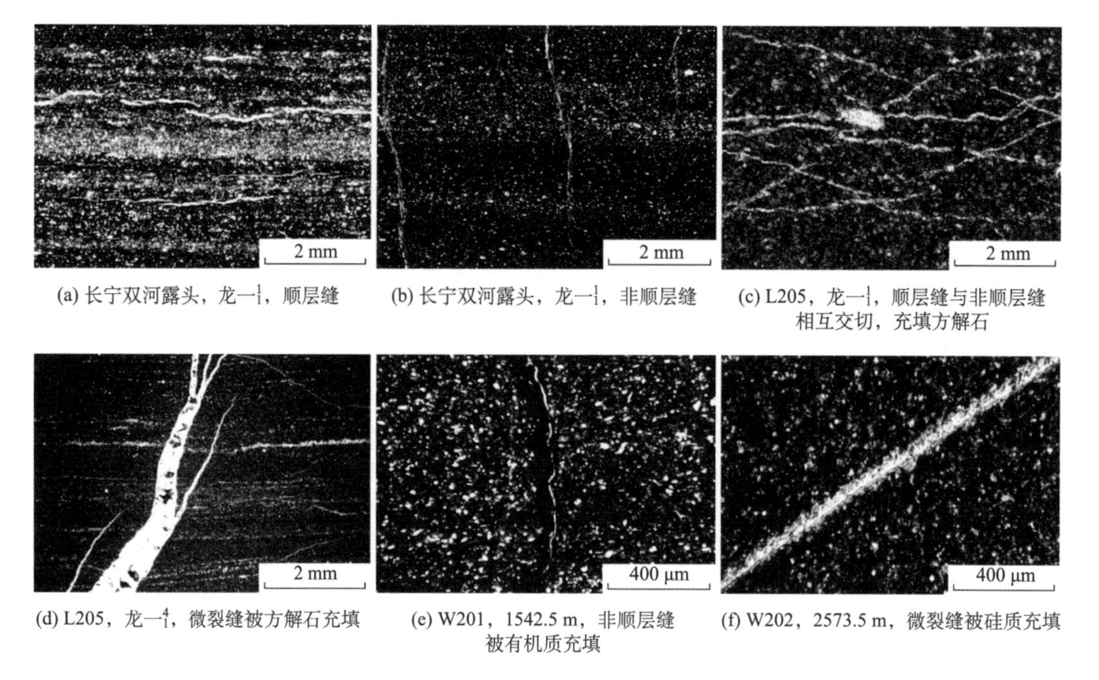

(a) 长宁双河露头，龙一$_1^1$，顺层缝　(b) 长宁双河露头，龙一$_1^1$，非顺层缝　(c) L205，龙一$_1^1$，顺层缝与非顺层缝相互交切，充填方解石

(d) L205，龙一$_1^4$，微裂缝被方解石充填　(e) W201，1542.5 m，非顺层缝被有机质充填　(f) W202，2573.5 m，微裂缝被硅质充填

图 2.31　四川盆地龙马溪组一段含气页岩微裂缝类型及其充填物特征 SEM 照片

2.4.3　海相页岩纹层组合及其对物性的控制

1. 纹层组合及其特征

根据泥纹层与粉砂纹层的形态、接触关系及厚度分布，可划分为条带状粉砂纹层、砂泥递变纹层、砂泥薄互层纹层这 3 类组合。四川盆地龙马溪组一段中，条带状粉砂组合主要分布于龙一$_1^1$小层，砂泥递变组合主要分布于龙一$_1^2$小层，砂泥薄互层组合主要分布于龙一$_1^3$—龙一$_1^4$小层。

条带状粉砂组合以泥纹层为主，泥纹层与粉砂纹层厚度比值一般大于 10，粉砂纹层多呈透镜状[图 2.32(a)]、弥散状或条带状[图 2.32(b)]。泥纹层与粉砂纹层顶底界面多为突变接触，界面多为断续、板状、平行[图 2.32(a)]，偶见连续、板状、平行[图 2.32(b)]。

砂泥递变组合由泥纹层和粉砂纹层互层组成，其中泥纹层与粉砂纹层厚度比值一般为 2～3。粉砂纹层的底界面或顶界面常为递变接触，从而构成反粒序[图 2.32(c)]或正粒序[图 2.32(d)]。纹层界面多为连续、板状、平行或断续、板状、平行。

2. 纹层组合对储集层物性的控制

条带状粉砂组合孔隙度最大，砂泥递变纹层组合次之，砂泥薄互层纹层组合最低(表 2.10)。长宁双河露头 3 块条带状粉砂纹层组合样品孔隙度分别为 9.04%、4.13%、6.31%，平均值为 6.49%；5 块砂泥递变纹层组合样品孔隙度分别为 5.76%、6.17%、5.98%、

2.17%、4.17%，平均值为 4.85%；5 块砂泥薄互层纹层组合样品孔隙度分别为 2.63%、2.73%、2.29%、2.48%、1.83%，平均值为 2.39%。

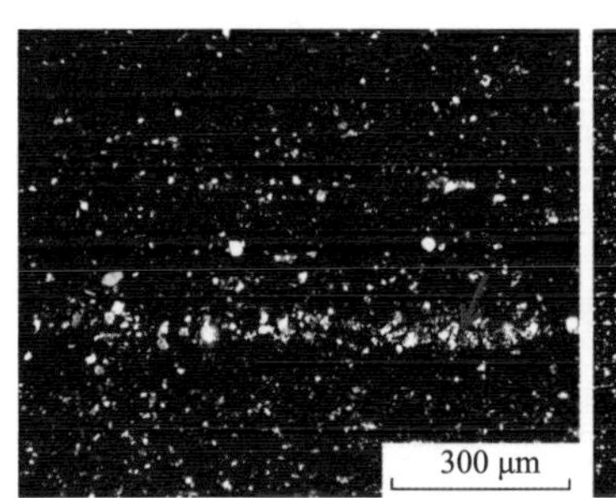

(a) 长宁双河剖面，龙一$_1^1$，条带状粉砂组合，粉砂纹层呈透镜状，界面断续、板状、平行，顶底突变接触

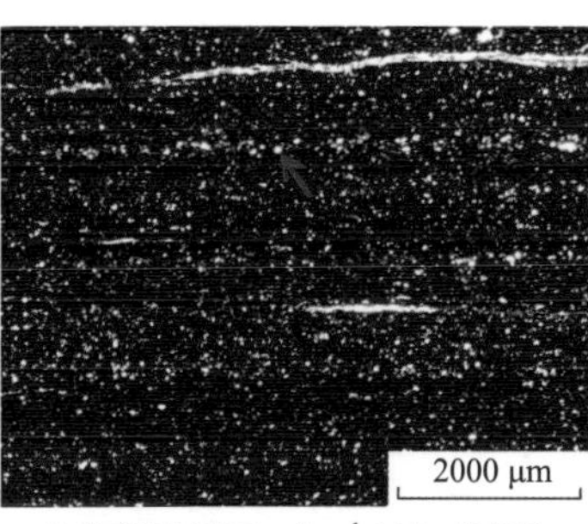

(b) 长宁双河剖面，龙一$_1^1$小层，条带状粉砂组合，粉砂纹层呈条带状，界面连续、板状、平行，顶底为突变接触

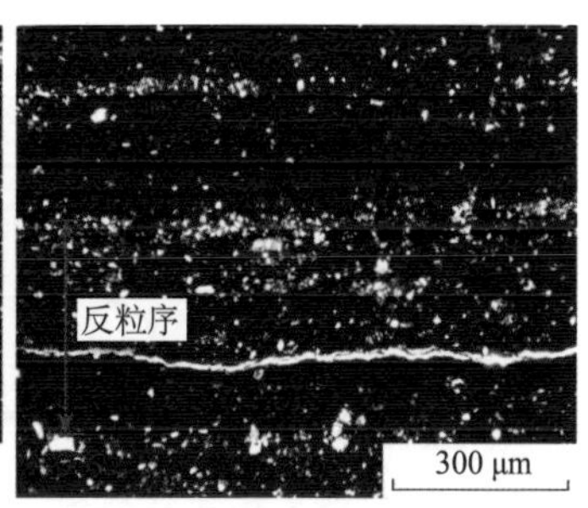

(c) Z201井，4365.8 m，砂泥递变组合，粉砂纹层顶界面为突变接触，底界面为渐变接触，构成反粒序，界面多为断续、板状、平行

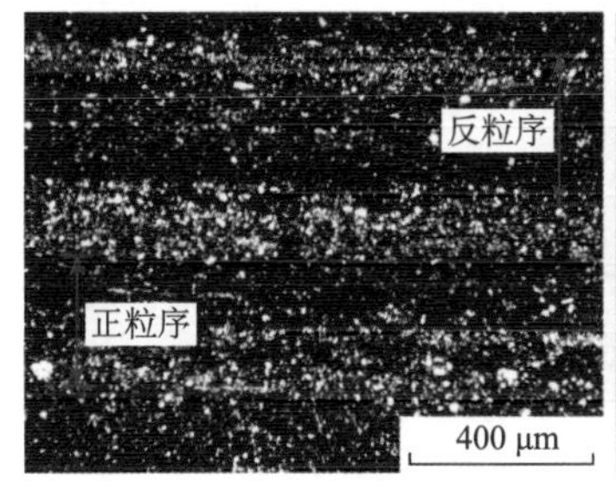

(d) Z201井，3670.5 m，砂泥递变组合，粉砂纹层与泥纹层构成正粒序或反粒序，界面多为连续、板状、平行

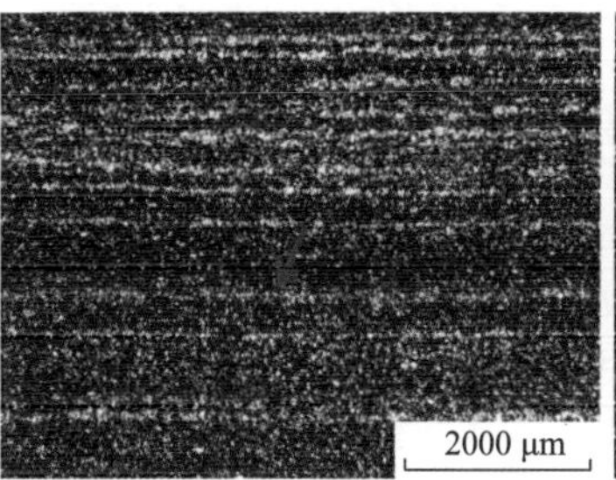

(e) YJ1井，1534.6 m，砂泥薄互层组合，泥纹层与粉砂纹层顶底界均为突变接触，下部纹层界面连续、板状、平行，上部纹层界面为连续、板状、非平行

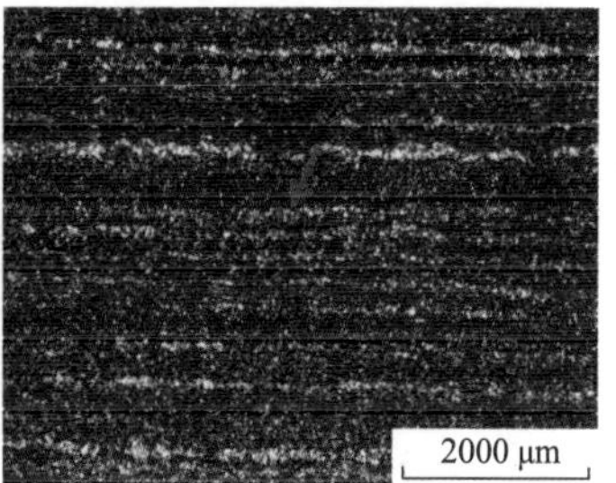

(f) W204井，3529.9 m，砂泥薄互层组合，泥纹层与粉砂纹层顶底界均为突变接触，纹层界面断续、板状、平行

图 2.32　四川盆地龙马溪组一段含气页岩纹层组合类型及特征 SEM 照片

表 2.10　四川盆地长宁双河剖面龙马溪组一段含气页岩不同纹层组合孔隙度和渗透率统计表

纹层组合	样品编号	有效孔隙度/%	有效孔隙度平均值/%	渗透率/10^{-3} μm^2		
				垂直	水平	水平/垂直
条带状粉砂组合	8-10-1	9.04	6.49	0.025925	0.223540	8.62
	8-31-2	4.13		0.000351	0.002291	6.53
	9-11-1	6.31		0.000620	0.004737	7.64
砂泥递变组合	9-16-1	5.76	4.85	0.000369	0.001373	3.72
	9-19-1	6.17		0.000834	0.003803	4.56
	9-19-2	5.98		0.000288	0.001351	4.69
	9-21-1	2.17		0.000279	0.000879	3.15
	9-21-2	4.17		0.000376	0.001304	3.47
砂泥薄互层组合	9-23-1	2.63	2.39	0.000239	0.000509	2.13
	10-7-2	2.73		0.000216	0.000318	1.47
	10-8-1	2.29		0.000116	0.000309	2.66
	11-2-1	2.48		0.000101	0.000201	1.98
	11-2-2	1.83		0.000159	0.000405	2.54

条带状粉砂组合水平与垂直渗透率比值最大，砂泥递变纹层组合次之，砂泥薄互层纹层组合最低。长宁双河露头条带状粉砂纹层组合 3 块样品比值分别为 8.62、6.53、7.64；砂泥递变组合 5 块样品比值分别为 3.72、4.56、4.69、3.15、3.47；砂泥薄互层组合 5 块样品比值分别为 2.13、1.47、2.66、1.98、2.54。

砂泥薄互层组合由泥纹层和粉砂纹层互层组成，其中泥纹层与粉砂纹层厚度比一般为 1～20。粉砂纹层多呈长条带状，纹层顶界面和底界面均呈突变接触，多为连续、板状、平行［图 2.32(e)］或断续、板状、平行［图 2.32(f)］，少数为连续、板状、非平行［图 2.32(e)］。

可见黑色页岩泥纹层和粉砂纹层的孔隙组成、孔隙结构及微裂缝分布存在巨大差异。泥纹层富含黏土级矿物颗粒(董大忠等，2018)，在低—中热成熟演化阶段粉砂纹层常具有更好的储集空间及渗透性(Lei et al.，2015)。成岩演化过程中，由于成分差异，泥纹层和粉砂纹层表现出不同的成岩路径及储集性能(Macquaker et al.，2014)。

2.4.4　海相页岩不同纹层的成因机制

黑色页岩纹层形成机制常见有脉冲流(Lambert et al.，1976)、多个不同水体能量的沉积事件堆积(O'brien，1989)、藻类生物季节性勃发(Macquker et al.，2010)、沉积分异(Piper，1972)或水流搬运分异(Yawer and Schieber，2017) 、碳酸盐纹层与化学作用、生物化学作用(Campbell，1967；Anderson et al.，1988)以及陆源季节性输入(王慧中等，1998；刘传联等，2001；王冠民，2012；姜在兴等，2013；李婷婷等，2015；陈世悦等，2016)等。

富硅生物勃发应是四川盆地龙马溪组一段页岩纹层的形成机制。主要证据有以下 3 点。

(1)泥纹层和粉砂纹层中的泥质均为生物成因硅，表明沉积时期硅质生物大量繁盛。泥纹层和粉砂纹层发育大量放射虫、硅质海绵骨针等生物骨骼(图 2.33)，生物骨骼多被硅质和有机质充填，少数被黄铁矿充填。同时，泥纹层和粉砂纹层中泥质多为隐晶、微晶或石英集合体，阴极发光照射下发光微弱—不发光，表明其为自生成因或生物成因。而且，前人通过石英赋存状态、微量元素统计及过量硅含量的研究也认为这些硅质成分主要为生物成因(赵建华等，2016；刘江涛等，2017；卢龙飞等，2018)。综合分析认为，泥纹层中生物成因硅含量大于 70%，粉砂纹层中生物成因硅质含量大于 20%。

(2)董大忠等(2018)通过长宁双河露头 103 块含气页岩样品的主微量元素分析，发现龙马溪组 Zr 含量与 SiO_2 含量呈负相关关系，从而推测该时期硅质矿物多为生物成因。

(3)粉砂纹层与泥纹层界面多为板状平行结构，未见任何交错层理和侵蚀现象。Schieber 等(2007)研究表明，水流成因纹层多发育交错层理或侵蚀现象，而生物勃发成因纹层多发育板状平行结构。

生物勃发可能与古气候的季节变化有关，气候相对温暖潮湿的季节，陆源淡水带来大量营养成分，导致硅质生物的勃发性生长。泥纹层可能形成于生物勃发期，粉砂纹层可能形成于间歇期。富硅生物勃发期，由于硅质生物大量生长，故形成大量生物成因硅和有机质。同时，生物勃发造成水体中二氧化碳消耗严重，故碳酸钙大量沉淀(刘传联等，

2001；Macquaker et al.，2010)，形成大量方解石、白云石和生物骨骼。方解石、白云石和生物骨骼由于颗粒直径和密度较大，故其沉降速率较大，在生物勃发期形成粉砂纹层。硅质生物和有机质由于密度和粒径小，故其缓慢沉降，形成富有机质的泥纹层。

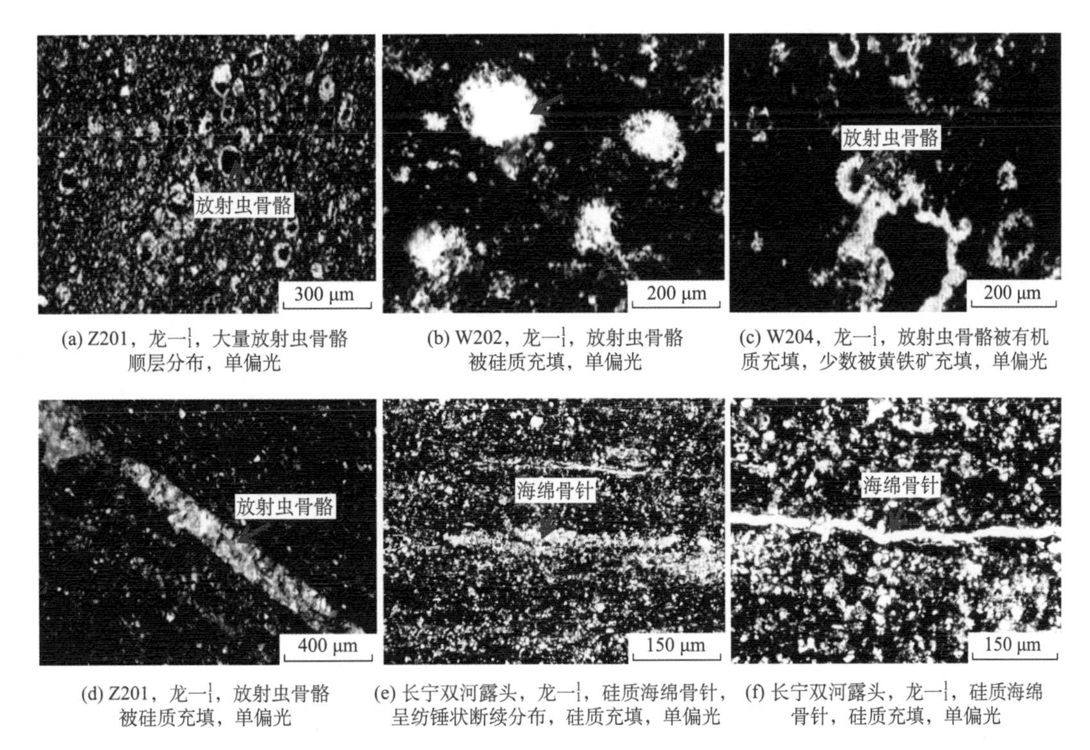

(a) Z201，龙一$_1^1$，大量放射虫骨骼顺层分布，单偏光　(b) W202，龙一$_1^1$，放射虫骨骼被硅质充填，单偏光　(c) W204，龙一$_1^1$，放射虫骨骼被有机质充填，少数被黄铁矿充填，单偏光

(d) Z201，龙一$_1^1$，放射虫骨骼被硅质充填，单偏光　(e) 长宁双河露头，龙一$_1^1$，硅质海绵骨针，呈纺锤状断续分布，硅质充填，单偏光　(f) 长宁双河露头，龙一$_1^1$，硅质海绵骨针，硅质充填，单偏光

图 2.33　四川盆地龙马溪组一段含气页岩主要生物骨骼及特征

2.4.5　海相页岩不同纹层储集层特征差异性成因

硅质生物断续勃发及页岩不同纹层成岩演化分异造成泥纹层和粉砂纹层的纹层厚度、物质组成、孔隙结构和面孔率等差异。泥纹层形成于勃发期的间隔期，硅质生物残骸大量缓慢堆积，因此硅质生物残骸构成的泥纹层厚度大、有机质含量高。粉砂纹层形成于勃发期，由于其形成时间短，其厚度较小、有机质含量较低。同沉积时期，泥纹层和粉砂纹层均以无机孔为主，有机孔不发育或欠发育(Löhr et al.，2015)。沉积成岩期，随着有机质热演化程度的增大，无机孔减少，有机孔逐渐形成并增加(杨锐等，2015；Ko et al.，2016；刘文平等，2017)。泥纹层由于有机质含量高，其有机孔发育；粉砂纹层由于有机质含量低，其无机孔发育。且泥纹层由于脆性矿物含量低，压实程度高，孔径小于 100 nm 的有机孔面孔率占比高；粉砂纹层由于脆性矿物含量高，压实程度低，故孔径大于 100 nm 的有机孔面孔率占比高(Schieber et al.，2010；Athy，1930)。

物质组成差异造成泥纹层和粉砂纹层微裂缝差异。泥纹层由于有机质和硅质含量高，更易于形成微裂缝(丁文龙等，2011)，且高有机质含量在生烃过程中更易形成生烃增压缝(Schieber et al.，2010；高玉巧等，2018；Athy，1930)。粉砂纹层中有机质和硅质含量相对较低，在相同的应力作用下形成微裂缝的可能性较小。同时，成岩早期粉砂纹层由于无机孔发育，其渗透性较好，不易形成生烃增压缝。另外，泥纹层与粉砂纹层接触面也多属于岩石力学强度薄弱面，微裂缝常易沿着接触面形成(熊周海等，2019)。

有机孔含量和微裂缝造成泥纹层水平/垂直渗透率比值大。泥纹层有机孔含量高，空间上相互连通，从而具有较强的渗透能力；粉砂纹层无机孔含量虽高，但多呈孤立状，很难构成有效的连通网络，从而渗透能力较差。平行纹层面方向，泥纹层中顺层缝相互连通，故水平渗透能力较强(Lei et al.，2015)。垂直纹层面方向，泥纹层和粉砂纹层非顺层缝密度均较低，且多数终止于纹层界面，故垂直渗透能力较差。研究表明，微裂缝可大大提高页岩样品渗透率，有微裂缝样品渗透率均值是无微裂缝页岩样品渗透率均值的 62.9 倍(汪虎等，2019)。

2.4.6　海相页岩不同纹层组合物性差异成因

测量方法可造成不同纹层组合孔隙度差异。本节所述的孔隙度值均采用氦气法测得，为有效孔隙度。黑色页岩中，有机孔多构成有效孔隙度，而无机孔多构成无效孔隙度。泥纹层有机孔含量高，故有效孔隙度高；粉砂纹层无机孔含量高，故无效孔隙度高。条带状粉砂纹层组合泥纹层占比最高，故其有效孔隙度最大，砂泥薄互层纹层泥纹层占比最低，故其有效孔隙度最低。

泥纹层与粉砂纹层含量比值差异可造成不同纹层组合水平与垂直渗透率比值差异。条带状粉砂纹层组合泥纹层与粉砂纹层比值最高，故有机孔含量最高、顺层缝密度最大，水平与垂直渗透率比值最大。砂泥递变纹层组合泥纹层与粉砂纹层比值相对较小，故有机孔含量和顺层缝丰度相对较低，水平与垂直渗透率比值偏低。砂泥薄互层纹层组合泥纹层与粉砂纹层比值最低，故有机孔含量和顺层缝丰度进一步降低，水平与垂直渗透率比值最小。

2.5　中国海相页岩气形成条件

2.5.1　中国海相页岩气形成基本条件

与北美相比，中国海相页岩地质特征可以概括如下。

(1)海相页岩发育具广泛性：南方不同地区、不同时代或层段不同程度地发育海相富有机质页岩，其高 TOC 含量集中段为一连续型剖面组合，连续厚度大(图 2.34)。

(2)海相页岩展布具非均衡性：分布在南方为主的三大地区，受沉积拗陷限制分隔性强，且中国海相页岩热成熟度高于北美产气页岩，也高于中国其他类型页岩(图 2.35)。

(3)海相页岩成气潜力具多样性：有机质(TOC)含量总体丰富，有机质类型主要为Ⅰ-Ⅱ型，高有机质含量(TOC 含量>2%)页岩发育程度和集中程度不一。

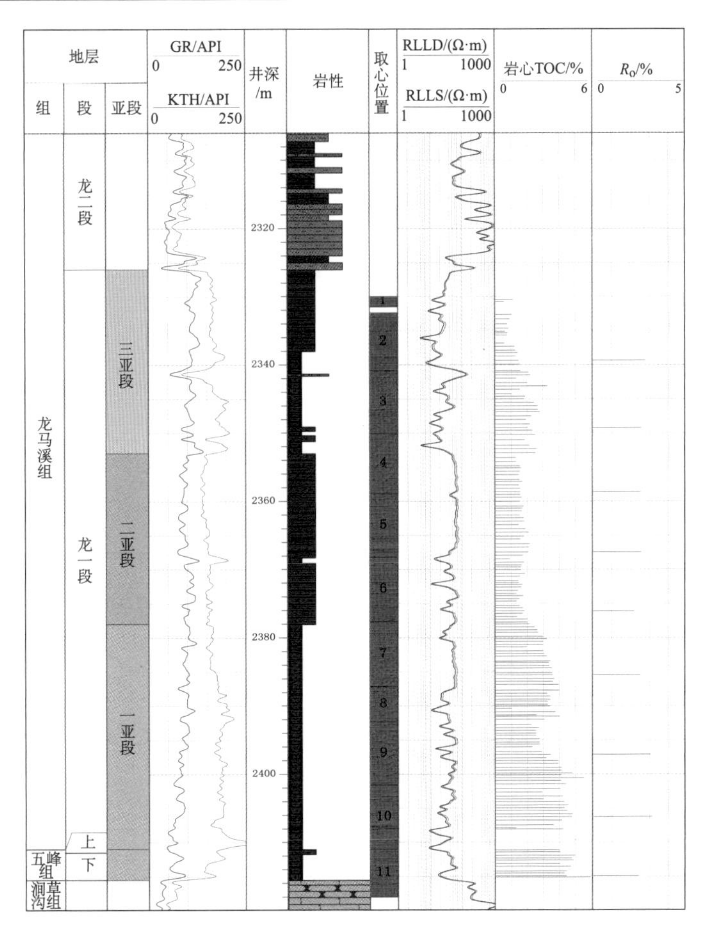

图 2.34　中国南方地区五峰组—龙马溪组富有机质页岩集中段分布图

(4)海相页岩储层具差异性：不同页岩岩性组合、高 TOC 含量集中段发育程度、热成熟度、矿物组成与含量、纳米孔隙发育程度等主要储层特征存在明显差异。在高—过成熟海相富有机质页岩中黏土矿物已全部转化为稳定性矿物，已不具水敏性，有利于大型清水压裂改造(图 2.36)。商业性开发的页岩气储层石英、长石、碳酸盐等脆性矿物含量要在 40%以上，黏土矿物含量要小于 30%(表 2.11)。

北美页岩气开发实践表明，海相页岩气成藏主控因素或基本条件可分为内部因素和外部因素。内部因素是指页岩自身的因素，包括有机质类型及含量、成熟度、矿物组成、孔隙度和渗透率、裂缝、厚度等。外部因素较多，包括温度与压力、深度、湿度、构造演化等(胡文海和陈冬晴，1995)，分别简述如下。

1. 页岩气成藏内在控制因素

(1) 沉积环境。较快的沉积条件和封闭性较好的还原环境是黑色富有机质页岩形成的重要条件。沉积速率较快可以使富含有机质页岩在被氧化破坏之前能够大量沉积下来，而水体缺氧可以抑制微生物的活动性，减少对有机质的破坏作用。

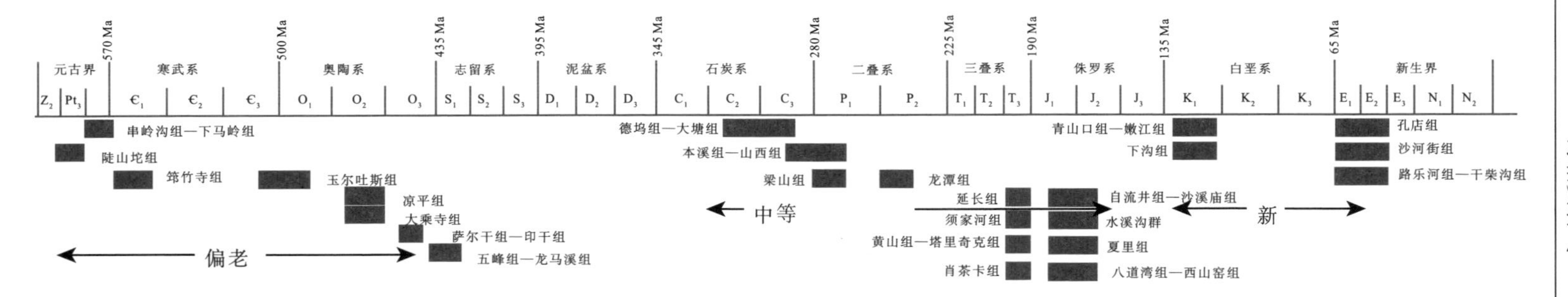

图2.35　中国富有机质页岩热演化分类示意图

中国富有机质页岩演化特征：下古生界，演化程度高；上古生界—中生界，演化程度适中；中—新生界，演化程度低

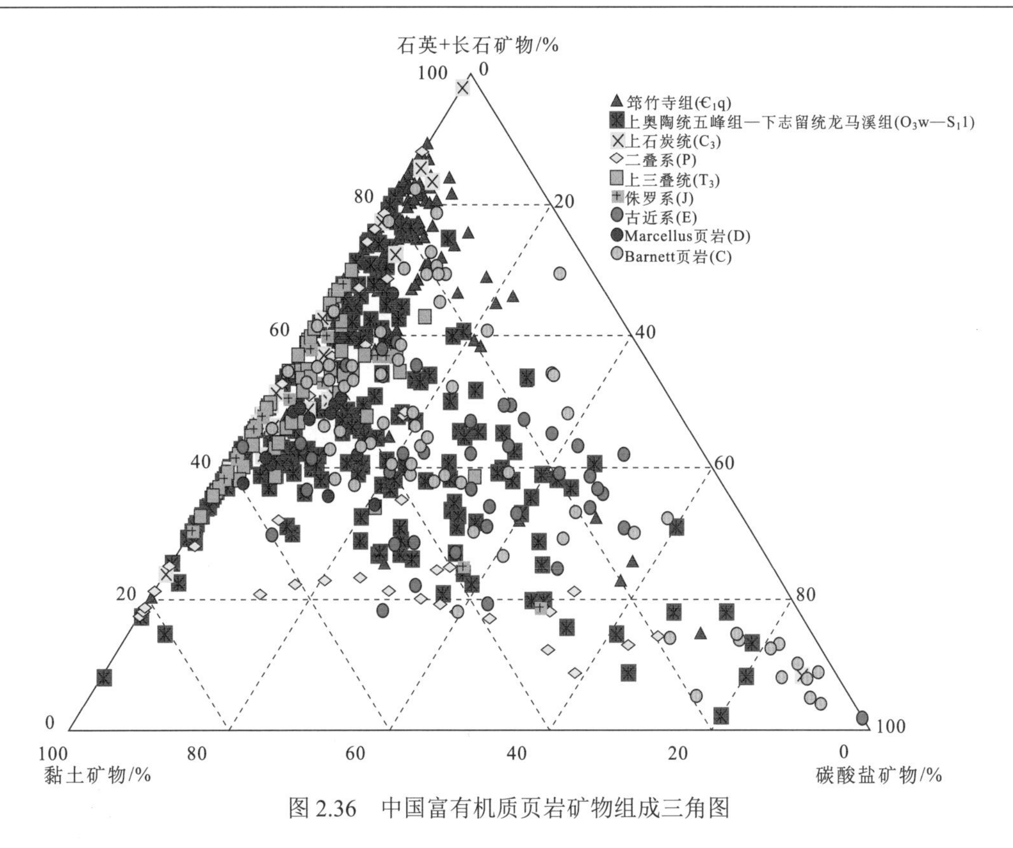

图2.36　中国富有机质页岩矿物组成三角图

(2)有机质类型及含量。不同类型的干酪根由于化学组成不同，其生烃潜力也有所不同。一般来说，Ⅰ型与Ⅱ型干酪根首先以生油为主，随着热演化程度的增高，再由原油油裂解为气；Ⅲ型干酪根直接以产气为主。纵观美国页岩气盆地的页岩干酪根类型主要以Ⅰ型与Ⅱ型为主，仅有少部分为Ⅲ型干酪根(Modica and Lapierre，2012)。

有机质含量是影响页岩气富集的根本因素，它不仅是衡量烃源岩生气潜力的重要参数，而且直接影响着吸附气的含量，这主要是由于有机质内部具有大量的微-纳米孔隙，可以像海绵一样将气体吸附在其表面(蒲泊伶等，2008)，使吸附气富集的比表面积增大。研究发现，多数盆地页岩中TOC含量与页岩产气率之间具有良好的线性正相关关系。

(3)热成熟度。含气页岩的热成熟度越高，表明页岩生气量越大，页岩中赋存的气体也就越多，而且随着热演化程度的增高，烃类的增加将导致页岩地层压力增高，从而提高页岩气的吸附性能。当页岩地层压力增加到一定程度时，将在地层中产生微裂缝，为页岩气提供了良好的储集空间。

(4)矿物组成。页岩中的无机矿物成分主要是黏土、石英和方解石等，其相对组成的变化影响着页岩的岩石力学性质、孔隙结构和对气体的赋存方式和能力。黏土矿物具有较多的微孔隙和较大的比表面积，能增加吸附气的含量；石英含量的增加，可提高岩石的脆性，使地层易产生天然和诱导裂缝，增加游离气的储集空间和孔隙的连通能力(杨振恒等，2011)。方解石在埋藏过程中可能发生胶结或溶解，降低或提高页岩的孔隙度和渗透率(张林晔等，2009)。

表 2.11 五峰组—龙马溪组与北美页岩气层地质特征对比表

国家	盆地	主要页岩区块及地层		埋深/m	有利区面积/km^2	可采资源量/10^8m^3	富有机质页岩地化参数				物性参数		含气量/(m^3/t)	脆性参数			
		区块	层位				厚度/m	TOC含量/%	R_o/%	有机质类型	孔隙度/%	渗透率/nD		脆性矿物/%	黏土矿物/%	泊松比	杨氏模量/10^4MPa
中国	四川	威远	$O_3w—S_1l$	1300~3700	2800	2500	45	2.70	2.70	腐泥型、偏腐泥混合型	5.3	42	2.92	66.4	33.6	0.18~0.21	1.33~2.1
		富顺-永川	$O_3w—S_1l$	3200~4500+	13500	26000	80	3.80	3.00	腐泥型、偏腐泥混合型	4.2	233	3.5	61.3	38.7	0.23~0.28	2.3~3.1
		长宁	$O_3w—S_1l$	2000~4500	4300	5500	60	3.45	2.95	腐泥型、偏腐泥混合型	5.4	290	4.1	69.5	30.5	0.18~0.25	2.07~2.5
		昭通	$O_3w—S_1l$	900~2200	1500	1100	38	3.20	2.95	腐泥型、偏腐泥混合型	5.0	1 90	2.3	68.0	32.0	0.19~0.22	1.07~2.69
		焦石坝	$O_3w—S_1l$	2100~3500	545	809	40	3.50	2.60	腐泥型、偏腐泥混合型	6.2	348	6.1	67.0	31.4	0.20~0.30	2.5~4.0
美国	得克萨斯州	墨西哥湾沿岸盆地	K(Eagle Ford)	1220~4270	3000	5900	61	2.76	1.20	偏腐泥混合型	9.0	1 000	2.8~5.7	45~65	35~55	0.20~0.30	1.3~3.5
	得克萨斯州	Fort Worth盆地	C(Barnett)	1980~2590	13000	12461	90	3.74	1.60	偏腐泥混合型	5.0	50	8.5~9.9	40~60	40~60	0.12~0.22	1.37~2.12
	路易斯安那州北部	Salt 盆地	J(Haynesville)	3200~4200	23000	71083	80	3.01	1.50	腐泥型、偏腐泥混合型	8.3	350	2.8~9.3	35~65	35~65	0.24	1.4~3.5
	阿肯色州	Arkoma盆地	C(Fayetteville)	305~2134	23000	11781	40	3.77	2.50	腐泥型、偏腐泥混合型	6.0	50	1.7~2.6	40~70	30~60	0.23	1.4~3.2
	奥克拉荷马州	Anadarko盆地	D(Woodford)	1829~3353	29000	3228	48	5.34	1.50	腐泥型、偏腐泥混合型	5.0	50	5.6~8.5	50~75	25~50	0.10~0.25	1.2~2.4
加拿大	西加拿大	西加拿大盆地	T(Montney)	900~2740	142000	13875	105	2.79	1.50	腐泥型、偏腐泥混合型	5.0	30	1.1~3.2	45~70	30~55	0.10~0.23	2.4~3.8

(5) 储层物性。页岩气主要由游离气和吸附气组成，孔隙和孔隙结构直接影响着两类气体的含量。当孔隙度越高、孔径越大时，储存在孔隙中的游离气就越多；微孔总体积越大，其比表面积也就越大，对气体分子的吸附能力也就越强。渗透率主要影响岩层中游离气的存储。渗透率越大，游离态气体的储集空间也就越大。通常，页岩属于极低渗透性储层，随裂隙发育程度的不同而有较大的变化。裂隙能大大增加页岩层的渗透率，聚集相当数量的游离态页岩气。此外，后期的水力压裂作用也会形成诱发裂隙，增大页岩层的渗透率，使游离气态页岩气的储集空间增大。

(6) 裂缝发育情况。裂缝在页岩气藏中的具体作用，一般认为裂缝对页岩气藏具有双重作用：一方面裂缝为天然气提供了运移通道和聚集空间，有助于页岩总含气量的增加，为天然气的解析提供更大的压降和面积；另一方面，如果裂缝规模过大，可能会导致天然气散失。石英含量的高低是影响裂缝发育的重要因素之一，富含石英的黑色泥页岩段一般脆性好，裂缝的发育程度比富含方解石的页岩更强。除石英外，长石和白云石也是页岩中的脆性组分 (Nelson et al.，2009，邹才能等，2010a)。

(7) 有效页岩厚度 (王祥等，2010)。形成商业性页岩气，需要富有机质黑色页岩有效厚度达到一定界限，以保证有足够的有机质及充足的储集空间。有效页岩是指 TOC 含量>2%，处于热成熟生油气窗内，石英等脆性矿物含量>40%、黏土矿物含量<30%、孔隙度>2%、渗透率>$0.0001\times10^{-3}\mu m$ 的页岩。经证实，有效页岩厚度为 30～50m 时足以满足商业开发要求。当然有效页岩厚度愈大，尤其是连续有效厚度愈大，有机质总量愈大，天然气生成量愈多，页岩气富集程度越高。北美页岩气富集区内有效页岩厚度最小为 6m (Fayetteville 页岩)，最厚高达 304m (Marcellus 页岩)，但页岩气核心生产区厚度都在 30m 以上。

2. 页岩气成藏地质背景因素

(1) 温度与压力。

温度主要影响吸附气体含量，气体的吸附过程是一个放热过程，Chalmers 等 (2008) 发现温度与气体吸附能力呈负幂指数关系，随着温度升高，气体吸附能力迅速降低，其影响程度远大于有机碳含量。地层压力与吸附气之间存在着正相关关系。Raut 等 (2007) 指出，在压力较低的情况下，气体吸附需达到较高的结合能，当压力不断增大，所需结合能不断减小。因此，地层压力越大，页岩的吸附能力就越大，吸附气的含量也就越高。另外，压力的增加还会产生更多的微裂缝，使游离气含量也随之增高。

(2) 页岩埋深。

深度直接控制着页岩气藏的经济价值和经济效益。北美目前取得商业开发的典型页岩气藏，其埋深大部分都小于 3500m，国内成功取得勘探开发的海相页岩气层埋深也均在 3500m 以浅，由于作业技术的限制，目前在 3500m 以深区域部分取得重大突破，深度不是决定页岩气藏发育的决定因素，关键问题是该页岩气藏是否具有商业开发价值。随着科技和工艺的进步，埋藏更深的页岩气藏终将得到开发。

(3) 构造作用。

研究认为，构造稳定时间长、隆升幅度小有利于页岩的持续受热和一次成烃 (生气)。

虽然页岩气藏具有较强的抗构造破坏能力(蒲泊伶等，2010)，但构造运动对页岩气的聚集仍然具有重要影响。首先，构造作用能够直接影响页岩的沉积作用和成岩作用，进而对页岩的生烃(生气)过程和储集性能产生影响；其次，构造作用还会造成页岩层的抬升和下降，从而控制页岩气的成藏过程，改变气藏的温度和压力；最后，构造作用还可产生裂缝，有效改善泥页岩的储集性能。构造转折带、地应力相对集中带及褶皱-断裂发育带通常是页岩气富集的重要场所，具有正向背景的地质单元依然是最有利的目标。

研究与实践表明，以四川盆地五峰组—龙马溪组为主的海相页岩气形成条件与北美典型页岩气相似(表 2.11)，主要有利条件为有利沉积环境、有利岩相组合、适中热演化程度和有效构造保存。

2.5.2 海相页岩气“甜点”形成有利条件

1. 半深水-深水陆棚相有利沉积环境控制了较大规模富有机质页岩的沉积和分布

较大规模(指连续厚度大、分布面积大)富有机质页岩是页岩气形成及富集的重要物质基础。半深水-深水陆棚相是海相页岩气形成及富集的最有利沉积相带，控制富有机质页岩的稳定分布。富有机质页岩的形成有两个重要条件：①水体中生物丰富，能为页岩提供充足的有机物质；②水体安静、缺氧、沉积物充分，能为有机物质有效保存提供良好环境。海洋半深水-深水陆棚相具有水深、水体循环性差、易形成水体下部贫氧或缺氧条件，是富有机质页岩形成的有利沉积环境。

奥陶纪末—志留纪初，在全球持续性海平面上升背景下，扬子板块所处区域普遍海侵，上扬子克拉通地台在川中、黔中和雪峰 3 个古隆起控制下，于四川盆地及周缘形成了川南-黔北、川东-鄂西大面积低能、欠补偿、缺氧的海相半深水-深水陆棚相环境，沉积了五峰组—龙马溪组大套岩性单一、细粒、厚度大、富有机质、富硅质/钙质黑色页岩。如前所述，五峰组—龙马溪组富有机质页岩集中段位于其底部，TOC 含量 > 2%，连续厚度大(一般为 20～100m)，横向分布稳定。据实钻资料统计，富顺-永川地区集中段页岩厚度介于 40～100m，威远地区厚度介于 30～40m，长宁地区厚度介于 30～60m，涪陵地区厚度介于 38～45m。

研究认为，五峰组—龙马溪组笔石页岩地层在上扬子区大面积分布，自下而上可划分为凯迪、赫南特、鲁丹、埃隆和特列奇 5 阶 13 个笔石带，以广泛分布的区域标志层埃隆阶三角半耙笔石(*Demirastrites triangulatus*)带顶界为关键界面，结合自然伽马、电阻率等测井资料，将龙马溪组划分为 SQ_1、SQ_2 两个三级层序，并开展长宁双河剖面、W202 井层序对比(图 2.37)。SQ_1 为龙马溪组沉积早期深水相笔石页岩沉积建造，沉积速率为 1.5～33.8m/Ma，富含有机质和生物硅质；SQ_2 为龙马溪组沉积中晚期的半深水-浅水相沉积建造，沉积速率为 9.5～384.4m/Ma，有机质丰度明显低于 SQ_1，黏土含量明显高于 SQ_1。海平面在鲁丹期早期快速上升，鲁丹期晚期—特列奇期持续下降，沉积中心逐渐西移。受海侵控制，鲁丹期是下志留统富有机页岩发育的鼎盛期，也是产气页岩中“甜点段”形成的关键期。故“甜点段”集中在五峰组一段至四段和龙马溪组一段至五段，厚度 30～50m。

五峰组沉积期，华夏与扬子地块的碰撞拼合作用趋缓，四川盆地及邻区形成了三隆夹一坳的古地理格局(图 2.38、图 2.39)。中—上扬子地区出现了开口向北、水面辽阔的半

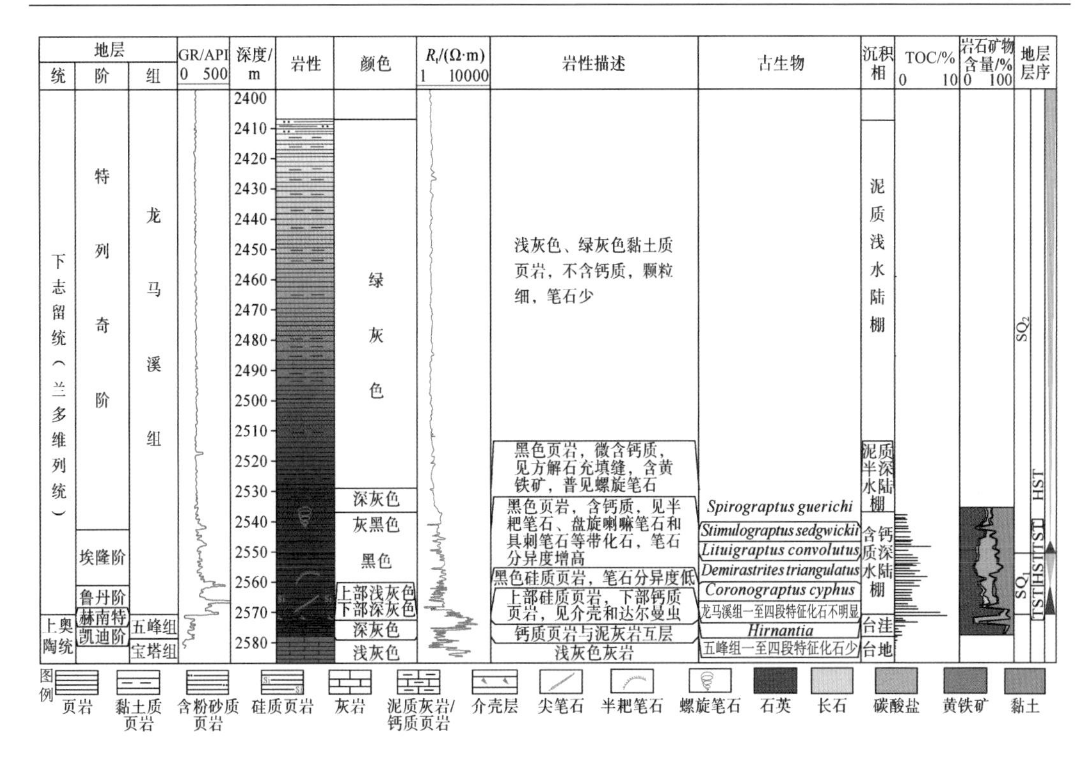

图 2.37　四川盆地 W202 井上奥陶统五峰组—下志留统龙马溪组综合柱状图

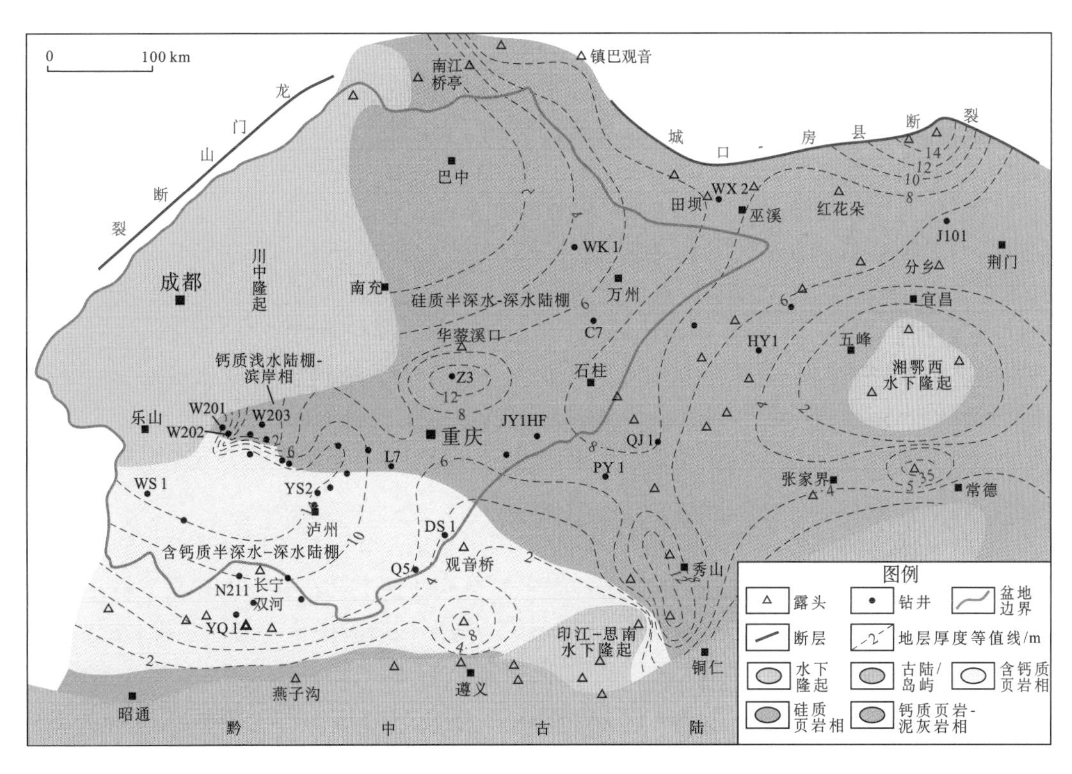

图 2.38　四川盆地及邻区上奥陶统五峰组笔石页岩段沉积相图

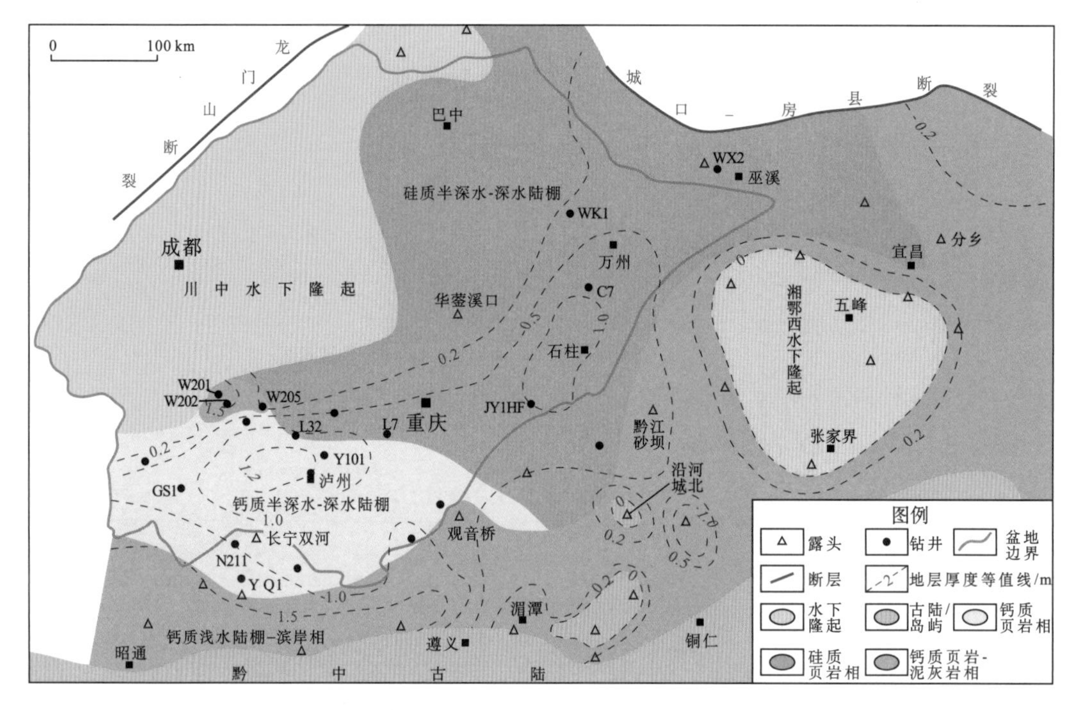

图 2.39　四川盆地及邻区上奥陶统五峰组观音桥段沉积相图

封闭海湾，川南地区发育深水含钙质、硅质页岩，川东-川北地区发育深水硅质页岩。五峰组沉积早期(即凯迪间冰期)，气候温暖湿润，海平面上升至高位，海底出现大面积缺氧环境，$\delta^{13}C$ 值为–30.2‰～–29.9‰，P_2O_5/TiO_2 值为 0.24，反映表层水体营养物质丰富，藻类、放射虫、笔石等浮游生物生产率高，生物碎屑颗粒、有机质和黏土矿物等复合体以“海洋雪”方式缓慢沉降(图 2.40)，形成富含有机质和生物硅的黏土质硅质页岩，沉积速率为 2.3～3.2m/Ma，TOC 含量为 2.0%～8.0%；五峰组沉积中晚期(即赫南特冰期)，海平面下降(降幅为 50～100m)，海水温度降低，以浮游生物为食物的笔石大量灭绝，$\delta^{13}C$ 值开始发生正漂移，在观音桥段中部(即奥陶纪末全球最大冰期)达–29.0‰(长宁)～–27.6‰(宜昌王家湾)，水中营养物质浓度剧增，P_2O_5/TiO_2 值达到 0.84 高峰值，缺氧的深水水域缩小至川南-川东-川东北拗陷区，并形成表层浮游生物勃发(达到高生产力顶峰)、底层有机质高埋藏率的滞留海盆，形成富含有机质和生物硅的硅质页岩、钙质硅质页岩，沉积速率为 0.3～3.6m/Ma，TOC 含量为 2.7%～8.4%。

龙马溪组沉积早期(鲁丹期—埃隆早期)，四川盆地及邻区基本保持五峰组沉积时期的岩相古地理格局(图 2.41)。鲁丹早期，海平面再次快速上升，并基本接近五峰组沉积早期的高水位，钼(Mo)含量为 41×10^{-6}～73×10^{-6}，说明该海域处于半封闭状态(图 2.42)。川南-川东-川东北拗陷区再次出现大面积缺氧的深水陆棚环境，$\delta^{13}C$ 值显著变轻(–29.7‰)，并发生负漂移，P_2O_5/TiO_2(质量比)为 0.25～0.38，藻类、放射虫、笔石等浮游生物再次出现大繁盛，并以“海洋雪”方式缓慢沉积(图 2.40)，岩相与五峰组相近，以硅质页岩和钙质硅质页岩为主，沉积速率为 1.5～9.3m/Ma，TOC 值为 2.1%～8.4%(图

2.37)，拗陷周缘主体为浅水陆棚-滨岸相，发育贫有机质的黏土质页岩、钙质黏土质页岩和泥灰岩(图2.40、图2.41)；鲁丹晚期—埃隆早期，$\delta^{13}C$ 值持续缓慢增至−28.7‰，即正漂移，P_2O_5/TiO_2 值下降至0.12～0.16，黏土矿物增多，沉积速率增至1.89～33.8m/Ma，TOC含量降至1.0%～5.4%，Mo含量为 2×10^{-6}～19×10^{-6}，岩相以黏土质硅质页岩、黏土质钙质页岩和钙质硅质页岩为主(图2.37)，表明海平面下降，沉降沉积中心缓慢西移，海域封闭性增强，陆源物质增多，表层水体浮游生物生产力降低。

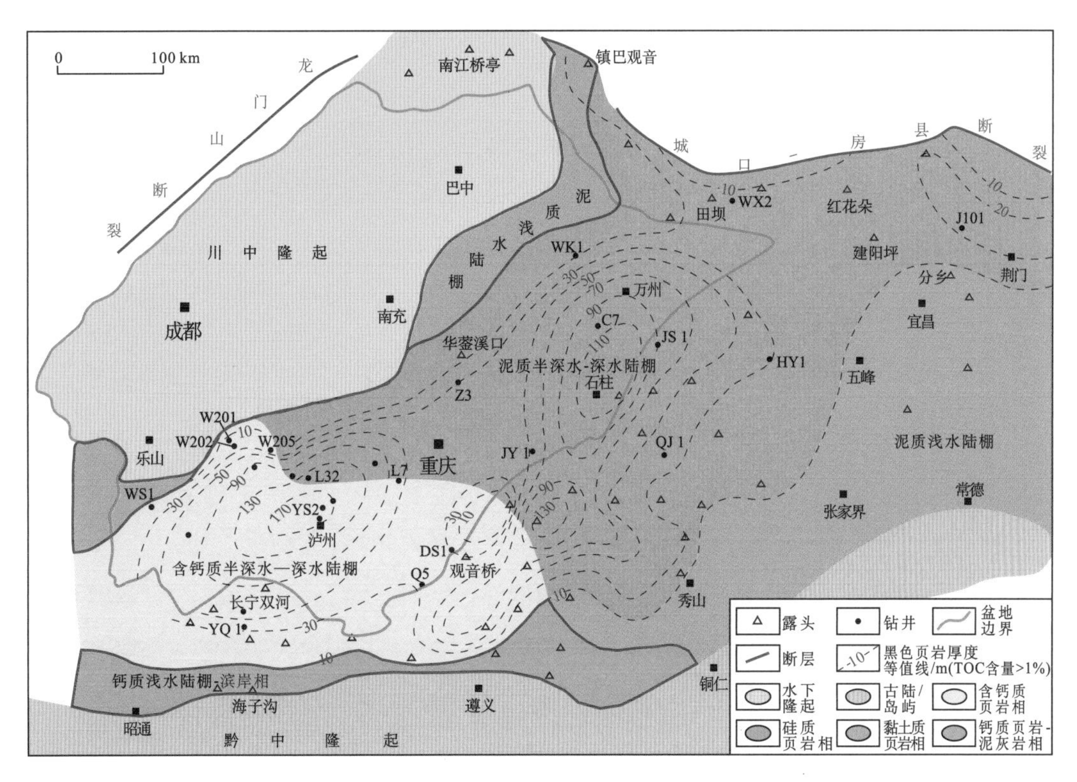

图2.40 四川盆地南部及邻区晚奥陶世—早志留世富有机页岩沉积模式图

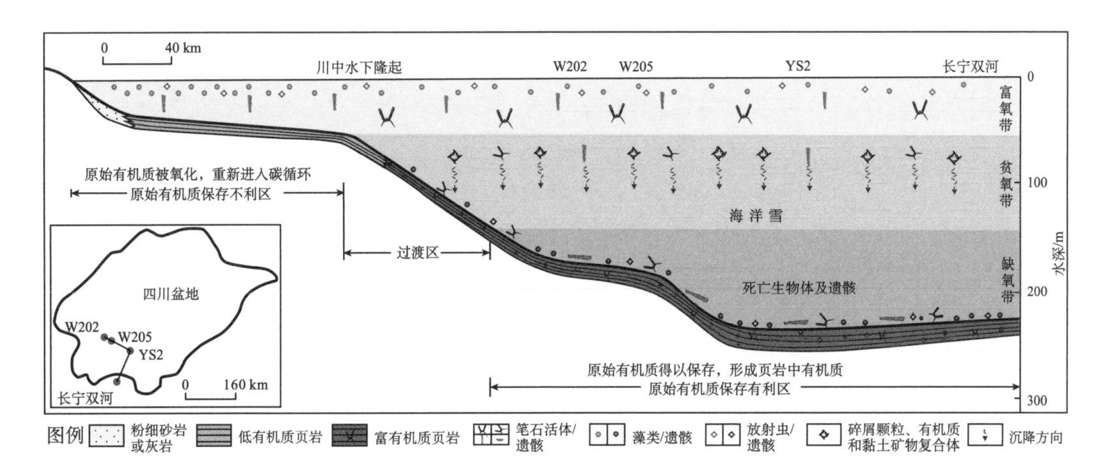

图2.41 四川盆地及邻区龙马溪组沉积早期(SQ_1)沉积相图

龙马溪组沉积晚期(埃隆中期—特列奇期)，扬子地块与周边地块的碰撞拼合作用加剧，沉降沉积中心向川中和川北迁移，海平面大幅度下降，四川盆地及邻区为浅水-半深水陆棚，海水封闭性进一步增强。深水水域大幅度缩小和迁移，其中川南深水水域转变为封闭的半深水陆棚，川东深水区缩小至涪陵-石柱-万州一带，川北则在特列奇期出现半封闭的深水水域。川南地区 $\delta^{13}C$ 增至–28.8‰～–27.0‰，TOC 含量下降至 0.4%～2.7%，P_2O_5/TiO_2 值下降至 0.13～0.17，Mo 含量低于 9×10^{-6}，说明水体封闭性与黑海相当(图 2.42)，沉积速率上升至 9.5～384.4m/Ma，黏土矿物含量增至 45%～68%，岩相以黏土质页岩和钙质黏土质页岩为主；川中-川北深水水域出现黏土质硅质页岩和钙质硅质页岩组合(图 2.37)。海平面下降，沉降中心迁移，海域强封闭性和沉积速度加快，水体逐渐由缺氧还原环境演变为弱还原-氧化环境，有机质保存条件逐渐变差。

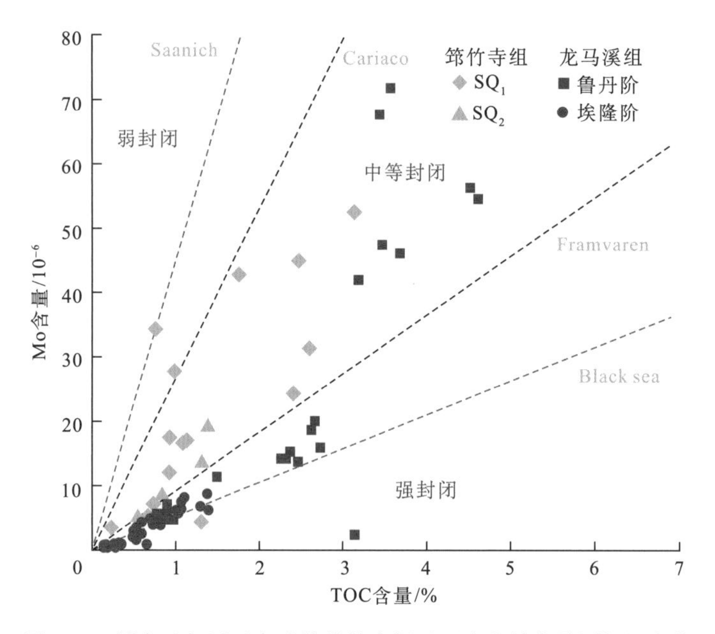

图 2.42 蜀南及邻区下寒武统筇竹寺组及下志留统龙马溪组沉积期 Mo-TOC 含量与海水封闭性关系图

晚奥陶世凯迪期—早志留世鲁丹期，富有机质、富硅质页岩主要分布于川南-川东拗陷及其周边，厚度为 30～80m，分布面积 18×10^4 km^2，TOC 含量为 2.0%～11.0%。埃隆期为川中-川北地区富有机质页岩发育高峰期，厚度一般为 20～50m，分布面积 $4.6\times10^4km^2$，TOC 含量为 2.0%～5.2%。龙马溪组富有机质、富硅质页岩的典型沉积模式为缓慢沉降的稳定海盆、高海平面、半封闭水体和低沉积速率，富有机质页岩在扬子海盆半深水-深水区呈多层段叠置、大面积连片分布。

依据露头、钻井和地球化学测试等资料，对下寒武统筇竹寺组沉积时期海平面变化和海盆封闭性做了类似的研究(图 2.42)，编制了筇竹寺组综合柱状图及沉积相图(图 2.43～图 2.45)，揭示中—上扬子区筇竹寺组沉积特征及分布模式。

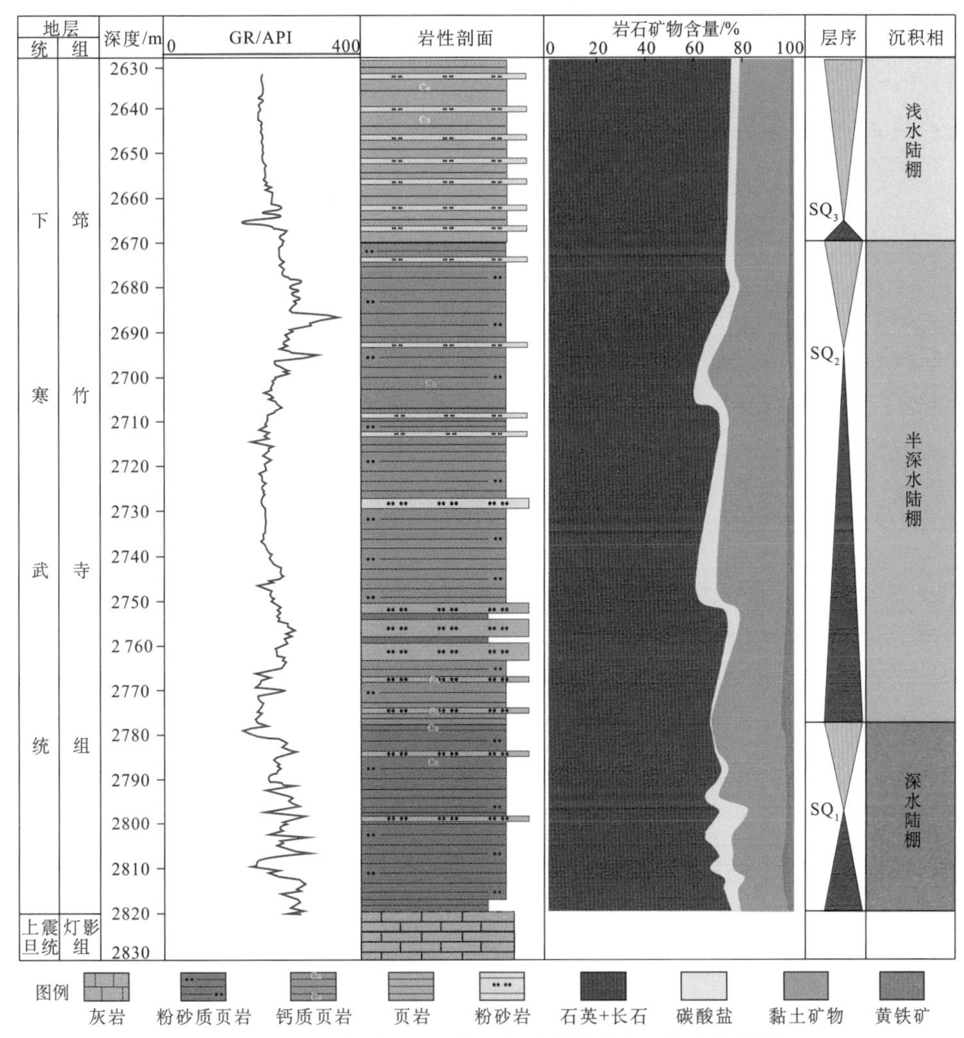

图 2.43　四川盆地 W201 井下寒武统筇竹寺组综合柱状图

SQ_1.沉积旋回早期；SQ_2. 沉积旋回中期；SQ_3. 沉积旋回晚期

从图 2.44 和图 2.45 可以看出，早寒武世早期，区域拉张构造环境与海侵事件使筇竹寺组富有机质页岩沿克拉通内裂陷大面积发育，至中晚期逐渐消失。综合地球化学等多种信息判断，筇竹寺组黑色页岩的沉积与上升洋流相关，不同于五峰组—龙马溪组沉积期的封闭、半封闭滞留海环境。

2. 富硅质、富钙质页岩有利岩相组合控制了优质页岩储层基质孔隙和裂缝发育

硅质页岩、钙质页岩是页岩气储层最有利的岩石相。五峰组—龙马溪组页岩气主力产层以硅质页岩、钙质页岩为主，富含放射虫、海绵骨针等微体化石。研究认为硅质、钙质成因相当部分为生物成因和生物化学成因，高硅高钙含量有利于形成页岩基质孔隙与裂缝。五峰组—龙马溪组页岩储集空间由基质孔隙和裂缝两部分构成。基质孔隙发育黏土矿物晶间孔、有机质纳米孔和碎屑颗粒粒间孔、粒内溶蚀孔等多种孔隙空间，一般孔径介于 5～200nm。黏土矿物晶间孔、有机质纳米孔是页岩气主要的储集空间类型。

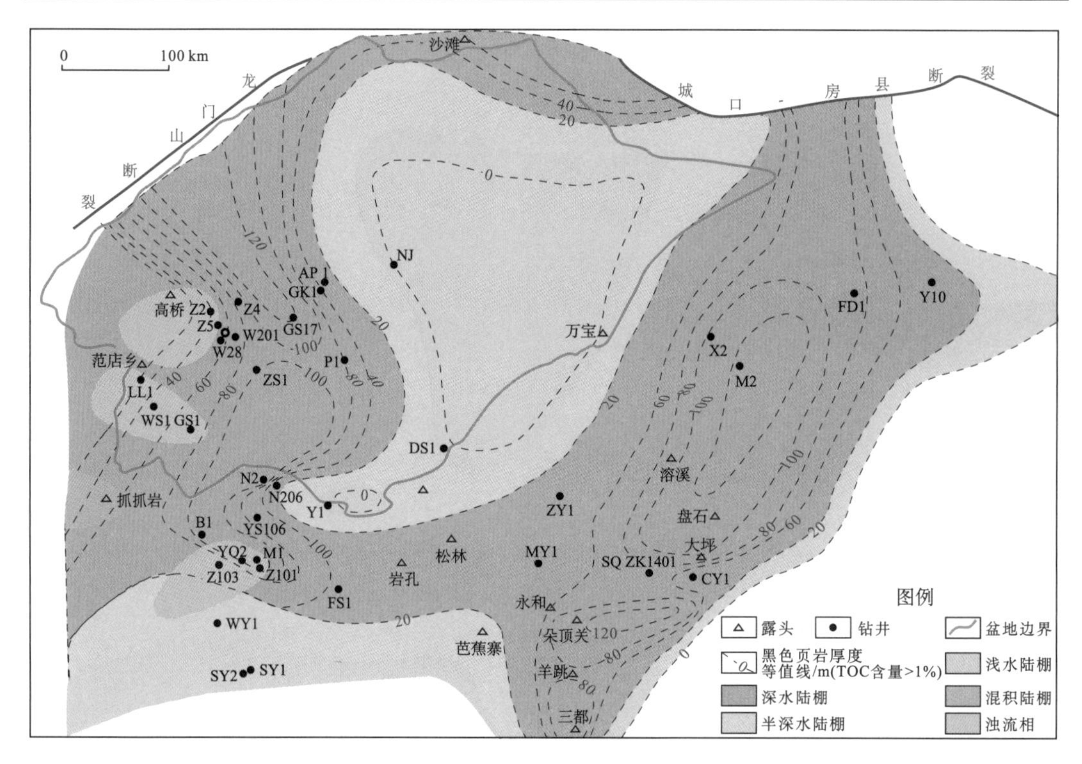

图 2.44　四川盆地及邻区筇竹寺组沉积早期(SQ_1)沉积相图

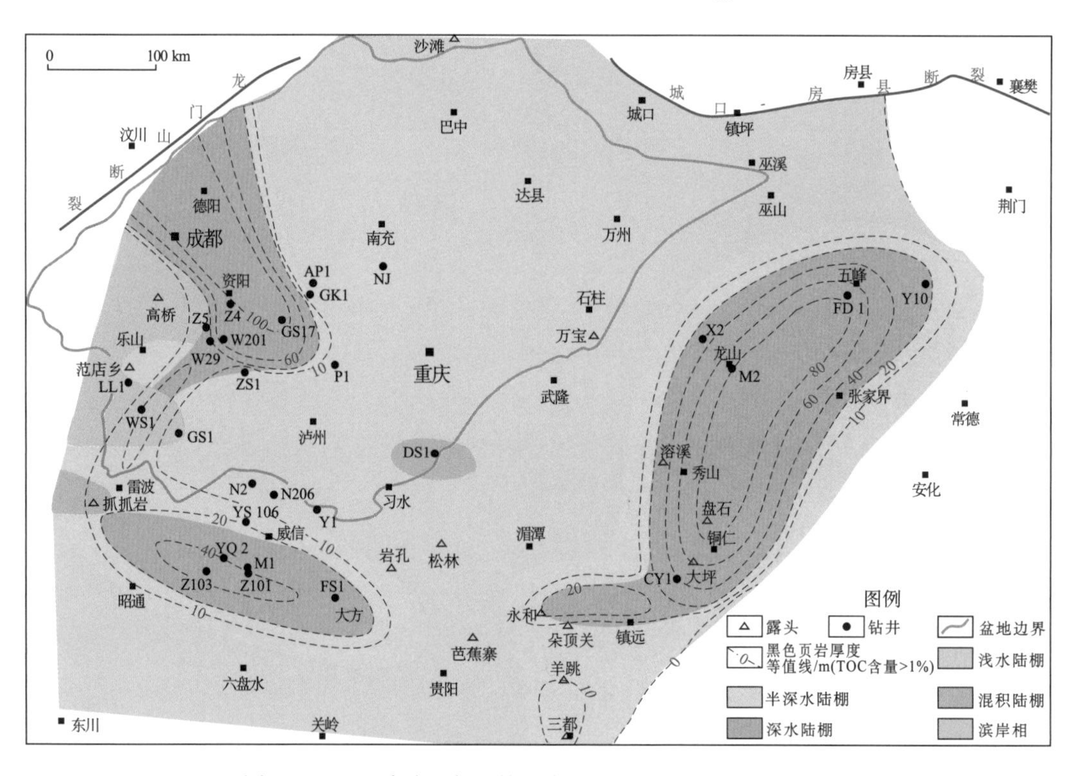

图 2.45　四川盆地及邻区筇竹寺组沉积中期(SQ_2)沉积相图

页岩沉积过程中受物理、化学、生物等共同作用，形成普遍发育的不同组分页岩纹层及层理，包括脆性矿物(方解石、白云石等)、黏土矿物(伊利石、伊/蒙间层等)及有机质(藻类等)等纹层的沉积。不同纹层之间发育纹(层)理缝，呈连续或断续分布；相似纹层组合形成纹层组，进一步形成小层，常发育水平(层)理缝，并连续分布。研究表明，纹(层)理缝能够有效沟通页岩储层中无机矿物孔隙、纳米级有机质孔等，形成油气侧向运移的高速通道。四川盆地五峰组—龙马溪组含气页岩普遍发育层理，其水平渗透率普遍高于 $0.01\times10^{-3}\mu m^2$(平均值为 $1.33\times10^{-3}\mu m^2$)，远高于对应相同深度的垂直渗透率(普遍偏低于 $0.001\times10^{-3}\mu m^2$，平均值为 $0.0032\times10^{-3}\mu m^2$)，二者相差超过2个数量级。含气页岩垂向上致密，具有偏低垂直渗透率，阻碍了页岩气垂向迅速逸散而有利保存；而水平(层)理缝的发育改善了页岩储层的水平渗流能力，且在水平井水力压裂改造后容易形成复杂裂缝网络，从而提高页岩气井产量。但若页岩地层不是水平状保存，则加大页岩气逸散的机会，不利于富集。

3. 以热裂解成气为主的适中热演化程度，为页岩气形成与富集提供了丰富的气源

五峰组—龙马溪组页岩有机质类型好，均为腐泥型-混合型，即Ⅰ-Ⅱ$_2$型。热演化程度适中，R_o 介于2.1%～3.6%，一般小于3.0%，属高成熟原油热裂解有效成气阶段。主力页岩气层段TOC含量高，且由上至下不断增高，全层段TOC含量大于2.0%，一般为2.5%～4.0%，最高达8.6%。威远页岩气田TOC含量介于2.7%～3.0%，长宁页岩气田TOC含量介于3.1%～4.0%，焦石坝页岩气田TOC含量介于3.2%～3.8%。

钻探证实，四川盆地及邻区五峰组—龙马溪组普遍含气，大面积聚集。与五峰组—龙马溪组页岩相比，筇竹寺组页岩TOC含量虽然也较高，但其含气量却不足，普遍低于 $2.0m^3/t$，测试单井初始产量为 1.0×10^4～$2.8\times10^4\ m^3/d$(图2.46)。大量统计数据认为，筇竹寺组页岩热演化程度过高(R_o 均大于3.4%)，造成页岩有机质碳化，有机质孔隙急剧降低，含气量低，从而单井产量较小。

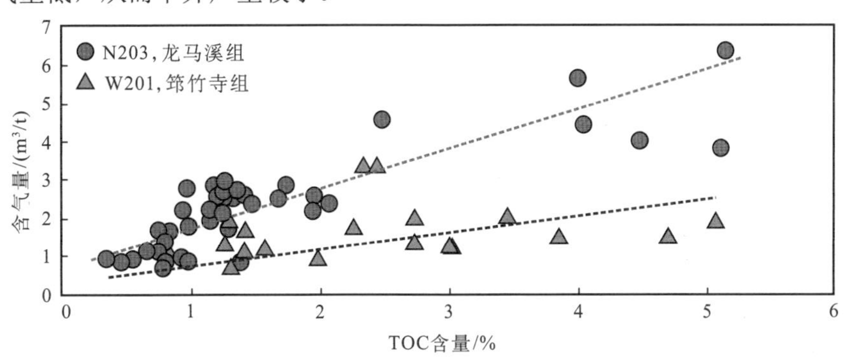

图2.46　四川盆地龙马溪组与筇竹寺组页岩含气特征对比图

4. 构造稳定与地层超压的有效保存条件控制了海相页岩气的富集与高产

与北美相比，我国南方经历了多期复杂的构造运动，页岩地层遭受不同程度的破坏。为此，需要寻找构造相对稳定的复背(向)斜，且页岩地层未被断层、褶皱破坏，大面积连续分布的地区作为页岩气勘探开发的有利区。川南地区长宁页岩气主产区位于川南低

陡构造带长宁背斜西南翼部，是背斜构造背景下平缓的向斜构造，远离断裂，尤其是规模性通天断裂。五峰组—龙马溪组地层产状相对平缓，无大型断裂带发育，保存条件相对较好，有利于形成页岩气富集核心区。目前，已成为川南海相页岩气重点勘探开发地区，水平井单井平均日产量均大于 10×10^4 m^3。而在盆地外围复杂构造区页岩含气性普遍很差，云南昭通的 Z101 井页岩气含气量只有 0.17～0.51m^3/t，平均为 0.33m^3/t，钻探未获工业气流。

北美及中国页岩气高产井均表现出异常高压状况。地层超压是页岩储层保存条件好的重要表现，页岩气单井产量与压力系数呈明显的正相关关系，因为地层压力高多数是由于有机质生烃增压作用，持续排烃，含气性好，产量高(表 2.12)。

表 2.12　地层压力与页岩气产量关系统计表

所处构造位置	压力系数	测试产量/(10^4 m^3/d)
盆地外及盆地内常压区	0.85～1.2	<2.50
盆内超压区	1.2～1.5	2.50～7.0
盆内超高压区	>1.5	7.0～137.9

地层超压是控制页岩含气量、页岩气井单井产量的重要因素(表 2.13)。钻探证实，四川盆地及周缘龙马溪组页岩普遍见气，盆地斜坡和向斜区内一般存在异常高压，压力系数为 1.4～2.2，超压区面积超过 2.5×10^4 km^2。异常高压区中长宁区块龙马溪组含气量平均为 4.1m^3/t，涪陵地区龙马溪组含气量平均为 4.6m^3/t，水平井单井测试产量普遍高于 10×10^4 m^3/d；盆地边缘区一般为正常压力，含气量为 2.3～2.92m^3/t，水平井单井测试产量一般为 2.2×10^4 m^3/d 左右。龙马溪组含气量普遍好于筇竹寺组，详细分析后发现，龙马溪组页岩产层上覆巨厚的黏土质页岩，塑性好，下伏泥质含量高、稳定性好的宝塔组石灰岩，两者裂缝均不发育，因此自封闭能力强，形成超压页岩气层；而筇竹寺组上部为裂缝性砂质页岩与石灰岩，下部为风化型白云岩含水层，水动力活跃，自封闭能力相对较差，气体逸散严重，造成其含气量低(图 2.47)。

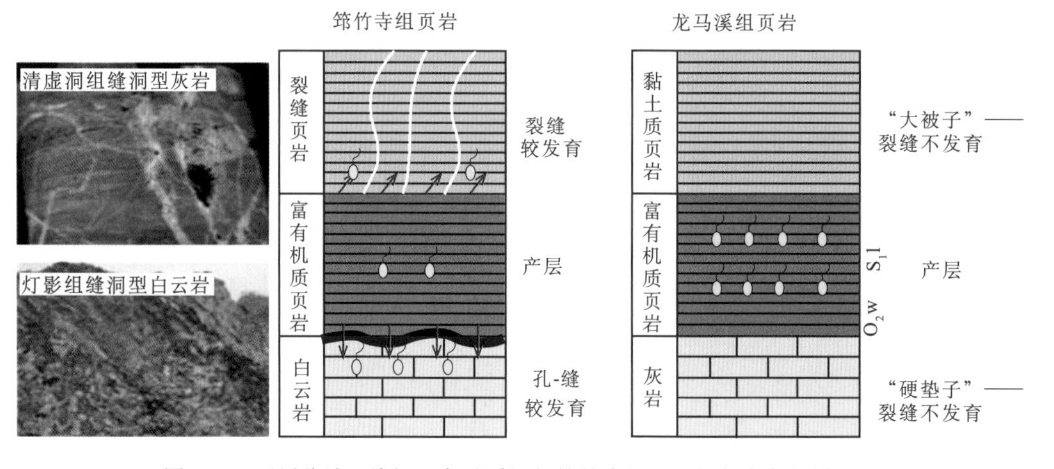

图 2.47　四川盆地五峰组—龙马溪组与筇竹寺组页岩气保存条件模式图

表 2.13　四川盆地五峰组—龙马溪组页岩气产层主要特征与“甜点区”关键参数表

分类		高产层段厚度/m	R_o/%	TOC 含量/%	孔隙度/%	含气量/(m^3/t)	地层压力系数	脆性指数/%	弹性模量/GPa	泊松比	页理指数/(层/cm)	天然微裂缝	地表条件	气层埋深/m
页岩气田	威远	18～30	2.1～2.8	1.1～8.4	3.3～7.0	1.9～4.8	1.10～1.50	37～70	13.0～21.0	0.18～0.21	15～17	局部发育	丘陵	1530～3500
	黄金坝	30～40	2.5～3.1	2.1～6.0	3.4～7.4	2.4～4.5	1.05～1.96	55～63	10.7～26.9	0.18～0.25	16～21	局部发育	山地	2300～4000
	长宁	32～44	2.5～3.0	1.9～8.4	3.4～8.4	2.4～5.5	1.25～2.10	55～65	20.7～25.0	0.19～0.22	17～24	局部发育	山地	2300～4000
	涪陵	38～60	2.2～3.0	2.1～6.3	3.7～7.8	4.7～7.2	1.35～1.55	50～67	25.0～40.0	0.20～0.30	16～21	发育	丘陵	2100～3500
经济甜点区		大于 20	2.0～3.0	大于 3.0	大于 4.0	大于 3.0	大于 1.3	大于 40	大于 20	小于 0.25	大于 15	垂向微裂缝发育	丘陵	1500～3500

第 3 章　海相页岩气评价方法

3.1　海相页岩野外地质调查方法

我国海相页岩分布广、露头出露多，有针对性地开展野外地质调查是获取海相页岩气远景区富有机质页岩基本地质参数和确定页岩气有利层段或有利区的重要基本工作方法。

3.1.1　数字化露头地质剖面

数字化页岩露头地质剖面是通过精细地层分层、高精度地球物理勘测、密集实验分析测试等手段，建立的具有高精度数字化特征的页岩地层剖面，精确地反映了页岩段在露头上的主要特征，包括岩性组合、古生物、构造样式等各种地质信息纵横向变化，是开展页岩气地质评价的关键地质依据之一和重要方法。

长宁双河、綦江观音桥、华蓥山溪口 3 个上奥陶统五峰组—下志留统龙马溪组露头数字化剖面是中国石油勘探开发研究院于 2010 年建立的国内首批页岩露头标准剖面，为中国南方海相页岩气主力产层和示范区的确定提供了重要科学依据，在行业内起到了引领和示范作用。本章以这 3 个剖面为例，简要介绍这类地质剖面选择的原则和工作方法。

1. 剖面选择原则

建立页岩地层标准剖面的目的是通过点上深入研究获得黑色页岩地层结构、古生物、岩性组合、地球化学、储层等关键地质参数，为分析页岩气形成条件和优选页岩气有利区提供科学依据。数字化标准剖面选择一般遵循以下五项原则。

(1) 黑色页岩及其顶底界线地层发育齐全。

(2) 页岩地层出露完整，具有良好的观察性。

(3) 剖面所处区域构造简单，地层保存完整。

(4) 目的层在剖面点的岩相组合和沉积特征具有代表性。

(5) 交通便利，易于观察与测量。

长宁双河、綦江观音桥、华蓥溪口镇三个剖面点(图 3.1)的五峰组—龙马溪组页岩、构造和交通情况符合上述条件，具有构建数字化标准剖面的有利条件。

(1) 长宁双河剖面位于川南陆棚相区的深水域南斜坡，反映了蜀南深水相黑色页岩沉积特征，是研究长宁、昭通和富顺-永川示范区的理想资料点。

(2) 綦江观音桥剖面位于四川盆地东南缘川南陆棚相区的深—浅水过渡区域，是研究川东南-黔东北页岩气产层特征的重要资料点。

(3) 华蓥溪口镇剖面位于川中古隆起东缘的浅水陆棚相区，总体反映了威远-华蓥山地区五峰组—龙马溪组页岩组合特征，是研究威远示范区产层特征的重要参考点。

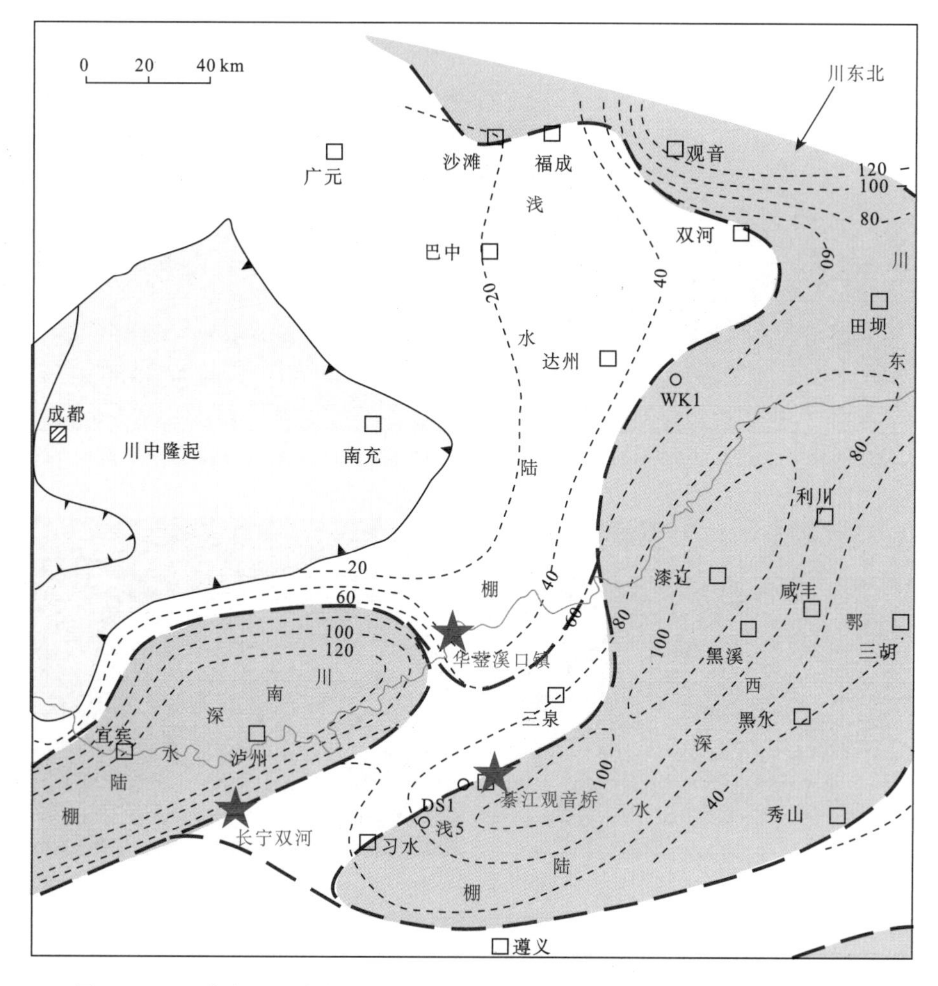

图 3.1　四川盆地及周边志留系龙马溪组沉积相图(据梁狄刚等，2009，有修改)

2. 剖面测量方法

页岩，尤其是富有机质黑色页岩，属细粒沉积岩，野外露头一般具有岩性和沉积旋回简单、颗粒物细小难辨、岩石颜色变化缓慢等特征，应用常规研究手段难以揭示其内部丰富的地质信息。因此，采用精细测量、系统描述和密集采样分析是开展页岩地层详测的有效手段。长宁双河、綦江观音桥和华蓥溪口镇三个剖面是首次以获取五峰组—龙马溪组页岩地质参数为目的而开展的页岩地层数字化详测剖面。针对上述 3 个剖面，制订了系统地层分层、精细岩性描述、密集采样、标准数字化采集、系统分析测试、综合成图和区域对比的测量思路和研究方法。

1)精细分层

根据标志层、古生物化石(主要是笔石、腕足等宏古化石)、岩性组合、层厚变化、钙质含量、风化特征等地质信息进行精细分层，其中重点考虑斑脱岩、碳酸盐岩、重力流沉积岩等特殊岩性的规模，单层厚度一般 0.2～9.4m，最小分层厚度 15cm。图 3.2 展示了长宁双河剖面第1～6层、第8层、第14层、第24层、第46层和第60层的分层情况。

(a) 第1~6层：五峰组下部黑色页岩层，第1~3层为薄层状碳质页岩，第4~6层为中厚层状钙质硅质页岩

(b) 第8层：五峰组顶部的观音桥段介壳层，厚1.02m

(c) 第14层：钙质球状体发育层，厚30cm，球体长轴长为0.8m，短轴长为0.3m

(d) 第24层：银灰色斑脱岩层，厚16~30cm

(e) 第46层：泥灰岩楔形体，向上尖灭，厚15cm

(f) 第60层：S_1l顶钙质页岩，厚30cm，风化呈土褐色

图3.2　长宁双河剖面五峰组—龙马溪组页岩精细分层特征露头照片

2）剖面精细描述

重点描述剖面观察点的页岩岩性、颜色、纹层结构、标志层、层厚变化、主要矿物（钙质、硅质、黄铁矿等）、古生物化石（笔石、腕足等宏古化石）、有机质发育程度、风化特征等。描述页岩层单元厚度一般为15～100cm，系统完整地表征五峰组—龙马溪组细粒沉积物的基本特征。

下面以长宁双河五峰组—龙马溪组剖面为例，简述其海相页岩地层标准剖面的主要地质特征。

长宁双河剖面由燕子村狮子山观测点、双河-灵溪桥观测点组成。自下而上可分为上奥陶统宝塔组、五峰组，下志留统龙马溪组和灵溪桥组。宝塔组和灵溪桥组分别为剖面的底界和顶界，五峰组和龙马溪组为重点测量层段。全剖面共分 62 个小层 12 个岩性组合段，其中五峰组分为下笔石页岩段和上观音桥泥质生物介壳灰岩段，龙马溪组自下而上细分为 8 个岩性段(图 3.3)。

(1) 上奥陶统宝塔组(O_3b)。

宝塔组为长宁双河剖面的底界，厚度超过 40m，大于三峡地区宝塔组厚度(11.8m)。在该剖面燕子村狮子山 Ⅰ 号观测点的剖面长度为 25m，厚度 10.8m，岩性为中—厚层状浅灰色泥晶灰岩夹深灰色瘤状灰岩，质地坚硬，“龟裂纹”发育，与上覆五峰组呈假整合接触，未见临湘组。

(2) 上奥陶统五峰组笔石页岩段(O_3w)。

在燕子村狮子山 Ⅰ 、Ⅱ 、Ⅲ号观测点均有较好出露，其中Ⅲ号测点出露完整，小层序号 1～7，剖面长 27.3m，厚度 9.5m。岩性为薄—厚层黑色碳质页岩、灰黑色页岩及灰黑色硅质页岩夹多层斑脱岩，斑脱岩单层厚 2～6cm，页岩单层厚度下薄上厚，普遍可见黄铁矿，上部钙质含量高，显示水体向上逐渐变浅。五峰组笔石页岩段产大量笔石及少量头足类化石，中下部笔石化石尤为丰富，且产深水环境的叉笔石。受岩性、构造和风化作用影响，该段地层中—下部页岩页理非常发育。

(3) 上奥陶统五峰组观音桥段(O_3g)。

上奥陶统观音桥段在燕子村狮子山Ⅲ号观测点和双河-灵溪桥Ⅳ观测点均有较好出露，小层序号为 8，厚度 1.0m。岩性为深灰色泥灰岩、泥质生物介壳灰岩、黑色笔石页岩，产大量笔石、腕足类化石。岩性和古生物特征看，观音桥段与上覆龙马溪组和下伏五峰组笔石页岩段都呈整合接触，揭示了五峰组沉积时期水体由较深的笔石页岩段，向水体较浅的观音桥段，再向水体变深龙马溪组的沉积旋回演变。

(4) 下志留统龙马溪组第 1 岩性段。

在燕子村狮子山Ⅲ号观测点和双河-灵溪桥Ⅳ号观测点均有出露，小层序号第 9～19，剖面长 163.7m，厚度 73.8m。底部岩性为黑色页岩夹钙质球状体(结核)，见水平纹层，含碳质，产大量笔石化石；中部为黑色碳质页岩，染手，页理清晰，向上粉砂质和钙质增加，见水平纹层；上部为黑色碳质页岩夹斑脱岩薄层，染手，风化后呈土黄色，页理发育，斑脱岩单层厚 1～1.5cm。

(5) 下志留统龙马溪组第 2 岩性段。

双河-灵溪桥Ⅳ号观测点的黑土潭采石场 CX1 井段出露，小层序号第 20～30，剖面长 121.0m，厚度 59.0m。下部为中厚层灰黑色、黑色粉砂质页岩，含碳、染手，产大量球状风化体，页理和节理发育，见黄铁矿脉和方解石脉，顶为厚 25～40cm 的灰白色、浅灰色斑脱岩层；中部为中厚层粉砂质页岩夹钙质球状体及方解石脉；上部为厚层粉砂质页岩夹斑脱岩薄层。笔石化石非常丰富，有单笔石、锯笔石、花瓣笔石、耙笔石等，由下而上钙质、粉砂质增加。

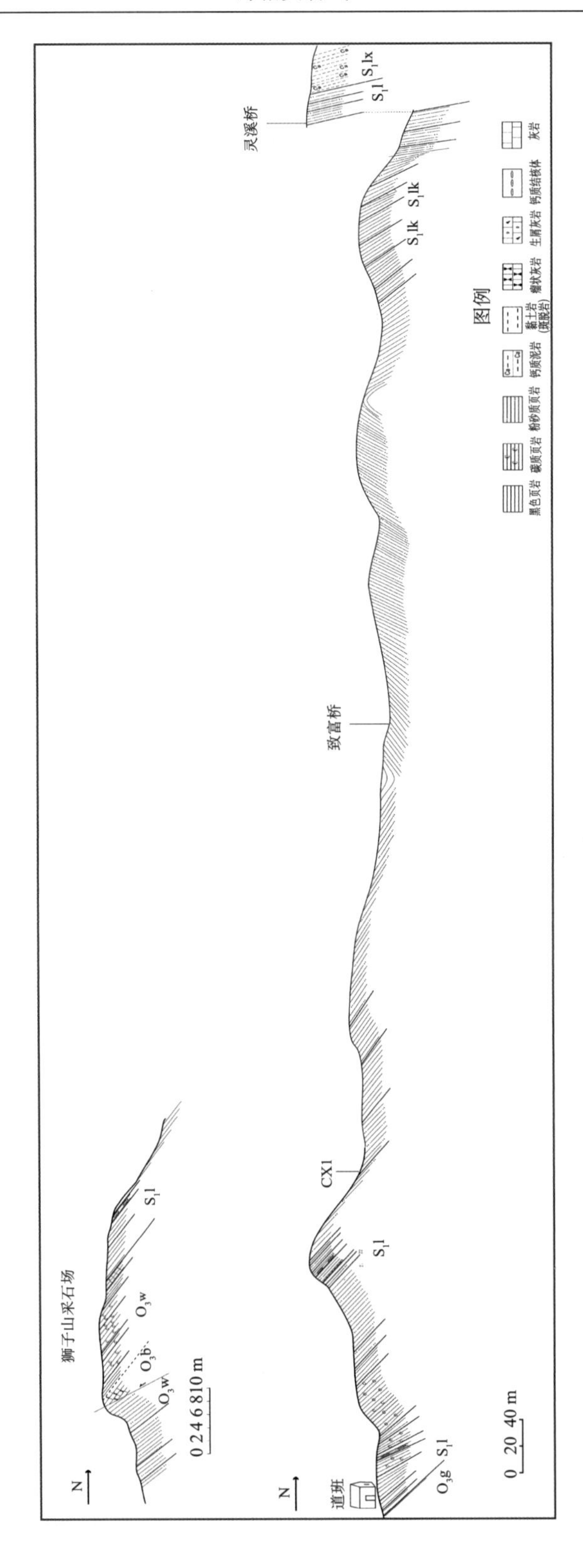

图 3.3 四川盆地长宁双河上奥陶统五峰组—下志留统龙马溪组页岩露头剖面图

(6) 下志留统龙马溪组第3岩性段。

在双河-灵溪桥Ⅳ号观测点CX1井北出露，小层序号第31～38，剖面长27.0m，厚度25.6m。岩性为中—厚层灰黑色粉砂质页岩、含钙质页岩夹斑脱岩薄层，局部含碳，笔石化石丰富且笔石化石长度显著增大(6～10cm以上)，有耙笔石、锯笔石等。页理清晰，见大型球状风化(单个弧形风化面长度超过2m)，风化后呈土黄色。

(7) 下志留统龙马溪组第4岩性段。

该段覆盖严重，间歇出露，总体为一低幅向斜构造及背斜构造，背斜北翼出露较好，小层序号第39，剖面长724.0m，计量有效厚度38.5m。岩性为黑色页岩、黑色含钙质、碳质页岩，含钙、含碳较高，滴酸起泡，染手，并见风化成土黄色的斑脱岩，厚2.5cm。

(8) 下志留统龙马溪组第5岩性段。

在双河-灵溪桥Ⅳ号观测点的沙沱嘴出露，小层序号第40～45，剖面长70.9m，厚度32.8m。岩性为中—厚层灰黑色粉砂质页岩、灰黑色含碳质页岩夹斑脱岩，见方解石脉及大型球状风化体。下段含钙较高，向上碳质增多，风化后页理明显，斑脱岩风化呈土黄色。笔石化石较少，见耙笔石、锯笔石、单笔石等。

(9) 下志留统龙马溪组第6岩性段。

在双河-灵溪桥Ⅳ号观测点的沙沱嘴出露，小层序号第46，厚6～16cm。岩性为薄—中厚层灰色、深灰色泥晶灰岩，呈楔状或透镜体出现。

(10) 下志留统龙马溪组第7岩性段。

在双河-灵溪桥Ⅳ号观测点的沙沱嘴出露，小层序号第47～55，剖面长43.5m，厚度35.8m。岩性为中—厚层深灰色粉砂质页岩、深灰色页岩，钙质含量高，笔石变少，但种类较多，见花瓣笔石、锯笔石及单笔石等。第49层中部见断裂，导致上覆地层变陡。

(11) 下志留统龙马溪组第8岩性段。

在双河-灵溪桥Ⅳ号观测点的灵溪桥北出露，小层序号第56～60，剖面长度27.8m，厚度27.3m。该段地表覆盖多且风化严重。岩性：底部为厚层黑—深灰色粉砂质页岩夹斑脱岩，含钙较高，笔石化石丰富，见锯笔石、单笔石、耙笔石、花瓣笔石等；中部为灰色中厚层页岩、粉砂质页岩夹斑脱岩，风化严重，风化后呈土黄色，见花瓣笔石、锯笔石、单笔石等；顶部为厚0.3m的薄层灰色页岩，见水平纹层，钙质含量高，质地坚硬，见单个小型单笔石、花瓣笔石。该段钙质含量总体较高，且自下而上粉砂含量增高，笔石减少，颜色变浅。

(12) 下志留统灵溪桥组。

在双河-灵溪桥Ⅳ号观测点的灵溪桥北出露，厚度444.5m，与龙马溪组整合接触。岩性为钙质泥岩，上部夹薄层介壳灰岩及灰岩透镜体。仅对底部25m地层测量与特征描述，小层序号第61。岩性：距底部10m段为深灰色厚层-块状钙质泥页岩，距底部10～25m段为灰色中厚层钙质泥岩，出现水平纹层并且向上逐渐增多，颜色由深灰色向上变为灰色。未见笔石化石。

3) 剖面精确测量

每小层测量地层产状、厚度等基本信息。

4) 剖面数字化

采用地层数字露头研究新技术对剖面进行密集扫描记录，主要应用伽马能谱仪、X

射线荧光光谱仪(每 0.5～1m 测量一个点)、探地雷达、激光三维扫描对剖面进行逐层数字化扫描，如应用伽马能谱仪记录剖面页岩地层自然放射性，检测和确定黑色页岩的分布和有机质富集程度；应用 X 射线荧光光谱仪测量页岩地层主量元素和微量元素，以解释页岩岩性和沉积环境；探地雷达主要用于探测测点的构造特征；激光三维扫描是对剖面进行高精度(分辨率达到 1cm)扫描成像，为开展页岩层序地层、沉积背景和富有机质页岩分布研究提供全景信息。图 3.4 是上述数字露头新技术在页岩露头现场录取资料的情景。

(a) 利用元素捕获仪连续采样

(b) 利用伽马能谱仪连续采样

(c) 连续采样间距

(d) 探地雷达现场工作

(e) 激光三维扫描仪现场工作

图 3.4　应用数字露头新技术在页岩露头现场录取资料

5）样品采集

采集岩性组合、地球化学、岩石矿物组成、储层、古生物、力学性质等 9 大类 19 个小项(表 3.1 中的序号 1～19)的测试样品，样品采集密度实现有分层就有样品，在薄层段每 0.15～1.0m 间距 1 个样品，在厚层段每 1.0～2.0m 间距 1 个样品(表 3.1)。

表 3.1　海相页岩剖面样品采集种类及要求

序号	种类	分析项目	采样间距	样品规格
1	陈列标本		一般页岩段 1 块/20m，富有机质页岩段 1 块/10m	3cm×8cm×10cm
2	岩性样品	岩性	一般页岩 1 块/2m，富有机质页岩 1 块/m	100～300g
3	地球化学样品	TOC	1 块/m	300～500g
4		R_o	1 块/20m	
5		干酪根类型	1 块/20m	
6		碳/锶/钡同位素	每层 1 个	
7	岩矿样品	矿物组成	一般页岩 1 块/2m，富有机质页岩 1 块/m	300～500g
8		X 衍射		300～500g
9		元素分析		300～500g
10		SEM		>3cm×4cm×6cm
11		薄片		>3cm×4cm×6cm
12	古生物样品	宏古化石+微古化石	宏古化石见者采之；微古一般为 1 块/5m，富有机质段 1 块/2m	50～100g
13	储层样品	孔隙度	1 块/2m	6cm×8cm×8cm
14		孔隙微观结构		
15		等温吸附		
16		渗透率		
17	包裹体样品	包裹体	采于页岩裂缝方解石充填处	50～100g
18	斑脱岩	锆石测年	根据产出程度，适度采样	100～200g
19	力学性质样品	机械性能、强度特性测试	200m 以内 5～7 块，300m 以内不超过 10 块	6cm×8cm×8cm
20	伽马能谱		1 个点/(0.5～1m)	
21	X 射线荧光光谱		1 个点/(0.5～1m)	
22	激光三维扫描		重点段及全剖面	重点段 2.5cm，全剖面 10～20cm
23	探地雷达		全剖面	0.5m 一个记录

6）系统分析测试

重点分析地化指标、储层参数、古生物、同位素等 19 项目 2380 样次(表 3.2)，其中岩石薄片、SEM、有机碳、碳同位素、岩石矿物和古生物等测试项目实现三条剖面满覆盖，采样间隔为 0.5～2m，物性、等温吸附、微量元素和力学性质等测试项目重点针对富有机质页岩(TOC 含量>2%)集中段，同时兼顾 TOC 含量介于 1%～2%的黑色页岩段。

表 3.2　三条剖面五峰组—龙马溪组页岩分析测试工作统计表

序号	测试项目		实际完成的测试工作量/个			小计
			长宁双河	綦江观音桥	华蓥溪口镇	
1	地球化学	有机碳含量(TOC)	190	99	90	379
2		镜质体反射率(R_o)	12	8	6	26
3		有机显微组成	18	8	6	32
4	储层	岩石薄片	190	99	90	379
5		扫描电镜分析	82	32	33	147
6		矿物组成(X 射线)	190	99	90	379
7		基质孔隙度/渗透率	34	17	13	64
8		核磁共振	3	1	1	5
9		岩石化学元素	18	12	8	38
10		等温吸附实验	9	7	0	16
11		力学性质分析	14	12	6	32
12	古生物	笔石	159	84	78	321
13		几丁虫	59	21	31	111
14		牙形石	6	7	2	15
15		腕足类	50	20	5	75
16	同位素	锶/钡同位素	134	19	16	169
17		碳同位素	148	19	16	183
18	其他	包裹体	5	0	0	5
19		锆石测年	2	1	1	4
19 项合计			1323	565	492	2380

7)综合成图

通过野外剖面精细分层、测量、描述和数字化，结合样品分析测试结果，从地层古生物、电性、岩性、微量元素、沉积环境、地球化学、岩石矿物等方面编制野外露头剖面综合柱状图(图 3.5)。通过对长宁双河、綦江观音桥和华蓥溪口镇三条剖面系统编图，基本掌握了川南五峰组—龙马溪组地层层序、沉积环境、黑色页岩分布及富有机质页岩岩性、地球化学、岩石脆性、孔、缝等主要地质特征，为有效开展海相页岩气地质评价与选区提供了科学依据。

3. 建立页岩地层标准剖面的意义

通过对长宁双河、綦江观音桥和华蓥溪口镇三条页岩地层剖面的详测，实现了点上精细解剖，获得了川南及其周缘五峰组—龙马溪组页岩地层、岩相、沉积储层、地球化学、古生物等关键参数，为揭示海相页岩气富集规律和制订页岩气有利区评价标准提供了地质依据。

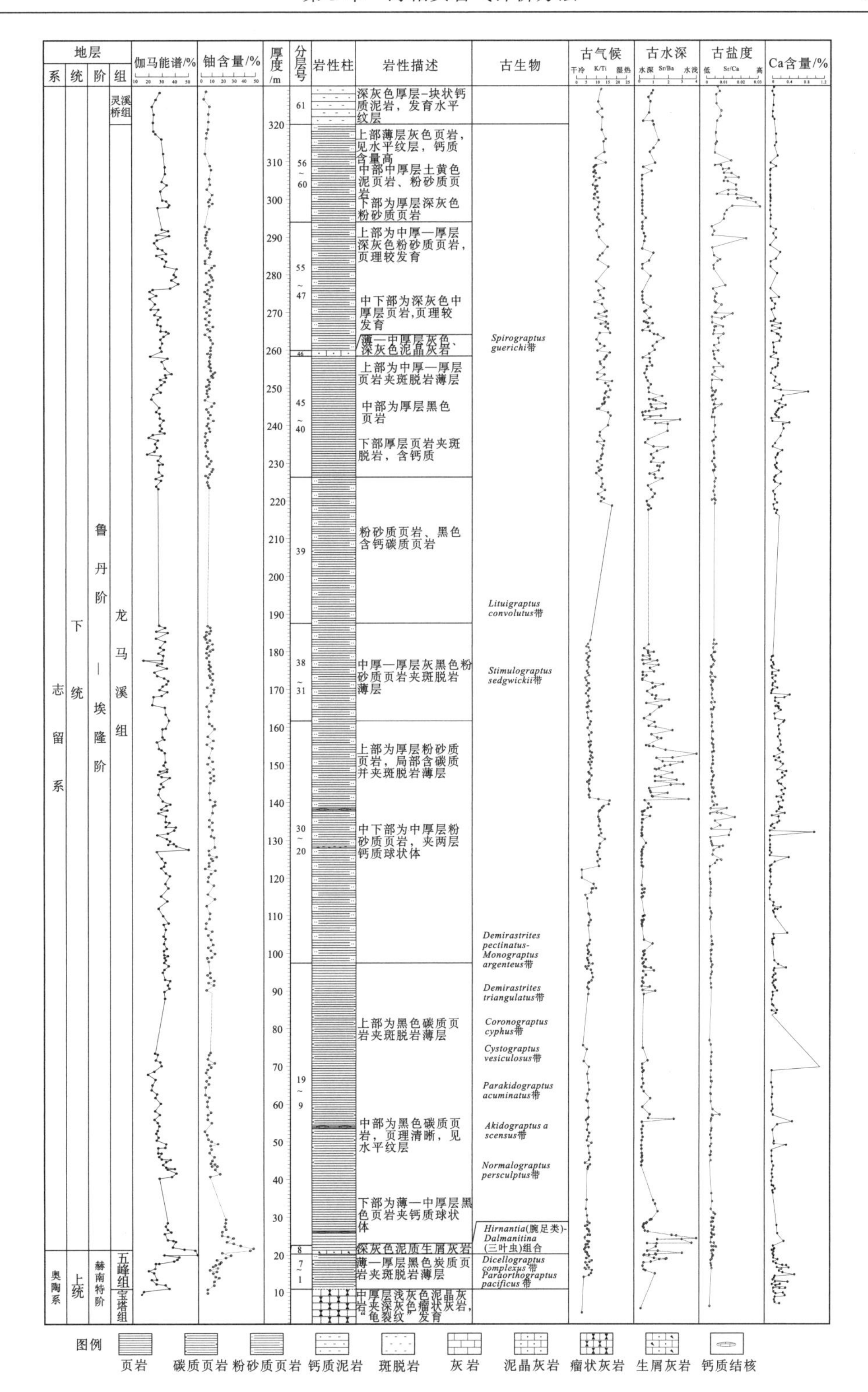

图 3.5　长宁双河剖面五峰组—龙马溪组页岩地层综合柱状图

⑴掌握了页岩气主力产层五峰组—龙马溪组岩相组合与岩石学特征，确定了勘探目的层段。从剖面特征发现，五峰组—龙马溪组自下而上存在硅质页岩、碳质页岩、黑色页岩、笔石页岩、钙质页岩和粉砂质页岩等页岩类型，并且存在斑脱岩薄层(黏土岩)、泥灰岩等岩石类型，储层非均质性强。粉砂质和钙质自下向上呈现由多到少再到多的旋回特征(图3.5)。

矿物含量如下：石英含量为20%～60%、碳酸盐含量为3%～50%、黏土矿物含量为20%～60%，黄铁矿分布于双河全剖面及綦江、华蓥两剖面的下部。在五峰组—龙马溪组底部30～50m层段，石英+长石+碳酸盐含量一般为50.05%～70.2%。长宁剖面石英、碳酸盐含量较稳定，綦江剖面碳酸盐含量顶部高，华蓥剖面碳酸盐含量很少。上述岩矿差异可能与沉积环境和物源有关。

三条剖面底部均为富有机质、富硅质页岩段，脆性矿物含量高，黏土含量少，是最有利的勘探目的层段(图3.5)。

⑵确定了页岩地层层序格架划分的依据。首次在华蓥地区发现观音桥段(厚9cm)，为页岩地层层序划分与对比提供了科学依据。以此确定了五峰组—龙马溪组层序格架的三分方案，即SQ_1为五峰组层序，SQ_2和SQ_3为龙马溪组下部和上部两个层序，划分方法的具体内容参考本章沉积微相划分方法部分。

⑶揭示了五峰组—龙马溪组富有机质页岩沉积环境。根据三条标准剖面判断，五峰组—龙马溪组存在深水陆棚(水深大于100m)、半深水陆棚(最大风暴浪基面以下)和浅水陆棚(最大风暴浪基面以上)三种陆棚亚相，龙马溪组早期整体为半深水-深水陆棚相沉积，富有机质、富硅质页岩主要形成于该时期的深水陆棚相环境。

⑷揭示了五峰组—龙马溪高伽马黑色页岩段分布特征。根据三条标准剖面证实，四川盆地及周边五峰组—龙马溪组地层厚度80～310m，其中高伽马、富硅质黑色页岩段主要分布于该地层下—底部，厚度20～40m，分布面积超过10×10^4 km^2。

3.1.2　地质评价浅井钻探

1. 浅井钻探目的

浅井钻探是在野外地质调查工作中获取页岩气地下地质参数的重要手段。在页岩气勘探评价阶段，针对海相黑色页岩十分发育但露头风化严重的剖面点，要想了解页岩系统及其富有机质页岩分布特征，准确获取页岩地球化学、岩相、岩石矿物组成、微观孔隙结构、物性、非均质性、岩石物理、裂缝发育状况、储层敏感性等地下地质参数，通过浅井钻探取心以获取新鲜样品，进而开展系统分析测试，是野外地质调查中既经济又有效的技术手段(崔思华等，2011；刘伟，2015；刘旭礼，2016；龙志平和沈建中，2016)。

本节以长芯1井(CX1井)为例，介绍地质评价浅井钻探设计、取得的成效和地质意义。CX1井是2008年11月钻探的中国首口页岩气地质评价浅井，井位处于川南长宁双河剖面下段(即长宁背斜北翼，区内五峰组—龙马溪组厚308m)(图3.6)，钻探目的是通过钻井取心和系统分析测试，了解川南地区五峰组—龙马溪组深水陆棚相区富有机质(TOC含量>2%)页岩段地球化学和储层参数(王玉满等，2012)，为海相页岩气地质评价和勘探部署提供科学依据。

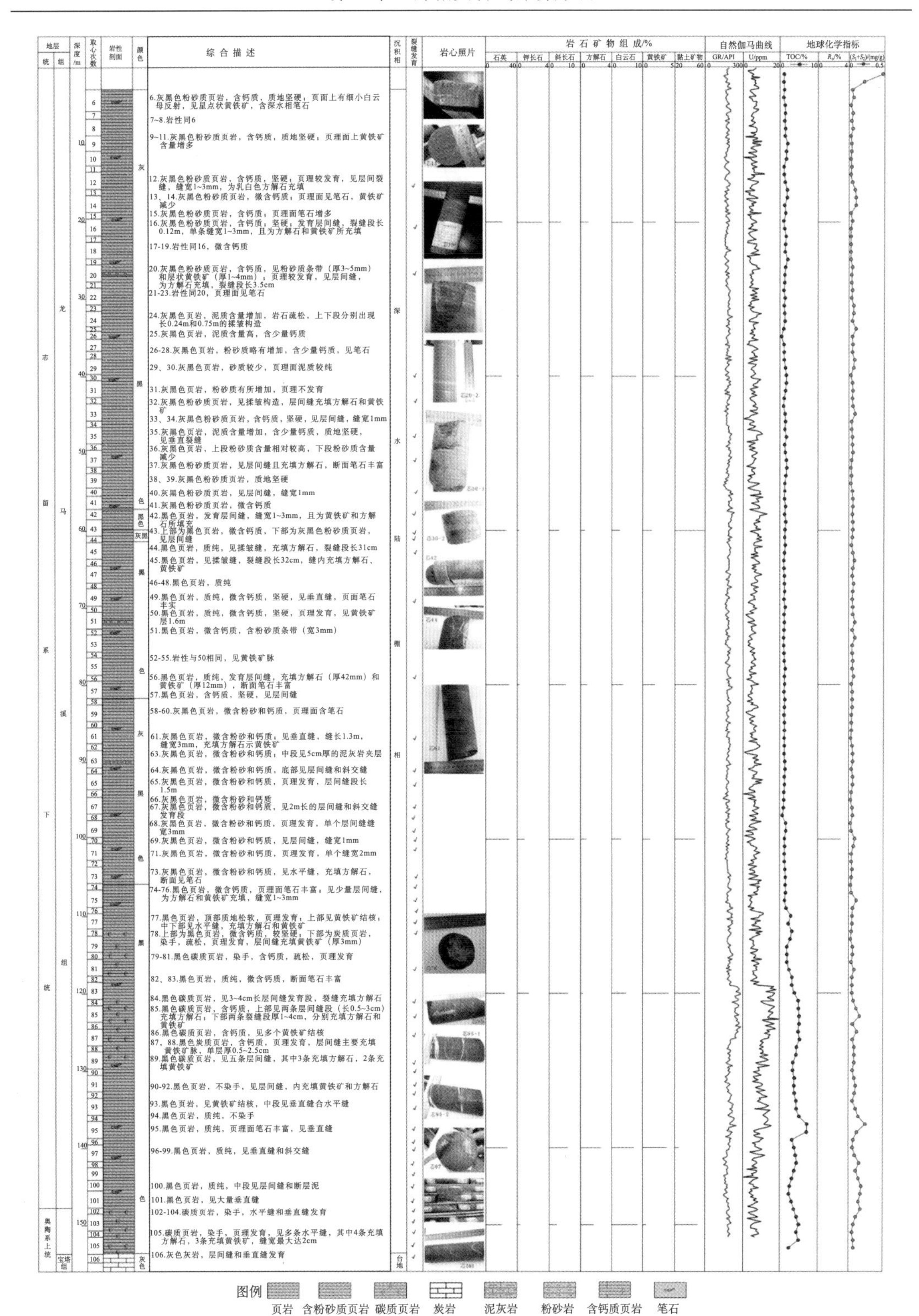

图3.6　四川盆地长宁双河地区CX1井综合剖面图

2. 浅井钻探工作要点

(1)全井段取心。

CX1 井开孔于龙马溪组下段黑色页岩(对应 TOC 含量约 1%)，钻穿五峰组完钻，进尺 154.5m，获取岩心 150.68m，岩心收获率达到 97.5%(王玉满等，2012)。

(2)系统分析测试。

针对该井岩心开展了系统和密集的采样分析测试，主要测试项目包括测定自然伽马值(GR)780 个(观测总间距 25cm)，实现了全井段满覆盖；分析地球化学指标、岩石薄片、储层参数、含气量、等温吸附等项目 669 样次(表 3.3)，其中 TOC、岩石矿物和物性三项指标测试实现全部岩心满覆盖，采样间隔分别 1m、0.5～1m 和 2m，等温吸附重点针对富有机质页岩(TOC 含量>2%)集中段，同时兼顾 TOC 含量介于 1%～2%的黑色页岩段。通过系统分析测试，基本掌握了长宁地区五峰组—龙马溪组黑色页岩分布及其岩性、电性、沉积环境、地球化学、岩石脆性、孔、缝等主要地质特征(图 3.6)，为开展川南海相页岩储层评价与选区提供了丰富资料，弥补了野外露头详测工作在储层物性资料获取方面的不足。

表 3.3　CX1 井五峰组—龙马溪组页岩分析测试工作统计表

序号	测试项目	测试样次	备注
1	岩石薄片	48	TOC 含量>2%段间隔 2m，　TOC 含量为 1%～2%段间隔 3m
2	有机碳	153	采样间隔 1m
3	热解(S_1+S_2)	153	采样间隔 1m
4	有机显微组分	8	
5	有机质热成熟度	8	
6	岩石矿物组成(全岩和黏土)	208	采样间隔 0.5～1m
7	物性	67	采样间隔 2m
8	岩石力学参数	5	TOC 含量>2%段 3 个，TOC 含量为 1%～2%段 2 个
9	含气量	14	
10	等温吸附	5	样品点 TOC 含量分别为 1.06%、1.4%、3.39%、3.47%、3.75%
合计		669	

3. 浅井钻探的地质意义

CX1 井证实，长宁五峰组—龙马溪组富有机质页岩属页岩气优质储层，富气条件与美国主力产气页岩相当(王玉满等，2012，2014a，2015a)，是我国页岩气勘探突破重点领域。

(1)CX1 井处于有利相带，富有机质页岩集中段规模分布。黑色页岩形成于龙马溪组沉积早期的半深水-深水陆棚相区，黑色页岩厚度超过 150m，富有机质页岩段集中分布于五峰组和龙马溪组下部，具有高伽马测井响应，厚度为 40～60m。

(2) 富有机质页岩处于高过成熟生干气阶段。实验分析证实，CX1 井龙马溪组 R_o 一般为 2.81%～3.11%(平均 2.95%)，处于有效生气窗内，仍具有生气潜力。

(3) 岩石矿物学和力学性质适中，页岩质地较脆。富有机质页岩段石英、长石、碳酸盐三种高脆性矿物含量超过 60%，黏土矿物以伊利石为主，不含蒙脱石，具有较高弹性模量和较低泊松比，质地硬而脆，易于形成天然裂缝和人工诱导裂缝，适宜压裂改造。

(4) 孔隙类型丰富多样，物性较好。黑色页岩发育残余原生孔隙、有机质孔隙、黏土矿物层间微孔隙、不稳定矿物溶蚀孔四种基质孔隙及大量天然裂缝，其中有机质微孔隙和黏土矿物层间微孔隙是页岩储集空间的主要贡献者，位于龙马溪组下部的富有机质页岩段裂缝更发育(王玉满等，2012，2014b，2015b)。富有机质页岩孔隙度为 3.4%～8.2%(平均 5.4%)，与 Barnett 页岩相当。

4. CX1 井钻探的示范作用

CX1 井的钻探经验在国内页岩气早期勘探评价中被广泛采用。原国土资源部、中石油、中石化等石油企业先后在所属地区钻探 YY1、YQ1 等 20 余口海相页岩气地质评价浅井，对扬子地区海相页岩气资源调查与选区、页岩气先导试验区评价发挥了重要作用。该方法后来被广泛应用于烃源岩评价、地质调查等方面。

3.1.3　海相富有机质页岩确定方法

1. 露头剖面与钻井岩心 TOC 含量实测法

利用野外露头岩样或钻井岩心开展地球化学实验测试，建立评价区页岩地层 TOC 含量实测剖面，是确定富有机质页岩段最可靠、最有效的手段，也是页岩气选区和勘探评价初期开展的重要基础工作。首先，针对评价区标准剖面或参数井岩心开展密集采样(钻井岩心一般采样间隔为 1m，实测剖面为每小层至少 1 个样)，并送实验室测试有机碳、热解、镜质体反射率和干酪根类型等地球化学指标，建立页岩地层有机地化剖面，然后利用 TOC 含量剖面获取富有机质页岩厚度和 TOC 含量范围值。例如，根据长宁双河数字化标准剖面(图 3.5)和 CX1 井五峰组—龙马溪组综合柱状图(图 3.6)，该地区五峰组—龙马溪组富有机质页岩分布于地层底部，厚度 45m。

在未建立 TOC 含量剖面区，常常根据岩相组合和自然伽马测试结果判断富有机质页岩。富有机质页岩一般为薄—中厚层状灰黑—黑色钙质硅质页岩、黑色硅质页岩和碳质页岩(图 3.7)。同时，依据参数井/标准剖面资料建立评价区目的层段 TOC 含量与自然伽马值(单位为 API 或 CPS)关系图版，并应用自然伽马测试值确定富有机质页岩段，是野外地质调查和老井复查工作中常采用的有效方法。例如，依据川北城口、南江寒武系页岩露头剖面的自然伽马和 TOC 含量资料，海相页岩 TOC 含量与自然伽马值(单位为计数率/s、脉冲/s，即 CPS)存在良好相关性(图 3.8)，其中自然伽马值大于 150CPS 的页岩有机质丰度一般在 2%以上(王玉满等，2012)。另外，西加拿大盆地 Devonian 页岩 TOC 含量与自然伽马值(单位为 API)也具有类似相关关系，且自然伽马值大于 150API 的页岩有机质丰度一般在 2%以上。由此表明，以自然伽马值不小于 150CPS 或 150API 作为划分富有机质页岩的标准。因此，在野外地质调查和老资料复查工作中，通常将上述几类页岩或自然伽马在 150CPS(或 API) 以上的页岩段作为富有机质页岩段。

(a) 薄层状碳质页岩，TOC含量>3%，长宁双河

(b) 薄层状硅质页岩，TOC含量>3%，华蓥溪口镇

(c) 中层状钙质硅质页岩，TOC含量>3%，长宁双河

(d) 厚层状灰黑色钙质页岩，钙质含量为20%~40%，TOC含量为1%~2%，露头见大型球状风化，长宁双河

(e) 厚层状浅灰色钙质页岩，钙质含量为25%~84%，TOC含量为0.3%~0.7%，长宁双河

(f) 厚层-块状灰绿或黄绿色黏土质页岩，露头呈竹叶状风化，黏土50%~70%，TOC含量<0.3%，华蓥溪口镇

图 3.7　四川盆地蜀南地区龙马溪组页岩岩相及有机质丰度图

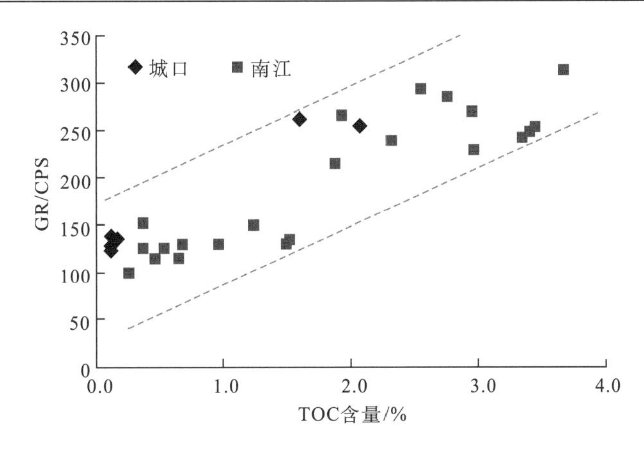

图3.8　四川盆地川北下寒武统页岩露头样品TOC含量与GR关系图

2. 评价标准

富有机质页岩集中段厚度大且分布稳定，是页岩气富集高产的地质基础。根据我国和北美页岩气勘探开发实践(程克明等，1995；阎存章等，2009；蒋裕强等，2010；董大忠等，2011；孙赞东等，2011；王玉满等，2012，2015b；郭彤楼和刘若冰，2013；郭旭升等，2013；胡东风等，2013；王道富等，2013；魏志红和魏祥峰，2013；郑和荣等，2013；邹才能等，2014a；王淑芳等，2014；郭彤楼和张汉荣，2014)，黑色页岩系统(TOC含量一般大于1%)厚度大于50m，其中TOC含量>2%富有机页岩段超过30m，且大面积稳定分布(面积超过150km^2)，有利于形成大型高丰度气田，页岩质量优越(Ⅰ类)；黑色页岩系统厚度小于30m，其中富有机页岩段低于20m，且分布局限(面积低于50km^2)，横向变化快，则难以形成页岩气商业开发区，页岩质量较差(Ⅲ类)；黑色页岩系统厚度为30～50m，其中富有机页岩段介于20～30m，且分布面积50～150km^2，则一般形成中小型页岩气田，页岩质量界于前两者之间(Ⅱ类)(表3.4)。

表3.4　海相富有机质页岩分类评价表

	Ⅰ类	Ⅱ类	Ⅲ类
黑色页岩系统厚度/m	>50	30～50	<30
富有机页岩厚度/m	>30	20～30	<20
区域连续分布面积/km^2	>150	50～150	<50

3. 评价流程

依据露头剖面、钻井岩心、测井和地震资料，结合古生物和地球化学等测试数据，对海相页岩地层开展高精度层序划分，分层序编制黑色页岩系统TOC含量单井/剖面柱状图、连井剖面图、连续厚度等值线图和TOC含量等值线图，分析黑色页岩系统和富有机页岩空间展布特征，以此评价海相页岩产层质量，预测“甜点层”和有利区分布(Glaser et al.，2014）。例如，通过开展高精度地层层序和沉积特征研究证实，四川盆地龙马溪组自下而上可划分 SQ1 和 SQ2 两个三级层序，SQ1 主体为最大海侵期形成的深水相沉积组合，是龙马溪组主力产层沉积期；而 SQ2 总体为海平面下降期形成的半深水-浅水相沉积组合，是区域盖层沉积期(王玉满等，2015b)；川南-川东拗陷为 SQ1 期深水陆棚中心区，储盖组合十分有利，是页岩气富集区(王玉满等，2015b)。

3.2 海相页岩储层地球物理评价方法

地球物理勘探常利用的岩石物理性质有密度、磁导率、电导率、弹性、热导率、放射性，与此相应的勘探方法有重力勘探、磁法勘探、电法勘探、地震勘探、地温法勘探、核法勘探。在页岩气领域主要应用的地球物理技术包括测井技术和地震勘探(刘振武，2011)。

3.2.1 海相页岩储层测井评价方法

在页岩气勘探开发中，页岩气测井综合评价技术主要有以下三个方面作用：①页岩气富集层段测井判识与评价；②脆性矿物百分含量计算和裂缝发育段识别；③压裂工艺所需岩石物理参数获得。

充分运用页岩气测井解释理论、评价方法开展页岩气储层评价，将大大提高页岩气层识别和评价精度，提高勘探成功率，降低页岩气勘探开发成本(Dan et al.，2010；谭茂金和张松扬，2010；Guo et al.，2012；郝建飞等，2012；万金彬等，2012；Liu et al.，2013；唐志军等，2015)。

1. TOC 测井评价方法

目前，国外测井评价 TOC 的方法主要有 $\Delta \lg R$、元素俘获能谱法(ECS)、多矿物模型计算法等。国内在对页岩中放射性含量测量、TOC 实验分析、现有模型对比的基础上，提出了自然伽马能谱法等多种方法来进行 TOC 测井计算，在实际评价中适用性较好，列举如下。

(1) 自然伽马能谱曲线计算 TOC 含量法。

昭通地区龙马溪组 TOC 含量高的页岩段，普遍具有高伽马特征，但是通过自然伽马能谱测井分析，其高伽马主要是由自然伽马能谱中高 U 引起，而 Th 和 K 含量基本与 TOC 无相关性。

根据相关文献，有机物在还原条件下发生转换，而这样的还原环境，也促使了 U 元素从细菌和腐殖碎片存在的双氧铀溶液中吸附到有机质中。在酸性条件下，离子状态的 UO_2^{2+}转化为不可溶解的 UO_3 沉淀下来，从而使现在富含有机质的地层表现为较高的铀放射性。

测量地层中放射性铀含量，可以有效地评价地层中有机质的富集程度。图 3.9 是 Z104 井页岩 TOC 含量实验分析结果与自然伽马能谱测井中铀曲线解释铀含量，两者具有较好的线性正相关关系。

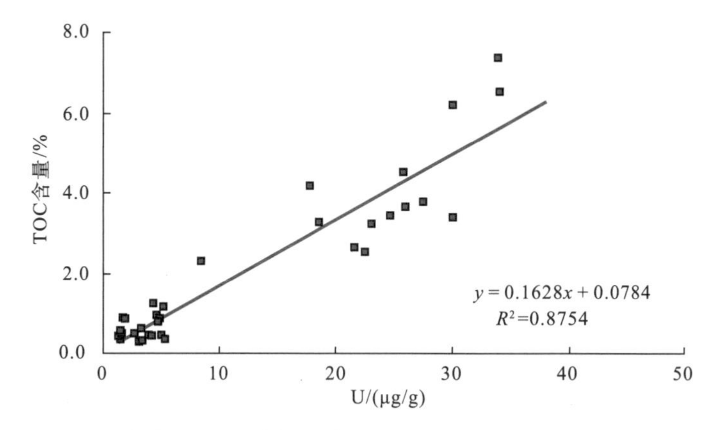

图 3.9　川南地区 Z104 井龙马溪组页岩 TOC 含量与 U 含量的关系图

(2) 密度测井曲线计算 TOC 含量法。

有机质密度变化范围为 1.2～1.8g/cm^3，小于石英、方解石等基质骨架矿物密度，利用有机质低密度特性可开展 TOC 含量测井评价。

图 3.10 为 Z104 井岩心实验分析 TOC 含量与密度测井值关系图，两者呈明显负相关关系，相关系数达 0.8867，可以作为 TOC 含量评价方法，但是密度测井资料易受井眼扩径等影响，因此只有在井眼条件好的井段可以考虑利用密度测井进行 TOC 含量评价。

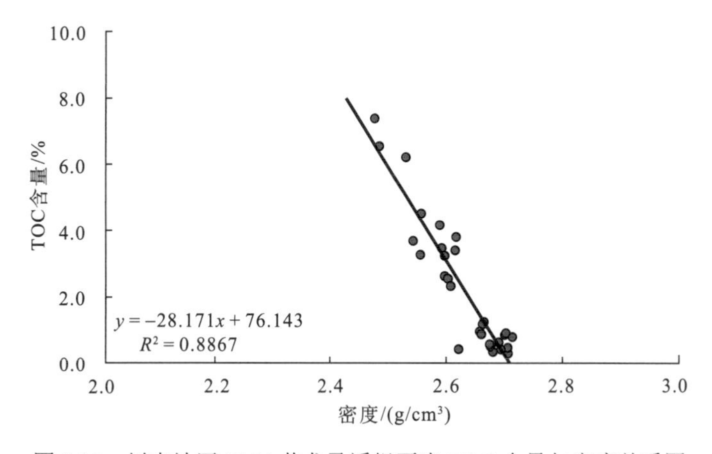

图 3.10　川南地区 Z104 井龙马溪组页岩 TOC 含量与密度关系图

(3) 声波曲线计算 TOC 含量法。

根据声波实验结果，纵波时差测量值与 TOC 含量关系具有强的正相关关系，其拟合方程为 $y=0.212x^2-2.1862x+56.626$(图 3.11)，说明有机质对纵波传播有影响，并且随着有机质含量增加，纵波速度减小。

同样，声波实验测量的横波时差与 TOC 含量呈现正相关(图 3.12)，说明随着 TOC 含量增加，页岩横波传播速度减小；纵横波速比与 TOC 含量之间为负相关关系(图 3.13)。

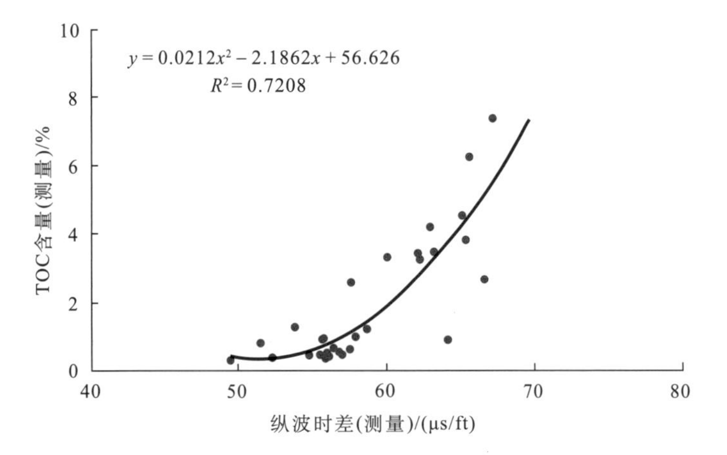

图 3.11　川南地区龙马溪组页岩实验测量纵波时差与 TOC 含量关系图

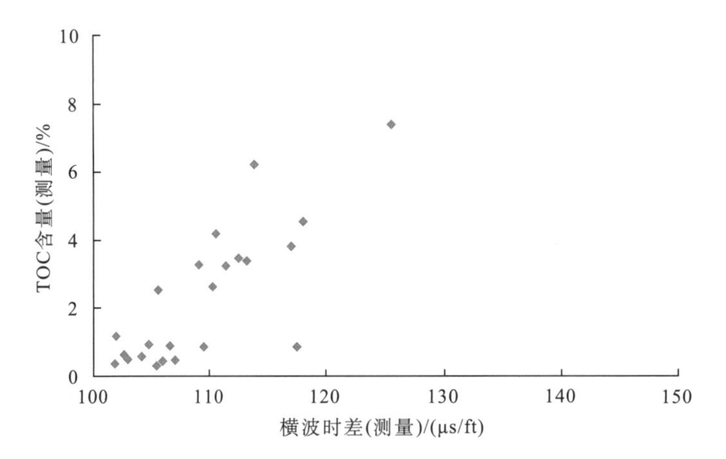

图 3.12　川南地区 Z104 井龙马溪组页岩横波时差与 TOC 含量关系图

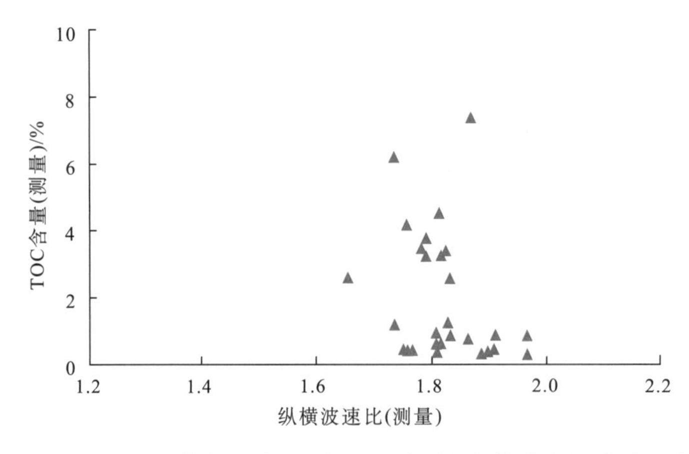

图 3.13　川南地区 Z104 井龙马溪组页岩 TOC 含量与纵横波速比(实验测量)关系图

利用声波时差资料评价 TOC 含量方法研究，从图 3.14 中为相关关系较好的纵横波速比与 TOC 含量的关系图，相关系数仅为 0.6134，图中数据点分布特征表现为随着 TOC

含量的增加，纵横波速比减小，但数据点发散，说明有机质与声波曲线并不表现为单一的相关性。造成有机质声波特征的具体原因可能是页岩中的有机质分布的非均质性，当有机质分布连续、呈层分布时，对声波的传播影响最大，声波时差减小越明显。

10.0
8.0
6.0
4.0
2.0
0.0
TOC含量/%
y = −26.814x + 47.871
R² = 0.6134
1.2
1.4
1.6
1.8
2.0
纵横波速比

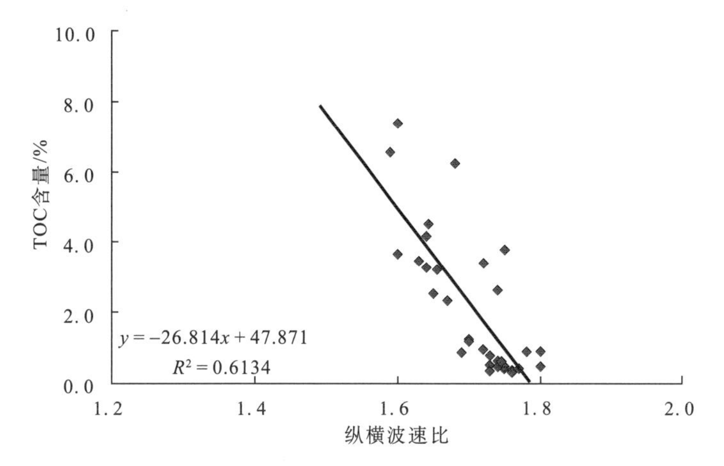

图 3.14　TOC 含量与纵横波速度比关系(测井计算)

(4) ΔlgR 方法计算 TOC 含量。

该方法是 Exxon/ESSO 1979 年以来研究并经试验获得，迄今已在世界上许多地方、许多井成功应用(Passey，1989)，证明对碳酸盐岩及碎屑岩源岩是适用的(图 3.15)，在

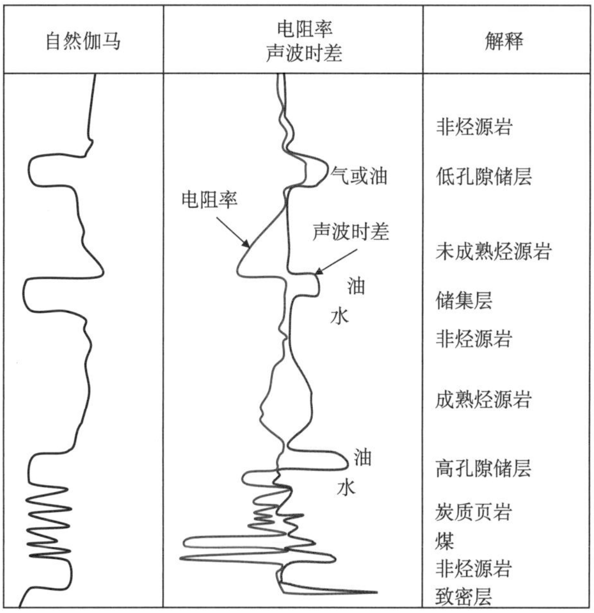

自然伽马
电阻率
声波时差
解释
气或油
电阻率
声波时差
油
水
油
水
非烃源岩
低孔隙储层
未成熟烃源岩
储集层
非烃源岩
成熟烃源岩
高孔隙储层
炭质页岩
煤
非烃源岩
致密层

图 3.15　ΔlgR 法计算 TOC 含量原理示意图

较大成熟度范围内能精确预测 TOC 含量：

$$\Delta \lg R=\lg(R/R_{基线})+K(\Delta t-\Delta t_{基线}) \tag{3.1}$$

$$TOC=\Delta \lg R\times 10^{2.297-0.1688LOM} \tag{3.2}$$

式中，$\Delta \lg R$ 为经过一定刻度的孔隙度曲线(如声波测井)与电阻率曲线的幅度差；$R_{基线}$为非烃源岩的电阻率基线；Δt 为声波测井值；$\Delta t_{基线}$为非烃源岩的声波测井基线；K 为刻度系数，取决于孔隙度测井的单位；LOM 为热成熟度，它与镜质体反射率有一定的函数关系。

通过用 $\Delta \lg R$ 法对 N201 井进行 TOC 含量计算(图 3.16)，发现按照预定参数或者修改参数，其计算结果均无法与实验分析的结果相吻合。经分析，四川盆地长宁地区龙马溪组含气层段与上部地层差异小，受地层矿化度及页岩天然微缝发育等因素影响，使测井电阻率整体偏低，无法有效地反映地层 TOC 含量的变化。

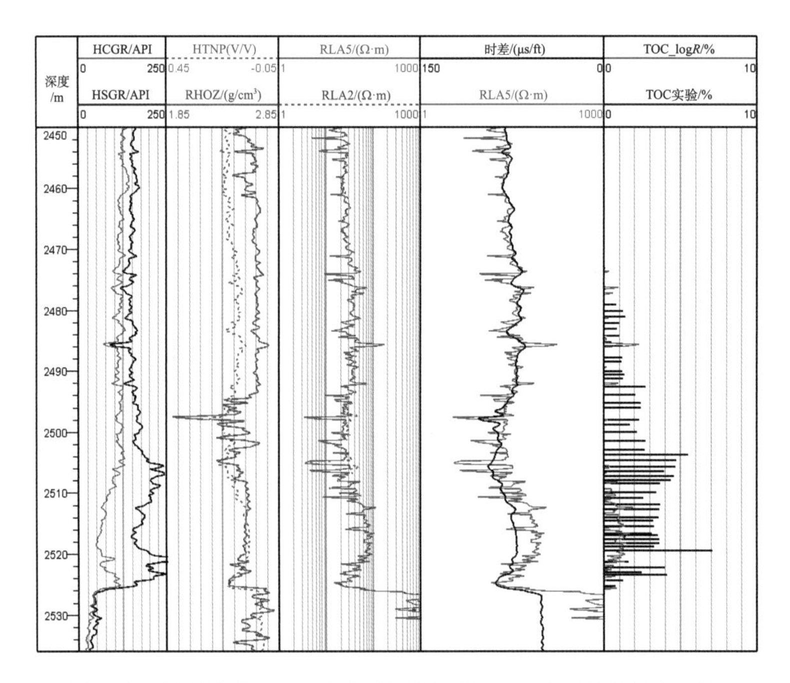

图 3.16　四川盆地 N201 井龙马溪组页岩 TOC 含量计算结果对比

(5)等效饱和度法计算 TOC 含量。

根据现代生、排烃理论，烃源岩进入成熟门限后，有机质转化为油气，有机质含量越大，成熟度越高，油气转换量越大。油气进入烃源岩孔隙之间，形成油、气、水三相共存的局面，孔隙压力不断增大，最终达到突破压力时微裂缝形成，油、气、水同时排出。孔隙压力释放后微裂缝闭合，油气又开始不断补充，而孔隙水无法补充。因此，随着排烃期次不断增加，烃源岩孔隙中含油气饱和度将会越来越高，间接反映烃源岩中有机质的富集程度，因此提出等效饱和度法 TOC 含量计算方法来评价烃源岩的 TOC 含量。

该方法假设富有机质烃源岩由三部分组成：岩石骨架、固体有机质和充填孔隙的流体。非源岩仅由两部分组成：岩石骨架和充填孔隙的流体[图 3.17(a)]。在不成熟源岩中，固体部分包括固体有机质和岩石骨架，地层水充填孔隙空间［图 3.17(b)］。在成熟源岩中，一部分固体有机质转化为液态(或气态)烃类，并运移到孔隙中替代地层水［图 3.17(c)］。这些物理变化对孔隙度和电阻率测井响应产生影响(Passey et al.，1990)。

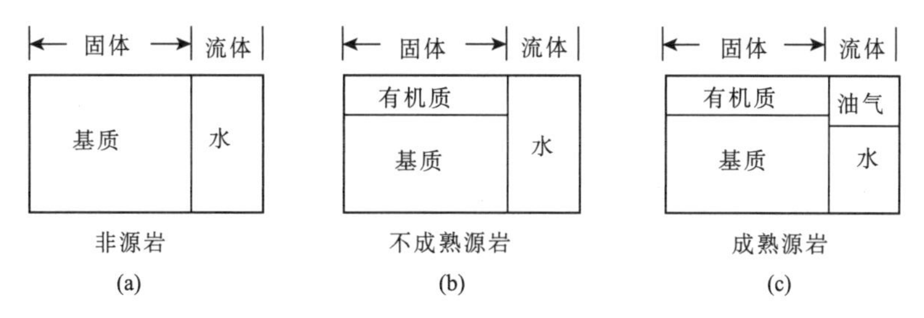

图 3.17　烃源岩与源岩结构物理概念模型

上述烃源岩概念模型与其他测井解释模型的不同之处是，在生油气岩概念模型中，增加了固体有机质(干酪根)部分，并把其作为岩石骨架的一部分设置。固体有机质具有低速度、低体积密度和高氢指数的物理化学特征。因此，固体有机质具有高声波时差、低体积密度和高中子孔隙度的测井响应。这些测井响应都使由中子、密度、声波测井计算的孔隙度产生增值。同时，不因孔隙度的增值降低电阻率测井值，即不因固体有机质的存在而降低生油气岩的电阻率测井值。不仅如此，伴随有机质成熟生烃，使生油气岩孔隙中的含水饱和度降低，含油气饱和度升高，引起生油气岩电阻率的增加。这是用生油气岩概念模型研究生油气岩有机质丰度、成熟度、产烃率的理论基础(李霞等，2013，2014)。

利用测井方法分析页岩有机质含量是通过计算烃源岩的总孔隙度(ϕ_t)、含油气饱和度(S_g)、剩余烃含量(VHC)、TOC 等参数进行。

生油气岩中的 VHC 是指残留于油气源岩孔隙中的油气含量。VHC 的大小，与生油气岩有机质的类型、丰度、成熟度和产烃率有关。

有机质的丰度越高，且成熟度也高，VHC 值将越大；反之，若是有机质丰度低，或是成熟度低，VHC 都将表现为低值，即对丰度高而不成熟的生油气岩，或是尽管成熟度高而有机质太贫乏的生油岩，VHC 都表现为低值。因此，VHC 值是反映生油气岩是否已经生成油气和生油气量大小的一个参量。

关于 VHC 值的计算，是在精细计算孔隙度和含油气饱和度基础上进行的，其公式为

$$\mathrm{VHC}=\phi_t S_g \tag{3.3}$$

在计算剩余烃含量基础上，利用测井方法计算页岩 TOC 含量公式如下：

$$\mathrm{TOC}=\frac{\mathrm{VHC}\cdot\mathrm{DHYP}}{\mathrm{XDMT}}\times 100\times 10^{2.297-0.1688\mathrm{MATU}} \tag{3.4}$$

式中，DHYP 为页岩和干酪根的混合密度，g/cm^3；XDMT 为页岩的岩石密度，g/cm^3；MATU 为页岩有机质成熟度，%。

(6) 应用效果与适用性分析。

除 ΔlgR 法外，其余四种方法的 TOC 定量评价结果与岩心实验分析 TOC 结果吻合较好，进一步说明四种方法的可行性和准确性(图 3.18)。

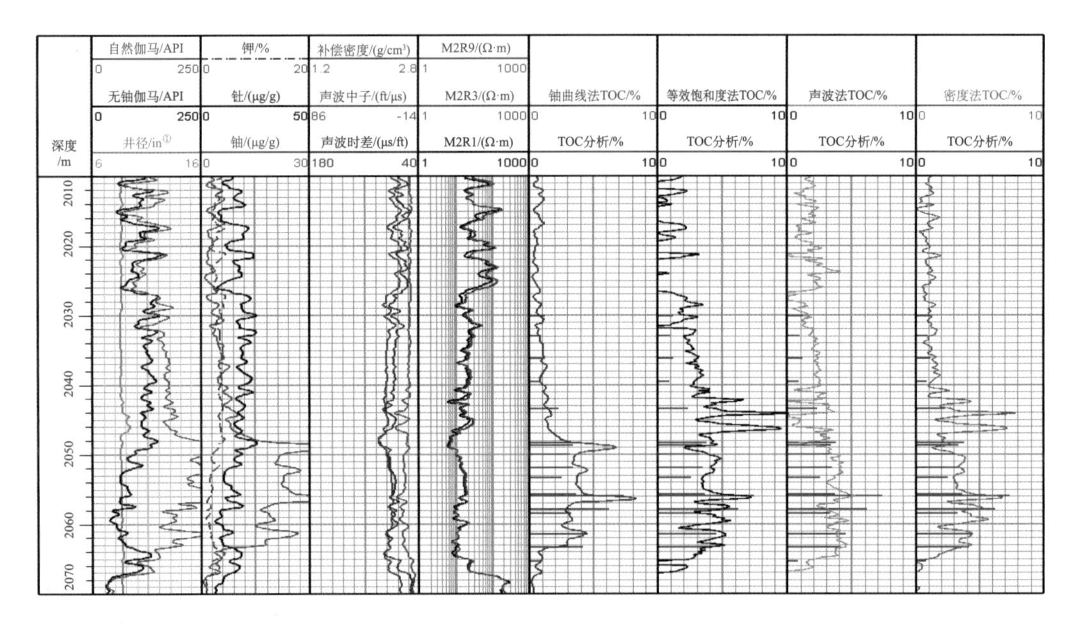

图 3.18 川南地区 Z104 井龙马溪组 TOC 含量测井评价方法计算结果对比

①1in=2.54cm

2. 岩石矿物组分测井评价方法

1) 黏土矿物类型测井评价

针对黏土矿物成分建立的测井评价方法，除了利用测井曲线与黏土矿物成分之间相关关系建立的统计学模型外，主要根据斯伦贝谢公司早年提出的定性解释图版(图 3.19)。该图版存在的主要问题是无法定量区分高岭石与伊利石含量，特别是在有两种以上黏土矿物存在时。

(1) 黏土矿物含量测井计算方法。

黏土矿物含量对页岩气开发具有重要作用，准确评价黏土矿物含量与成分对页岩气含气性评价以及后期压裂工艺选择具有重要意义。龙马溪组页岩中黏土矿物含量高，成岩演化程度高，黏土成分包括伊利石、绿泥石、伊蒙混层等，以伊利石为主(图 3.20)。

一般而言，自然伽马曲线是测井计算泥质含量最灵敏的曲线。泥质的定义为粒度分类，不是成分分类，其定义是粒径小于 0.0039mm 的细小颗粒。但由于泥岩的主要成分为黏土矿物，其次为石英、白云母及少量长石，用实验分析黏土矿物含量值，再刻度自然伽马测井后，就可以用测井资料进行黏土矿物含量计算。

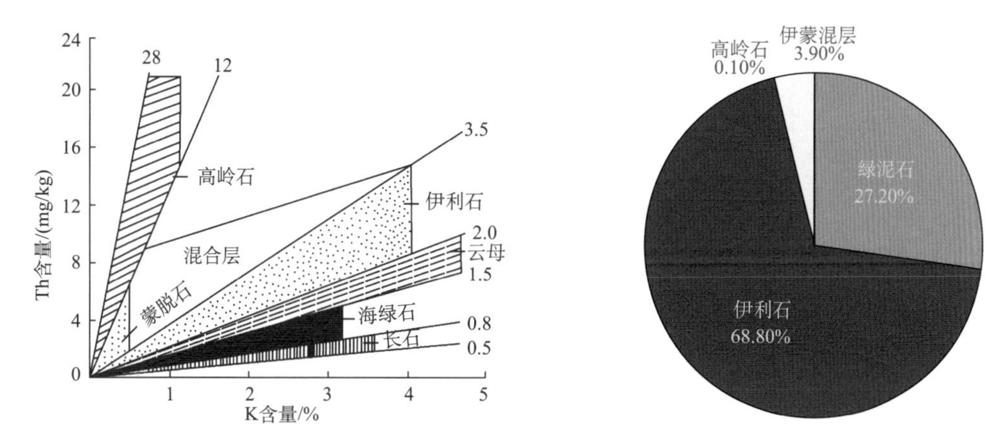

图3.19　测井自然伽马曲线黏土矿物定性分析图版　图3.20　龙马溪组页岩黏土矿物成分统计饼状图

由于四川盆地南部在龙马溪组目的层段局部存在高铀特征，通过对该区常规测井资料无铀伽马曲线和岩心X衍射实验测量黏土矿物含量结果对比(图3.21、图3.22)，两者具有较高的相关性，随着黏土矿物含量的增加，地层中钾和钍元素呈线性增加关系。因此通过自然伽马能谱测井资料建立黏土矿物含量评价模型：

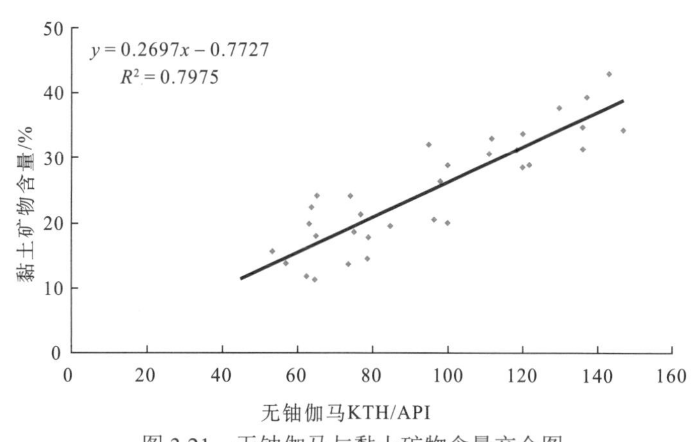

图3.21　无铀伽马与黏土矿物含量交会图

$$V_{\mathrm{clay}}=0.2697\mathrm{KTH}-0.7727 \tag{3.5}$$

式中，V_{clay}为黏土矿物体积分数；KTH为无铀伽马值。

(2) Pe法。

Pe曲线是很好的岩性指示曲线，不同岩石(矿物)在Pe曲线上具有不同的响应值。绿泥石的Pe值为6.3，伊利石的Pe值为3.45，蒙脱石的Pe值为2.04，而石英的Pe值1.81，方解石的Pe值5.08，白云石的Pe值为3.14。

川南地区龙马溪组黏土矿物以伊利石、绿泥石为主，蒙脱石含量很低，在经过碳酸盐含量校正之后，可以进行黏土矿物含量计算。

利用碳酸盐含量校正后的Pe与岩心分析黏土含量对比，两者呈线性相关，可满足黏土矿物评价要求，建立模型如下：

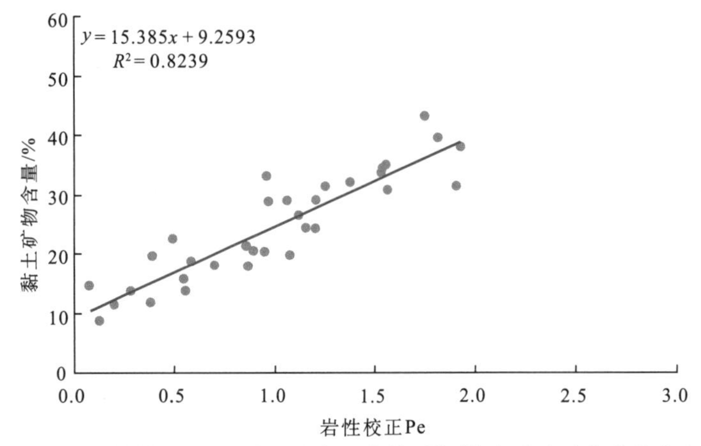

图 3.22　岩性校正后 Pe(岩石光电吸收截面指数)与黏土矿物含量交会图

$$V_{\text{clay}}=15.385\times \text{Pe}_{\text{校正}}+9.2593 \tag{3.6}$$

(3)黏土矿物成分定量评价。

对于黏土矿物成分定量评价，上述图版已无法适用，因此对斯伦贝谢图版利用实验分析资料进行重新修改，考虑黏土矿物在地层中发生转换对自然伽马能谱的影响，建立新的 Th-K 黏土矿物定量计算图版(图 3.23)。

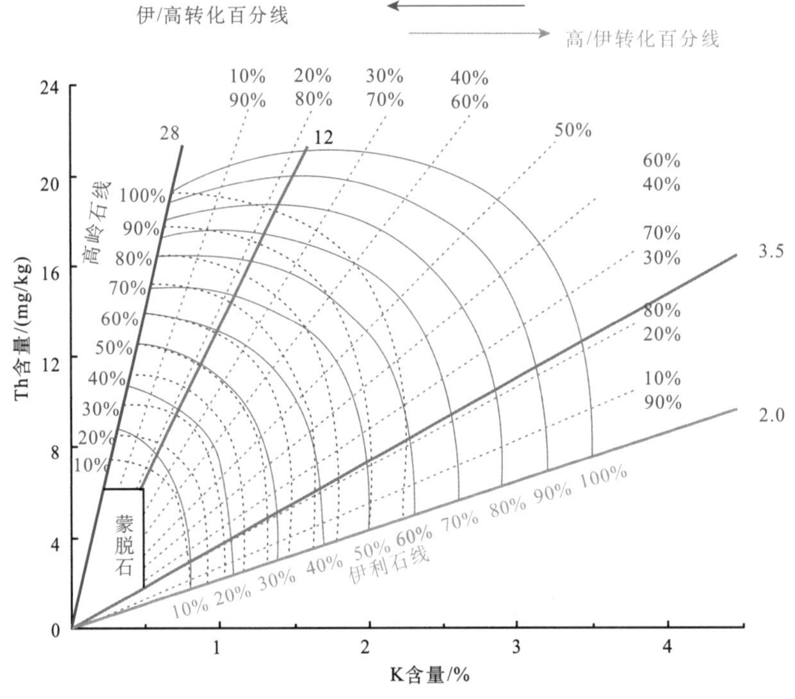

图 3.23　黏土矿物定量计算解释图版(石强，1998)

根据 Th/K 值将图版划分出代表不同黏土矿物的几个特定区域，并根据实际地层中黏土矿物的变化进行标定，以符合实际黏土矿物测井响应规律(表 3.5)。

表3.5　黏土矿物测井特征值

名称	化学式	U含量/(mg/kg)	Th含量/(mg/kg)	K含量/%	Th/K	体积密度/(g/cm³)	Pe
高岭石	$Al_4Si_4O_{10}(OH)_8$	4.4～7	6～19	(0～0.5)/0.63	11～30	(2.4～2.7)/2.64	1.83
蒙脱石	$(CaNa)_7(Al, Mg, Fe)_4(Si_2Al)_4O_{20}(OH)_4(H_2O)_n$	4.3～7.7	0.8～2	(0～1.5)/0.22	3.7～8.7	(2～2.5)/2.35	2.04
伊利石	$K_{1.1.5}Al_4(Si_{7.6.5}Al_{1.1.5})O_{20}(OH)_4$	8.7～12.4	10～25	(3.51～8.31)/5.2	1.7～3.5	2.7～2.9	3.45
伊蒙混层		2.8～18.5					0.19～0.44
绿泥石	$(Mg, Fe, Al)_4(Si_2Al)_4O_{10}(OH)_8$	17.4～36.2	0～8	(0～0.3)/0.2	11～30	2.76	6.3

注：表中数据“/”之前为范围值，“/”之后为平均值。

利用该图版(图3.23)实现对能谱测井曲线连续深度黏土矿物含量定量计算，以川南地区Z104井为例(图3.24)，测井计算的黏土矿物含量与岩心X衍射分析结果对比，一致性较好。

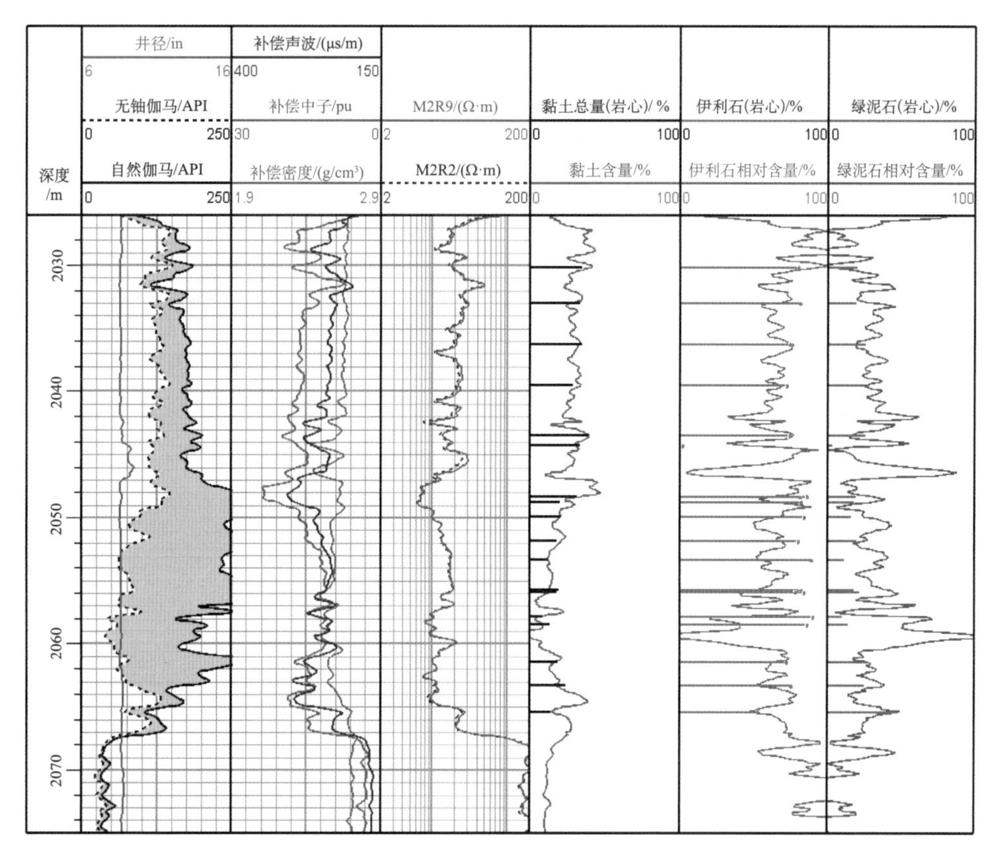

图3.24　川南地区Z104井龙马溪组黏土矿物分类计算结果综合图

2)脆性矿物计算方法

当前页岩气储层脆性矿物含量评价技术主要依赖于斯伦贝谢公司的 ECS 元素俘获测井解释技术。该技术从数据采集到处理解释之前一直处于垄断状态，近几年随着国内科研院校相关研究的投入，已经实现自主解谱并建立了各地区有针对性的解释模型。

(1)ECS 测井脆性矿物含量计算方法。

YS107 井龙马溪组页岩 ECS 测井与元素分析结果对比见图 3.25，主要对比了铝、钙、硅、铁等几种元素，与元素分析结果一致，但是氧闭合获得的方解石和石英类含量与 X 衍射分析结果有差异，考虑到样品数量少，存在非均质性强的问题。

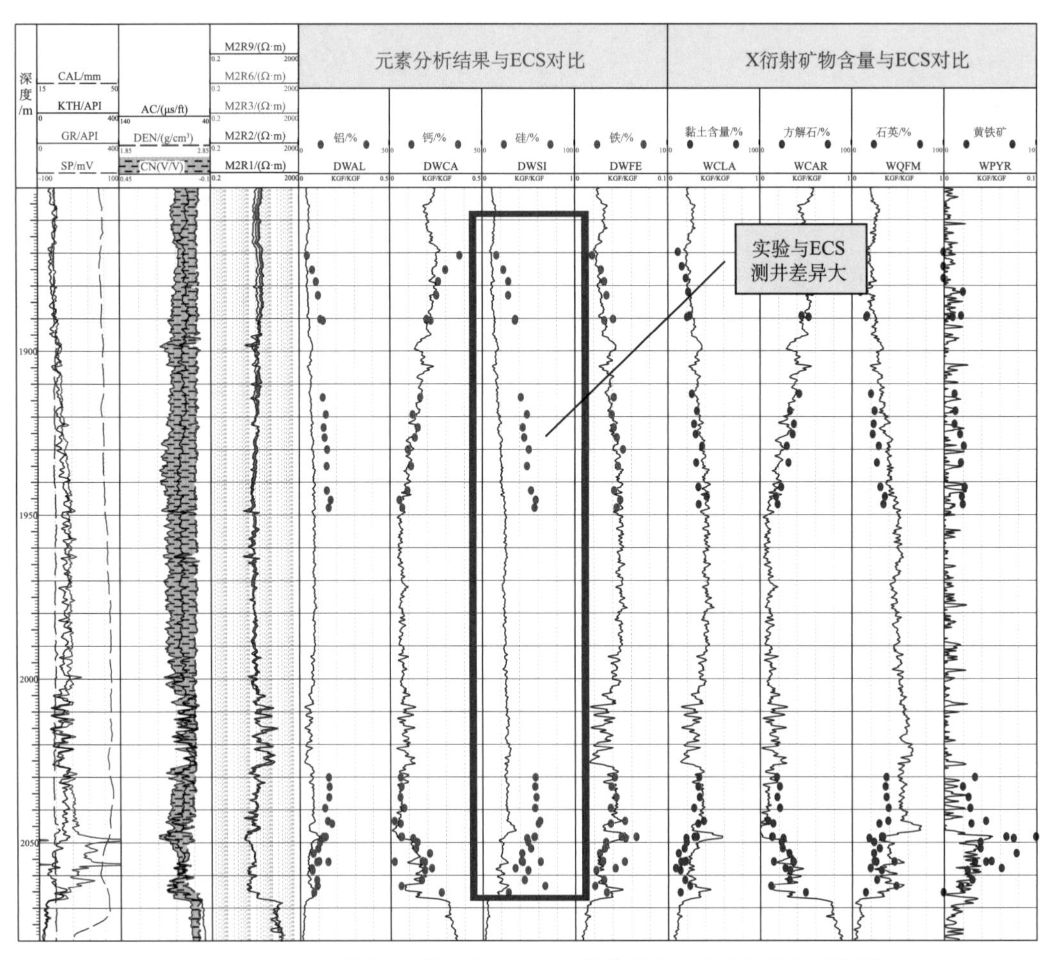

图 3.25　YS107 井龙马溪组页岩 ECS 测井曲线与元素分析结果对比图

利用 X 衍射实验结果标定 ECS 元素测井反演矿物含量，以及利用岩性密度测井 Pe 计算矿物含量。对比结果显示(图 3.26)，ECS 测井计算的脆性矿物含量比 X 衍射测量结果少，其中钙质含量估算偏多。

(2)岩性密度 Pe 曲线计算脆性矿物含量方法。

利用自然伽马能谱中去铀伽马 KTH 或单独 TH 谱线可以计算泥质含量 V_{cl}，利用 $1-V_{cl}$ 可以计算脆性矿物含量。

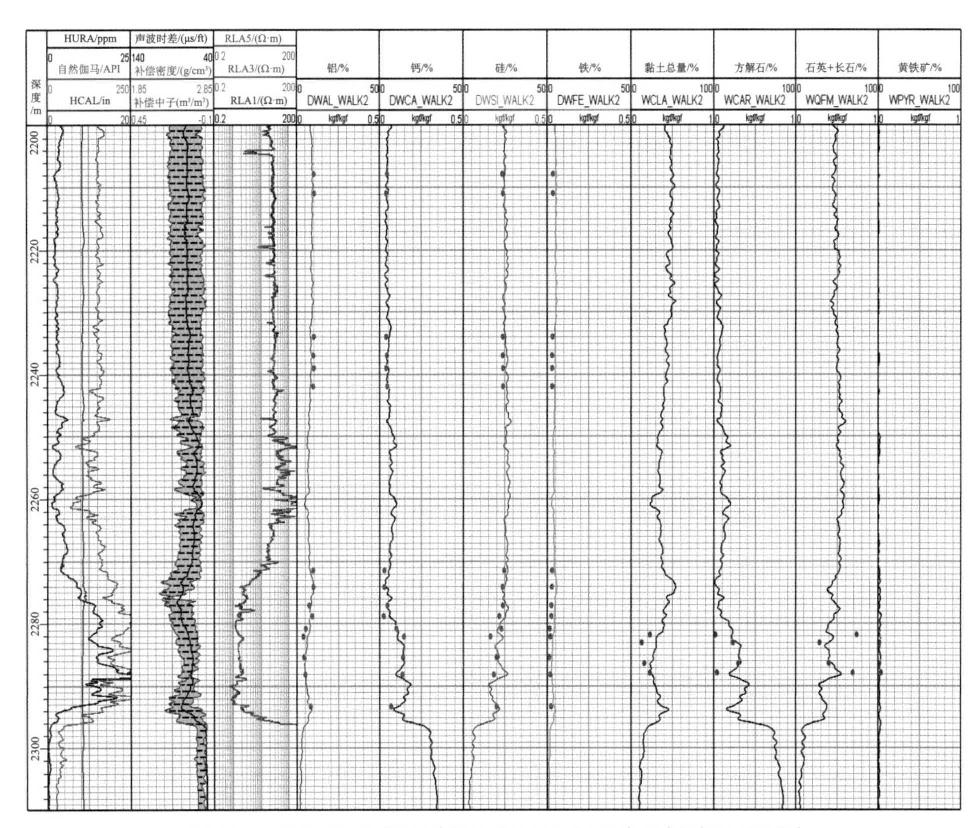

图 3.26 YS107 井龙马溪组页岩 ECS 与元素分析结果对比图

由于岩性密度对硅质成分和钙质成分有着密切的关系，在计算出矿物含量之后利用 Pe 曲线可对其中脆性矿物成分进行评价分析。

由不同成分组成的矿物的体积光电吸收指数公式为

$$U_i = \mathrm{Pe}_i \rho_i \tag{3.7}$$

$$U = \sum_{i}^{n} V_i U_i \tag{3.8}$$

式中，U_i、V_i 分别为组成岩石的第 i 部分矿物的体积光电吸收截面(b/cm³)和相对体积(%)；U 为体积光电吸收截面，b/cm³；Pe_i 为岩石的第 i 部分矿物的光电吸收截面指数，b/e；ρ_i 为第 i 种矿物的密度，g/cm³。

可以计算纯砂岩和纯灰岩的 Pe 值(表 3.6)，两者差别非常大，因此可以利用 Pe 值与两者的关系，确定硅质和钙质的相对含量。硅质矿物的 Pe 值用 Pe_{sand} 表示，值为 1.81；钙质矿物的 Pe 值用 Pe_{lime} 表示，值为 5.08，根据实际测井 Pe 值与两者的相对关系，确定钙质和硅质含量具体公式如下：

钙质含量：

$$V_{Ca}=(\mathrm{Pe}-\mathrm{Pe}_{sand})/(\mathrm{Pe}_{lime}-\mathrm{Pe}_{sand}) \tag{3.9}$$

硅质含量：

$$V_{Si}=1-V_{Ca} \tag{3.10}$$

再去除黏土矿物的体积分数 V_{clay}，就能够得到硅质和钙质的绝对含量。

表 3.6　不同岩性的 Pe 响应值

岩性	孔隙度	100%含水	100%含气
石英	0.00	1.81	1.81
	0.35	1.54	1.76
方解石	0.00	5.08	5.08
	0.35	4.23	4.96
白云石	0.00	3.14	3.14
	0.35	2.66	3.07
比重		1.00	0.10

(3) 应用效果与适用性分析。

应用 Pe 曲线法对川南地区页岩气井进行脆性矿物评价，评价结果与 X 衍射实验分析逐点对比，两者与实验结果吻合得较好。如图 3.27 和图 3.28 所示，ECS 计算的矿物含量与实验分析结果趋势一致，仅在部分层段计算出的硅质含量高于实验分析结果。

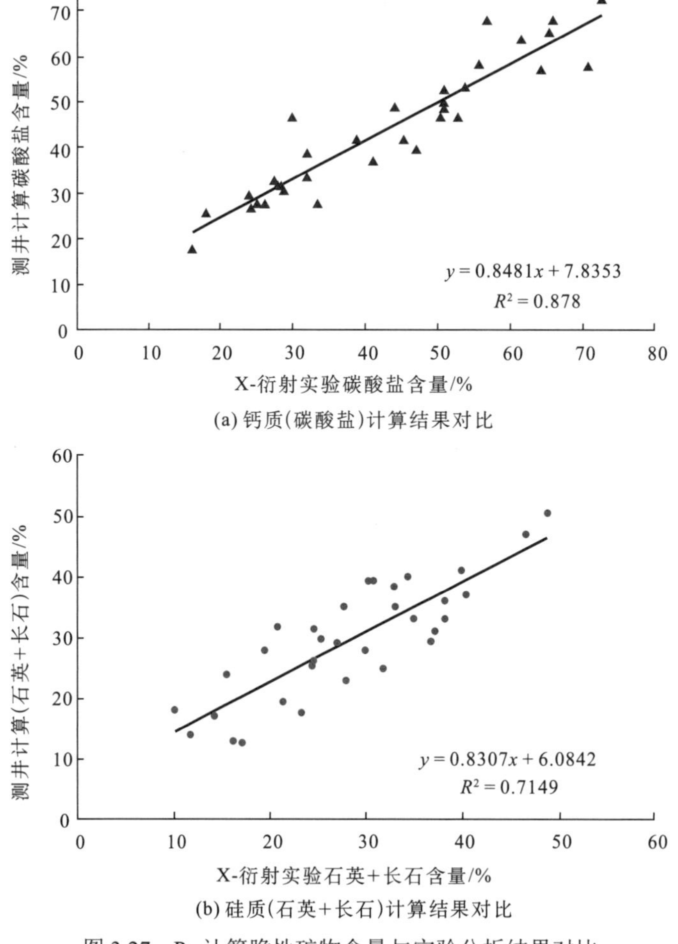

图 3.27　Pe 计算脆性矿物含量与实验分析结果对比

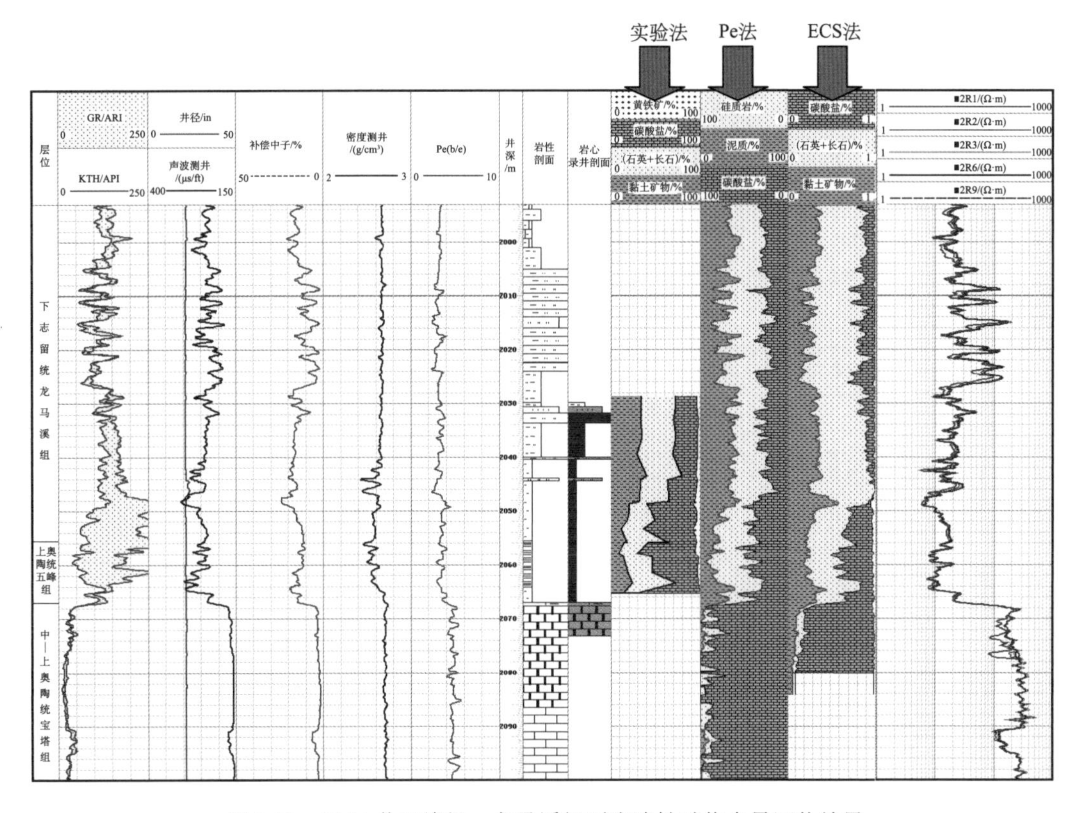

图 3.28　Z104 井五峰组—龙马溪组页岩脆性矿物含量评价结果

3. 页岩气储层参数评价方法

1) 有机孔孔隙度计算

页岩气储层的孔隙主要包括有机质内纳米孔，黏土矿物晶间孔、层间孔，石英长石等矿物粒间孔及页理缝等微裂缝等孔隙(图 3.29)。考虑纳米孔中吸附大量甲烷分子或少量游离气，及常规测量系列中仪器的响应机理，这部分孔隙空间应该能被探测到，但是受仪器精度及这部分孔隙的孔隙度小、岩石物理响应微弱的影响，利用现有测井曲线很难直接准确地计算出有机质纳米孔孔隙体积。

采用的计算模型来自 Dicman Alfred 模型(Dicman and Lev，2012)，通过研究不同热成熟度的页岩，获得页岩 R_o 与干酪根密度直接存在较好的幂指数关系(图 3.30)：

$$\phi = 1 - \frac{A\left(\rho_{\text{bnk}} - \rho_{\text{b}}\right)}{\text{TOC} \cdot \rho_{\text{nk}}\left(\rho_{\text{bnk}} - \rho_{\text{bk}}\right)} \tag{3.11}$$

$$A = \left(1 - \phi_{\text{k}}\right)\left[\text{TOC}\left(\rho_{\text{nk}} - \rho_{\text{k}}\right) + C_{\text{k}}\rho_{\text{k}}\right] \tag{3.12}$$

式中，ϕ 为有机孔孔隙度；ρ_{bnk} 为无机矿物储层视密度；ρ_{bk} 为有机质部分视密度；ρ_{b} 为岩石视密度；ρ_{nk} 为无机矿物储层密度；ϕ_{k} 为有机质干酪根孔隙度；ρ_{k} 为有机质干酪根密度；C_{k} 为有机质中碳质量分数；测量 $T_{\max}$=430～460℃时，有机质中干酪根的骨架密度为 1.45～1.53g/cm^3，测量 R_o 在 2%～3%，与 Dicman Alfred 的模型估计结果 1.5～

1.6g/cm³ 吻合。利用图 3.30 模型，标示龙马溪组页岩有机质干酪根骨架密度位置。因此根据上述模型并结合 TOC 和干酪根骨架密度结果，可以较准确估算干酪根纳米孔体积。

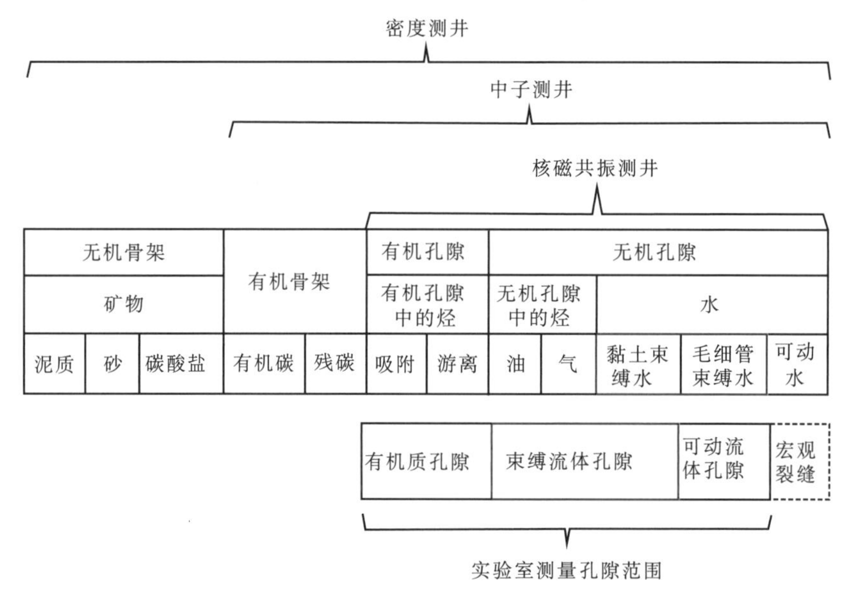

图 3.29　页岩各组分的测井响应范围和实验室测量范围

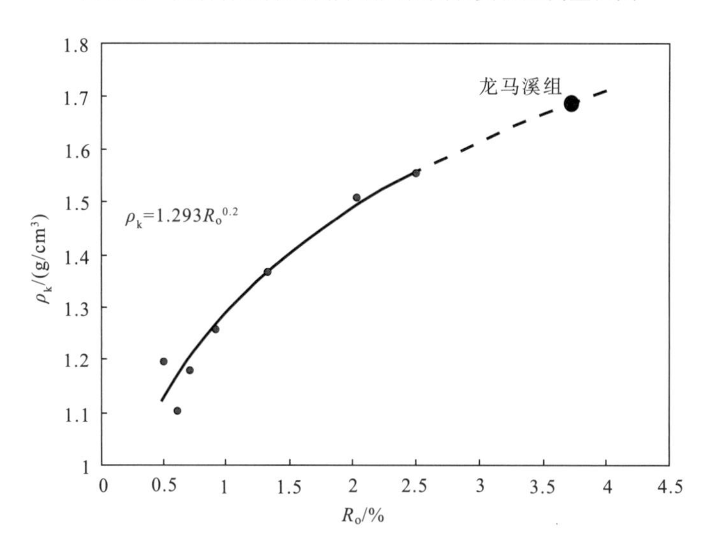

图 3.30　干酪根密度与镜质体反射率 R_o 关系图

2) 无机孔孔隙度计算

无机孔孔隙度包括无机矿物粒内、粒间孔隙及黏土矿物层间孔隙体积，现有测井评价方法主要有中子-密度交会法、核磁共振法等。

(1) 中子-密度交会法。

不同于砂岩、灰岩储层，页岩孔隙度低，评价难度大，将干酪根作为骨架加入地层计算，获得的孔隙度将更加准确，故采用中子-密度交会法计算总孔隙度和有效孔隙度(图 3.31)。

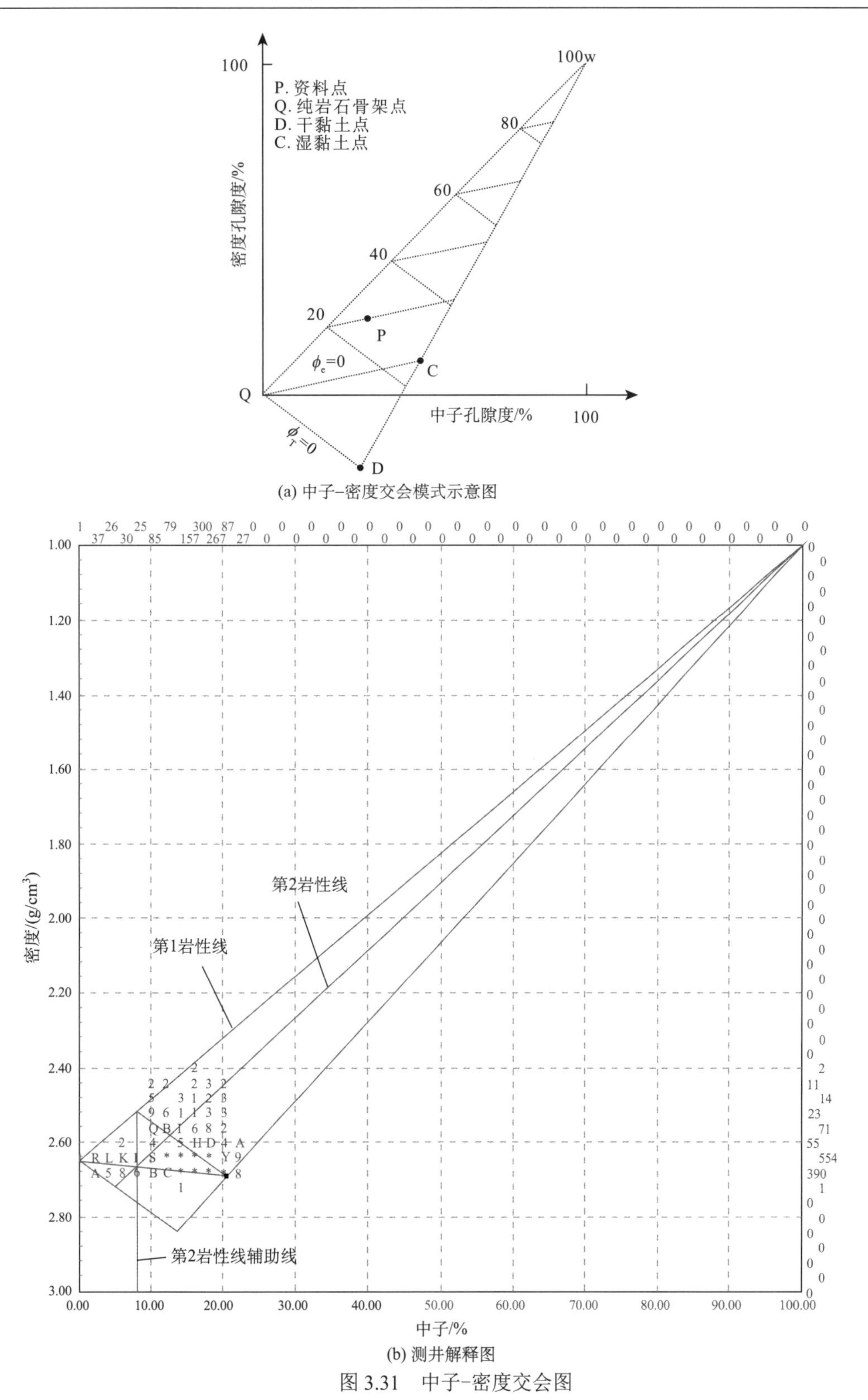

(a) 中子–密度交会模式示意图

(b) 测井解释图

图 3.31　中子–密度交会图

ϕ_e. 有效孔隙度；ϕ_T. 总孔隙度；上方横坐标值表示中子出现的次数；右边坐标值表示密度出现的次数

通过考虑以上因素，对川南昭通地区三口井龙马溪组页岩储层孔隙度计算结果与实验分析结果进行验证，以 Z104 井为例，中子-密度交会法计算的结果与饱水法测量孔隙度结果吻合性较好。以 YS107 井龙马溪组为例(图 3.32)，测井计算孔隙度与岩心分析孔隙度对比，两者吻合一致性较好。

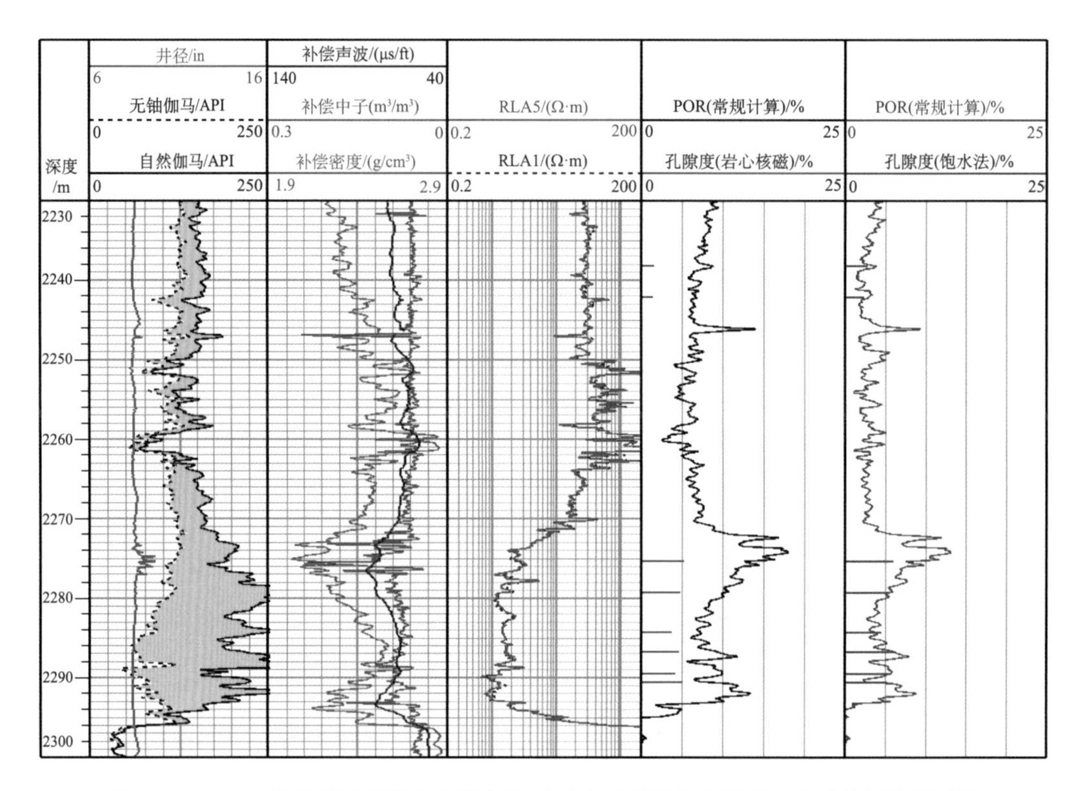

图 3.32　YS107 井龙马溪组页岩储层中子-密度交会法计算孔隙度与实验分析结果对比

(2) 核磁共振法。

核磁共振(CMR)资料处理流程包括回波生成、T_2 谱反演，总孔隙度计算等步骤(Christopher et al., 2009)。通过对核磁共振测井资料处理，获得页岩层段 T_2 谱，计算总孔隙度并与实验结果对比(图 3.33)。由图可见，页岩岩心核磁共振实验、岩心饱和地层水用重量法和核磁共振法测量的孔隙度一致性好，相关系数 R^2 达到 0.9254，对比核磁共振测井计算的孔隙度，两者一致性非常好(图 3.34)。

类似地，核磁共振实验及核磁共振测井资料处理结果对比(图 3.35)，两者的孔隙度值是一致的，但是进一步对比两者测量的束缚流体孔隙度和可动流体孔隙度存在一定差别。通过岩心核磁共振实验，确定了页岩束缚水 T_2 截止值为 10ms。对比核磁共振测井小于 10ms 束缚流体孔隙度和核磁共振实验获得束缚流体孔隙度，两者在 2048～2055m 井段一致性较好，在 2055～2064m 井段核磁共振实验获得的束缚水孔隙度要比测井计算值高，说明地层条件下含气页岩的束缚水含量低于最大束缚水含量。

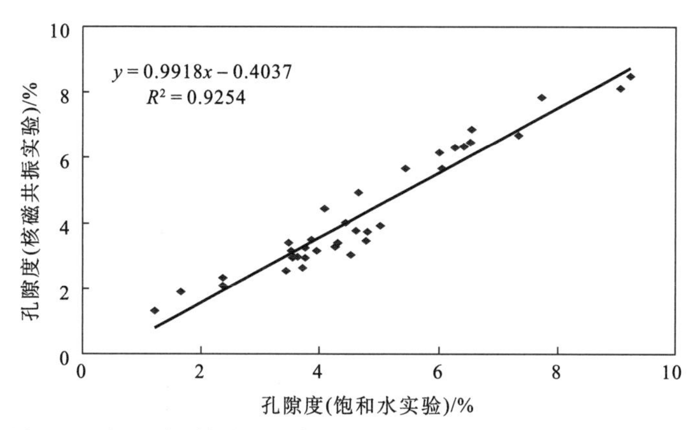

图 3.33　龙马溪组核磁共振实验与饱和水实验孔隙度测量结果对比

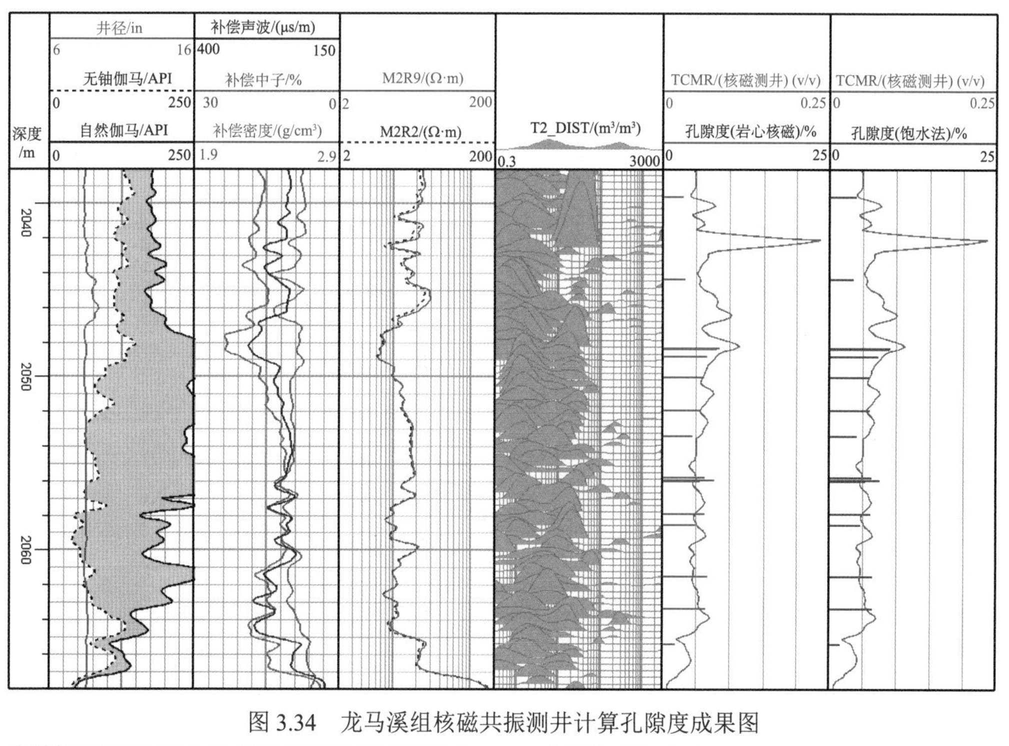

图 3.34　龙马溪组核磁共振测井计算孔隙度成果图

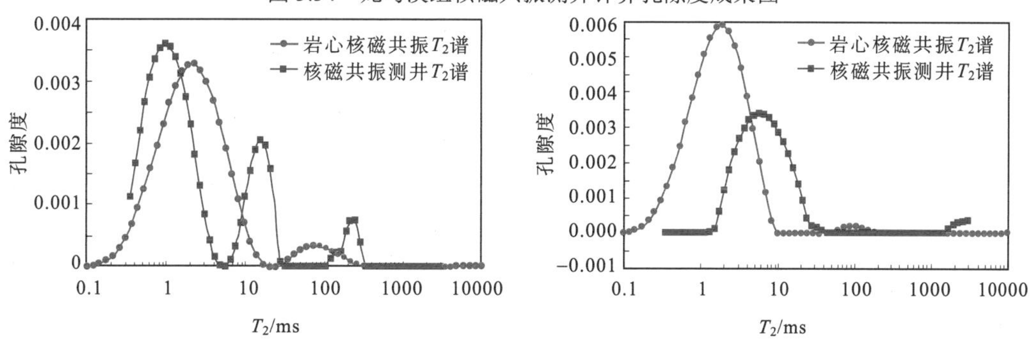

(a) 钻井岩心；龙马溪组页岩，井深 2053.42m　　(b) 钻井岩心；龙马溪组页岩，井深 2061.52m

图 3.35　岩心核磁共振 T_2 谱与核磁共振测井处理结果 T_2 谱对比

因此，页岩气储层核磁共振测井资料计算的孔隙度与实际地层孔隙度总体趋势一致，但并非各组分一一对应，需要通过对核磁共振资料中有效信号充分提取和分析，了解和评价页岩气储层。

(3)微裂缝评价。

页岩中裂缝主要以页理缝、开启或者闭合的构造裂缝形式存在。针对页岩储层裂缝评价主要目的有以下两方面：其一，了解富有机质页岩段页理缝发育程度，页理缝能够有效提高游离气储集空间；其二，评价页岩气保存条件，通过成像测井评价页岩气层段构造缝发育情况、数量多少、有无方解石脉充填等。考虑页岩地层低电阻背景特征，利用电阻率成像测井资料(图 3.36)，可以有效识别页理缝及高阻裂缝，但是较难识别开启的低阻缝。

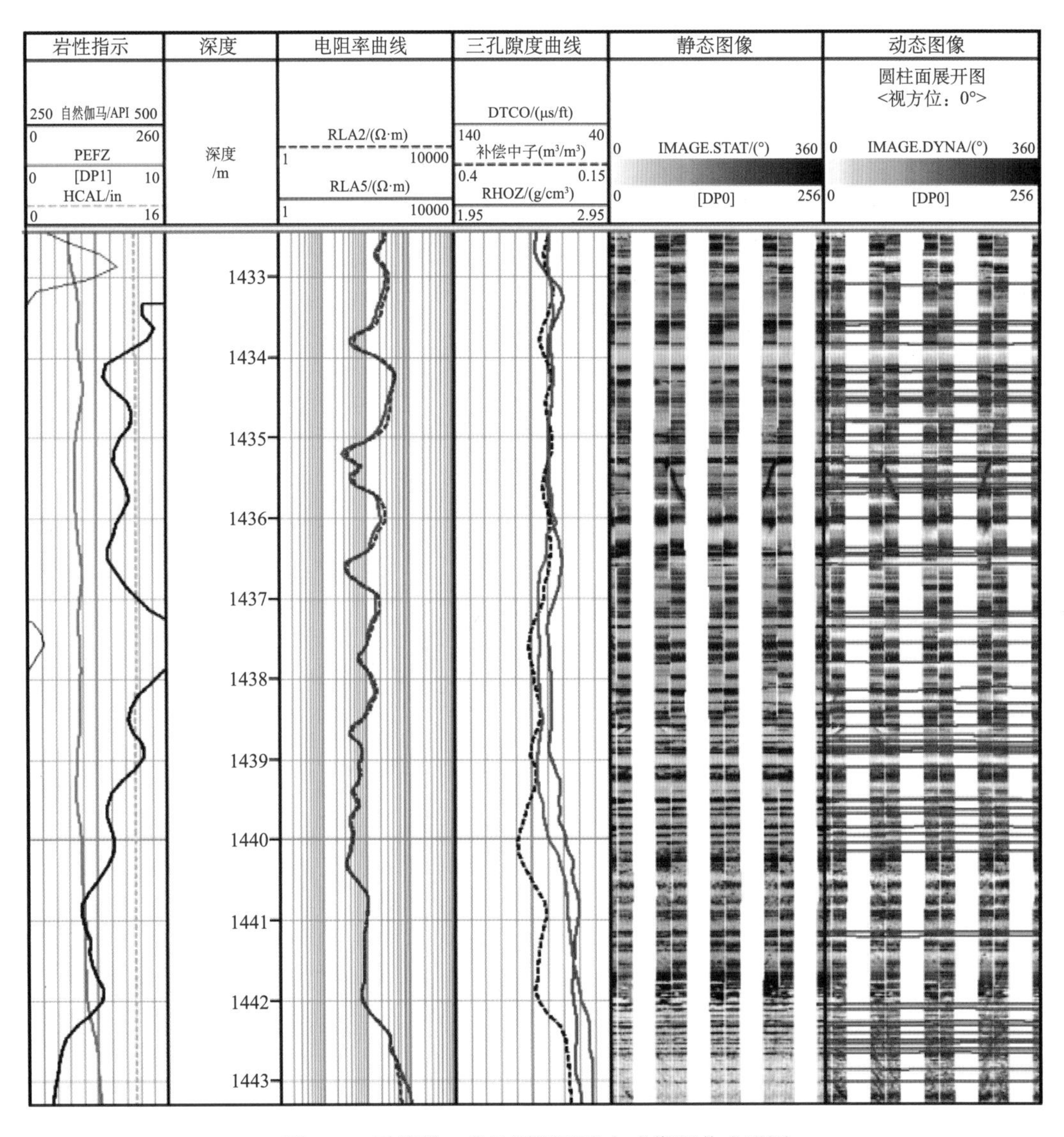

图 3.36　五峰组—龙马溪组页岩电成像测井成果图

4. 页岩吸附气测井计算方法

图 3.37 为五峰组—龙马溪组页岩岩心等温吸附实验数据与实验测量的页岩 TOC 含量关系，可知，页岩吸附气量与 TOC 含量有较明显的正相关性。

依据 Langmuir 方程对吸附气曲线进行拟合，获得最大吸附气量 V_L，通过对比 V_L 与 TOC 含量发现，两者整体有较好的线性正相关关系。图 3.38 为四口井的等温吸附实验数据。该关系与图 3.39 研究成果认识一致。

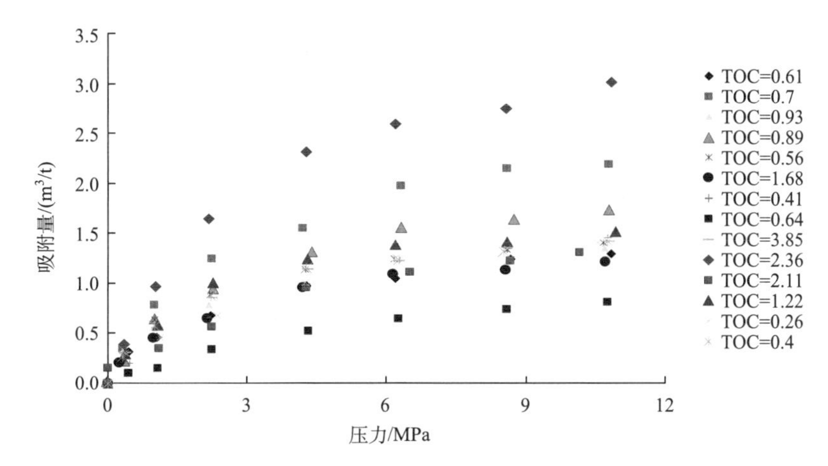

图 3.37　五峰组—龙马溪组页岩等温吸附曲线(温度 T=30℃)

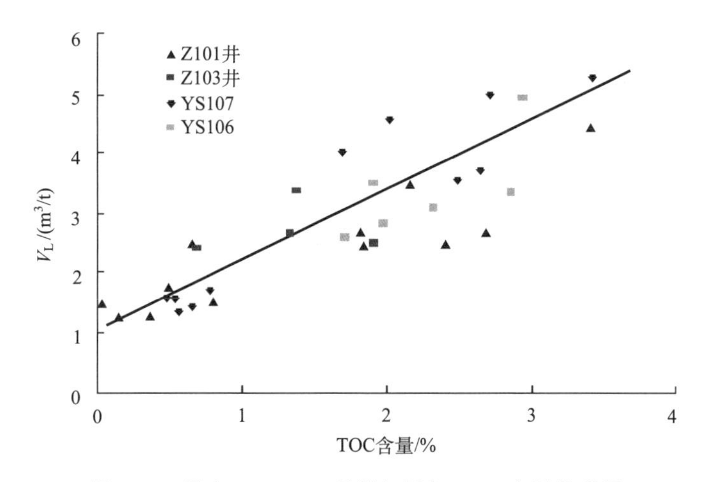

图 3.38　最大 Langmuir 吸附气量与 TOC 含量关系图

通过文献调研可知，对页岩吸附气含量起主要影响作用的因素有干酪根含量、黏土矿物含量、温度、压力、含水量等，为了便于精细地表征含水量对页岩气吸附能力的影响，设计了不同含水率的页岩吸附能力测试实验(Ingemar et al.，2001；Kuuskraa et al.，2009)。为便于理解，这里主要论述干燥状态和平衡水状态下页岩的等温吸附实验结果(图 3.40)。

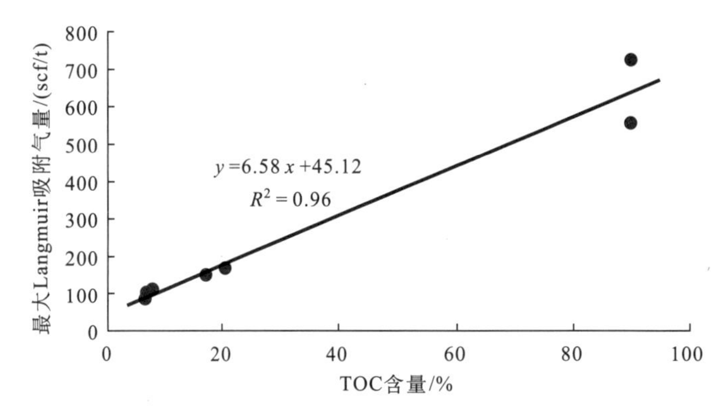

图 3.39　最大 Langmuir 吸附气量与 TOC 含量关系

1scf=0.028317m^3

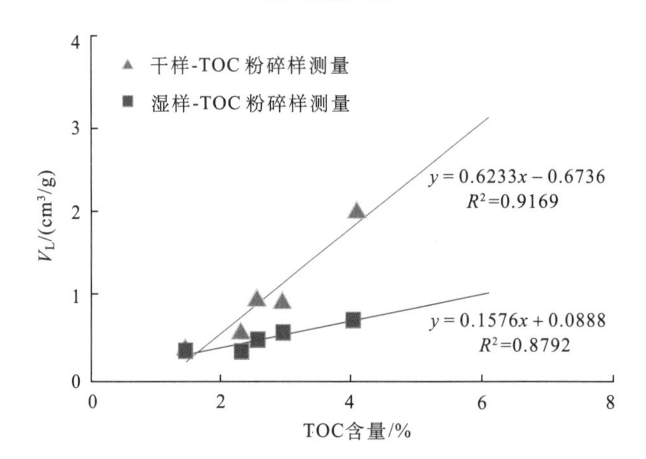

图 3.40　页岩最大吸附气量与 TOC 含量关系(干燥和平衡水状态)

1) 一般规律及评价方法

一般认为页岩气主要包括游离气和吸附气，TOC 和吸附气相关。而实际页岩的吸附能力影响因素很多，包括页岩的有机碳含量、有机质热演化程度、黏土矿物含量与成分、储层温度、地层压力、页岩原始含水量和天然气组分等因素，其中有机碳含量、地层压力、地层温度是主要的影响因素。吸附气量与 TOC 含量和地层压力成正比；压力越大，含气量越大；温度越高，游离气越多，吸附气越少。

页岩吸附规律满足 Langmuir 方程，根据等温吸附实验确定其中参数：

$$V = \frac{V_L P}{P + P_L} = \frac{V_L}{1+k} \tag{3.13}$$

式中，k 为吸附系数，$k=P_L/P$，与吸附剂特性有关，代表了固体吸附气体的能力。

页岩吸附气含量测井评价主要根据等温吸附实验获取的区域 Langmuir 方程，结合地层温度、压力计算地层条件下吸附气含量。

2) 页岩吸附机理分析

首先，从甲烷的物性特性看，甲烷的临界压力是 4.54MPa，临界温度是 196.6K (–82.6℃)，甲烷是非极性物质，多层吸附困难，即使第一层吸附之后仍无极性，第二层吸附也较困难，因此，甲烷吸附完全满足 Langmuir 的单层吸附理论。

除 TOC、温度、压力影响吸附气含量外，对页岩中含量较高的黏土矿物进行的研究表明。尤其是不同类型黏土矿物等温吸附实验证明，黏土矿物对甲烷具有不可忽略的吸附贡献(图 3.41)。

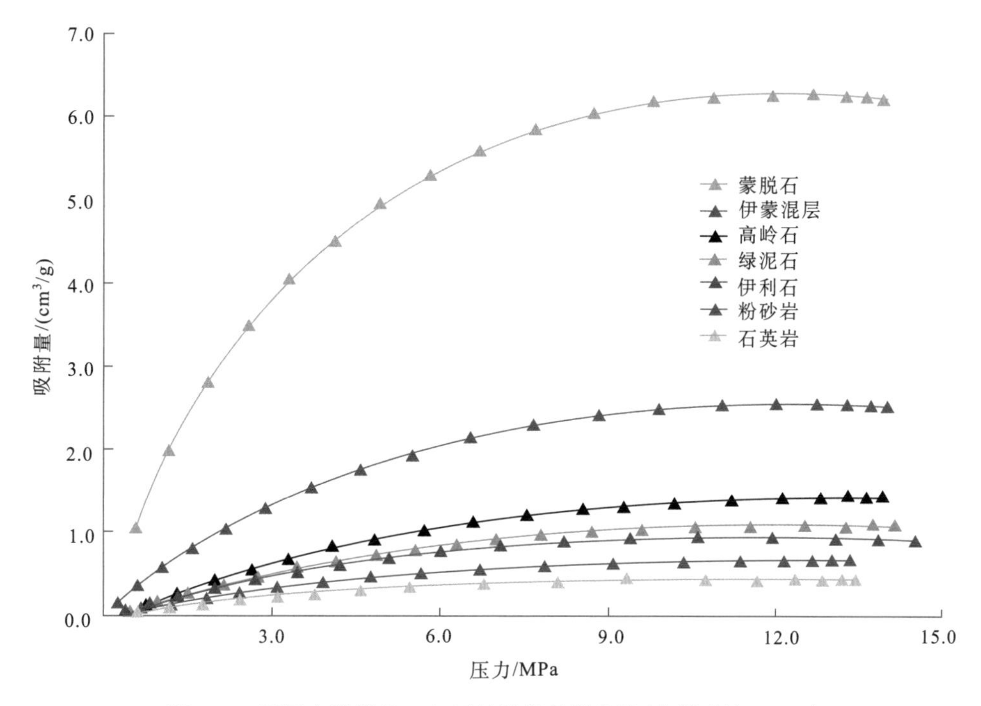

图 3.41　不同实验样品 65℃甲烷等温吸附曲线(吉利明等，2012)

在确定 Langmuir 方程参数时必须考虑黏土矿物的影响，根据不同矿物具有相对固定的吸附势能，通过对不同类型干酪根、不同黏土矿物，以及实际页岩样品的等温吸附曲线数值模拟，其结果与实验曲线吻合非常好。说明在一定温度下，该参数仅和参与实验的矿物成分和含量有关，而与实验的压力及其他因素无关。因此，利用矿物的物质组成就可以确定 Langmuir 方程参数 V_L 和 P_L，而页岩地层的矿物组分可以通过实验或测井得到，从而实现利用测井手段评价页岩吸附气含量。

目前，页岩吸附气评价有以下几点新认识。

(1) Langmuir 方程中 V_L 和 P_L 两个参数主要受样品矿物成分与含量、实验温度、含水率三方面因素影响。其中矿物成分包括黏土矿物成分、有机质类型。

(2) 从等温吸附实验到地层条件，需要考虑地层水、地层压力等因素，而其中页岩地层压力的确定较困难。

(3) 页岩气赋存环境有待进一步认识，目前有人认为页岩气储层是含水的，普遍认为是超低含水饱和度的。确定地层条件下吸附气含量的关键因素是地层含水的多少，游离水和黏土束缚水所占比例，以及孔隙压力。目前这两种观点均存在，并影响着含气量的评价。

当页岩样品粉碎后，其中的干酪根和黏土在等温吸附实验过程中应该是同等条件接受甲烷气体的吸附。那么实验得到 Langmuir 方程参数就可能与实际地层不符。

3)吸附气富集模式及评价模型

根据现场测试、实验及不同井试气成果发现，页岩气储层吸附气富集方式和赋存条件对吸附气含量的影响较大，提出将页岩储层储集类型分为两类(表 3.7)，一类为封闭型，另一类为开启型。两者都能形成良好的页岩气储层，但也存在差别。封闭型页岩气储层表现为地层压力高、吸附气含量高。开启型页岩气储层表现为页岩气赋存条件好，地层压力相对较低、吸附气含量低，而游离气含量相对较高。对不同储集类型的吸附气含量建立了不同的评价方法如下。

表 3.7　页岩储集类型及测井解释模型

类别	示意图	页岩气类型	所受压力类型	含气性	测井响应特征	测井解释模型
封闭型		以吸附气为主：干酪根吸附气、纳米孔游离气	排烃作用异常压力、地层压力	好	高铀、高电阻率、低密度、高声波时差	最大 Langmuir 吸附气模型、基于矿物组分 Langmuir 吸附气模型、纳米孔游离气模型
开启型		以游离气为主：页理缝游离气、干酪根吸附气	地层压力、浮力	好	高铀、低电阻率、低密度、高声波时差	低压 Langmuir 吸附气模型、基于矿物组分 Langmuir 吸附气模型、微孔-裂缝游离气模型

若页岩气保存条件好，则孔隙压力维持一定高度，那么其吸附气量(V)达到或者接近页岩的最大吸附气含量：

$$V \approx V_L \tag{3.14}$$

因此，通过等温吸附实验确定页岩的最大吸附气含量，就可以获得地层的吸附气含量，该转换关系适用于最大 Langmuir 吸附气模型、低压 Langmuir 吸附气模型、黏土 Langmuir 吸附气模型，用于评价不同吸附气赋存模式下的吸附气含量。

另外，基于以上研究，考虑页岩吸附机理，建立了新的基于矿物组分 Langmuir 吸附气模型，能够实现地层条件下吸附气含量测井评价。

(1)最大 Langmuir 吸附气模型。

由于吸附气主要吸附在有机质干酪根上，因此吸附气含量与 TOC 含量存在一定关系(图 3.42)，文献中也有证实。

本节利用井下岩心页岩实验资料，等温吸附实验与 TOC 含量分析结果直接建立最大吸附气含量与 TOC 含量之间的关系：

$$V_L = 1.2\text{TOC} + 1.0333 \tag{3.15}$$

该模型考虑因素少，方便实用，能够直观地评价页岩吸附气含量。

(2)低压吸附气量与 TOC 含量关系模型。

针对开启型页岩气储层，利用不同压力条件下等温吸附实验数据，建立 1MPa、4MPa

两种条件下 V_L 与 TOC 之间的关系(图 3.42、图 3.43)，用于评价页岩吸附气含量：

1MPa 条件下：

$$V_L = 0.21081\text{TOC} + 0.4402 \tag{3.16}$$

4.2MPa 条件下：

$$V_L = 0.5888\text{TOC} + 0.776 \tag{3.17}$$

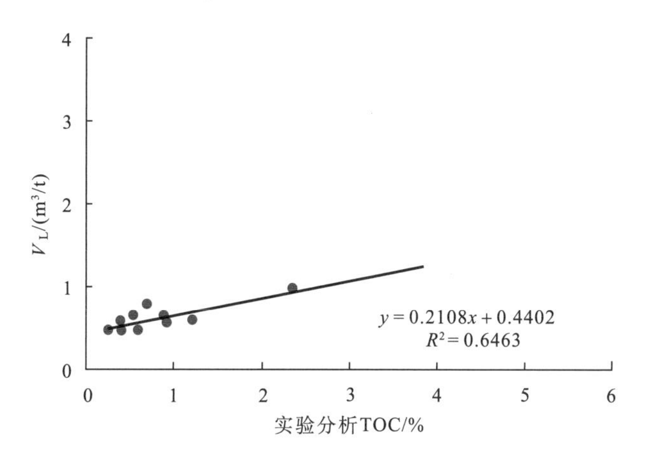

图 3.42　1MPa 压力下 Langmuir 吸附气量与 TOC 含量之间的关系

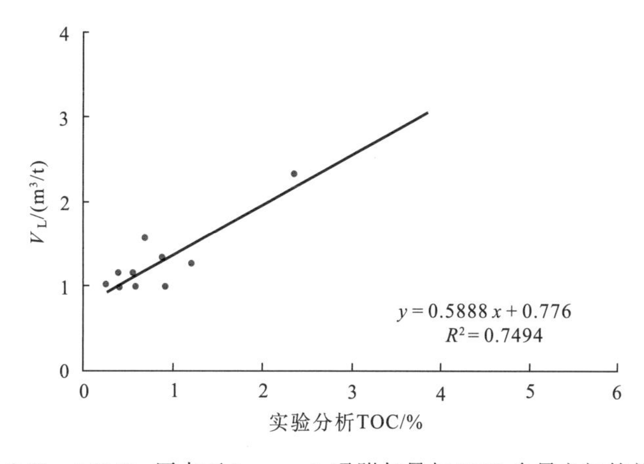

图 3.43　4.2MPa 压力下 Langmuir 吸附气量与 TOC 含量之间的关系

(3) 黏土 Langmuir 吸附气模型。

利用有机质含量低，黏土矿物含量高的样品，建立黏土矿物 Langmuir 吸附气评价模型(图 3.44)：

$$V_L = 0.02(1V_{伊利石} + 6.5V_{蒙脱石} + 2.6V_{伊蒙混层} + 1.1V_{绿泥石}) \tag{3.18}$$

(4) 建立基于矿物组分的吸附气模型。

根据岩心 TOC 分析结果和等温吸附实验结果，以及 X 衍射黏土矿物成分结果综合分析，建立实验室温度(30℃)条件下，基于岩性组分的 Langmuir 参数计算方法，模型如下：

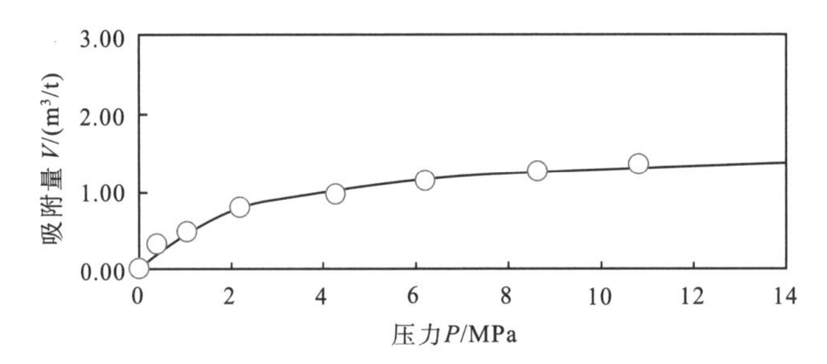

图 3.44　黏土矿物 Langmuir 吸附气量与压力之间的关系

$$V_{\mathrm{L}} = 1.08\mathrm{TOC} + 0.02(V_{\text{伊利石}} + 6.5V_{\text{蒙脱石}} + 2.6V_{\text{伊蒙混层}} + 1.1V_{\text{绿泥石}}) \tag{3.19}$$

$$P_{\mathrm{L}} = 5.469 - 0.845\mathrm{TOC} + 0.052V_{\text{绿泥石}} - 0.063V_{\text{伊利石}} + 0.021V_{\text{伊蒙混层}} \tag{3.20}$$

结合地层压力和地层温度，即可实现地层条件下吸附气含量准确计算。该模型以实验室数据为基础，符合等温吸附机理，并且可以根据实际地层情况选择参与吸附的矿物成分，从而准确评价吸附气含量。

以实际钻井为例(图 3.45)，在高 TOC 含量层段，测井解释游离气含量出现上部高(含气饱和度达到 60%)、下部低(含气饱和度仅为 10%左右)的情况，说明上部地层孔隙中充满游离气，而下部充满地层水。那么由于水比甲烷更容易与黏土矿物结合，致使黏土矿物中吸附气含量大幅减少。因此在该层段吸附气模型参数选择上，只考虑干酪根对甲烷的吸附，而不考虑黏土矿物对甲烷的吸附。从评价结果与现场岩心含气量测试结果对比可知，测井计算的总含气量与实验测量的总含气量一致性好，上部地层表现为高游离气含量，下部地层表现为高吸附气含量，从而验证了该模型的准确性。

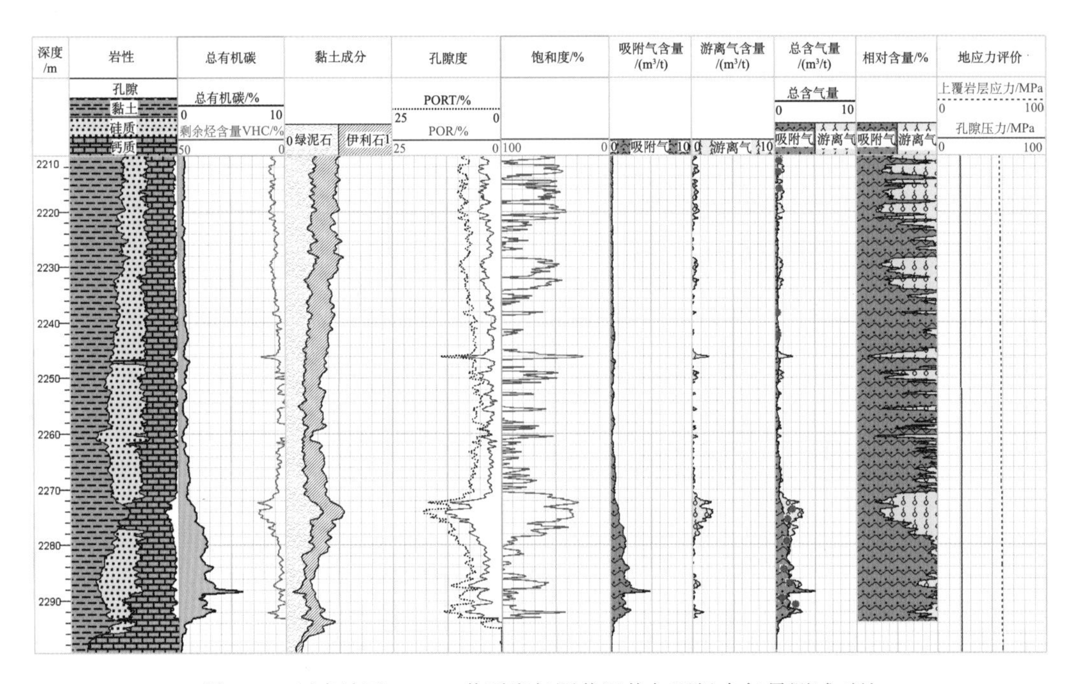

图 3.45　川南地区 YS107 井页岩气测井评价与现场含气量测试对比

5. 页岩游离气含量计算方法

1) 纳米孔导电机理

页岩气储层导电机理以孔隙流体导电和黏土矿物附加导电为主，因此页岩游离气评价可依据阿奇模型(图 3.46)。对于南方海相页岩地层水矿化度高、黏土含量高等特点，其孔隙流体赋存状态同图 3.46(a)和(c)所示的模型。

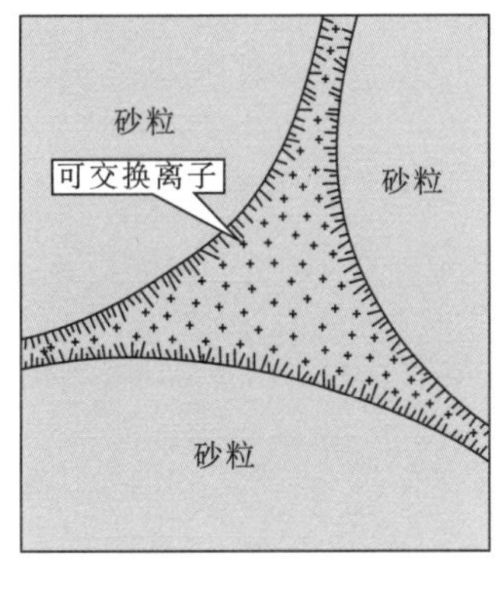

(a) 高矿化度泥质砂岩

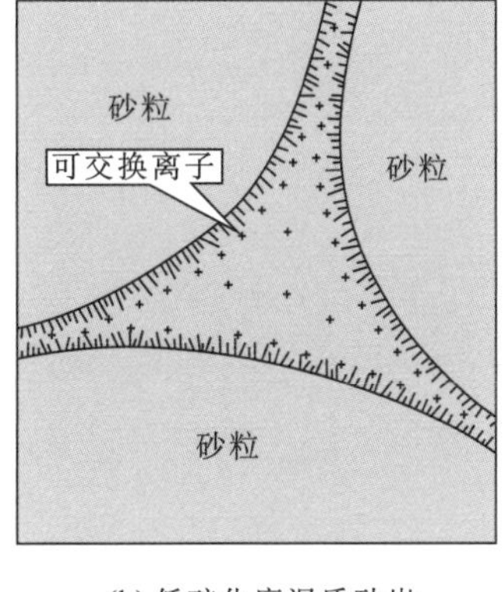

(b) 低矿化度泥质砂岩

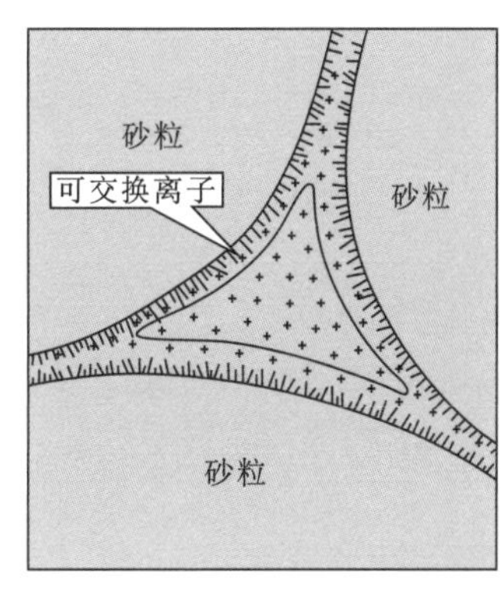

(c) 含气高矿化度泥质砂岩

图 3.46 矿化度变化对泥质砂岩孔隙中阳离子分布的影响

对于黏土矿物含量高的页岩或者钙质页岩，颗粒表面富集黏土矿物，那么黏土矿物表面伴有束缚水(图 3.47)，且由于黏土矿物阳离子交换作用，表面吸附阳离子，致使页岩的导电机理更加复杂。

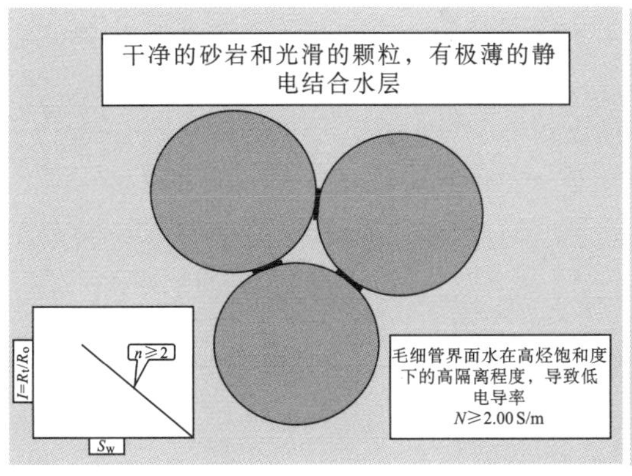

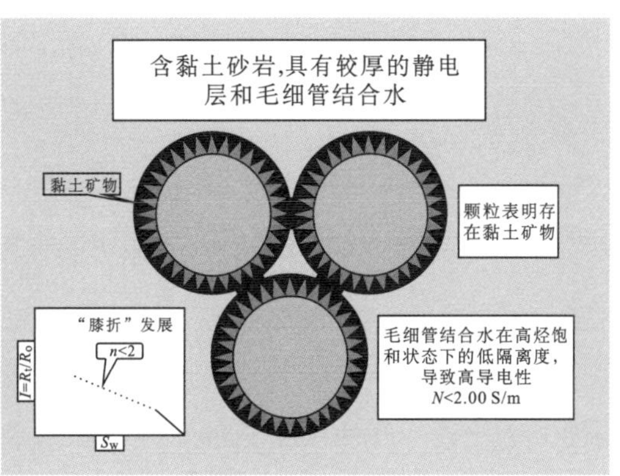

图 3.47 毛细管束缚水含量与黏土矿物含量关系

S_w.含水饱和度；R_t.含油岩石电阻率；R_o.完全含盐水岩石电阻率；I.电阻率增大系数；n.饱和度指数，与岩性有关；N.电导率，S/m

在 Sneider 模型(图 3.48)中进行修改，可知泥质砂岩的 R_o 与 R_w 的关系如图中 SHALY SS 曲线所示。当地层水电阻率(R_w)低于 0.1 时，R_o 与纯砂岩的无限逼近。

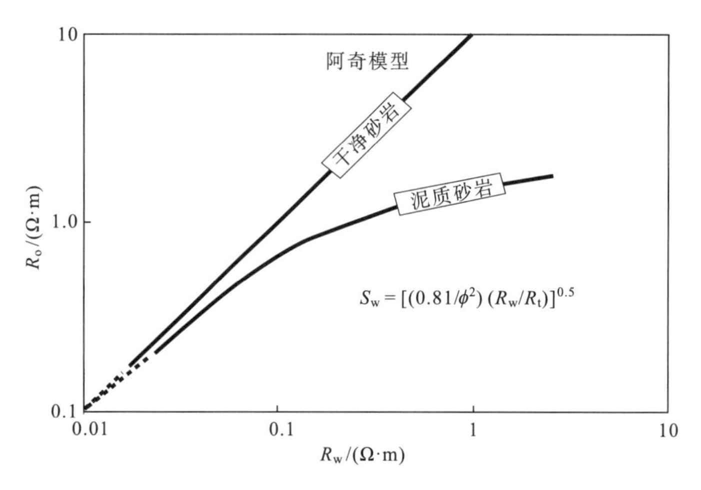

图 3.48　泥质砂岩饱和度模型参数变化规律

2）游离气饱和度模型

在正确解释总孔隙度（ϕ_t）、有效孔隙度（ϕ_e）及纯泥岩地层水电阻率（R_{wc}）和混合水电阻率（R_z）基础上，便可进行含水饱和度的计算。利用页岩气测井评价软件同时计算两个含水饱和度，即总孔隙中的含水饱和度和有效孔隙中的含水饱和度 S_w：

$$S_t = \left(\frac{abR_w}{{\phi_t}^m R_t}\right)^{\frac{I}{n}} \tag{3.21}$$

式中，a 为与岩性有关的岩性系数；b 为与岩性有关的常数；m 为胶结指数；n 为饱和度指数。

总孔隙中的含水饱和度采用阿奇经验公式来计算。由于公式(3.21)采用了 ϕ_t 这个参量，它将按深度逐点计算每点的含水饱和度，不管是泥岩还是砂岩，并且原封不动的输出计算结果，程序不加任何截止值，所得结果用于全剖面的流体性质分析。

有效孔隙中的含水饱和度，采用含油气泥质砂岩双孔隙度模型电导率关系表达式所推导的饱和度公式来计算。其表达式如下：

$$\left(\frac{1}{R_t}\right)^{0.5} = (\phi_t - \phi_e)^{0.86}\left(\frac{S_w^{n/2}}{R_{wc}}\right)^{0.5} + \left(\frac{{\phi_e}^m S_w^n}{aR_w}\right)^{0.5} \tag{3.22}$$

式中，ϕ_t 为泥质砂岩储集层的总孔隙度，包括有效孔隙度和泥质矿物的孔隙度；$\phi_t-\phi_e$ 为泥质的孔隙度，0.86 为它的孔隙度指数。所以，右侧方程式的前一项为泥质砂岩储集层中泥质部分电导率，后一项为岩石部分电导率。

3）游离气饱和度模型参数及岩电实验

前人对页岩气储层饱和度模型研究较少，因此本书开展岩电实验研究页岩导电机理研究，特别是页理缝对导电的影响研究。由于页岩渗透率低难以驱替，仅开展了地层因素实验测量，分析饱和地层水状态下，不同方向页岩岩心的地层因素（图 3.49）。

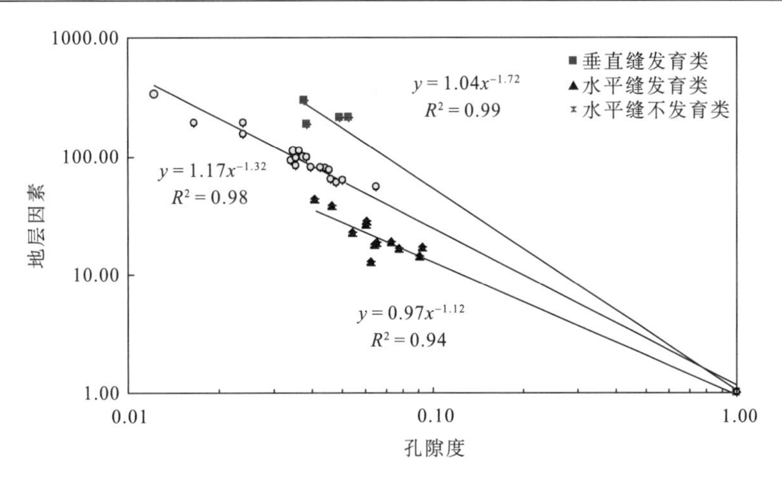

图 3.49 页岩岩电实验地层因素测量结果

通过不同取样位置(水平、垂直两个方向)，开展岩石电阻率测量，获得页岩不同方向岩电参数 m 值。实验中的三类样品，从水平缝不发育，到水平缝发育，再到垂直缝发育的岩电参数 m 值逐渐变大(表 3.8)，导电能力的影响越来越大，而页岩中水平缝主要与普遍发育的页理缝相关，对导电贡献最大。

表 3.8 页理缝对岩心电阻率各向异性影响

序号	深度/m	孔隙度	水平样地层因素	垂直样地层因素	水平样 m 值	垂直样 m 值	各向异性系数	备注
1	1925.46	0.04	97.20	296.6	1.42	1.77	1.24	页理缝不发育
2	2029.21	0.05	59.84	210.5	1.37	1.79	1.31	页理缝不发育
3	2038.60	0.04	81.04	186.8	1.37	1.62	1.19	页理缝不发育
4	2052.42	0.04	42.98	87.10	1.17	1.39	1.19	页理缝发育
5	2057.55	0.06	38.33	60.10	1.30	1.46	1.12	页理缝发育

页岩地层因素 F 各向异性评价公式为

$$F = \frac{m_{\mathrm{v}}}{m_{\mathrm{h}}} \tag{3.23}$$

通过对页岩岩心导电机理研究，明确了海相页岩导电机理符合阿奇模型，因此利用阿奇模型扩展形式的西门杜方程对川南地区 YS106 井测井资料进行验证(图 3.50)，测井计算的游离气含量与岩心含气量测试结果相一致，而吸附气含量估算偏大，使总含气量大于岩心测量结果。

3.2.2 海相页岩气储层地震预测及评价

页岩气储层与绝大多数常规储层存在根本性的区别，“甜点”在某一区域或某一个层段分布且存在非常强的非均质性，对产量的影响最大可以相差 10 倍 (Glaser et al., 2014)，如图 3.51 所示。而地球物理资料，尤其是地震资料具有面上密集采样的优势，因此，测井与地震结合的地球物理技术是解决页岩气评价关键地质要素的有效手段（刘振武等，2012）。

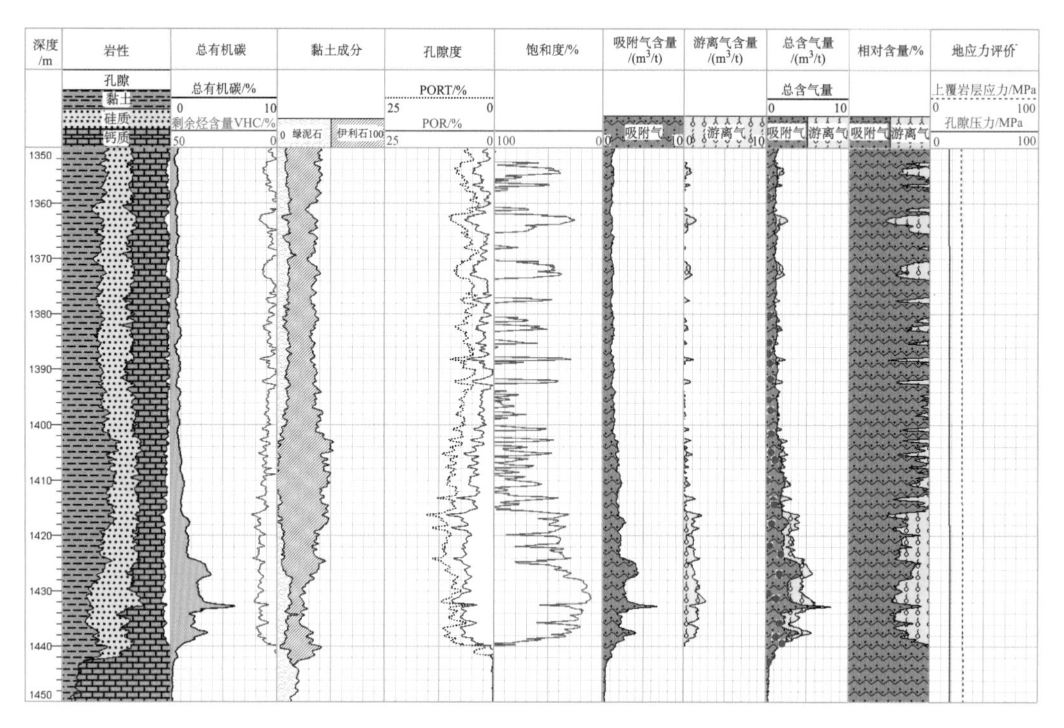

图 3.50　川南地区 YS106 井测井解释成果图

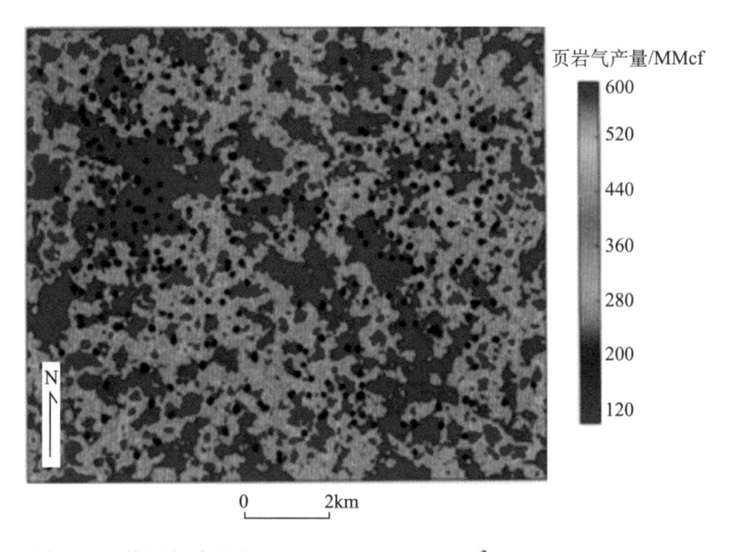

图 3.51　美国得克萨斯州 Barnett 气区 130km² 区域内 650 口水平井第一年产量分布图（梁狄刚等，2009）

1MMcf=2.3817×10⁴ m³

在勘探阶段，需要落实页岩气资源和核心区分布。黑色页岩在区域内的空间分布(包括埋深、厚度及构造形态)状况是保证规模气藏形成的重要条件，而地球物理技术是探测优质页岩空间分布的有效预测方法。在开发阶段，开展储层岩相、物性、脆性、地应力等的地球物理识别和预测，特别是对天然裂缝及其各向异性特征进行精细刻画，可以为储层改造提供帮助。储层岩石力学特性是判断脆性程度的重要参数，通过对杨氏模量及泊松比计算可以确定储层岩石脆性指数的高低，脆性指数越高越易形成缝网。应用地球物理技术可以准确描述这些参数。以宽方位甚至全方位三维地震资料为基础，通过叠前反演、分方位提取地震属性、各向异性速度分析等地震技术综合应用，可对断层、裂缝、储层物性及脆性物质分布和应力场进行预测。此外，与压裂技术配套发展的微地震监测技术也是地球物理在页岩气开发中的重要应用。通过监测和记录微地震事件，实时提供压裂过程中产生的裂缝位置、方位、大小及复杂程度，评价增产方案的有效性，并优化页岩气藏多级改造方案。

决定页岩气区带经济可行性的两个关键要素是储层品质(RQ)和工程品质(CQ)。RQ 是由矿物学特性、孔隙度、含气饱和度、地层体积、有机质含量和热成熟度等控制。与 RQ 类似，CQ 很大程度上取决于矿物学特性，但也受弹性特性影响，如杨氏模量、泊松比、体积模量和岩石硬度等。CQ 还受其他要素的影响，如天然裂缝密度和方向、储层各向异性，以及原位地应力的强度、方向和各向异性等。因此，评价页岩储层的“甜点”，必须进行 RQ 和 CQ 的评价，其基础是 TOC、岩性、物性、含油气性、裂缝、脆性和地应力的预测与评价。这些要素通过影响岩石特性进而影响地震响应的多种属性，如孔隙度和裂缝的增加一般会导致地震速度的减少和高频率衰减的增加，干酪根含量能降低弹性模量和泥岩密度，但程度较低。因此，与这些岩石特性相关的某些地震属性的变化也可用来识别 RQ 和 CQ 甜点，这为进行页岩储层地震预测与评价奠定了基础。

开展页岩储层地震预测与评价需要具备三个基础条件：一是测井评价资料，就是利用测井资料提供储层岩性、物性和含气性等解释结果。为了确保测井评价成果能够在地震储层预测中直接使用，一致性处理是关键，包括多井一致性和井震一致性处理，井震一致性处理是指储层体积模型的一致性和声波频率的一致性。二是地震岩石物理分析结果，这是测井解释的储层参数与地震属性的桥梁，为地震储层预测与评价提供依据。其主要内容包括地震岩石物理建模、横波速度预测、储层敏感参数优选和储层解释图版建立等。与传统碎屑岩储层相比，页岩储层的地震岩石物理分析难度要大很多，主要原因包括：页岩储层孔隙度低、孔隙形态多样、渗透率低，造成储层微观尺度的非均质性强；页岩储层片状沉积造成各向异性强；由于页岩储层中有机质的存在，以及有机质演化程度的不同，造成基质孔隙和有机质分布形式具有多样性。三是地震保真处理，不同储层预测方法使用不同的地震信息，对保真处理的要求也不同，如构造解释主要使用时间信息，它要求地震处理过程中时间信息是保真的。地震反演主要使用振幅信息，因此叠后反演要求叠后振幅是保真的，而叠前反演则要求叠前振幅是保真的。频率属性分析则要求处理过程中频率是保真的。如果要利用各向异性分析方法进行裂缝预测，这要求保方位处理。当然，定量储层预测主要使用地震反演和地震属性，因此目前保真处理主要指振幅(保幅)保真处理(陈祖庆等，2016)。

图 3.52 是页岩储层地震预测与评价的基本流程，其主要预测与评价内容如下。

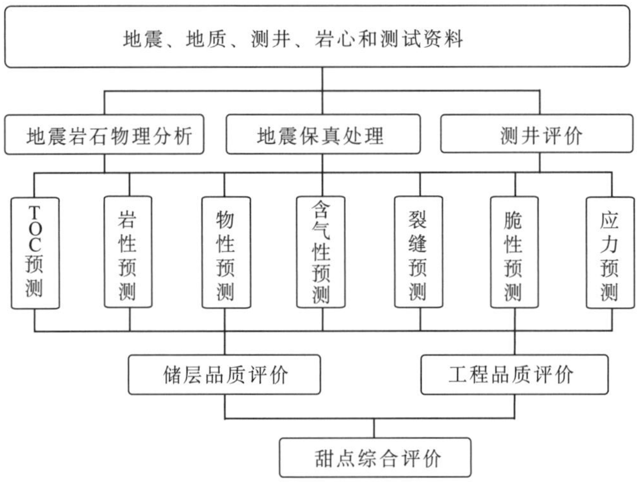

地震、地质、测井、岩心和测试资料
地震岩石物理分析
地震保真处理
测井评价
TOC预测
岩性预测
物性预测
含气性预测
裂缝预测
脆性预测
应力预测
储层品质评价
工程品质评价
甜点综合评价

图 3.52　页岩储层地震预测与评价流程

1. TOC 含量预测与评价

页岩 TOC 含量的预测和评价和预测可大致分为两步：一是单井评价，主要依靠单井资料进行，通过单井 TOC 含量计算可以得到 TOC 含量在纵向上的分布；二是在单井 TOC 质量分布评价基础上，应用地震反演及多属性分析技术对 TOC 含量进行横向分布预测。

TOC 含量地震预测方法主要是基于岩石物理分析的叠前反演方法：首先，基于测井解释的 TOC 含量，通过地震岩石物理分析与 TOC 含量相关的地球物理参数，寻找 TOC 含量敏感参数并建立其与 TOC 含量之间的拟合关系，得到研究区经验公式；然后，基于三维地震数据，通过叠前反演方法求得敏感参数体；最后，根据得到的经验公式，将敏感参数体转化为 TOC 含量数据体，从而定量预测 TOC 含量的纵、横向展布。众多研究表明，四川盆地龙马溪组页岩储层 TOC 含量与密度存在很好的负相关关系，可以首先通过高精度叠前反演得到密度数据体，然后根据二者间的经验公式将密度数据体转换为 TOC 含量数据体。

以 W204 井区块为例，通过地震岩石物理分析，对 W204 井进行 TOC 含量敏感参数分析， TOC 含量与密度曲线相关系数为 0.8529，相关性较高，呈负相关关系，即 TOC 含量越高，密度越低，与测井响应特征一致。故密度为 TOC 含量的敏感参数，可以用密度进行 TOC 含量预测。基于 TOC 含量与密度的交会分析结果，由两者的拟合关系得到基于密度的 TOC 含量经验公式(计算模型)：

$$\mathrm{TOC}=-21.424\mathrm{DEN}+59.901 \tag{3.24}$$

TOC 敏感参数分析表明，密度反演是进行 TOC 含量预测的基础。对于密度预测，既可以通过叠后多属性分析方法间接获得，也可以利用叠前反演方法直接获得。由应用对比分析可知，叠后多属性反演多解性较为突出，叠前密度反演具有更高的预测精度，因此利用全道集叠前反演进行密度预测。

利用全道集叠前反演技术得到密度反演数据体，从过W204井反演剖面图(图3.53)可以看出，测井密度曲线(红色)与井旁叠前密度反演结果对比，吻合程度较高。龙马溪组龙一$_1$亚段密度整体较小，并且在横向上稳定分布，与测井响应特征一致，说明反演结果的可靠性。

基于式(3.24)所示的TOC含量与密度关系，将叠前反演得到的密度体转换成TOC含量数据体。优质页岩密度较低，且随TOC含量升高密度降低(图3.53、图3.54)。

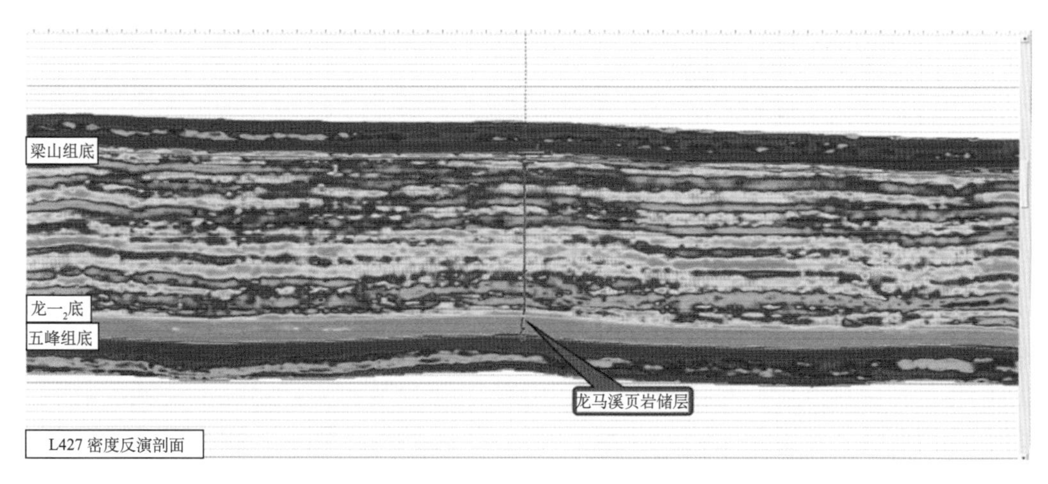

图3.53　L427测线过W204井叠前密度反演剖面图

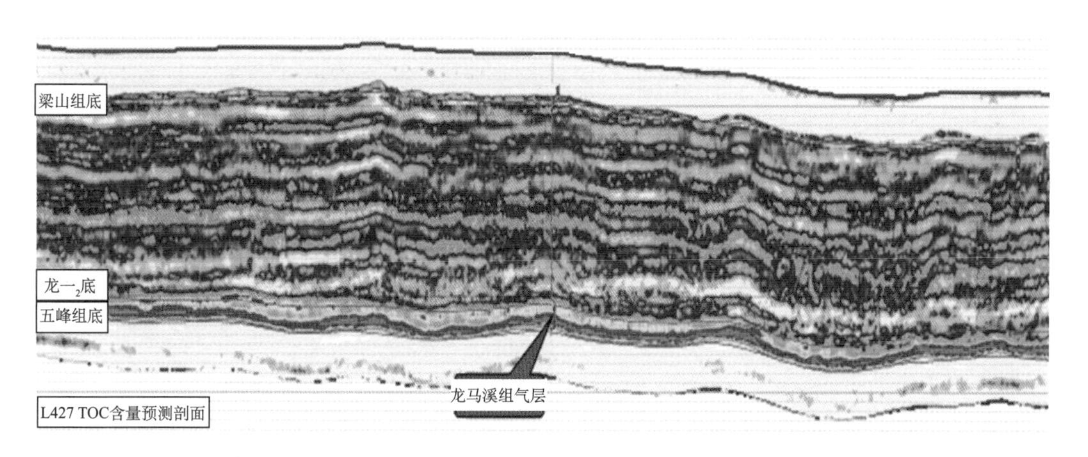

图3.54　L427测线过W204井TOC含量反演剖面图

2. 岩性和物性预测与评价

页岩储层岩性较单一，但矿物组成非常复杂(蒋裕强等，2010)，主要分为石英类、碳酸盐类和黏土矿物类三种。地震资料在岩性预测中的作用主要体现在岩相识别上，即在测井岩性划分的基础上，依据主控因素和预测目的将岩性划分成几大类，然后利用地震反演结果或敏感地震属性，通过聚类分析，得到各种岩性的分布范围，或是某种有利岩性的概率分布体(Ruger et al.，1997)。

物性参数包括孔隙度和渗透率。利用地震资料预测物性参数，可分为确定性方法和统计性方法。确定性方法指的是利用物性参数与速度、密度或波阻抗等之间的关系，建立经验公式直接求取。估算孔隙度的确定性方法包括利用孔隙度-时间平均方程、孔隙度-密度平均方程和孔隙度-波阻抗方程等。由于渗透率和孔隙度有较明确的对应关系，在估算出孔隙度后能够较容易求出渗透率。但需要特别注意的是，孔隙度与渗透率间相关性不是太好，特别是在孔隙结构比较复杂时关系更差，因此渗透率的预测精度比较低，一般不能满足勘探生产的需要，有待进一步探索研究。储层物性的统计性估计方法指的是在已知井附近统计地震反演结果或属性与储层物性的关系，然后外推到井点以外，如协同克里金、神经网络、回归、聚类判别分析等。由于页岩储层矿物复杂、孔隙度小，物性预测难度大，因此一定做好地震岩石物理分析，要精细分析物性敏感参数，建立起多因素解释图版。

3. 含气性预测与评价

页岩含气量通常是指每吨岩石中所含天然气折算到标准温度和压力条件下(25℃，101.325kPa)的天然气总量，包括游离气、吸附气、溶解气等。近年来，国内外学者对页岩含气量的测定和预测方法进行了大量的探索，主要有解析法、保压岩心法和间接法。解析法是测量页岩含气量的最直接方法，通常在取心现场完成。保压岩心法是在钻孔内采用保压岩心罐取心，使所有页岩气都保存在岩样中，通过解析直接测得含气量，该法可准确、全面测定含气量，特别适用于取心时间长、气体散失量大的深井。间接法主要有 3 类：①在确定页岩含气量主控因素的基础上，采用回归方法得出含气量与主控因素之间的拟合方程，开展含气量的预测；②建立含气量和地震属性之间的相关关系，通过多元线性回归方法建立页岩含气量预测模型；③利用等温吸附实验、测井解释等方法分别计算页岩中的吸附气、游离气含量，进而计算吸附气含量和游离气含量之和，即为页岩含气量。

综合分析认为，解析法和保压岩心法通常只对有限的岩样进行测定，且价格昂贵；从众多的间接法来看，很少有用地震资料直接定量预测页岩含气量纵向和横向变化特征的研究。因此探索简单、快速、价格低廉的间接方法是目前获得较准确含气量的一个重要研究方向。

本书以四川盆地威远地区五峰组—龙马溪组页岩为例，通过交会分析寻找与含气量敏感的岩石物理参数，并建立二者的数学模型。采用叠前反演预测页岩的含气量，并有效刻画纵、横向含气量的变化，为页岩气勘探开发井位部署及资源量估算提供有力的技术支持。

1) 确定含气量敏感参数

W201 井、W202 井龙马溪组取全尺寸页岩岩心 20 个，利用高温高压多频率超声波测量仪和三轴岩石力学测试系统，进行密度、横波速度、纵波速度、杨氏模量、泊松比、抗压强度的岩石物理实验。岩石物理实验结果证实：页岩储层纵横波速度比与总含气量存在负相关关系(图 3.55)。

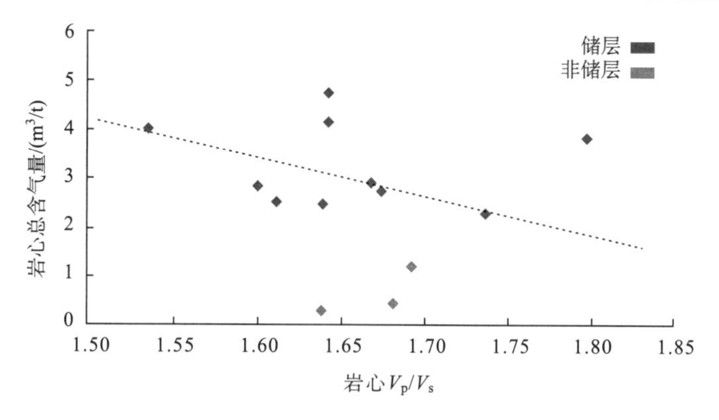

图3.55 W201井、W202井岩心V_p/V_s与总含气量交会图

V_p为纵波速度；V_s为横波速度

图3.56显示了测井曲线计算的V_p/V_s与总含气量交会分析结果，相关系数达到0.88，因此可以通过V_p/V_s反演并建立两者之间的关系式来预测总含气量。

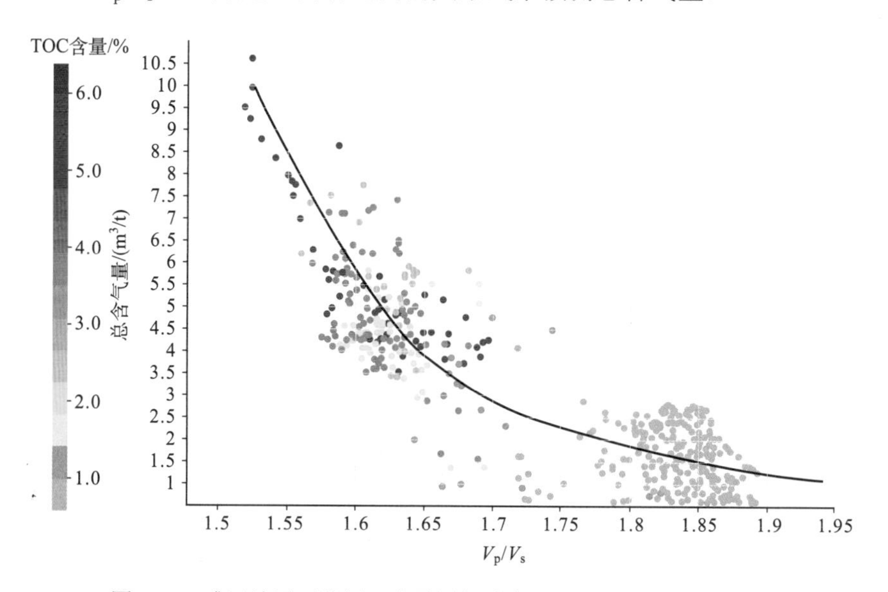

图3.56 威远地区五峰组—龙马溪组总含气量与V_p/V_s交会分析图

通过多项式拟合，建立了页岩总含气量(GAS_T)与V_p/V_s的经验公式：

$$GAS\_T=440.189-518.453V_p/V_s+153.444(V_p/V_s)^2 \tag{3.25}$$

2)纵横波速度比反演和总含气量计算

纵横波速度比反演是进行含气量地震预测的基础，而对纵横波速度比预测而言，应用叠前反演是现实可行的技术手段。

采用前述模型的叠前同时反演，直接得到纵横波速度比的反演结果。图3.57是过W202井的纵横波速度比反演剖面，可以看到优质页岩段在剖面上表现出明显的低纵横波速度比特征，与井吻合好。

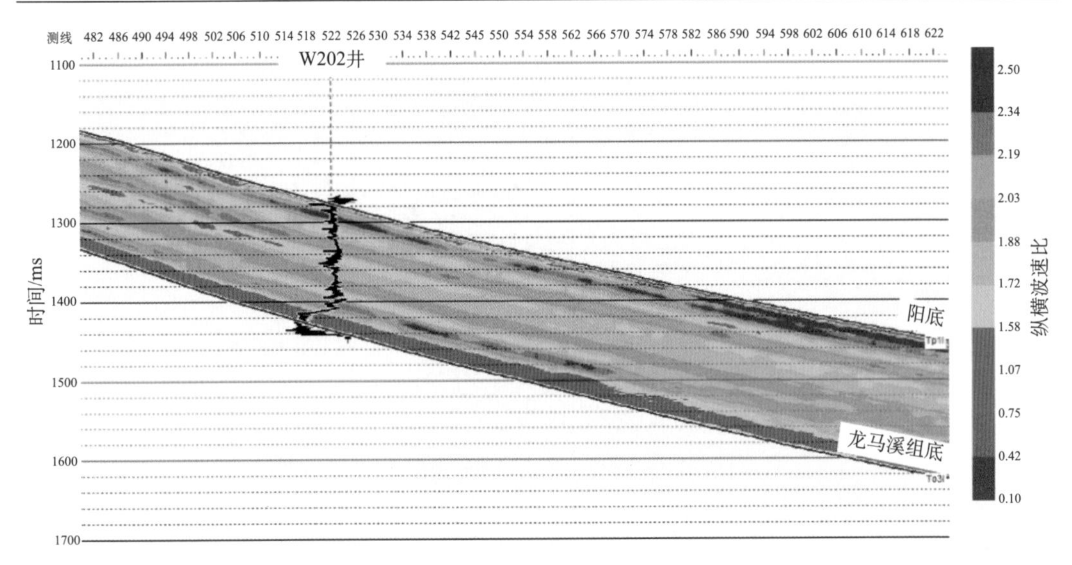

图 3.57　过 W202 井纵横波速度比反演剖面

利用总含气量与 V_p/V_s 的经验公式(3.25)计算总含气量，图 3.58 是过 W202 井的总含气量预测剖面。可以看出，在龙马溪组底部有一套高含气优质页岩，分布连续，特征与井吻合。

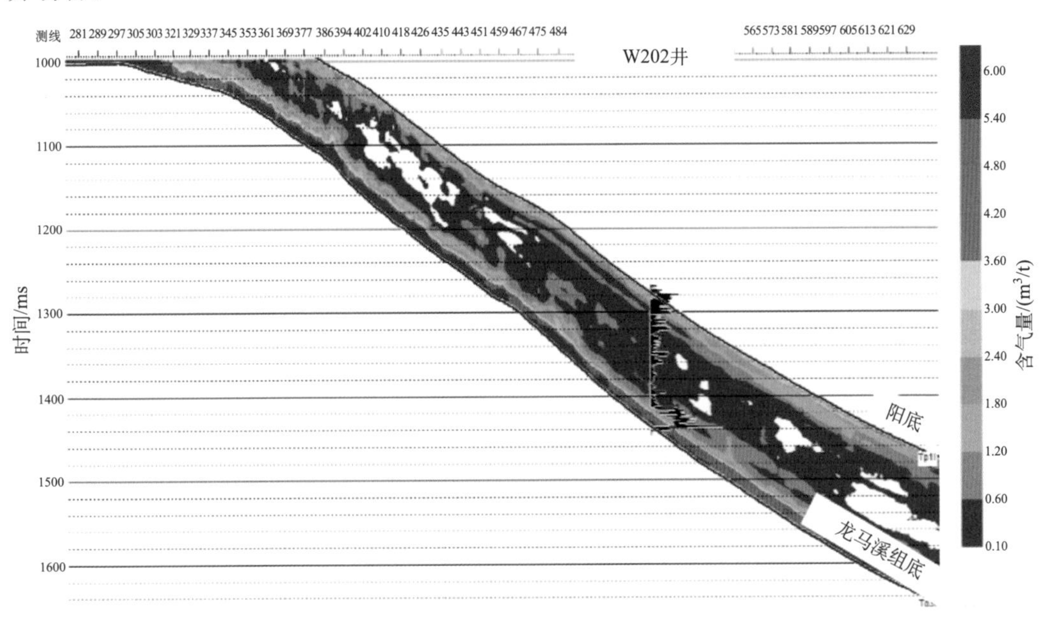

图 3.58　过 W202 井总含气量地层反演剖面

依据上述方法，对威远三维地震区龙马溪组页岩总含气量分布预测图分析，其结果显示三维区块绝大部分地区龙马溪组优质页岩的总含气量在 $3m^3/t$ 以上，大部分地区在 $4m^3/t$ 以上，显示了该区良好的勘探前景和丰富的资源量。

需要指出的是，页岩储层的含气性预测仍处于探索阶段，要获得可靠的含气性预测结果，需要在构造、岩性、物性及主控因素等预测的基础上，以地震岩石物理分析和地震正演模拟分析为依据，做好资料保真处理和预测方法的可行性分析，才能减少地震资料预测的多解性，提高预测的可靠程度。

4. 裂缝识别与评价

裂缝预测是页岩气勘探开发中的一项关键技术，目前常用的预测技术有曲率、相干、方差等多属性裂缝检测技术、各向异性检测技术、转换横波分裂技术、蚂蚁追踪等(贺振华等，2007；刘振峰，2012)。

1)地震相干体技术

地震相干体是研究三维地震数据体中相邻地震道地震信号之间相似性和不连续性特征的解释技术，该技术充分利用三维地震数据体信息，突出那些不相干或不连续的地震数据，如在断裂、裂隙发育部位相干体或者方差体发生突变，据此可预测含气页岩裂缝密度、方位、强度及地层最大水平主应力方向等。图 3.59 是 W201 井区块相干体五峰组底界沿层切片，红黄色区域代表断裂发育，蓝色区域代表断裂不发育。

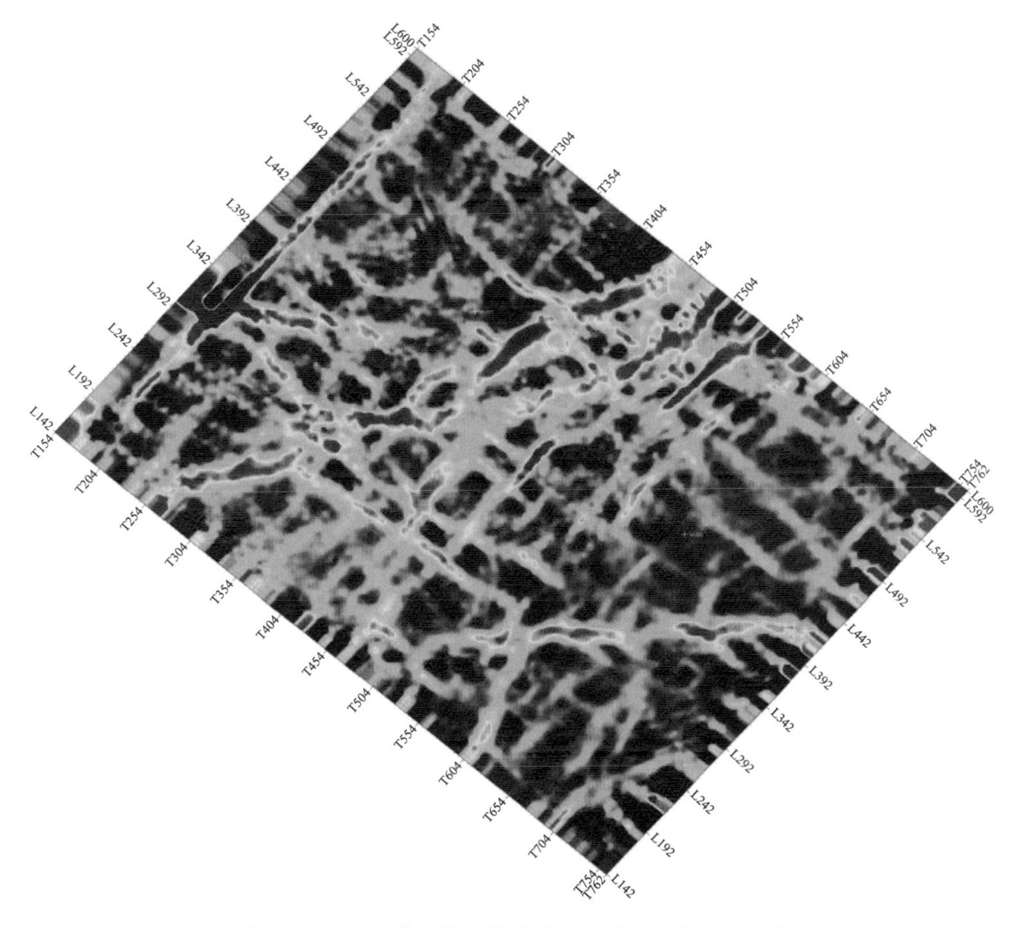

图 3.59　W201 井区块三维地震相干体五峰底沿层切片

2）曲率体技术

曲率是反映某一曲线、曲面弯曲程度的参数。构造主曲率在一定程度上反映了裂缝的分布。曲面的构造主曲率越大，就越弯曲，就越容易产生裂缝。当曲率增大到其弹性极限时，就会在弯曲较大的地带产生裂隙，因此在褶皱轴的两侧、构造转折部位及断裂面的两侧等一些高曲率部位往往是裂隙的发育区。图 3.60 为长宁区块曲率体切片，图中红色和白色代表断裂发育区，蓝色为裂缝不发育区。通过综合对比，曲率体技术能很好地预测断裂发育情况。

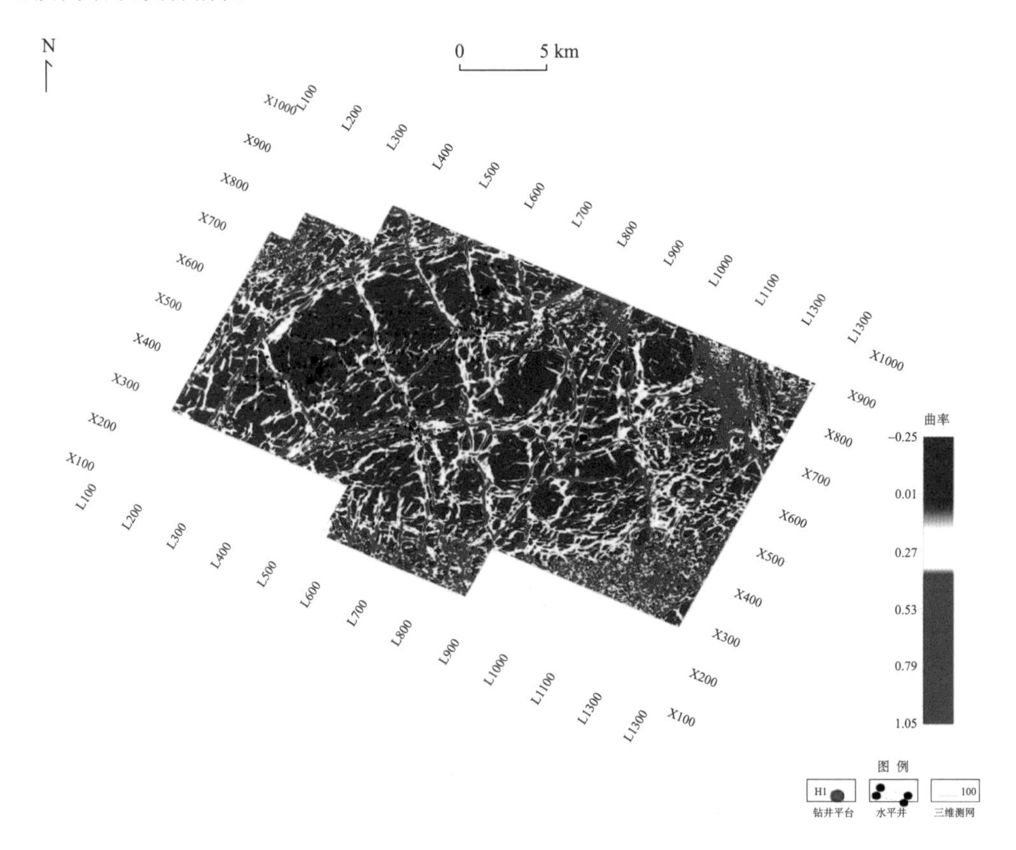

图 3.60　N201 井—N209 井区块龙马溪组页岩储层裂缝预测图

3）蚂蚁追踪技术

蚂蚁追踪技术是基于蚂蚁算法刻画地下断层和裂缝空间分布的技术。蚂蚁算法是由 Dorigo（1992）提出的随机优化算法，该算法遵循类似于蚂蚁在其巢穴和食物源之间，利用可吸引蚂蚁的信息素传达信息，以寻找最短路径的原理。在地震数据中，“蚂蚁”根据地震振幅及相位之间的差异，沿着可能的断层和裂缝向前移动，直至将其完全刻画出来。

4）叠前分方位各向异性检测技术

Thomsen（1986）通过研究认为，所有沉积地层在地震波尺度上都表现为弱各向异性。这种弱各向异性与地层骨架颗粒的定向排列和颗粒间的裂隙发育程度有关，裂隙越发育，所表现出的各向异性越强。该技术主要包括方位角速度分析技术和方位振幅随偏移距变化

(AVO)/振幅随方位角变化(AVAz)分析技术。

(1)方位角速度分析技术：由于页岩层各向异性的存在，导致页岩层水平叠加速度随方位角变化，如 Aguilera(2004)在油藏盆地中观测到易碎裂隙岩石中地震波速度减小的现象。当岩层为均质体、无各向异性时，叠加速度不随方位角变化，速度-方位角图为圆形；当岩层存在各向异性，叠加速度随方位角发生变化，速度-方位角图为近椭圆，椭圆长轴方向为高速度，椭圆短轴方向为低速度。因此，可以利用叠前地震道数据，分析叠加速度随方位角的变化以检测页岩气储层裂缝发育方向与密度。

(2)方位 AVO/AVAz 分析技术：由于各向异性在页岩层中的存在，导致了共反射点道集中反射振幅随方位角的变化，因此，可以利用地震反射振幅随方位角的变化预测裂隙分布特征。方位 AVO 技术在不同方位角范围内对地震资料进行 AVO 分析，再根据不同方位角范围内所得的 AVO 属性值变化规律计算出地层的裂隙发育程度。页岩最大各向异性的方向对应最大 AVO 梯度差，垂直于裂缝面，即沿页岩层面显示裂缝的方向与密度。因此，方位 AVO/AVAz 分析技术可以检测页岩气储层裂缝发育特征(图 3.61)。

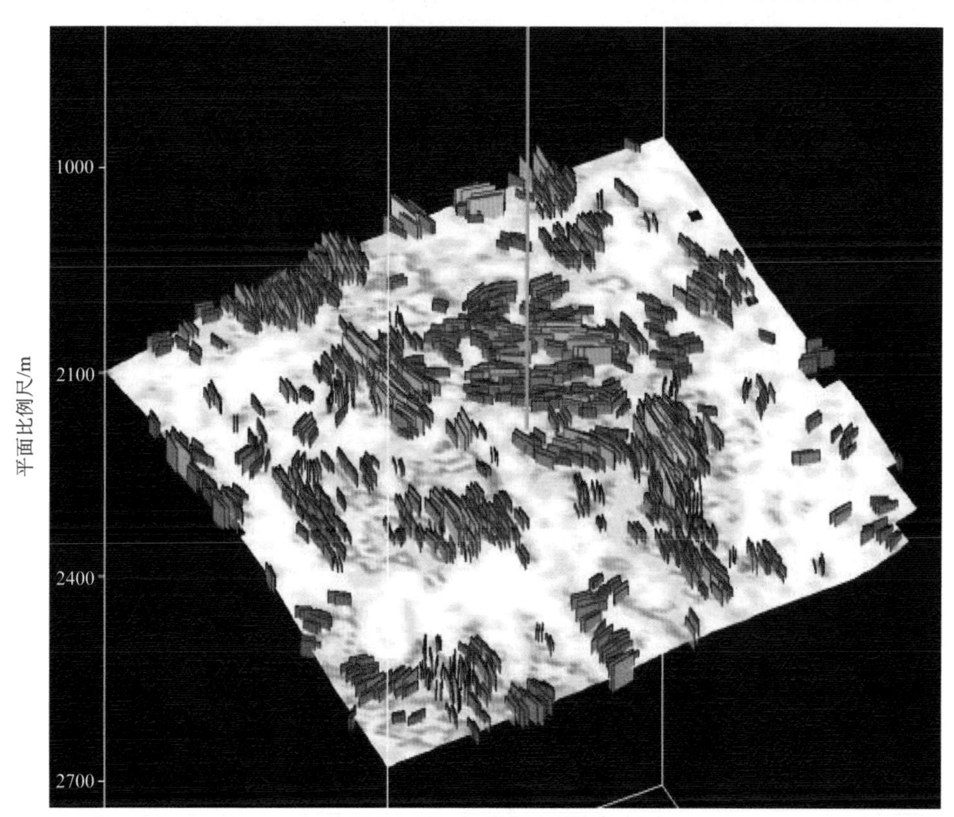

图 3.61　方位 AVO 属性裂缝平面预测

5)多属性裂缝检测试验技术

选取威远地区 W204 井区三维地震区作为重点研究区(图 3.62)，分别在叠后偏移数据体和叠前偏移数据体上采用了多种软件(Landmark、VVA、GR、Geocoper 等)，提取了多种属性(相干属性、曲率属性、反射强度、差异体属性等)，进行裂缝检测。

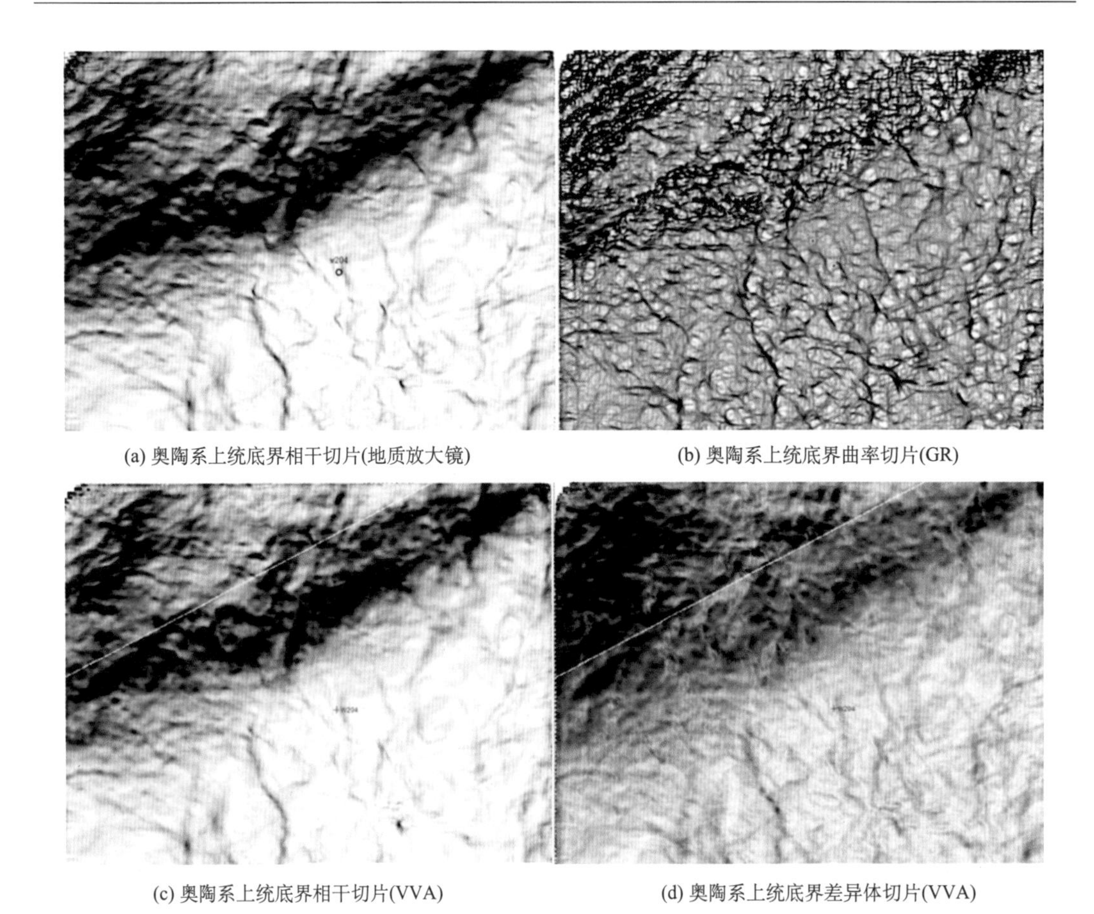
(a) 奥陶系上统底界相干切片(地质放大镜)　(b) 奥陶系上统底界曲率切片(GR)

(c) 奥陶系上统底界相干切片(VVA)　(d) 奥陶系上统底界差异体切片(VVA)

图 3.62　W204 井地震区三维叠后裂缝检测试验(叠后偏移数据体)切片

首先，在叠后偏移数据体上进行叠后裂缝检测试验，从图 3.62 上可以看出：在 Geocoper 提取的相干属性和在 GR 提取的曲率属性刻画的小断裂更清晰，细节更丰富，因此在叠前偏移数据体上主要利用这两种属性对小断裂进行刻画。从叠前偏移和叠后偏移数据体的上奥陶统底界相干和曲率切片对比图(图 3.63)上可知：利用叠前偏移数据体得到的曲率和相干属性切片与利用叠后偏移数据体得到的曲率和相干属性切片相比，大的断裂形态、延伸方向基本一致，只是利用叠前偏移得到的属性切片在细节刻画上更清晰。

同时威远地区构造简单、断裂不发育，以发育微小断裂为主。因为高频数据可以更好地刻画小断裂，所以采用了分频相干的裂缝检测技术(图 3.64)。

W204 井区三维地震数据体主频在 40Hz 左右，优势频带范围在 5～70Hz，即地震数据的能量主要集中在这一范围。故为了刻画出不同尺度的断层，将地震数据分为 40Hz、50Hz、60Hz 三个不同的数据体。从图 3.64 可知：分频相干表现出的小断裂更清楚。同时不同频率对断层的识别能力不同，高频识别较小断层的能力强，而低频则对识别较大断层的能力突出。因此对不同频率的分频相干进行了属性融合，如图 3.64 所示，从该图

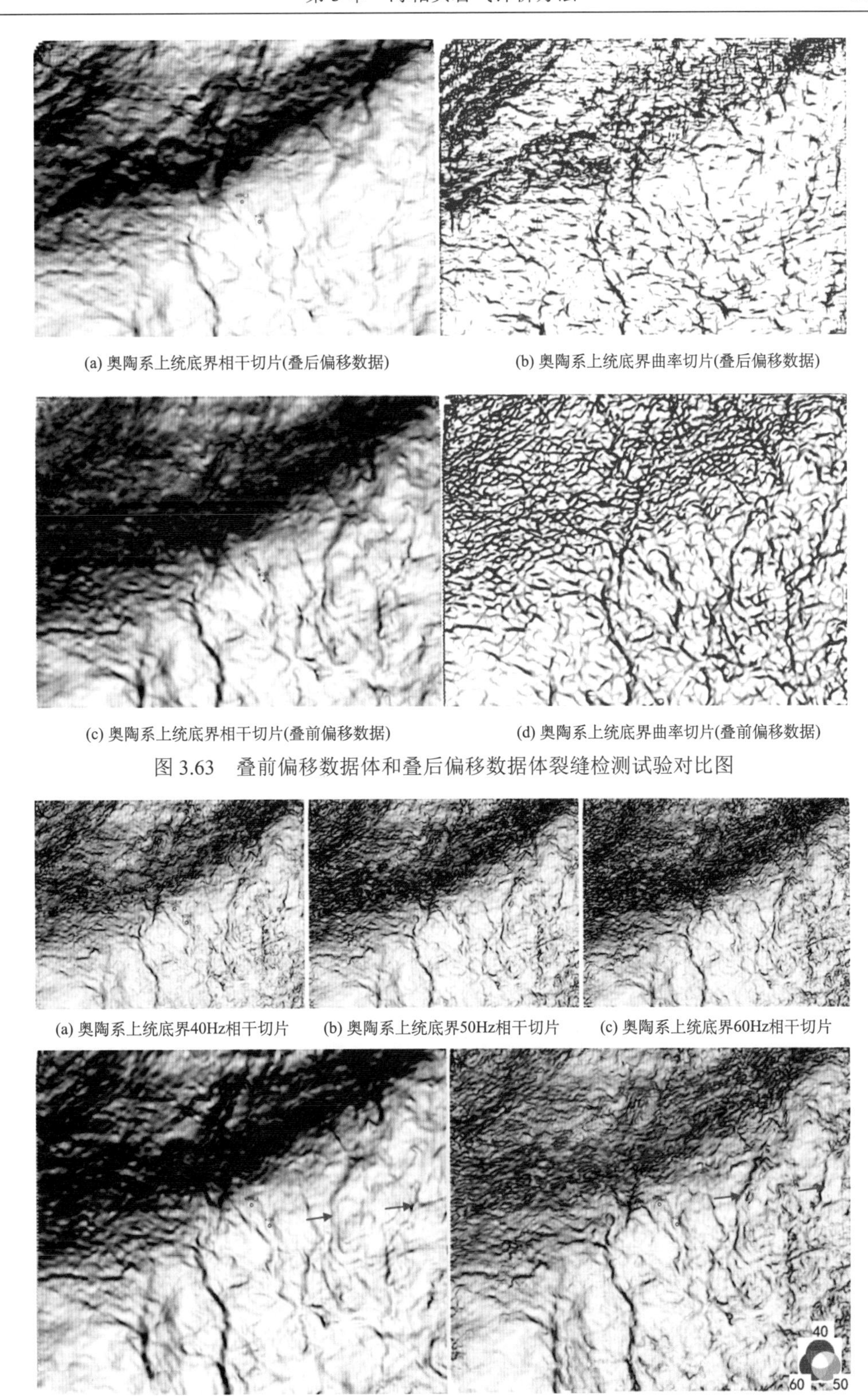

(a) 奥陶系上统底界相干切片(叠后偏移数据)　(b) 奥陶系上统底界曲率切片(叠后偏移数据)

(c) 奥陶系上统底界相干切片(叠前偏移数据)　(d) 奥陶系上统底界曲率切片(叠前偏移数据)

图 3.63　叠前偏移数据体和叠后偏移数据体裂缝检测试验对比图

(a) 奥陶系上统底界40Hz相干切片　(b) 奥陶系上统底界50Hz相干切片　(c) 奥陶系上统底界60Hz相干切片

(d) 奥陶系上统底界相干切片　(c) 奥陶系上统底界相干切片

图 3.64　叠前偏移数据体分频相干与全频带相干对比图

可以看出：在 W204 井区东南部——地层相对平缓的区域，属性融合后的相干切片较全频带相干细节刻画得更清楚；但在西北部——地层倾角较大的区域，全频带相干和分频相干小断裂刻画得都不是很清楚。因此又利用倾角相干的方法对研究区的小断裂进行了实验。从图 3.65 上可以看出，研究区西北部——地层倾角较大的区域，无论是全频带相干还是分频相干，小断裂刻画得都非常清楚。

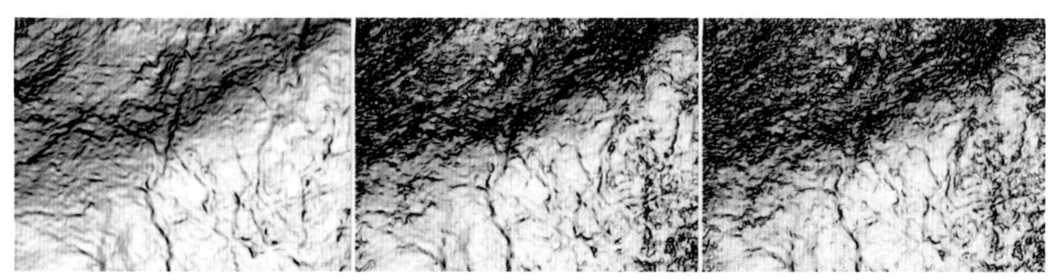

(a) 奥陶系上统底界40Hz倾角相干切片 (b) 奥陶系上统底界50Hz倾角相干切片 (c) 奥陶系上统底界60Hz倾角相干切片

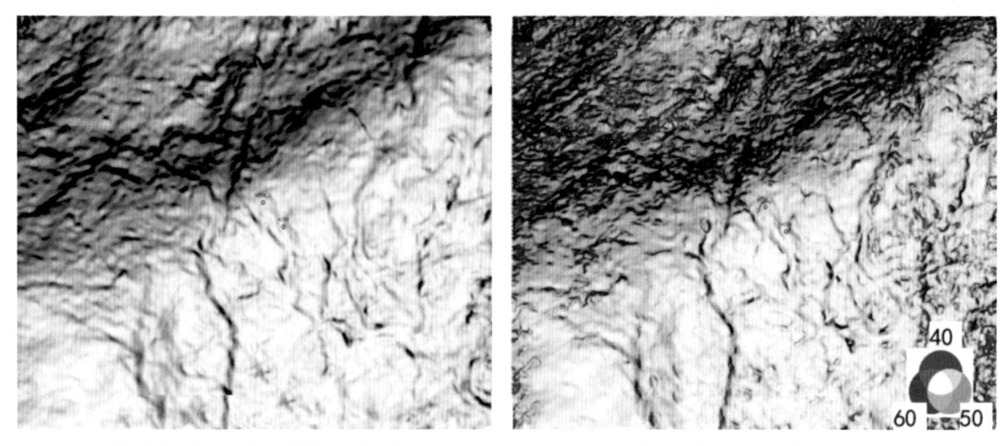

(d) 奥陶系上统底界全频倾角相干切片　　(e) 奥陶系上统底界全频倾角相干切片

图 3.65　叠前偏移数据体分频倾角相干与全频带倾角相干对比图

属性融合后的相干切片、倾角相干切片和曲率在大的断裂形态、延伸方向上都基本一致，只是曲率较相干和倾角相干所刻画的小断裂更清楚。

6) 多属性裂缝检测效果分析

从 W204 井成像测井来看(图 3.66)：发育近东西向的高导缝，近北西向的高阻缝和北西向、北北西向和北东向的多种小断裂。从叠后裂缝检测的平面结果可以看出，在 W204 井附近相干、倾角相干和曲率上都发育多组不同方向的裂缝带，这与钻井结果情况是吻合的。

从 W204 井压裂监测综合结果分析(图 3.67)，在 W204 水平井段的井筒西侧大约距出靶点 100m 处和第 8 压裂段有小断裂，且井筒西侧大约距出靶点 100m 处的微地震更发育。从上述相干切片、倾角相干切片和曲率切片都在 W204 井的井底西侧发育一条近南北向—近东西向的小断裂；曲率切片在 W204 井口与井底之间发育一条近北东向的小断裂，相干切片、倾角相干切片在 W204 的井口和井底之间发育一条近南北向的小断裂(蓝色箭头所示)。因此相干、倾角相干及曲率与 W204 井压裂监测综合结果都基本吻合。

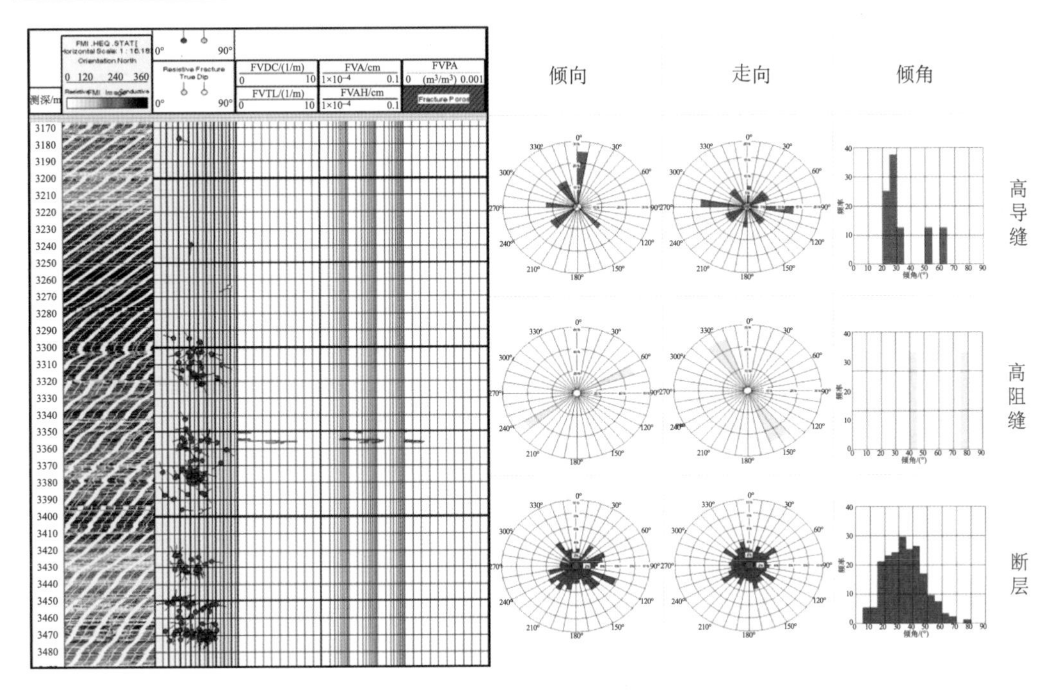

图 3.66 W204 井裂缝与断层发育特征测井解释图

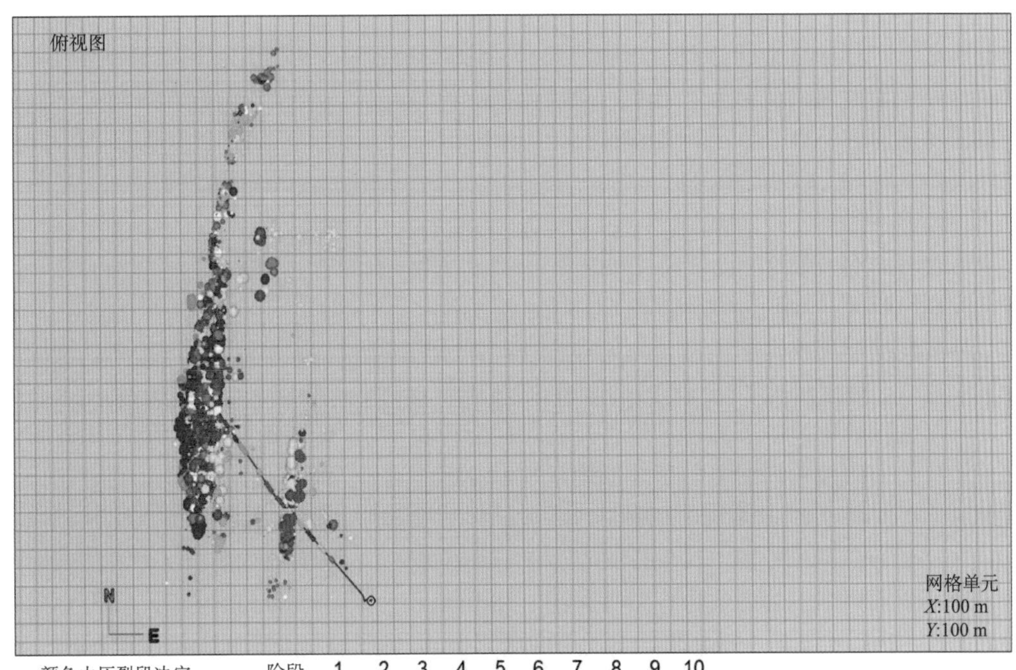

图 3.67 W204 井水平段分段压裂监测综合结果

图中不同颜色表示不同压裂段，球大小表示检测到的信号强度通过分析，认为曲率、相干、倾角相干预测裂缝与测井解释裂缝都基本吻合，但曲率刻画小断裂更清楚。

5. 脆性预测与评价

页岩的脆性特征是储层是否易于改造的重要参数。页岩脆性指数是指岩石内聚力被破坏时，即发生脆性破坏，脆性断裂是以裂缝效应主导的断裂失效。脆性指数计算方法很多，其中之一是可以使用岩石力学参数来进行计算，如杨氏模量、泊松比。

目前，国内外学者研究页岩脆性的方法有四种：①实验室对页岩矿物含量进行实测；②用地球物理方法及测井资料求取弹性力学参数，其中杨氏模量和泊松比最常用来表征岩石脆性；③实验室进行岩石力学实验，通过应力-应变特征进行评价；④从常规压裂试验手段进行研究。根据国外 Barnett 页岩和 Woodford 页岩成功压裂开采效果可知，当脆性矿物含量高、脆性指数高(均大于 40%)时，才有可能形成网络裂缝，有利于页岩气的压裂开采。

油气勘探开发现场一般需要对钻探地层开展岩石脆性评价，而井下岩心十分有限且昂贵，因此岩石脆性室内评价方法虽然可以较为准确地计算岩石脆性，但实际应用非常有限。故国内外学者通过矿场测井或地震等方法来获取参数，提出了基于矿物组分法和弹性参数法两大类岩石脆性矿场预测方法。

1)基于矿物组分的脆性评价法

通过对岩心样品进行分析，在测得岩石矿物组分的基础上，建立矿物组分三元图，定性分析作为页岩主要组分的石英、碳酸盐和黏土三种矿物的相对含量，并对页岩脆性指数加以描述。相应计算公式如下：

$$\mathrm{BI}=\frac{C_{\text{quartz}}}{C_{\text{quartz}}+C_{\text{clay}}+C_{\text{carbonate}}}\times 100\% \tag{3.26}$$

式中，BI 为脆性指数；C_{quartz}为石英含量；C_{clay}为黏土含量；$C_{\text{carbonate}}$为碳酸盐含量。

2)基于弹性参数的脆性评价法

通常使用杨氏模量和泊松比作为评价油气储层岩石脆性的参数。储层杨氏模量越大，其刚性越好，硬度越大，泊松比越小，膨胀性越差。故杨氏模量高、泊松比低，岩石脆性越高。脆性指数是表征地层可压性最直接的评价指标，其计算过程可完全依靠地球物理参数，比岩性预测方法更直接、精度更高。因此，可以采用基于弹性参数的脆性评价法来进行页岩脆性分布预测。工程中，脆性指数平面预测均通过地震资料来实现。

一般认为，页岩的杨氏模量反映了其被压裂后保持裂缝形态的能力，而泊松比反映受压后碎裂的程度。二者的物理意义如图 3.68 所示。

式(3.27)揭示了杨氏模量和泊松比之间呈反比的关系，页岩的杨氏模量值越高、泊松比越低，页岩的脆性越强，反之相反。

$$E=\frac{\mu(3\lambda+2G)}{\lambda+G},\quad \nu=\frac{\lambda}{2(\lambda+G)} \tag{3.27}$$

式中，E 为杨氏模量；ν 为泊松比；λ 为拉梅常数；μ 为剪切模量。

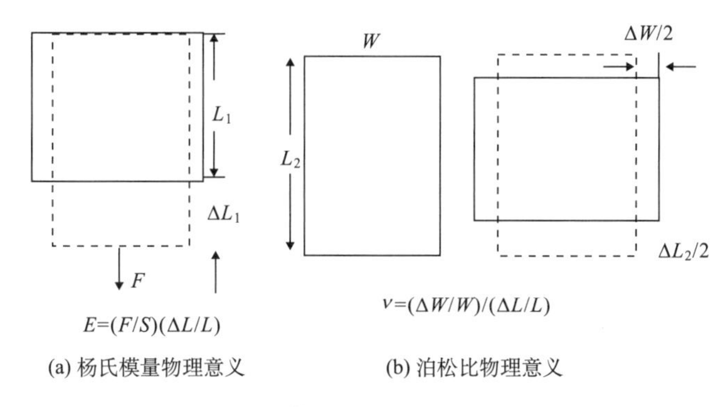

图 3.68　杨氏模量和泊松比物理意义示意图

F 为施加在物体上的外力；L_1 为物体原纵向长度；ΔL_1 为物体在外力 F 作用下拉伸的长度；E 为材料的杨氏弹性模量（简称杨氏模量）；W 为物体原横向长度；ΔW 为物体在外力作用下横向的变化量；ΔL_2 为物体在外力作用下纵向的变化量；L_2 为原始物体纵向长度

美国地球物理学家通过 Fort Worth 盆地 Barnett 页岩的研究提出了基于杨氏模量和泊松比的用于量化表征页岩储层脆性指数的计算公式：

$$\mathrm{BI}=\frac{1}{2}\left(E_{\mathrm{BRIT}}+\nu_{\mathrm{BRIT}}\right) \tag{3.28}$$

$$E_{\mathrm{BRIT}}=\frac{E-E_{\min}}{E_{\max}-E_{\min}} \tag{3.29}$$

$$\nu_{\mathrm{BRIT}}=\frac{\nu-\nu_{\max}}{\nu_{\min}-\nu_{\max}} \tag{3.30}$$

式中，E_{BRIT} 和 ν_{BRIT} 分别为用岩石的杨氏模量和泊松比计算的岩石脆性指数；$E_{\min}$、$E_{\max}$ 分别为静态杨氏模量最小值、最大值；$\nu_{\min}$、$\nu_{\max}$ 分别为静态泊松比最小值、最大值；BI 为最终计算的脆性指数。

基于式(3.28)评价得出的脆性指数数值越高，相应的储层越趋于硬脆，实施压裂后形成的裂缝越复杂。

反映脆性指数的杨氏模量和泊松比是岩石中物质组成、结构、孔隙、流体在一定温度压力环境下的综合响应。通过地震、测井等手段可以获得地层岩石弹性信息，反映地层内部特征在原位环境作用下的综合响应。要用地震资料得到杨氏模量和泊松比参数，必须进行叠前弹性参数反演。

1) 弹性阻抗的基本原理

弹性波阻抗公式由 Connolly(1999) 依据 Aki-Richards 式(3.31)导出：

$$\mathrm{EI}(\theta)=V_{\mathrm{p}}^{\left(1+\tan^2\theta\right)}V_{\mathrm{s}}^{\left(-8K\sin^2\theta\right)}\rho^{\left(1-4K\sin^2\theta\right)} \tag{3.31}$$

式中，$\mathrm{EI}(\theta)$ 为入射角为 θ 时的弹性波阻抗；V_{p} 为纵波速度；V_{s} 为横波速度；ρ 为密度；$K=\left(V_{\mathrm{p}}/V_{\mathrm{s}}\right)^2$。

弹性波阻抗的提出，扩展了波阻抗的概念，不仅考虑了纵波速度和密度对波阻抗的影响，还考虑了横波速度对波阻抗的影响，同时也将波阻抗这一概念从零角度入射扩展到了非零角度入射，利用它可从地震数据中获取更多的信息。

2) 叠前同时反演

叠前同时反演主要经过数据导入、层位标定、子波提取、模型构建、反演参数选取(反演参数 QC)及反演共 6 个步骤完成。四川盆地威远地区选用了稀疏脉冲反演，反演得到纵波阻抗、横波阻抗、密度和 V_p/V_s，通过岩石参数计算可以得到 $\lambda\rho$、$\mu\rho$、ν 和岩石脆性等。

(1) 道集质量监控。

AVO 模型正演是道集质量监控的主要手段。从图 3.69～图 3.71 上可以看出：实际道集与模型正演结果对比，两者在波形特征、振幅能量关系变化上基本一致。总的来说，试验区块道集信噪比高，为后面的叠前反演提供了较好的道集数据。

(2) 部分叠加数据体角度范围的选取。

威远地区的大部分资料，用于叠前反演资料的入射角范围确定为 0°～33°。如果用于同时部分叠加数据体的个数较少，叠前同时反演所利用的叠前地震信息也就较少，会在一定程度上影响反演的精度。如果部分叠加数据体个数太多，就会使每个角度范围的部分叠加数据体信噪比降低，同样影响反演的效果，并增加反演所需的时间。一般建议叠加成 3～5 个角度叠加数据体，如果最大角度小于 40°，一般可以叠加成三个角度叠加数据体，最大角度大于 45°的可叠加成四个或四个以上角度叠加数据体。因此本次数据体分为 0°～13°、12°～23°与 22°～34°三个角度进行反演(图 3.72)。从图 3.73 上看，近、中、远道部分叠加数据体资料信噪比较高，可以用于脆性指数预测。

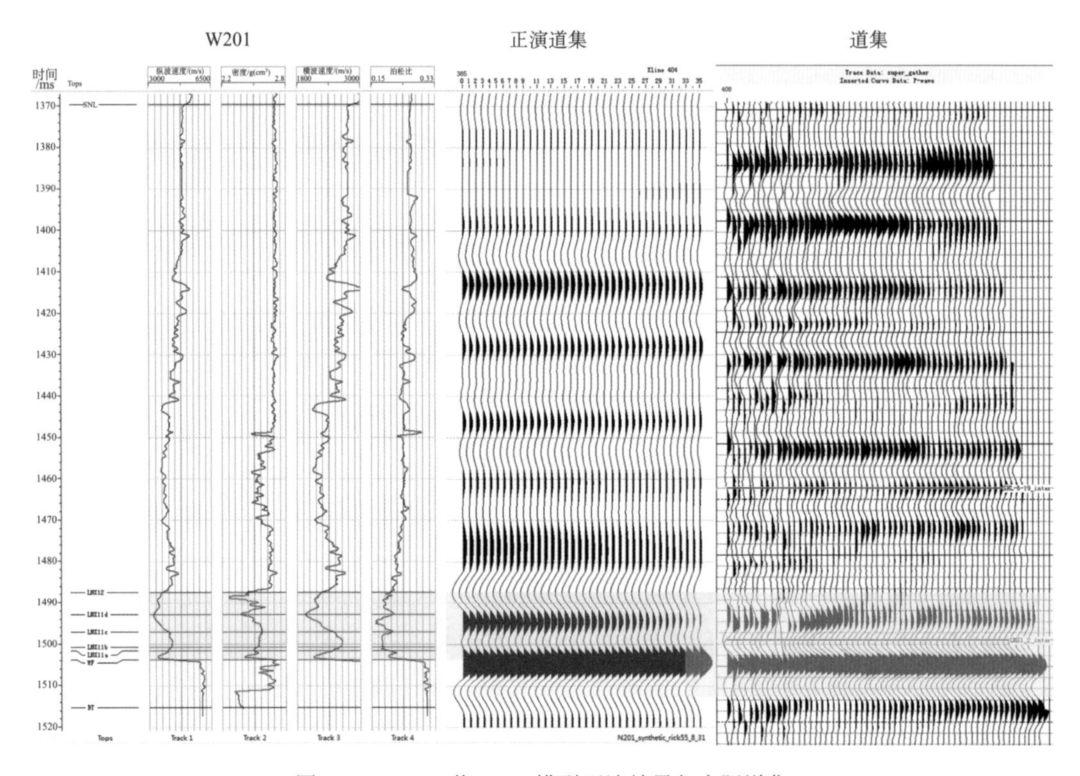

图 3.69　W201 井 AVO 模型正演结果与实际道集

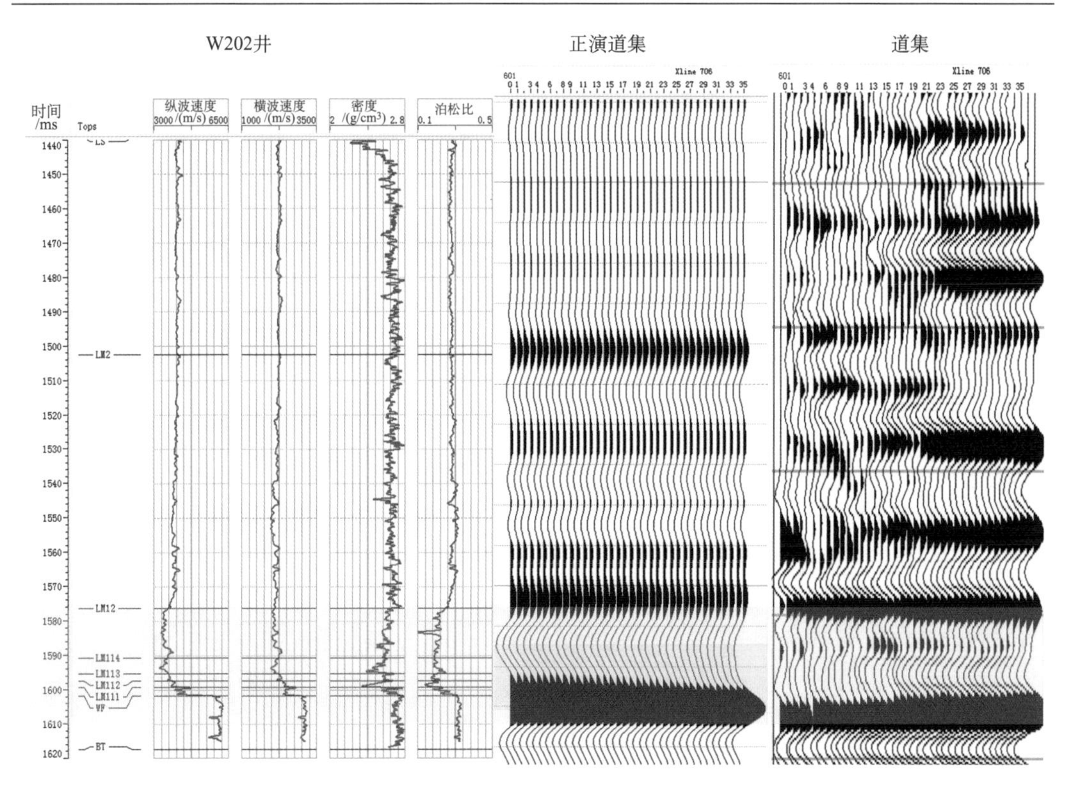

图 3.70　W202 井 AVO 模型正演结果与实际道集

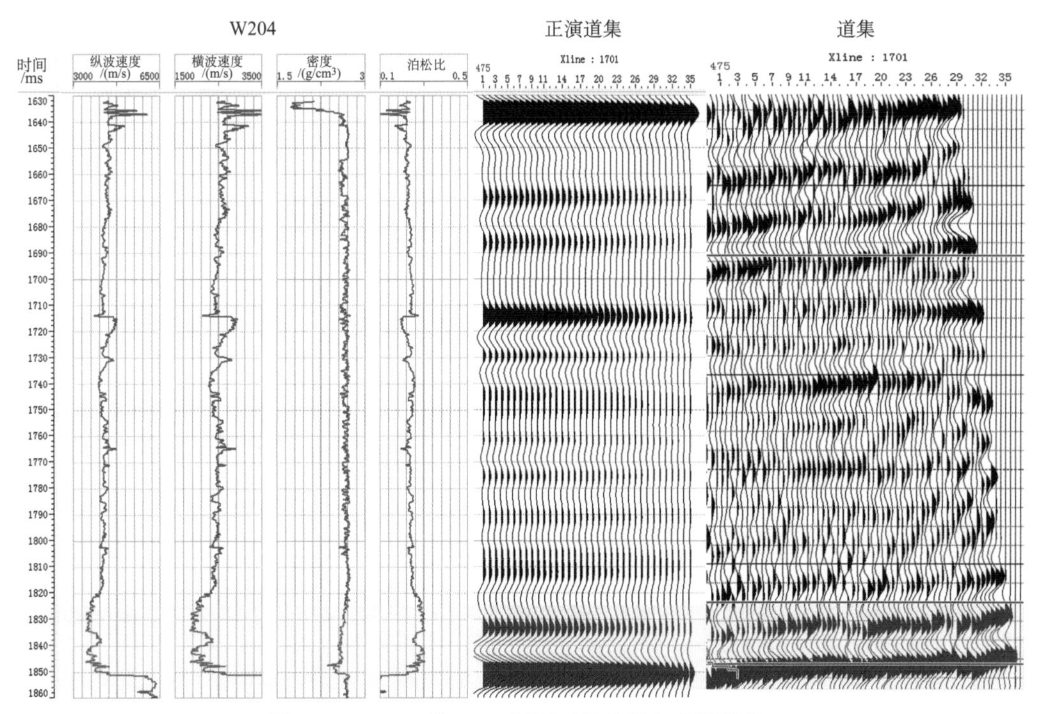

图 3.71　W204 井 AVO 模型正演结果与实际道集

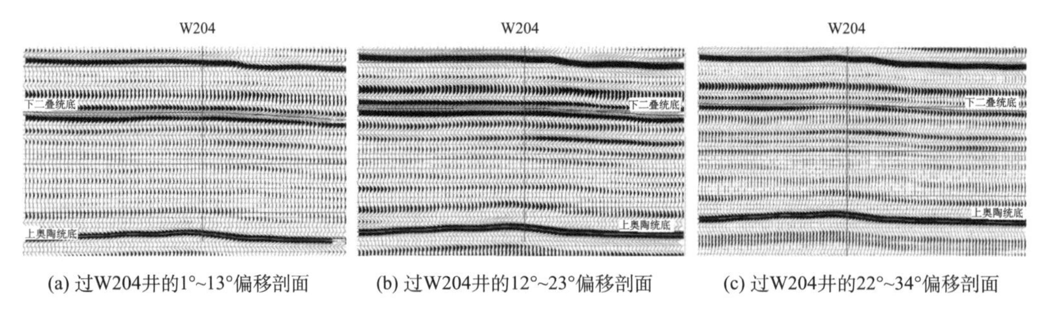

(a) 过W204井的1°~13°偏移剖面　(b) 过W204井的12°~23°偏移剖面　(c) 过W204井的22°~34°偏移剖面

图 3.72　近、中、远道部分叠加数据体

(3) 反演效果分析。

图 3.73 为过 W203—W204 井的泊松比反演剖面。从图上可以看出各井背景基本一致，且井旁道反演结果与井曲线吻合度较高，横向变化趋势也较为合理。

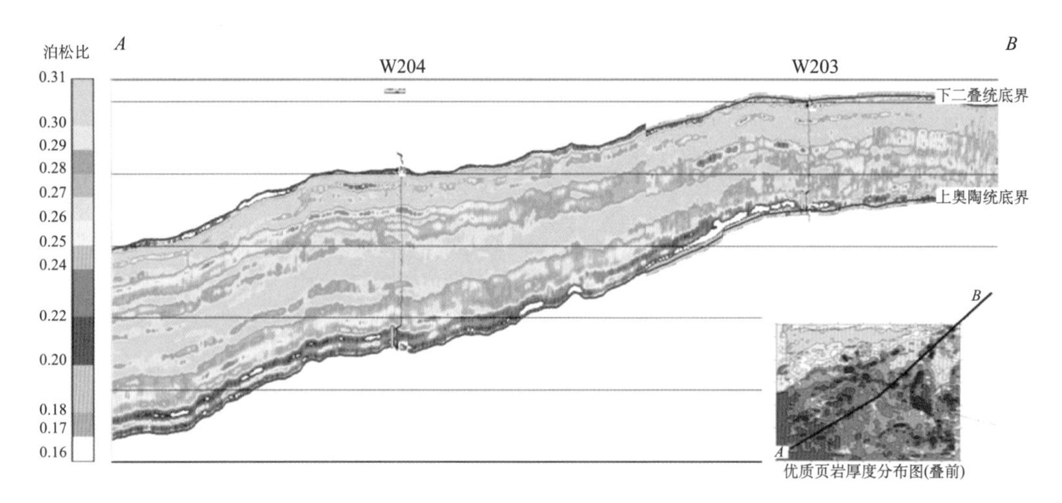

图 3.73　过 W203—W204 井龙马溪组页岩泊松比反演剖面

3) 页岩气储层脆性指数计算

首先通过纵波速度、横波速度和密度计算杨氏模量：

$$E=\frac{\rho(3V_{\mathrm{p}}^{2}-4V_{\mathrm{s}}^{2})}{\dfrac{V_{\mathrm{p}}^{2}}{V_{\mathrm{s}}^{2}}-1} \tag{3.32}$$

再将泊松比和杨氏模量的结果按式(3.29)、式(3.30)进行归一化处理，再按式(3.28)计算出脆性指数。

从图 3.74 上可以看出：各井的反演剖面背景一致，横向变化趋势合理，与测井资料计算的脆性指数吻合好。

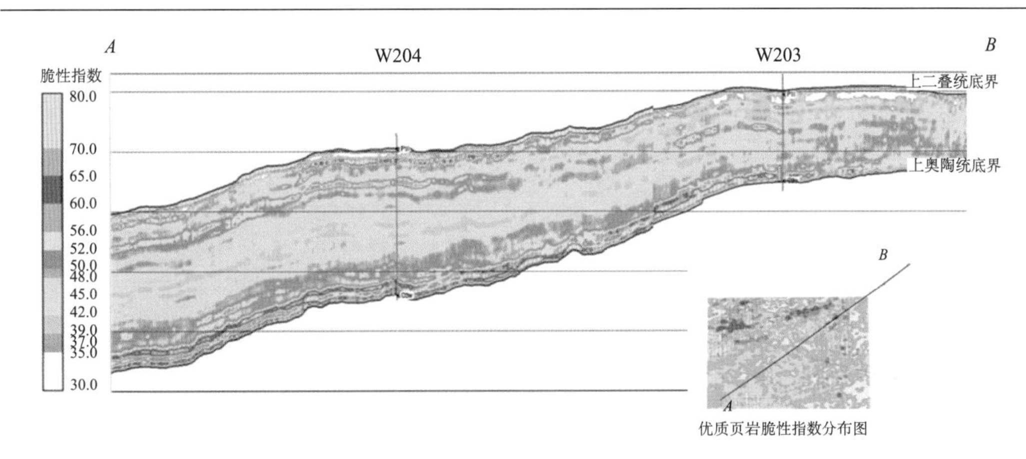

图 3.74　过 W203—W204 井龙马溪组页岩脆性指数预测剖面

再以 W202 井为例，根据脆性矿物含量的计算结果，可以直接有效地反映出龙马溪组岩石脆性特征。龙一$_1$亚段岩石脆性较高，说明其压裂施工效果较好，并且基于弹性参数得出的脆性指数(>30%)与脆性矿物含量(>40%)分析结果对应关系较好(图 3.75)。

通过叠前弹性参数反演可得到杨氏模量和泊松比数据体，在此基础上，根据脆性指数反演数据体，计算优质页岩段的平均脆性指数，编制出研究区块优质页岩的脆性指数平面分布图(图 3.76)，实现储层脆性指数平面展布预测。

从图 3.76 可以看出：W202 井区奥陶系五峰组—志留系龙马溪组优质页岩的脆性指数范围为 35～55，与已知井的数据符合。脆性指数较大的区域主要分布在东南方向，另外在中南部脆性指数也较高。

图 3.77 为利用杨氏模量和泊松比反演数据体计算得到的过 W204 井龙马溪组页岩脆性指数预测剖面，从图中可以看出，在龙马溪组底部杨氏模量较高，泊松比较低，龙一$_1$亚段较明显，并且反演得到的预测图中龙一$_1$亚段脆性指数亦较高，均大于 50%，而且横向展布稳定，为最有利压裂品质区，便于后期压裂改造实施。

6. 地应力预测与评价

地应力即存在于地壳中的内应力，它是由地壳内部的垂直运动和水平运动的力及其他因素的力引起介质内部单位面积上的作用力。地壳中不同地区、不同深度地层中的地应力的大小和方向随空间和时间的变化而变化构成地应力场(李志明和张金珠，1997)。

获取地应力场信息最直接的方法就是原地测量。目前地应力测量大致可以分为四大类(周文等，2007)，主要包括构造行迹、裂缝行迹分析法，实验室岩心分析法，测井资料计算法和矿场应力测量法。虽然现场实测地应力是提供地应力场最直接的途径，但是在工程现场，由于测试费用昂贵、测试所需时间长和现场试验条件艰苦等原因，不可能进行大量的测量。而且由于地应力场复杂，影响因素众多，各测点的测量成果受到测量误差的影响，使地应力测量成果有一定程度的离散性。地应力模拟则可以弥补地应力测量的不足，可以获得更准确的范围更大的三维地应力场。目前，模拟方法主要有物理和数学模拟两类：物理模拟是以相似理论为依据，在人工条件下，用适当的材料来模拟某

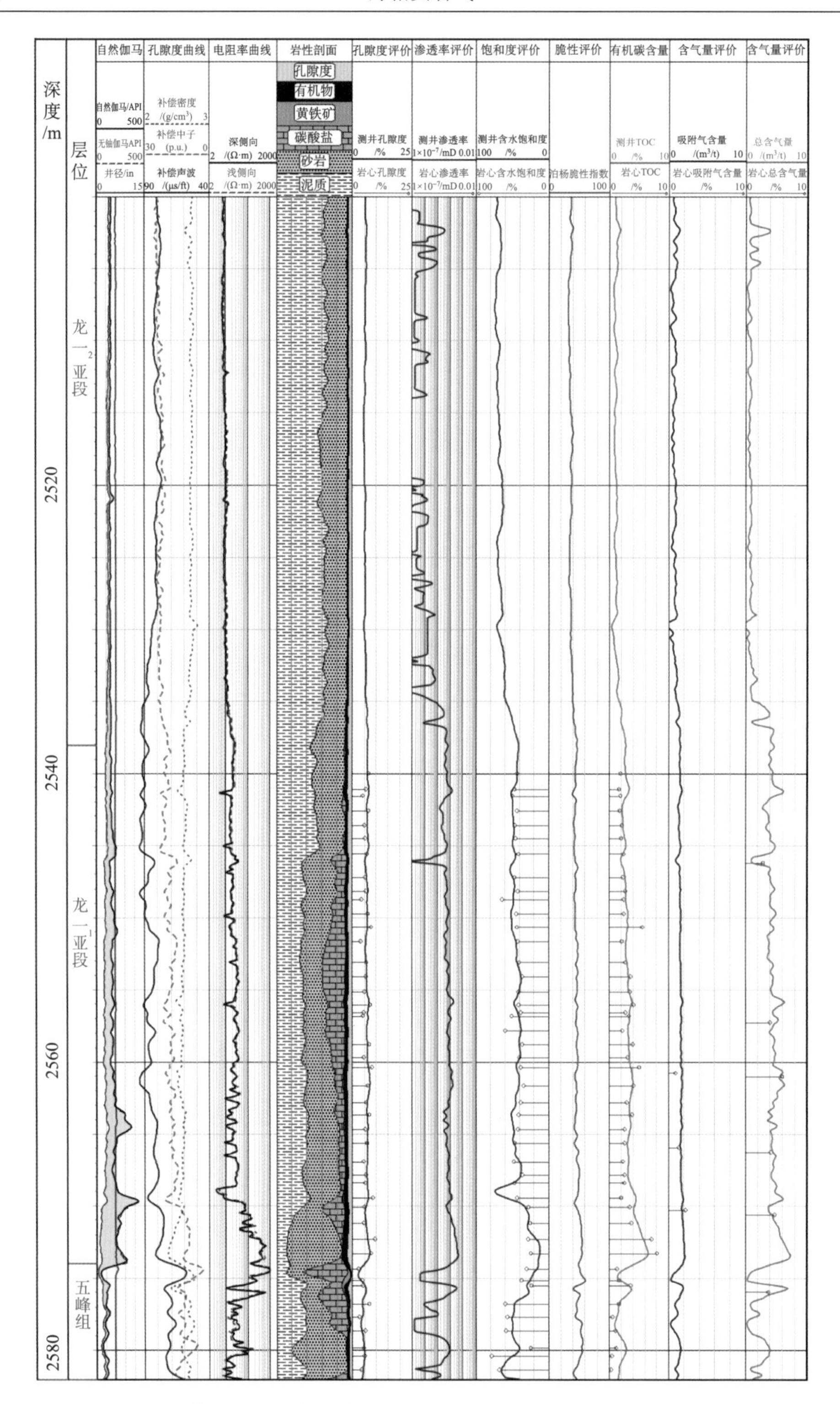

图 3.75　W202 井五峰组—龙马溪组页岩储层脆性指数与脆性矿物含量测井评价图

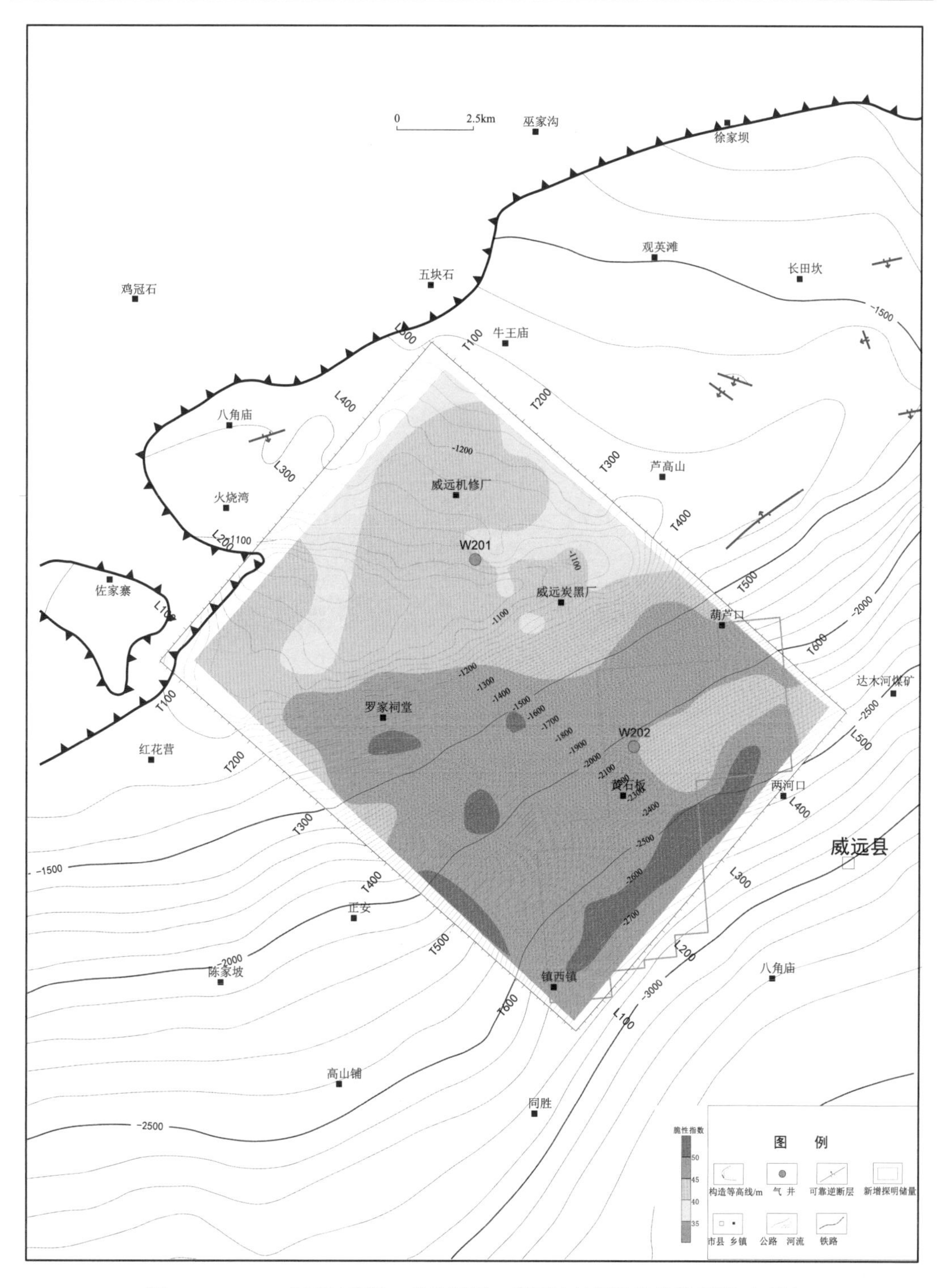

图3.76　W202井区五峰组—龙马溪组一段页岩储层脆性指数预测平面图

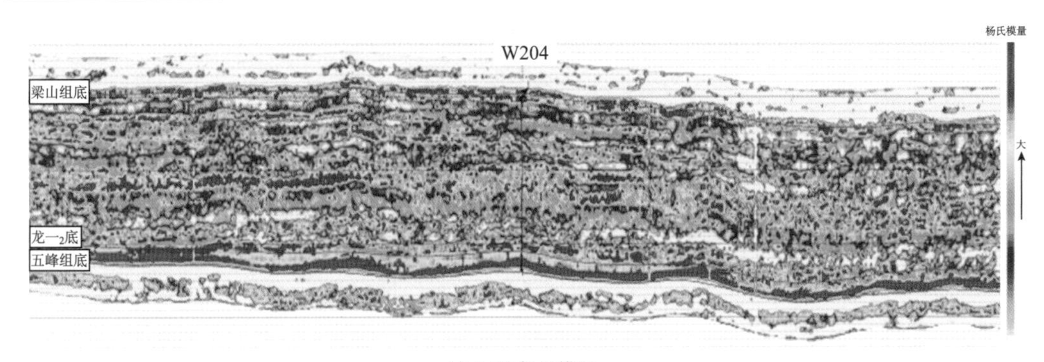

(a) L427杨氏模量

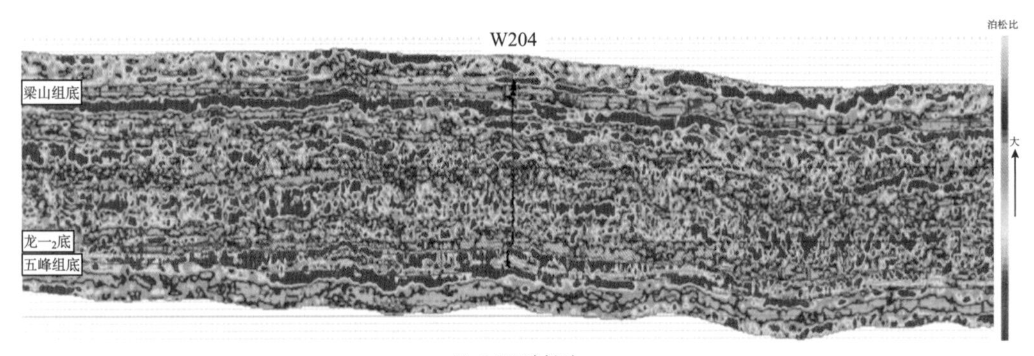

(b) L427泊松比

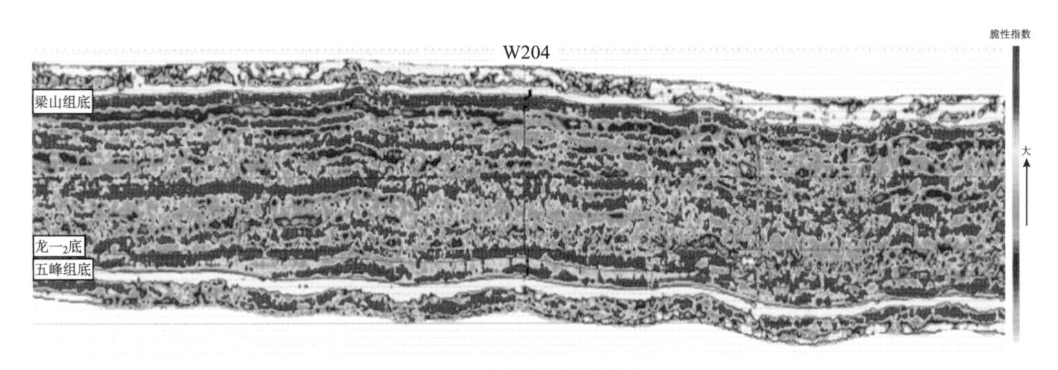

(c) L427脆性指数预测剖面

图 3.77　过 W204 井杨氏模量、泊松比及脆性指数预测剖面

些构造变形在自然界的形成过程；数学模拟是用数学力学的解析方法进行构造应力场模拟计算的，最常用的是有限元法。地下应力场主要与三个因素有关，一是地层结构，如地层形态和结构，断层的位置与方向等；二是介质的性质，如介质的弹性、强度和密度等；三是外部应力，如构造应力和孔隙压力等。这些信息可以从地质、测井和地震资料中获取，因此，在数学模拟中，以岩心和测井地应力分析资料为基础，以实际地应力测量数据为约束，充分发挥地震资料面上采集连续的优势，采用多学科一体化的模拟流程和技术是未来技术发展的方向。

页岩气储层地震识别与综合评价技术不仅用于勘探阶段的资源评价，而且在开发阶段可直接为开发工程提供储层物性、页岩层裂缝和应力场数据，以降低勘探风险，提高开发效率。从技术的发展方向来看，作为资源评价基本手段的页岩层厚度与埋深预测技术已经成熟，仅需要进一步提高预测精度，但若要更好地进行完整的页岩储层预测和评价，仍然面临巨大挑战。最根本的原因在于页岩储层存在的强非均质性和各向异性，许多传统的地震预测方法不适用，因为它们都是在层状均匀介质假设条件下发展起来的。未来页岩储层预测技术发展的趋势就是基于各向异性的预测方法，如基于各向异性TOC、脆性、裂缝和地应力场预测方法，以及基于孔隙和流体非均质性为基础的流体预测方法，如基于频散和衰减的预测方法等。而为了更好地捕获地下各向异性参数的变化，宽/全方位高密度纵波采集和多波多分量采集将成为趋势。

1) 应力场的概念

地壳中或地球体内，应力状态随空间点的变化，称为应力场，或构造应力场。应力场一般随时间变化，但在一定地质阶段相对比较稳定。研究应力场，就是研究应力分布的规律性，确定地壳上某一点或某一地区，在特定地质时代和条件下，受力作用所引起的应力方向、性质、大小及发展演化等特征。随着地质演化，一个地区常常经受多次不同方式的地壳运动，导致同一地区内，呈现出受不同时期不同形式地应力场作用所形成的各种构造及其叠加或改造的复杂景观。因此，只有最近一期地质构造事件，未经破坏或改造，才能确切地反映这个时期的应力场。

应力场可按空间划分为全球、区域和局部地应力场，按时间划分为古地应力场和今地应力场，按主应力作用方式划分为挤压、拉张和剪切地应力场。

2) 应力场数值模拟理论基础

地应力场分析的理论基础是构造力学。从构造力学角度出发，利用地层的几何信息(构造面)、岩性信息(速度、密度)，估算出地层的应力场，包括地层面的曲率张量、变形张量和应力场张量，从而得到主曲率、主应变和主应力。

采用地震裂缝软件预测系统FRS中的FrgoMech模块对昭通地区Z104井区进行应力场数值模拟。FRS系统提供的应力场数值模拟，考虑储层岩石的厚度、岩性，并且还考虑储层受构造控制的裂缝分布等因素。基于弹性薄板理论，在计算构造曲率分布基础上，进一步计算构造的应力、应变分布，然后根据构造的应力应变场，对储层裂缝的发育程度及展布关系进行分析。

3) 效果分析

利用FRS解释系统中的FrgoMech模块，结合Z104井区三维地震区龙马溪组的几何信息和龙马溪组地层平均速度、密度等信息，估算出地层的应力场。其中，地层几何信息为上奥陶统底界构造面，地层平均速度根据龙马溪组速度反演数据体求取，密度可根据钻遇龙马溪组的钻井密度测井曲线求取平均值所得。图3.78为Z104井区龙马溪组应力场分析图，图中背景色表示主应变模拟结果，大于零为拉伸应变，小于零为压缩应变，短线条和玫瑰图表示主应力方向。从图中可以看出，Z104井区龙马溪组受多组应力作用，主要应力方向为北西向和北东向，其次为近东西向。主要为压缩应变，在断层附近，地层压缩应变最大，地层受挤压力也相对较大，裂缝相对发育。运用同样的模拟方法，对Z104井区筇竹寺组应力场进行了模拟分析，图3.79为Z104井区筇竹寺组应力场分析图，图中背景色表示主应变模拟结果，大于零为拉伸应变，小于零为压缩应变，短线条和玫瑰图表示主应力方向。从图中可以看出，Z104 井区筇竹寺组应力场变化较小，在东北部较复杂。总体上，主要应力方向为东西向，在东北部应力主要为近东西向，近北西向和近北东向分布。主要为压缩应变，在断层附近，地层压缩应变最大，地层受挤压力也相对较大，裂缝相对发育。

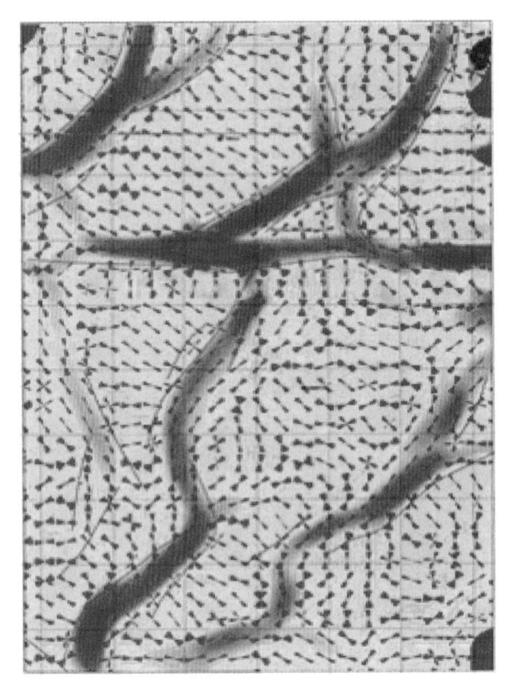

图 3.78　Z104 井区龙马溪组应力场分析图

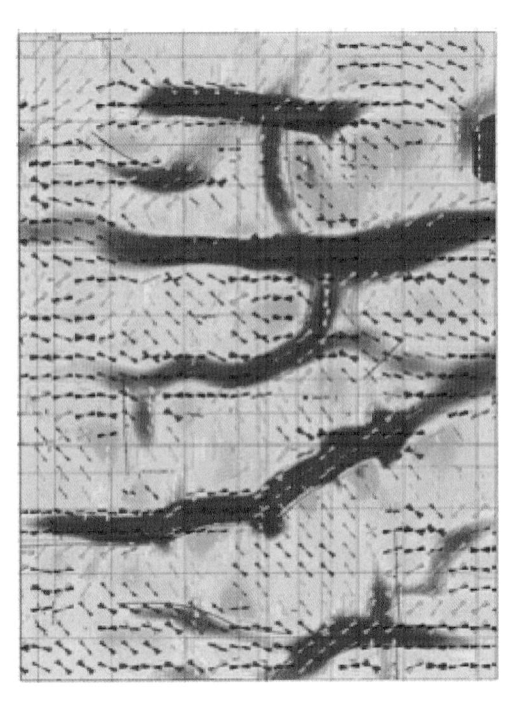

图 3.79　Z104 井区筇竹寺组应力场分析图

7. 页岩气甜点区地震预测技术

1) 甜点定义和内涵

页岩气资源富集程度高的勘探开发最佳区域，被称为页岩气“甜点区”，不同的人对不同地区页岩气“甜点区”的内涵和典型特征有不同的认识。

Varga 等(2012)认为，“甜点”应该具有丰富的游离气、良好的多孔渗透性及高脆性等能提高井规模效益的特征。Pilcher 等(2011)认为，“甜点”反映了相对较大范围优质页岩气储层的平面分布特征，当研究井筒的规模时，它通常用于确定压裂改造的最佳位置。Mclane 等(2008) 认为，可基于测井分析和地质统计学的关键属性识别页岩“甜点”，通过预测页岩气“甜点”区可以优化资本投资。Osareni 和 Ray (2013)通过对南得克萨斯的 Austin Chalk 和 Eagle Ford 页岩气的研究，定义页岩气“甜点”为具有高电阻率、高总有机碳、低含水饱和度(BVW)的高阻抗(高脆性)区。Marita 等(2013)认为页岩气储层的“甜点区”是指产能明显优于其他区域的地区。Leila 和 Sid-Ali(2014)认为，页岩“甜点区”是具有良好的地球化学特征(如总 TOC 高)、成熟度高、良好的储层物性参数(如低含水饱和度、低吸附气、合适的矿物成分）及良好的力学性质（如适合水力压裂的泊松比、杨氏模量和水平应力值）的有利区，是那些在完钻井和水力压裂后，油气流可以持续很长时间的区域。可见普遍认同的“甜点区”，是指易于水力压裂、多孔、热成熟度高、有机质丰度高的页岩气富集区。页岩气资源勘探开发的最终挑战就是在钻前预测“甜点区”，最好是用非钻井的方法（如地震）来实现准确预测和评价。

对北美页岩气的研究表明，页岩气“甜点”主要影响因素有：①总有机碳含量高，在2.5%～3%以上；②岩石脆性高，脆性矿物含量大于40%；③孔隙度大于4%；④储层裂缝发育程度相对较好。在同一地区，页岩的这些参数可能是复杂和变化的。因此，页岩气“甜点”预测实际上是对总有机碳含量、岩石脆性、孔隙度和断裂的综合预测。Ding等（2015）指出，页岩气“甜点”预测主要包括两个方面：总有机碳预测和脆性预测。总有机碳决定了页岩储层含气量，岩石的脆性决定了有多少页岩气可开采。Tinnin等（2015）提出，总有机碳和脆性是确定页岩气“甜点区”的两大关键要素。

李新景等（2009）、聂海宽等（2009）、王社教（2009）、周德华和焦方正（2012）、康玉柱（2012）、邹才能等（2014）、王敏（2014）认为，“甜点”是指最佳的页岩气勘探与开发的区域或层位，主体上表现为具有较大的优质页岩厚度和规模，有机碳含量高，处于“生气窗”，含气率高，具有较强的可压裂性，地表条件良好等。其中，含气率为页岩气评价的核心，含气率的不同将直接导致单井产量的变化。周德华和焦方正（2012）指出页岩气勘探的首选目标是具有富含有机质、低泊松比和高杨氏模量的脆性页岩，在“甜点”的评价和预测中应按地质工程综合一体化的方法，综合采用地质、地球化学、测井、油藏及岩石力学等资料进行。

2）页岩气“甜点”地震预测技术

页岩储层“甜点”纵向分布预测主要依赖于测井技术，平面分布预测主要依赖于地震技术，地震“甜点”预测可准确预测页岩气“甜点”平面分布，为水平井井位部署和井轨迹设计提供依据，从而提高页岩气开发效益，降低开发成本。

以地震技术为主体的气藏描述是页岩气储层识别与评价的核心。“甜点”预测地震勘探任务包括查明页岩层的深度、厚度、分布范围、产状形态，寻找页岩层内有机质丰度高、裂缝发育、孔隙度、渗透率好、脆性大的部位，即页岩气“甜点”区。

3）页岩气“甜点”预测思路与流程

目前国外针对页岩气“甜点区”的研究主要集中在含烃潜力、岩石可破裂性、断层及裂缝、地应力及各向异性等方面。

页岩气“甜点”的典型特征：优质页岩埋深浅（小于3000m）、优质页岩厚度大（大于30m）、裂缝较发育、无大断层发育、处于“生气窗”，有机质含量高，石英等脆性矿物含量高（可压性强）、蒙脱石含量低、低泊松比、速度各向异性高、地表条件良好等。

页岩气三维“甜点”预测流程，如图3.80所示。

我国目前页岩气“甜点”预测思路：从页岩气富集的地质要素出发，充分利用地质、地球化学、地球物理、地质力学、测井、岩心分析化验等资料，利用“甜点”评价核心参数标准，充分考虑钻井、压裂、地表等设计要素，优选出最佳勘探开发区域和层位。通过建立“精细构造解释+埋藏深度+优质页岩厚度预测+裂缝发育带预测+脆性预测”的综合预测模式对页岩气“甜点”进行预测。

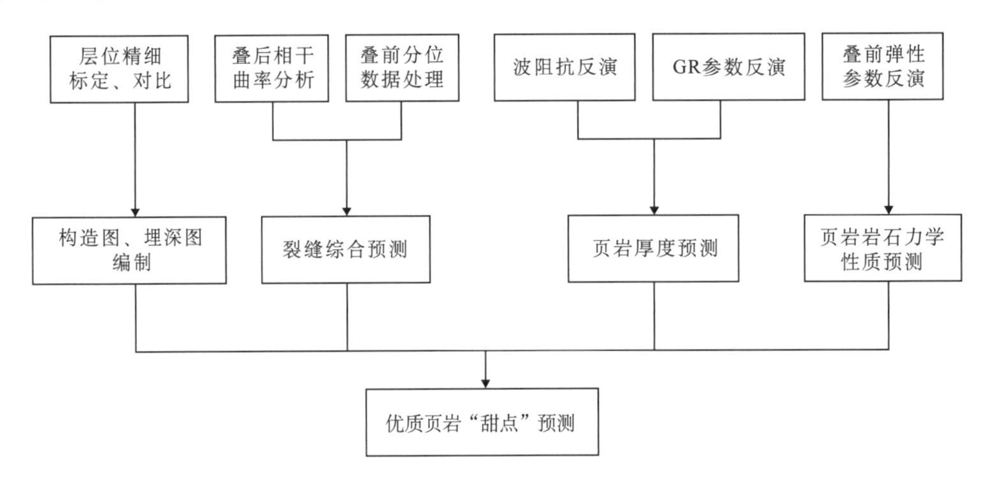

图 3.80　页岩气三维地震“甜点”预测流程图

4) W201 井区龙马溪组页岩气“甜点”预测

W201 井区龙马溪组埋深整体较浅，呈西北浅、东南深的趋势。区内绝大多数区块上奥陶统底界埋深都在 3500m 内，为页岩气勘探的有利区域。其优质页岩厚度变化较大，为 10～70m，西薄东厚，厚度在 30m 以上的优质页岩主要位于中东部，面积为 189.3km^2，占总面积的 77.0%。W201 井区叠后裂缝预测结果表明(图 3.81)，龙马溪组存在两组近似正交的北东、北西向断层，分布在中北部构造核部及转折带处，南部 L100～L200、T400～T500 发育有一条近东西向小断层；叠前裂缝预测成果表明(图 3.82)，区内裂缝主

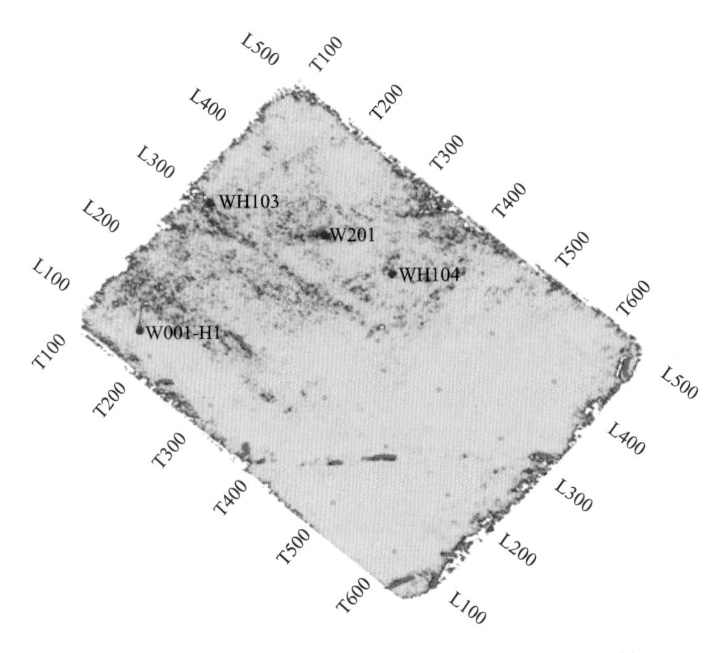

图 3.81　W201 井区龙马溪组叠后裂缝预测图(相干属性)

要集中分布于中北部构造核部及转折部位，走向北东向、近东西向。龙马溪组优质页岩脆指数预测结果表明(图 3.83)，优质页岩的脆度呈由北西向南东逐渐变脆趋势，南部及东南部脆度相对更大，该区段更容易形成网状裂缝，有利于储层压裂改造。

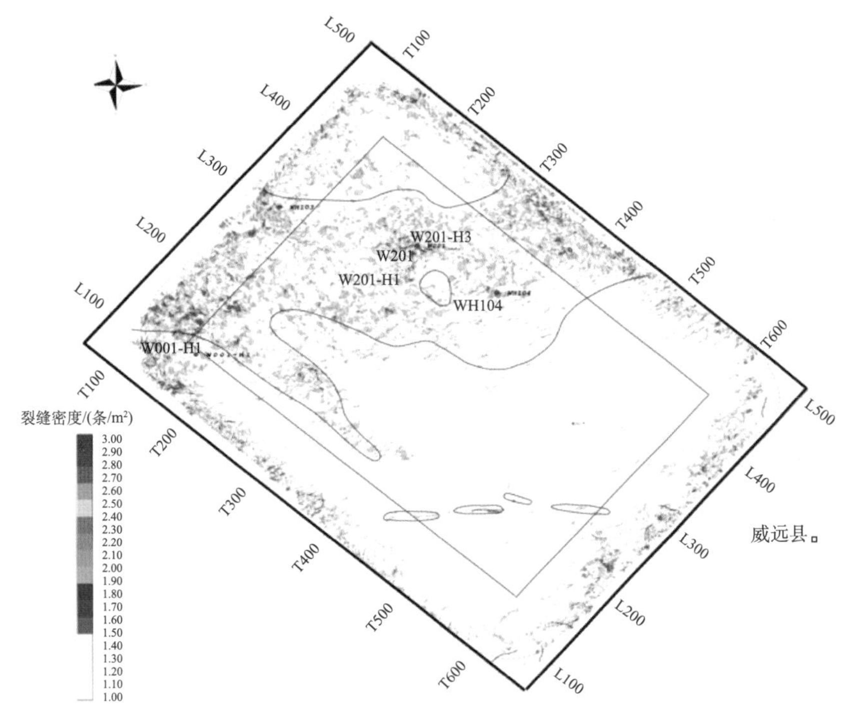

图 3.82　W201 井区龙马溪组叠前裂缝预测图

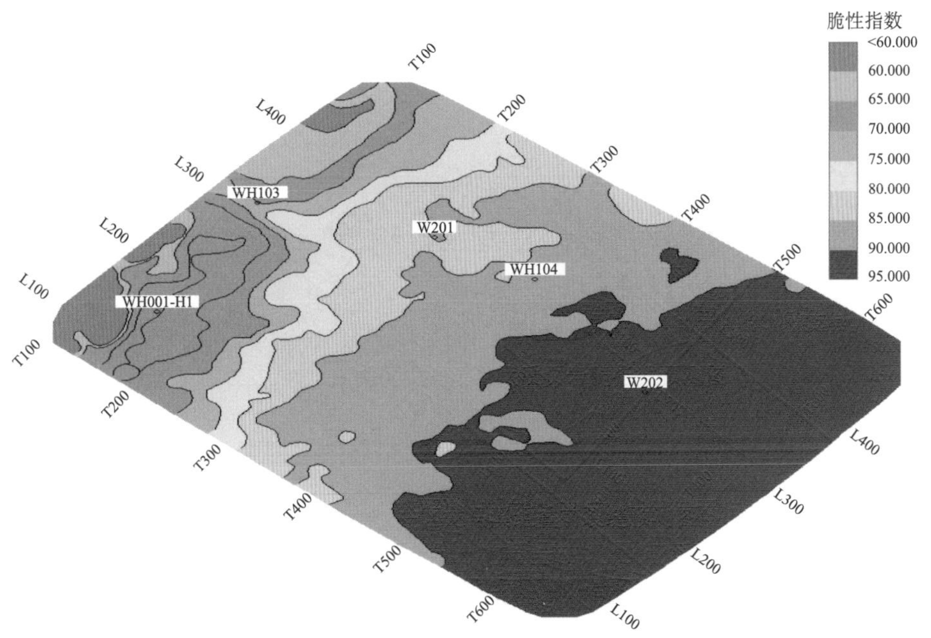

图 3.83　W201 井区龙马溪组优质页岩脆指数预测图

对甜点区各种关键因素的分析发现，龙马溪组优质页岩段“甜点”评价参数不能完全匹配，如威远三维地震区构造高点位于西北部，中部为转折带，裂缝主要发育于构造的高部位及转折处，埋深自西北向东南逐渐加深，除南部小范围区块埋深大于3000m外，其余绝大部分区块埋深都小于3000m。但威远三维地震区优质页岩厚度自西北向东南逐渐增厚，脆性预测也显示工区东南部脆性优于西北部。页岩脆性指数十分重要，W201井石英长石平均含量为44.9%，碳酸盐平均含量为19.7%，黏土平均含量为33.5%；W202井石英长石平均含量为45%，碳酸盐平均含量为11.4%，黏土平均含量为33%，表明威远三维地震区脆性矿物(石英、碳酸盐等)含量高，黏土含量较低，岩石可压裂性强，利于后期的压裂改造形成网状裂缝。因此，综合考虑后建议威远三维地震区东面属于勘探部署“甜点区”。将优质页岩一段厚度图、埋深图、断层、裂缝预测图叠合在一起，形成“甜点区”综合分析图(图3.84)，由图中可以看出，红色填充区域埋深基本小于3000m，厚度大于30m，离大断层较远，脆性较大，整体控制因素都有利，将其划为区内“甜点区”。

5) 长宁三维地震区块“甜点”预测

N201井区龙马溪组埋深1500～4000m，玉皇观一带较浅，粗杠坪一带较深。绝大多数区块上奥陶统底界埋深在3500m以内，属于有利勘探区，但西北部大断层发育，属于相对不利区，中部、东部和南部大片地区属于有利区。龙马溪组一段优质页岩厚度为25～50m，以N201井为沉积中心，从N201向N203井区减薄，厚值区分布在沙王庙-顶星桥—N201井一带，厚度为40～50m，面积约为36km^2；龙马溪组优质页岩二段厚度在50～100m，厚度在80m以上的厚度值区零星分布在黄水口、玉皇观、川主庙等地，其他地方都以60～80m的厚度为主，全区相对稳定。由于龙马溪组优质页岩二段叠前裂缝预测

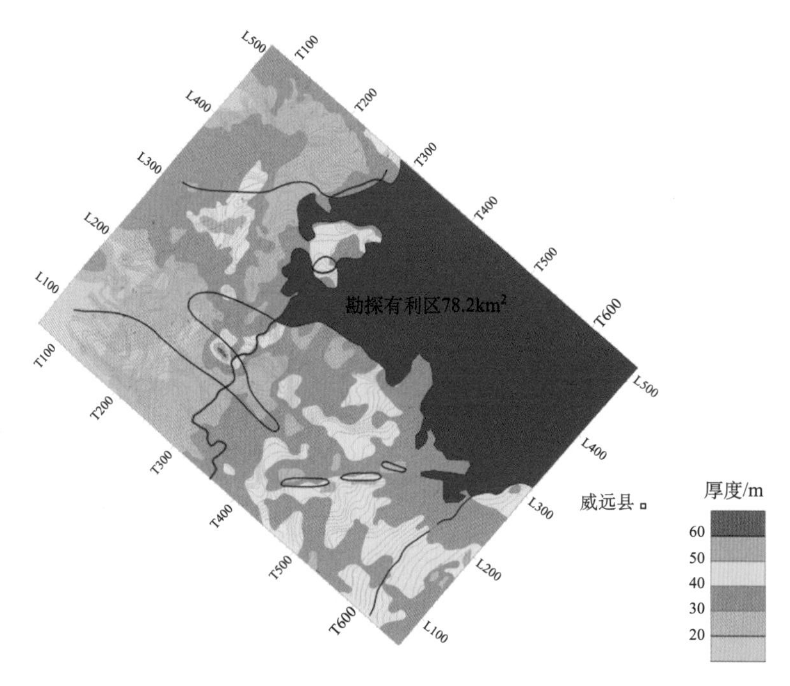

图3.84　W201井区龙马溪组优质页岩“甜点区”分布图

蓝线范围为脆性分布区，黑线范围为裂缝分布区，共同包含范围为红色区域，即勘探有利区

结果分辨率较低，预测异常区不完全为裂缝的响应，可靠性相对较差。因此依据优质页岩一段叠前裂缝预测和叠后裂缝预测结果(图 3.85)，N201 井南至黄水口、七星山至白庙子南，以及 N 201 井与 N 203 井之间大片地区微裂缝较发育。龙马溪组优质页岩脆性预测结果表明(图 3.86)，脆性相对较大区域位于中部和东部，西北部、北部边缘和南部边缘地区脆性相对较小。

根据以上“甜点区”预测的各种关键因素分析，对于优质页岩一段，长宁三维地震区大片区域属于勘探部署“甜点区”。将优质页岩一段厚度图、埋深图、断层、裂缝预测图叠合在一起，形成“甜点区”综合分析图(图 3.87)，由图可知红色填充区域埋深基本小于 3000m，厚度大于 30m，离大断层较远，裂缝发育，各项控制因素都非常有利，将其划为最有利“甜点区”。

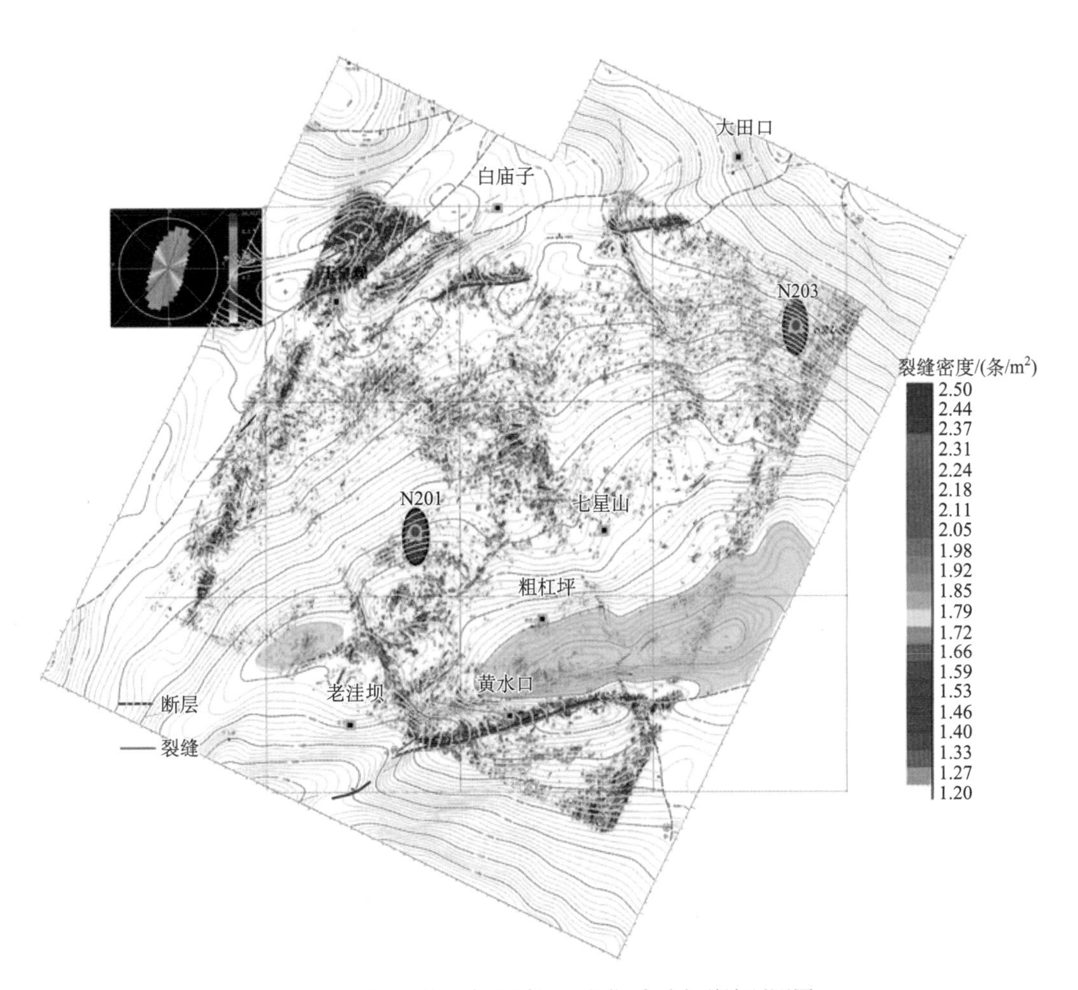

图 3.85　N201 井区龙马溪组一段优质页岩裂缝预测图

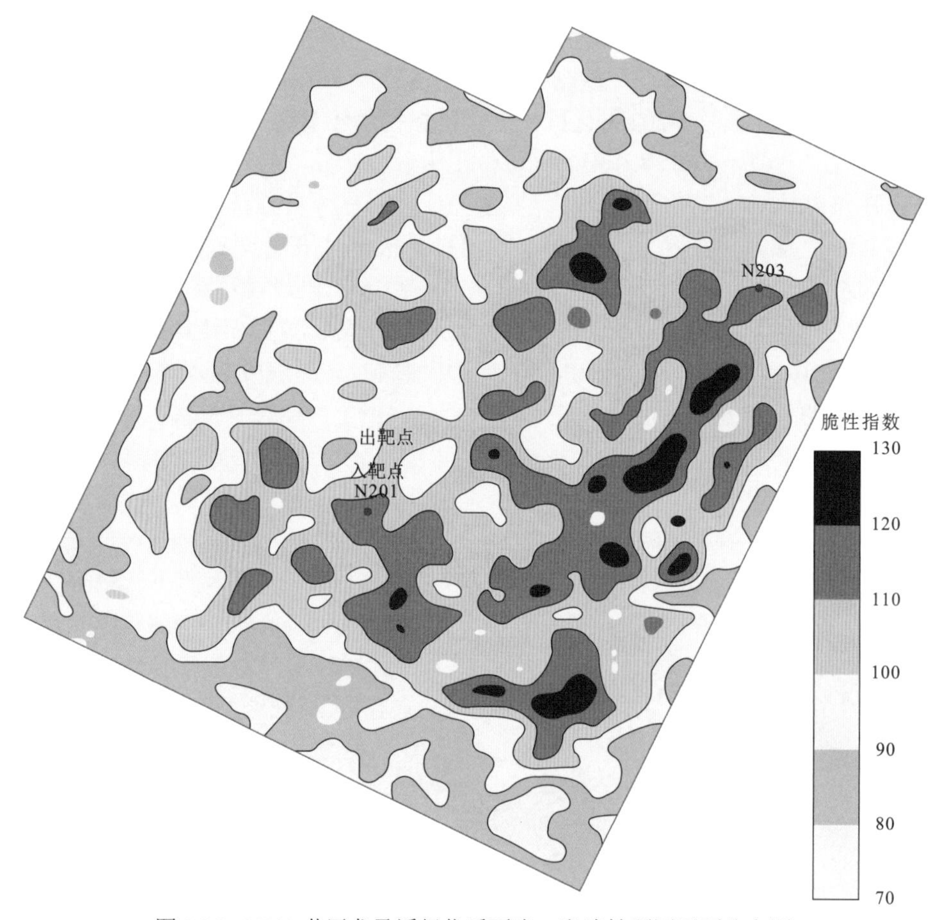

图 3.86　N201 井区龙马溪组优质页岩一段脆性预测平面分布图

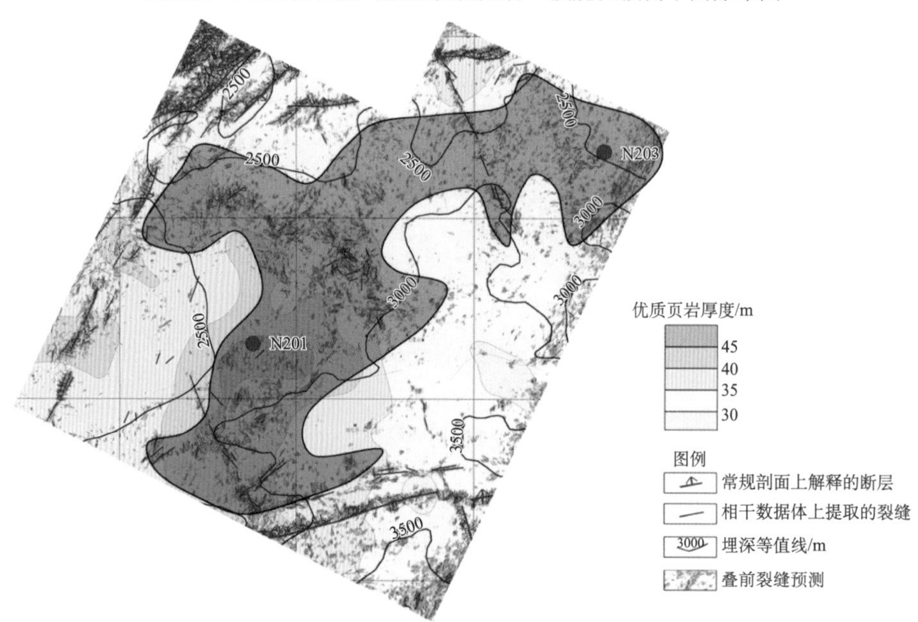

图 3.87　N201 井区龙马溪组优质页岩一段“甜点区”综合预测图

3.3 海相页岩气“六特性”评价

页岩气地质评价的核心是开展页岩储层的烃源性、岩性、物性、脆性、含气性与应力各向异性“六特性”及其匹配关系评价(邹才能等，2014b)(表 3.9)。烃源性评价即为页岩生气潜力评价，旨在寻找高有机质含量区；岩性评价旨在寻找有效储层发育区；物性评价旨在筛选孔、渗性(含裂缝)相对较好的“甜点”；脆性评价旨在优选利于规模压裂的高脆性储层；含气性评价旨在优选含气性好的储层；应力各向异性评价旨在沿地应力最小方向钻水平井，利于储层改造。

根据我国海相页岩气示范区勘探实践和研究成果(阎存章等，2009；蒋裕强等，2010；邹才能等，2010b，2011a，2011b，2014a；董大忠等，2011；王玉满等，2012，2014a，2014b，2015a，2015b；胡东风等，2013；郭彤楼和刘若冰，2013；魏志红和魏祥峰，2013；王道富等，2013；郑和荣等，2013；王淑芳等，2014；郭彤楼和张汉荣，2014)，四川盆地涪陵、威远、长宁和富顺-永川等气田产层具有优越的六特性：①富有机质页岩发育，TOC 含量大于 2%，自然伽马值大于 150API；②纹层状硅质钙质页岩和纹层状钙质硅质页岩等有利储层发育；③页岩储层物性好，总孔隙度为 3%～8%，含气孔隙度为 2%～5%，基质渗透率为$(10^{-5}\sim11)\times10^{-3}\mu m^2$；④含气性好，平均总含气量为 $3m^3/t$ 以上；⑤高脆性储层发育，脆性指数大于 40%，弹性模量一般大于 1.3×10^4 MPa，泊松比小于 0.29；⑥水平地应力差值除个别区域外，总体较小，一般小于 20MPa，能够形成复杂缝网，有利于提高单井产量(表 3.9)。

3.3.1 烃源性

页岩烃源性评价为烃源岩质量和生烃能力评价，包括有机质丰度(TOC)、有机显微组分(母质类型)、生烃潜量(S_1+S_2)、热成熟度(一般用镜质体反射率表示)等指标，一般应用常规烃源岩测试和分析方法可以完成上述指标的确定和表征(程克明等，1995；Curtis et al.，2011)。由于我国海相页岩总体处于高成熟阶段，页岩有机质丰度高(TOC 含量>2%)且处于有效生气窗内，有利于形成异常高压，是形成高产气层的重要控制因素。因此，有机质丰度和热成熟度表征是海相页岩烃源性评价的关键内容(表 3.10)。

根据天然气有机成因理论，处于有效生气窗内是页岩气形成和富集的重要条件(程克明等，1995)。理论和实践表明，泥页岩热成熟度过低(R_o<1.3%)或过高(R_o>3.5%)，将对页岩生烃能力产生不利影响。例如，美国页岩气主力产层的热成熟度适中，R_o一般为 1.1%～2.0%，个别地区达到 3.0%，但不超过 3.5%(阎存章等，2009)。

我国南方下古生界海相页岩地层时代老(下寒武统距今约 5.7 亿年，下志留统距今 4.2 亿～4.5 亿年)，热演化程度极高(R_o一般为 2.5%～5.0%)，在四川盆地及周边已出现局部有机质碳化现象，导致页岩生烃能力和含气性差异较大。因此开展极高成熟海相页岩有机质碳化程度研究是海相页岩质量评价的重要工作之一(王道富等，2013；王玉满等，2014a)。目前，南方海相页岩质量评价的难点在于热成熟度的判断和评价。

表 3.9　四川盆地海相页岩“六特性”表(邹才能等，2014c)

有利区块	原型盆地	有利区带构造类型	埋深/m	有利面积/km^2	可采资源/亿m^3	烃源岩特性				岩性	物性		含气量/(m^3/t)	脆性			地应力特性		
						厚度/m	TOC/%	R_o/%	有机质类型	主要岩石类型	孔隙度/%	渗透率/$10^{-3}\mu m^2$		脆性矿物含量/%	泊松比	杨氏模量/10^4MPa	天然裂缝发育程度	流体压力系数	两向应力差/MPa
长宁龙马溪组	克拉通	平缓背斜	2000～3000	1300	3090	40~60	(1.9～7.3)/4.0	2.3～2.8/2.5	Ⅰ、$Ⅱ_1$	硅质页岩、钙质硅质页岩和黏土质硅质页岩	3.4~8.2/5.4	0.00022～0.0019/0.00029	1.7～6.5/4.1	石英为(25.8～67.6)/41.1，长石为(0.4～14.1)/4.6，方解石+白云石为(0～43.2)/20.5，黏土为(10.3～52.8)/30.5	0.1～0.25	0.86～4.1	裂缝十分发育，声波时差异常比 1.2～1.4	1.35～2.03	21.4～22.3
威远龙马溪组	克拉通	平缓背斜	1300~3700	1200	3600	26~50	(1.9~6.4)/2.7	2.7	Ⅰ、$Ⅱ_1$	硅质页岩、钙质硅质页岩和黏土质硅质页岩	3.9~6.7/5.3	0.000015～0.000090/0.000042	2.74～5.01/2.92	石英为(16.7～58.1)/33.1，长石为(2.7～17.7)/7.0，方解石+白云石为(4.1～65.2)/22.3，黏土为(14.9～48.8)/33.6	0.18～0.19	1.3～1.36	裂缝发育，裂缝密度为1.1～4.4 条/m	0.92～1.77	16.6～18.3
昭通龙马溪组	克拉通	平缓向斜	900~2200	1500	1100	30~40	(1.6~4.9)/3.2	2.1～3.0	Ⅰ、$Ⅱ_1$	硅质页岩、钙质硅质页岩和黏土质硅质页岩	2.6~7.9/5.0	0.0043～0.042/0.019	0.6～5.8/2.3	石英为(24.4～54.4)/40.0，长石为(3.9～5.1)/4.5，方解石+白云石为(0～43.7)/22.0，黏土为(23～42)/32	0.17～0.24	1.8～3.4	裂缝发育	1	7.5～9.0
富顺—永川龙马溪组	克拉通	平缓向斜	3200～4500	3500	9910	60~120	(1.6~6.8)/3.8	2.5～3.0	Ⅰ、$Ⅱ_1$	硅质页岩、钙质硅质页岩和黏土质硅质页岩	3.0~7.0/4.2	0.000187～0.000273/0.000233		石英为(45.0～48.49)/46.7，长石为(3.5～9.79)/6.6，方解石+白云石为(4.8～6.29)/5.5，黏土为(37.2～40.29)/38.7	0.20～0.27	2.4～3.7	裂缝十分发育，声波时差异常比 1.3～2.0	2.0～2.25	
川南筇竹寺组	克拉通	平缓背斜	2600～4000	2800	8860	40~100	威远为(1.7～3.6)/2.8；长宁为(1.6～7.1)/3.2	2.3～4.1	Ⅰ、$Ⅱ_1$	以硅质页岩为主，含少量硅质岩	1.4～3.1/2.2	0.000011～0.000955/0.000147	1.2～6.0/2.8	石英为(20.4～58.19)/41.2，长石为(12.3～36.29)/24.1，方解石+白云石为(0.4～11.69)/5.0，黏土为(14.5～46.9)/26.2	0.12～0.29	1.9～4.3	裂缝十分发育，裂缝密度为2.3～9.7 条/m	1	22.2～24.8

注：表中数据为(最大值~最小值)/平均值。

表 3.10　高过成熟海相页岩烃源岩质量评价

		Ⅰ类	Ⅱ类	Ⅲ类
地化指标	TOC/%	>2	1～2	<1
	R_o/%	1.1～3	3～4	>4
	有机质类型	Ⅰ-$Ⅱ_1$	$Ⅱ_2$	Ⅲ
电阻率/(Ω·m)		>20	2～20	<2

表 3.11 为川南及周边下古生界页岩有机质碳化程度与质量评价结果表。下志留统富有机质页岩热演化程度总体适中(R_o 一般为 2.5%～3.1%)，电阻率测井响应一般为常压区为 13～51Ω·m(威远)、超压区为 27～124Ω·m(长宁)，钻探证实整体含气；下寒武统富有机质页岩热演化程度总体极高(R_o 一般为 3.2%～4.86%)，电阻率测井响应一般为含气区为 247～2005Ω·m(威远)、不含气区为 0.1～1.9Ω·m(长宁-镇雄)，钻探证实局部含气。这表明，下志留统富有机质页岩处于有效生气窗内，有机质未出现明显碳化现象，生气潜力相对较好；下寒武统富有机质页岩已出现有机质碳化，在长宁-镇雄地区表现为低—超低电阻率测井响应特征，有机质已出现严重碳化现象，在威远地区基本正常，碳化程度介于下志留统和长宁下寒武统之间。

表 3.11　川南及周边下古生界页岩有机质碳化程度与生气潜力评价表(王玉满等，2014a)

区块	层系	有机质丰度 TOC /%	热演化程度 R_o/%	自然伽马 /API	测井电阻率 /(Ω•m)	含气性	有机质碳化程度	综合评价
威远	下志留统	(1.8～6.4)/3.3	2.5～2.6	150～300	13～51	获工业气流，气层压力系数为 1.0，含气量大于 4.1m³/t	未出现碳化	Ⅰ类
	下寒武统	1.6～4.7	3.2～3.6	180～372	247～2005	获工业气流，气层压力系数为 1.0，含气量为 1.0～3.5m³/t	出现碳化，但电阻率响应基本正常	Ⅱ类
长宁	下志留统	(2～7.3)/4	(2.8～3.1)/2.9	140～240	27～124	获高产工业气流，气层压力系数为 2.0，含气量大于 4.1m³/t	未出现碳化	Ⅰ类
	下寒武统	1.9～7.1	4.86	192～615	(0.1～1.9)/0.5	无气显示	严重碳化，出现超常低电阻率响应	Ⅲ类
镇雄	下寒武统	1.2～5.2	3.9～4.2	200～1000	0.2～0.8	无气显示	严重碳化，超常低电阻率响应	Ⅲ类

注：表中数据表示(最小值～最大值)/平均值。

下古生界海相页岩生烃母质以低等浮游藻类为主，不存在高等植物遗骸，页岩中缺乏镜质体、沥青等物质，导致同一岩样在不同实验室测试的 R_o 存在较大差异，常常不能反映热演化程度实际状况，致使极高成熟海相页岩气选区难度大。利用有机地化分析测试和电阻率测井响应相结合，可以有效识别海相页岩有机质碳化现象，揭示有机质碳化对极高成熟页岩生气潜力和含气性的影响。

根据有机质碳化程度和勘探实践判断，中高电阻率黑色页岩在生气潜力和含气性等方面明显优于超低电阻页岩。下志留统富有机质页岩电性特征正常（电阻率与有机质丰度基本呈正相关，测井电阻率值一般高于 20Ω·m，干样电阻率值一般在数千欧姆米以上），有机质未出现碳化阶段，总体处于有效生气窗内，综合评价为Ⅰ类页岩。长宁-镇雄下寒武统页岩电阻率与有机质丰度呈负相关关系（即电性曲线反转），且测井电阻率值低于 2Ω·m、干样电阻率值低于 100Ω·m，出现有机质严重碳化，说明已处于生气衰竭阶段，综合评价为Ⅲ类页岩。威远地区下寒武统总体处于有效生气窗下限附近，电性特征基本正常，即电阻率与有机质丰度关系不明显，受岩相影响为高阻，但热成熟度明显高于下志留统，综合评价为Ⅱ类页岩。

因此，利用极高成熟、富有机质页岩的超低电阻测井响应特征（电阻率在 2Ω·m 以下）和干岩样低电阻特征（电阻率在 100Ω·m 以下），均可以直观判断有机质的碳化程度，进而评价烃源岩的质量（表 3.10）（王玉满等，2014a）。

3.3.2 岩性

岩相是优质储层的重要控制因素，不同页岩岩相具有不同 TOC、物性和岩石脆度（阎存章等，2009；王玉满等，2015b）。岩相研究主要包括岩相分类、典型特征描述、岩相空间分布、岩相与储盖层关系、岩相综合评价等内容，最终解释优质储层岩相组合。

不同时代页岩或同一时代页岩在不同地区岩相差异大，受资料掌握程度和表征方法制约，岩相分类方案五花八门、千差万别，没有统一标准。

岩相表征一般采用岩石矿物三端元法分类，并通过野外露头观察、岩心精细描述、薄片鉴定、X 衍射测试、测井响应特征描述等手段进行特征描述，并通过编制综合柱状图、连井剖面图和平面分布展示有利岩相的空间分布，为选区提供地质依据。下面以龙马溪组页岩地层岩相划分为例，简述页岩岩相表征的流程和方法。

依据龙马溪组页岩岩石学和矿物学特征，并结合该页岩物理特征（如矿物成分、粒度、结构和沉积构造）和化学特征（成分、TOC 含量），应用三矿物法（硅质-石英+长石、黏土和碳酸盐）将海相页岩划分为黏土岩、硅质岩、碳酸盐岩、黏土质页岩、硅质页岩、钙质（白云质和/或灰质）页岩和混合型页岩（黏土质硅质混合页岩、钙质硅质混合页岩、黏土质钙质混合页岩）九类岩相（图 3.88）。并重点介绍几种常见的页岩岩相（表 3.12）。

1. 黏土质页岩

碎屑颗粒含量很少，一般低于 10%，沉积基质支撑碎屑颗粒，主要由重结晶的黏土碎屑组成，部分基质可被隐晶石英交代（图 3.89）。见黄铁矿小晶体和微球粒交代基质和碳质碎片，X 射线衍射分析得出黏土矿物含量为 45%～60%，石英含量为 23.2%～43%，黏土矿物主要包括伊利石和绿泥石，含少量的高岭石及伊蒙混层（表 3.13）。W201 井 1501m 深度点岩样[图 3.90(a)、(b)]，该样与粉砂质页岩呈纹层状互层，矿物成分与硅质粉砂质页岩相同，区别是粉砂颗粒含量少，富含有机质(如W201-853)，或贫有机质(N203-174)。

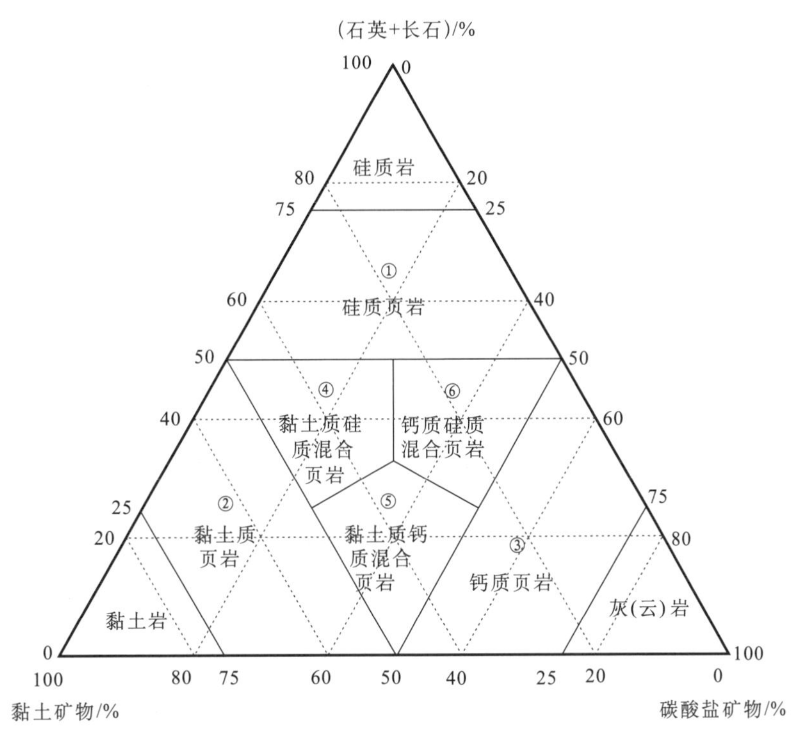

图3.88　岩相划分三端元法

表3.12　龙马溪组常见页岩岩相矿物成分和有机碳含量　(单位：%)

岩相	矿物种类和含量						黏土矿物	TOC
	石英	钾长石	斜长石	方解石	白云石	黄铁矿		
黏土质页岩	20～30	0～1	4～5	2	1	2～3	45～60	0.2～2.5
硅质页岩	20～70	0～1	1～5	0～10	0～5	0～4	15～55	2～5
硅质钙质混合页岩	10～30	0～2	2～15	20～45	2～15	0～4	20～50	0.5～3
白云石页岩	15～25	0～3	1～15	4～20	20～40	1～5	25～35	0.7～3
灰质页岩	5～15		0.5～3	40～80	0～2	0.4～1	10～40	0.1～0.5

2. *硅质页岩*

硅质页岩颗粒较粗，粉砂颗粒含量为25%～50%，纹层结构或块状，多与黏土质页岩互层。滴稀盐酸不反应，岩石学和矿物学特征为以石英和黏土矿物为主，黄铁矿、方解石和白云石很少。硅质成分为生物和碎屑两种成因。

碎屑石英颗粒为粉砂质和更细颗粒(图3.90)，生物成因石英主要为放射虫、海绵骨针等，可分为纹层状硅质页岩和块状硅质页岩(图3.90、图3.91)。通过SEM分析，矿物受到压实作用，缺乏生物扰动和微沉积构造，显示为静水沉积环境。钙质纹层说明这种岩相间接指示缺氧的古环境。

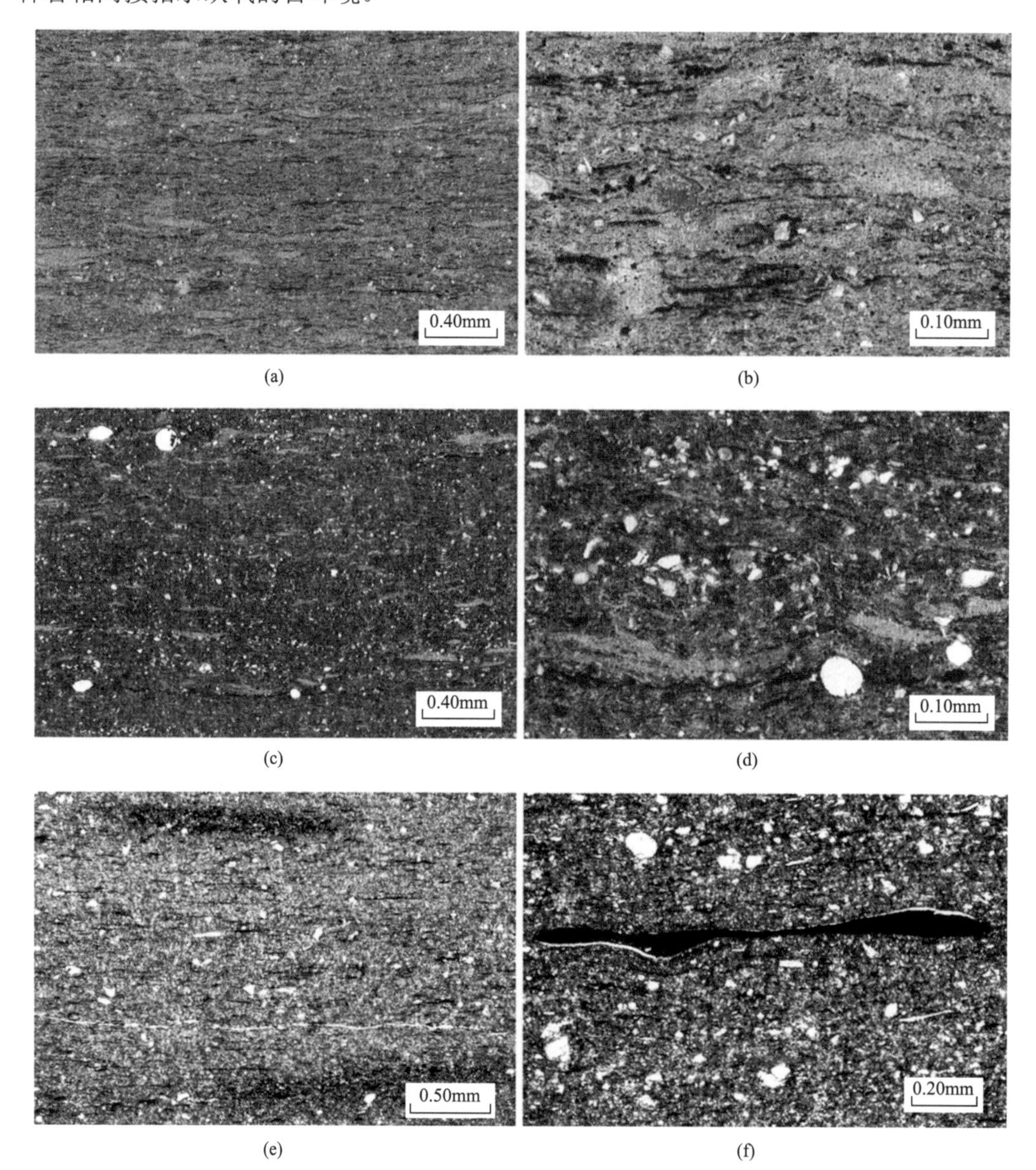

图 3.89　黏土质页岩镜下特征

(a)～(d)来自 W201 井，(e)、(f)来自 N203 井

表 3.13　黏土质页岩矿物成分和 TOC 含量　　　　（单位：%）

样品	矿物含量						黏土矿物含量	TOC 含量
	石英	钾长石	斜长石	方解石	白云石	黄铁矿		
W201-174	30	1	5	2	1	2	57	1.1
W201-853	43	1	4	2	1	3	45	2.52

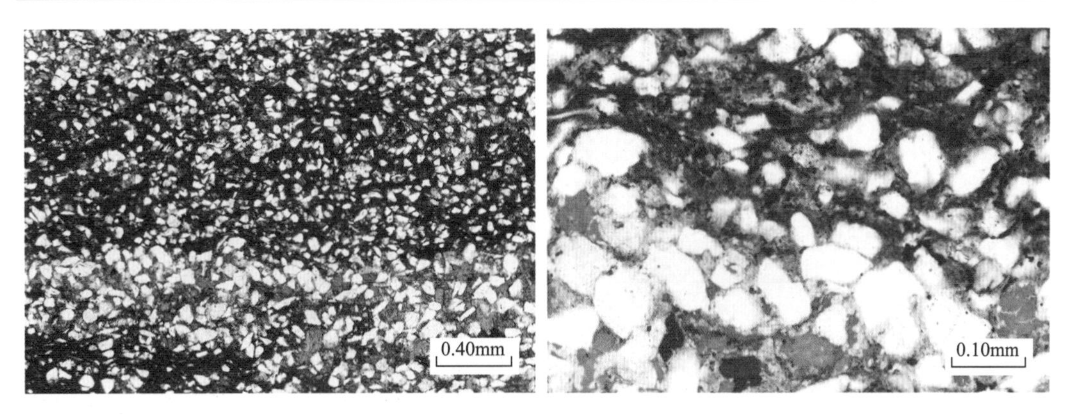

图 3.90　纹层状硅质粉砂质页岩(W201 井，1379.47m)

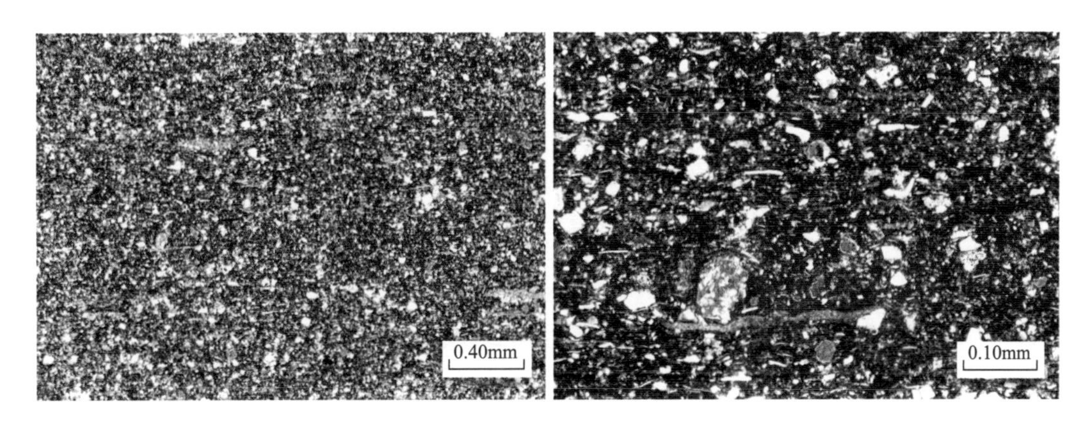

图 3.91　块状硅质粉砂质页岩（N201 井，2505.19～2505.22m)

3. 硅质钙质混合页岩

硅质钙质混合页岩颗粒较粗，粉砂颗粒含量为 25%～50%，显纹层结构或块状。根据钙质、硅质含量的相对多少，可进一步划分为钙质硅质页岩和硅质钙质页岩。

1) 钙质硅质页岩

钙质硅质页岩具有纹层结构，显硅质碎屑和颗粒丰富的钙质纹理，局部被生物虫孔扰动。碳酸盐含量约 20%，硅质约 25%。大量白云岩晶体交代基质和钙质碎片，白云石晶体部分被方解石交代(染成红色)。

2) 硅质钙质页岩

硅质钙质页岩与钙质页岩成分相近，但方解石含量增多，占总矿物含量的 20%～45%(图 3.93)，遇到稀盐酸反应强烈。依据方解石含量，将该岩相划分为低方解石硅质钙质页岩(方解石含量小于 10%)和高方解石硅质钙质页岩(10%～45%)。结合沉积构造特征，硅质钙质页岩进一步可分为纹层状硅质钙质页岩和块状硅质钙质页岩。

纹层状硅质钙质页岩通常含大量化石，主要为笔石和放射虫，粉砂质颗粒含量为 30%～40%，碳酸盐矿物约 20%，石英为 15%～20%(图 3.92)。

(a) 块状硅质钙质页岩

(b) 纹层状硅质钙质页岩

图 3.92　长宁剖面 CN3-14-1 井块状硅质钙质页岩和纹层状硅质钙质页岩

4. 优质储层岩相组合

五峰组—龙马溪组是在奥陶纪—志留纪之交的冰期和冰期交替作用下形成的笔石页岩地层，区域分布稳定。受海平面由深—浅—深—浅的旋回控制(王玉满等，2015b)，岩相组合自下而上出现规律性变化。根据华蓥溪口镇五峰组—龙马溪组剖面岩相资料(图 3.93)，下部富有机质页岩段为硅质页岩、钙质硅质混合页岩和黏土质硅质页岩构成的有效储层，其中硅质页岩、钙质硅质混合页岩为静海深水域的特有岩相(图 3.93)。黑色页岩顶板为静海浅水域沉积的黏土质页岩，上下构成良好储盖组合。可见，硅质页岩、钙质硅质混合页岩和黏土质硅质页岩是海相页岩优质储层的主要岩相。

3.3.3　储集空间与物性

储集能力是衡量页岩储层优劣的直接定量指标，主要受储集空间类型和物性控制(邹才能等，2011a，2011b，2014a；郭彤楼和刘若冰，2013；郭旭升等，2013；魏志红和魏祥峰，2013；郭彤楼和张汉荣，2014；王玉满等，2014b，2015a)。海相页岩为基质孔隙和裂缝双孔隙介质，其中基质孔隙是页岩储集空间的主体，而裂缝孔隙是页岩气富集高产的优质储渗空间。基质孔隙主体为黏土矿物晶间孔、有机质孔隙和脆性矿物内孔隙，其中前两项所占比例超过 73%。裂缝孔隙是页岩中呈开启状的高角度缝、层理缝、微裂隙及长度为几微米至几十微米、连通性较好的粒间孔隙，在页岩裂缝孔隙发育段，岩石渗透性较好，渗透率一般在 0.01mD 以上，高于基质渗透率 2～4 个数量级(郭彤楼和刘若冰，2013；郭彤楼和张汉荣，2014；王玉满等，2015a)。

根据北美页岩气主力产层和我国四川盆地页岩气层储集空间类型和物性参数，将海相页岩储层划分为三个等级(表 3.14)。

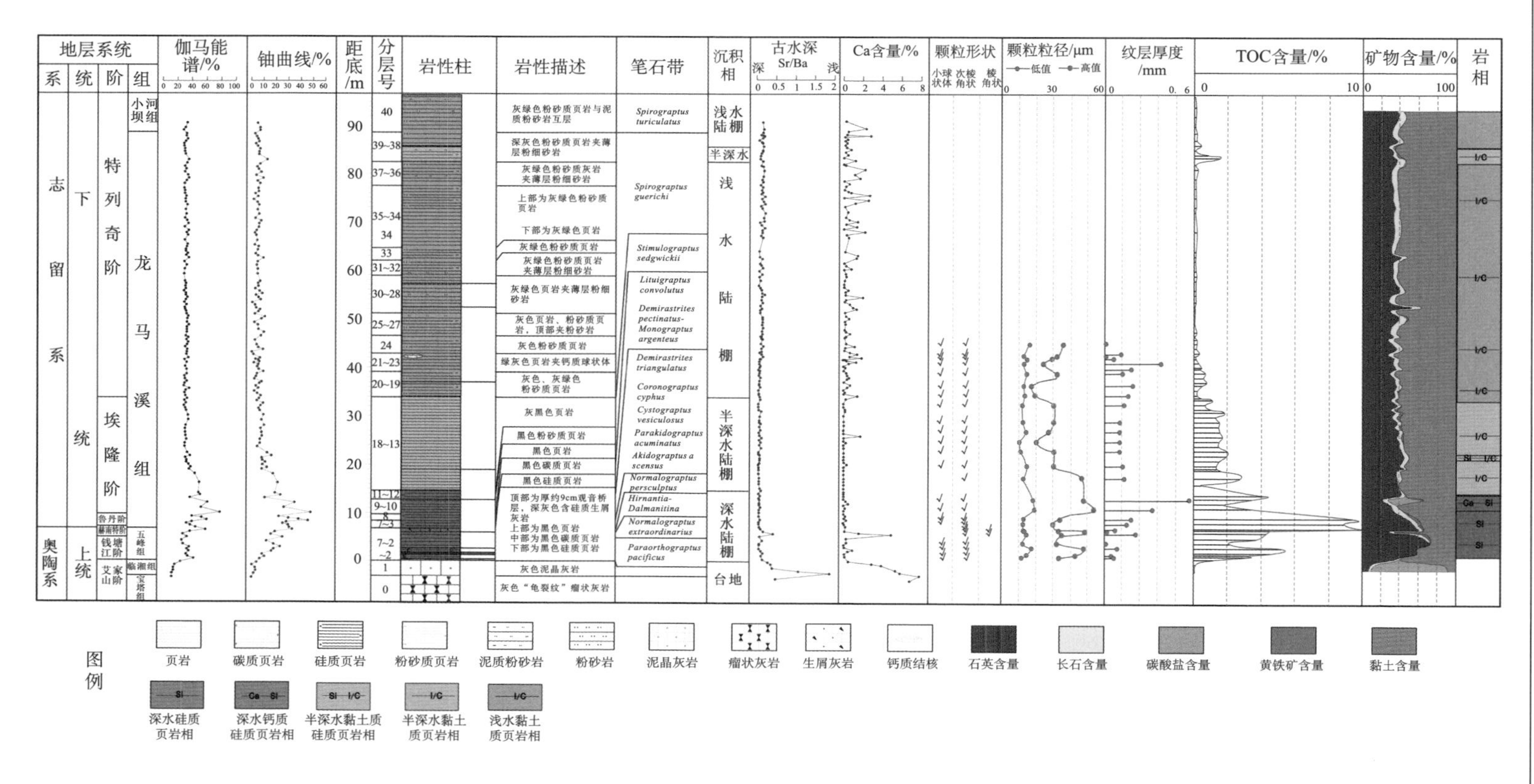

图3.93　华蓥山溪口五峰组—龙马溪组综合剖面图

表 3.14　海相页岩储集能力评价标准　　(单位：%)

	Ⅰ类	Ⅱ类	Ⅲ类
孔隙类型	基质孔隙和裂缝	基质孔隙为主，少量裂缝	基质孔隙
总孔隙度	>4	2～4	<2
裂缝孔隙度	>0.5	0.1～0.5	<0.1

(1) Ⅰ类储层，基质孔隙和裂缝发育，孔隙度在4%以上，裂缝孔隙度在0.5%以上。

(2) Ⅱ类储层，基质孔隙为主，裂缝欠发育，孔隙度为2%～4%，裂缝孔隙度0.1%～0.5%。

(3) Ⅲ类储层，基质孔隙为主，裂缝不发育，孔隙度在 2%以下， 裂缝孔隙度小于0.1%。

在储层评价工作中，储集空间定量表征是研究的重点和难点。目前，关于储集空间定量分析的有效方法主要为双孔隙介质孔隙度解释模型[式(3.33)](王玉满等，2015a)：

$$\phi_{\text{total}} = \phi_{\text{matrix}} + \phi_{\text{frac}} \tag{3.33}$$

$$\phi_{\text{matrix}} = \rho w_{\text{bri}} V_{\text{bri}} + \rho w_{\text{clay}} V_{\text{clay}} + \rho w_{\text{TOC}} V_{\text{TOC}} \tag{3.34}$$

式(3.33)～式(3.34)中，ϕ_{total}为页岩总孔隙度，%，一般通过氦气法实验测试获得；ϕ_{matrix}为页岩基质孔隙度，%，通过式(3.34)计算获得；ϕ_{frac}为页岩裂缝孔隙度，%，通过$\phi_{\text{total}}-\phi_{\text{matrix}}$计算得到。因此，$\phi_{\text{matrix}}$的计算是该模型预测的基础和关键。式(3.34)为基质孔隙预测模型，其中ρ为页岩岩石密度，t/m^3；w_{bri}、w_{clay}、w_{TOC}分别为脆性矿物、黏土矿物和有机质三者质量分数，%，V_{bri}、V_{clay}、V_{TOC}分别表示脆性矿物、黏土和有机质三者单位质量内微孔隙体积，m^3/t，即三种物质单位质量对孔隙度的贡献，是模型中的关键参数，需要选择评价区内裂缝不发育的资料点进行刻度计算。

本节以川东涪陵焦石坝气田和川南长宁气田下志留统龙马溪组物性评价为例，介绍储集空间定量评价结果(表3.15)。

五峰组—龙马溪组产层基质孔隙体积及构成区域分布稳定，而裂缝孔隙体积差异较大。基质孔隙度平均为4.6%～5.4%，其中有机质孔隙度为1.1%～1.3%，黏土矿物晶间孔隙度为2.4%～3.0%，脆性矿物孔隙度为0.9%～1.2%。裂缝孔隙发育程度在不同构造区、同一构造的不同井区和不同层段则千差万别。长宁气田产层孔隙类型主体为基质孔隙，局部存在少量裂缝，总孔隙度一般为3.4%～8.4%(平均5.5%)，裂缝孔隙一般为0%～1.16%(平均0.12%)，渗透率为0.00022～0.0019mD(平均0.00029mD)(表3.11)，物性参数与Barnett页岩(孔隙度4%～5%，渗透率0.00015～0.0025mD)相当。焦石坝气田产层既发育基质孔隙，也发育裂缝孔隙，总孔隙度一般为4.6%～7.8%(平均5.8%)，裂缝孔隙一般为0.3%～3.3%(平均1.3%)，高于Barnett页岩(0.8%～1%)，渗透率为0.05～0.3mD(平均0.15mD)(表3.15)，物性明显优于长宁地区。

通过对基质孔隙度构成和裂缝发育状况定量分析，可实现判断气藏类型和储层质量的分级评价目的。据孔隙类型和物性判断，焦石坝气田为具有箱状背斜背景的裂缝型页岩气藏，基质孔隙和裂缝孔隙发育，游离气含量在80%以上，属Ⅰ类气层；长宁气田为典型的基质孔隙型页岩气藏，基质孔隙度高，游离气含量在 60%左右，在四川盆地及周边具有广泛的代表性，可以作为斜坡和向斜带页岩气区勘探和潜力评价的类比标准，应属 I 类气层(表 3.16)。

表 3.15　焦石坝气田 JY4 井区和长宁气田 CX1 井区龙马溪组孔隙度构成表(王玉满等，2015a)

主要参数		JY4 井区	CX1 井区	资料来源
测算深度段/%		2537.38～2590.24	100～153	
TOC/%		(1.0～6.0)/2.9(19)	(1.3～5.4)/3.3(30)	
总孔隙度/%		(2.7～10.1)/5.9(19)	(1.9～10.4)/5.5(30)	程克明等(1995)、蒋裕强等(2010)、董大忠等(2011)、王道富等(2013)、胡东风等(2013)、郑和荣等(2013)、郭彤楼和刘若冰(2013)、王淑芳等(2014)、郭彤楼和张汉荣(2014)
基质孔隙度	基质总孔隙度	(2.4～6.8)/4.6(19)	(1.9～9.2)/5.4(30)	
	有机质孔隙度/%	(0.6～2.0)/1.3(19)	(0.4～1.9)/1.1(30)	
	黏土矿物晶间孔隙度/%	(1.2～3.6)/2.4(19)	(0.8～5.6)/3.0(30)	
	脆性矿物内孔隙度/%	(0.6～1.2)/0.9(19)	(0.7～1.7)/1.2(30)	
裂缝孔隙度/%		(0.3～3.3)/1.3(19)	(0～1.2)/0.1(30)	
渗透率/mD		(0.05～0.3)/0.15(19)	(0.00022～0.0019)/0.00029(11)	程克明等(1995)、蒋裕强等(2010)、董大忠等(2011)、王道富等(2013)、胡东风等(2013)、郑和荣等(2013)、郭彤楼和刘若冰(2013)、王淑芳等(2014)、郭彤楼和张汉荣(2014)

注：表中数值区间表示为(最小值～最大值)/平均值(深度点数)。

表 3.16　长宁、焦石坝气藏类型与含气性参数表

		长宁	焦石坝
气藏类型		基质孔隙型气藏	基质孔隙+裂缝型气藏
含气性	地层压力系数	1.4～2.03	1.55
	含气饱和度/%	(55.84～85.44)/77.44	(71.55～90.34)/81.57
	含气量/(m^3/t)	(1.7～6.5)/4.1	(4.0～7.7)/6.1
	游离气占比/%	60	80

3.3.4　含气性

含气性是判断页岩气藏是否具有开采价值的直接指标。根据北美勘探开发实践，超压气层含气量在 3m^3/t 以上和常压气层含气量在 2m^3/t 以上的气区才具有商业开采价值，这也成为页岩气储层评价的重要标准。衡量页岩是否具有良好的含气性，通常考虑地层压力系数、含气饱和度和含气量等指标(表 3.16)。以焦石坝和长宁气田龙马溪组产层为例，评价海相页岩含气性及其影响因素。

焦石坝气田为具有箱状背斜背景的基质孔隙+裂缝型页岩气藏。受龙马溪组中上部超 100m 厚的黏土质页岩、下伏的涧草沟组—宝塔组厚 30～40m 致密泥灰岩及构造侧向逆断层的共同封闭作用，焦石坝气田在龙马溪组下段基质孔隙和网状裂缝构成的双重孔隙介质中形成了异常高压流体封存箱，压力系数达到 1.55，因而具有高含气性。根据含气性测试资料(图 3.94)，黑色页岩段含气量为 2.1～7.7m^3/t(平均为 4.7m^3/t，大致相当于 W201 井常压区的 2 倍)，且与有机质丰度呈正相关，在 TOC 含量>2%页岩段高达 3.7～7.7m^3/t(平均为 6.1m^3/t)，游离气含量高达 80%，含气饱和度高达 71.55%～90.34%(平均为 81.57%)，水平井测试产量为 5.9×10^4～54.73×10^4 m^3/d(平均为 36.42×10^4 m^3/d)。

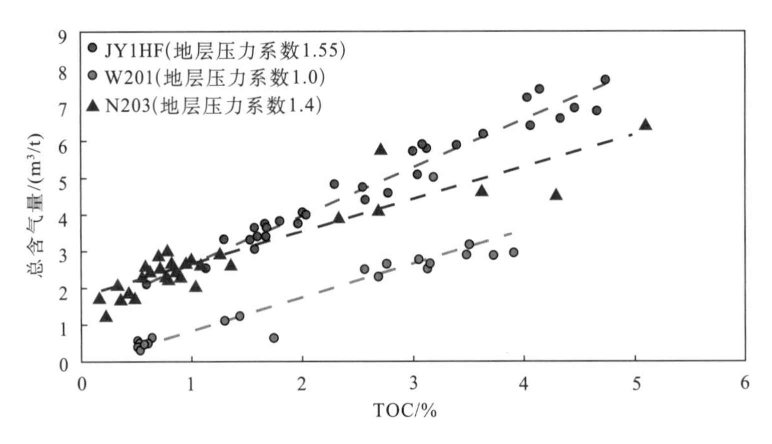

图 3.94　四川盆地重点井龙马溪组页岩含气量图版

长宁气田位于宽缓斜坡和向斜区，是典型的基质孔隙型页岩气藏，保存条件十分有利(地表出露三叠系)。根据 N201 和 N203 井测试资料，该气田龙马溪组地层压力系数为 1.4(N203 井)～2.03(N201 井)，含气饱和度一般为 55.84%～85.44%(平均为 77.44%)，含气量为 3.92～6.47m^3/t(平均 4.91m^3/t)，且向底部增大(即与残余有机碳含量呈明显的正相关关系)(图 3.94)，游离气含量为 60%左右，水平井测试产量为 5.55×10^4～27.4×10^4 m^3/d(平均 $13.46\times10^4$$m^3$/d，相当于涪陵气田的 37%)。

可见，长宁和焦石坝气田具有含气饱和度高、含气量高、初试产量高、稳产时间长等特征，是南方海相页岩气重要的“甜点区”，其含气性主要受气藏类型，孔、缝发育程度、有机质丰度和地层压力等因素控制。

3.3.5　脆性

表征页岩脆性的主要参数包括脆性矿物百分含量、杨氏模量、泊松比和脆性指数等。杨氏模量和泊松比是反映岩石脆性的常用岩石物理参数，与页岩岩相和脆性矿物含量关系密切。脆性指数是以脆性矿物百分含量、杨氏模量和泊松比中的全部或部分为参数，按照一定算法计算得到且能反映岩石脆性高低的指标，常用石英/(石英+碳酸盐+黏土矿物)表示。脆性评价一般通过 X 衍射等方法开展矿物组分分析，并结合应力实验及动态测井脆性分析确定有利层段，利用叠前地震属性反演确定平面分布。

根据北美页岩气勘探实践，高杨氏模量(>2.0×10^4MPa)和低泊松比(< 0.25)是衡量页岩是否符合压裂改造的岩石物理标准，或脆性指数大于 40%即为页岩气优质产层脆性标

准(阎存章等，2009；孙赞东等，2011)。

我国南方下寒武统和下志留统龙马溪组富有机质页岩总体具有良好脆性。例如，威远筇竹寺组岩石力学参数杨氏模量为 1.9×10^4～4.3×10^4MPa、泊松比为 0.12～0.29，长宁气田龙马溪组岩石力学参数杨氏模量为 1.3×10^4～4.1×10^4MPa、泊松比为 0.1～0.25，焦石坝气田产层岩石力学参数杨氏模量为 2.5×10^4～4.9×10^4MPa、泊松比为 0.19～0.24。可见，两套海相页岩的脆性指标与美国主要产气页岩(杨氏模量为 1.5×10^4～4.4×10^4 MPa、泊松比为 0.11～0.35)基本相当。

3.3.6　地应力各向异性

页岩地层地应力各向异性是影响“体积压裂”效果的重要控制因素。地应力各向异性主要表现为最大水平主应力与最小水平主应力的差异程度，常用两者绝对值之差或差异系数进行表征。勘探和实验证实，页岩气区工程“甜点”一般为低应力区块，即两向应力差(最大水平主应力减去最小水平主应力)小于 10MPa。

地应力各向异性分析(即地应力评价)一般通过岩石力学实验，结合阵列声波等测井资料，计算岩石弹性模量，提供孔隙压力、上覆岩层压力、最大/最小水平应力等参数，指导井眼轨迹设计、确定压裂方式和规模。下面以长宁和焦石坝气田为例，简述地应力对页岩气开发效果的影响。

长宁气田为产层埋深浅，但两向应力差大的高产气区，在四川盆地及周边具有典型性。根据应力分析资料，该区最大水平主应力方向为北偏东 100°～115°，裂缝相对发育，走向与最大水平主应力方向基本一致，两向应力差 21.4～22.3MPa，为焦石坝的 3～7 倍。另外，长宁气层埋深 2300～3200m，施工压力一般为 56～66MPa，易于压裂，储层改造体积较大。

焦石坝气田为产层埋深浅、两向应力差小的特殊气区，为人工改造提供良好的工程条件。焦石坝构造顶部宽缓、地层倾角为 5°～10°、断层不发育，两翼陡倾(倾角达 32°)、断层发育。特殊的构造背景导致构造顶部(气田主体部分)两向应力差较小(3.0～6.9MPa)，与北美 Barnett 页岩(3.7～4.7MPa)相近，为 1500m 长水平段钻井和 20 段以上的体积压裂创造了有利的工程地质条件。另外，焦石坝地区气层埋深为 2100～2600m，地层破裂压力梯度约为 2.15MPa/100m，岩石破裂压力约 42MPa，易于压裂，储层改造体积大。

3.4　海相页岩储层实验测试评价方法

3.4.1　含气量测试技术

含气量是确定页岩气资源量必不可少的参数之一，与储层压力和吸附等温线相结合，就可预测页岩产气潜力，确定钻井分布和开采方式。含气量由损失气、解吸气、残余气三部分组成。

最有效的含气量测定方法是保压取心直接测定法，通常是利用页岩取心测定含气量，主要测定三部分：①损失气量，就是钻遇页岩后到样品被装入样品解吸罐密封之前从岩样中释放出的气体量；②实测气量，即解吸气量，就是在大气压力条件下将页岩放入样品解吸罐中密封之后从页岩中自然解吸出来的气体量，实际上只是解吸气的一部分，加上散失气量才是总解吸气量；③残余气量，经过自然解吸仍残留在样品中的那部分气体量。

另外，页岩中游离气的含量也需专门测算。实测气量是模拟地层条件下用解吸法直接测定的(Diamond 和 Levine，1981)。在目前尚无页岩含气量测定标准的情况下，可参照执行《煤层含气量测定方法》(GB/T 19559—2008)。通过注入氦气冲洗解吸罐内自由空气，防止页岩氧化的方法测定损失气、解吸气和残余气，利用孔隙度和含气饱和度参数估算游离气。

1. 基本原理

直接法假设页岩气体解吸的理想模式为气体从圆柱形颗粒中扩散出来，可以用扩散方程来描述，初始浓度为常数，表面浓度为零，其数值解表明在初始时刻累计解吸气量与时间的平方根成正比。由此在解吸气量与时间的平方根的图中，反向延长到计时起点(气体开始解吸的时间)，即可估算出散失气量。

对于清水取心，假设当岩心提到距井口一半时开始解吸，这种情况下，损失时间为起钻时间的一半加上地面装罐之前的时间。散失气量与取心至样品封在解吸罐中所需时间有关，取心、装罐所需时间越短，则计算的散失气量越准确。

2. 样品采集

直接法测定解吸气量组成如下：①解吸罐，内径 7cm，可装样 400g，在 1.50MPa 条件保持气密性；②量管，体积 800mL，最小刻度 4mL；③温度计、气压计、秒表等。

钻遇页岩层前，采样人员必须到达现场，安装调试仪器设备，使其进入工作状态。解吸罐和球磨罐使用前应进行气密性检测，0.3MPa 压力下 2h 保持压力不变。在岩样装罐前，应将恒温装置温度调至储层温度。

采样原则：样品量以充满解吸罐为宜，如岩心采取量不足又需要采样测定时，根据现场取心实际情况及设备使用情况进行适当调整，并在备注中说明。从起钻到页岩样提升至井口所用的时间规定为：井深每 100m 提心时间不得超过 2min。样品到达井口后，应在 10min 内装入解吸罐密封。待岩心提出井口，尽快打开岩心管，采样人员协助钻井地质人员快速拍照并简要描述，剔除杂物(如果岩心受到泥浆污染，应用清水冲洗岩心)，迅速按页岩剖面顺序装入解吸罐并密封，不应按压。页岩含气量测定的样品应装至距解吸罐口 1cm 处。样量不足时，视样量的多少在罐底加适量填料。

3. 解吸气量的测定

解吸气量的测定步骤如下：第一，将测定装置(图 3.95)安放在气温较稳定的地方，水槽中充满水，打开螺旋夹 3，用吸气球将水吸至量管零刻度处，检查气密性。第二，将样品保持自然状态放入密封罐内，尽可能减少装样时间，然后装好罐盖，接好排气管 9。第三，打开弹簧夹 8，则从页岩中解吸出来的气体进入计量管，打开放水槽的放水管，用排水集气法计量解吸气量。第四，间隔一定时间记录量管读数，同时记录水柱高度、气温、水温及大气压力。第五，量管体积不足时，可用弹簧夹夹紧排气管，用吸气球将水吸至量管零刻度处，同时向水槽内补足清水，打开弹簧夹继续测试。

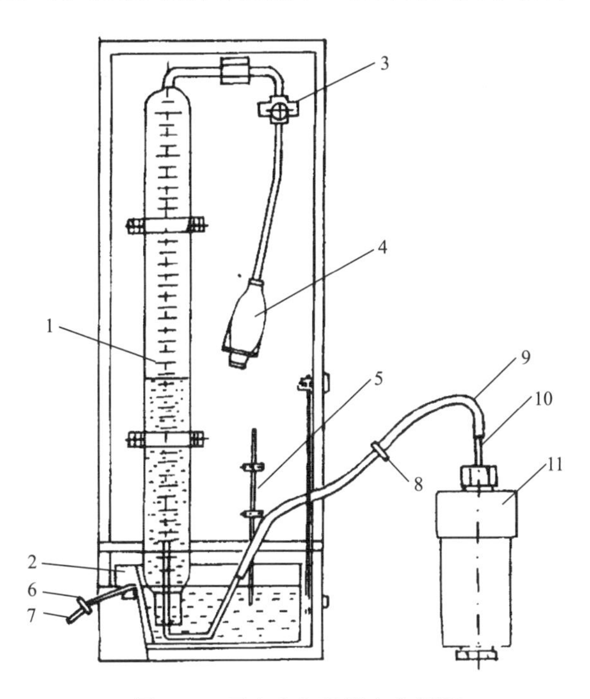

图3.95　页岩含气量测定装置图

1. 试管；2. 水槽；3. 螺旋夹；4. 吸气球；5. 温度计；6. 弹簧夹；7. 排水管；8. 弹簧夹；9. 排气管；10. 穿刺针头；11. 密封罐

解吸气量的计算公式如下：

$$V_s = \frac{273.2}{101.3(273.2 + T_w)}(P - 0.0745h_w - P_w)V \tag{3.35}$$

式中，V_s为换算成标准条件下的气体体积，cm^3；V为量管内气体体积读数，cm^3；P为大气压，kPa；T_w为量管内水温，℃；h_w为量管内水柱高度，cm；P_w为T_w下水的饱和蒸气压，kPa。

由式(3.35)即可计算出不同时刻的解吸气量，将每个时间间隔的解吸量累加，即得累积解吸气量。

4. 损失气量的计算

页岩样品总的解吸时间(t_d)是装罐前解吸时间 t_L 和装罐后解吸时间 t_i 之和，即$t_d=t_L+t_i$。

在解吸初期，由于解吸气量和解吸时间的平方根呈正比关系，即可确定损失气量：

$$V_s(t_i) = I + S\sqrt{t_d} \tag{3.36}$$

式中，I、S均为待定常数，由最小二乘法求解式(3.36)即可得到I、S值。当t_d=0，V_s=|I|，

即为所求损失气量。

同理，也可以通过作图法求解，以 $V_s(t_d)$ 与 $\sqrt{t_d}$ 作图，使用最初几个呈直线关系的点连线，将其延长与纵坐标相交，在纵坐标上的截距即为所求散失气量。

5. 残余气量测试

按照前面所描述的，将密封罐内的部分岩样粉碎，用以确定残余气量。所需的数据和计算基本上与上述散失甲烷和解吸甲烷体积的计算方法相同。

取解吸后的样品三份，每份大于 100g，分别装入球磨罐，保持进气口和出气口畅通，连接氦气冲洗不少于 10s，之后开启球磨机粉碎 10～15min，粉碎后静置 5min 以上。

将气体计量检测装置与残余气量测试仪密封样品罐的管路连接，每间隔 1h 进行一次气体体积数据采集，连续采集 4h，记录气体体积、环境温度、大气压力数据。

残余气测定结束后，开罐，用 0.25mm(60 目)标准筛筛分样品，称量筛下岩样质量，进行残余含气量计算。

残余气含量取三份样品测量结果的平均值。

6. 误差分析

USBM 直接法中，压力/温度校正可以引起 4%～7%的体积变化。与页岩样品一起密封到解吸罐中的空气中的大部分氧气可以与其发生反应，因而降低了罐内气体的分压，这实际上抵消了相应数量的解吸气。这种现象通常出现在含气量低和(或)解吸慢的页岩样品中。试验表明，在一些低含气量的页岩层中，当页岩样品装入罐内时会留下大量自由空间体积，氧化作用有时可以使原先的直接法结果产生 10%～5%，甚至 100%或更大的误差。

误差与解吸气总体积与样品罐自由空间体积之间的比值有关，当这一比值大于 2∶1 时，误差小于 10%；该比值在 2∶1 与 1∶1 之间时，误差为 10%～30%，而比值小于 1∶1 时，引起的误差通常会大于 30%。这一点表明，在使用 USBM 直接法时，应尽可能将罐装满，特别是对低含气量的页岩更应如此。

直接法的另外一个不足之处是它隐含着一个假设，即从页岩样品中解吸出来的气体全部为甲烷。试验已经证明，在一些情况下，解吸出的气体中其他气体可能占 15%，可能有相当数量的乙烷、二氧化碳和氮气。

3.4.2 等温吸附曲线测试技术

和煤层气一样，测定页岩甲烷气藏吸附等温线的主要用途：①估算含气量；②确定临界解吸压力；③预测在生产过程中降压解吸的可采气量；④等温吸附参数是产量预测和数值模拟的重要参数之一。

测量吸附等温线方法包括体积法或 PVT(压力-体积-温度)法、重量法和气相色谱法(Mavor，1991)等。

其中体积法最常用，将页岩样品放在密封样品缸中，吸附气量为注入样品缸中气量与存在的自由气量之差。重量法实际上测量页岩样品由于吸附而引起的重量变化。气相色谱法是指使用装填吸附剂的色谱柱来分离流动的气体。对于纯气体，样品质量平衡足以估算吸附等温线。

体积法是目前描述吸附特性较好的方法，也是普遍采用的方法。但仍有一定的局限性，那就是需要样品量较大，一般需要 100g 左右才能保证测量结果的准确性(Mavor，1991)。其结果给出的是样品中各组分的“平均值”，难以反映不同岩样组分的不同特性。

微量天平法选用样品量少，可以分析井壁取心、钻井岩屑、煤岩、油页岩或浓缩物的吸附特征，是研究高压条件下吸附特性的一种有效方法。

1. 仪器设备

吸附等温线测定装置主要包括：吸附罐、充气罐、测量瓶(容积为 100～200cm^3，精度为±0.2cm^3)、平衡瓶、超级恒温器(精度±0.2℃)、真空泵等。

2. 样品制备

选取样品 300～500g，将其粉碎，用标准筛筛分，称取粒径为 0.18～0.28mm 的样品 100g 左右。将样品放入干燥箱里，在 105℃条件下烘干，取出后放入干燥器内冷却至室温。

3. 操作步骤

1) 试漏

将样品放入吸附罐后，首先充气，压力加至最高试验压力 2MPa 以上，检查有无渗漏现象，无渗漏后放出气体。

2) 自由空间体积测定

第一，自由空间体积是指吸附罐装满样品之后，样品颗粒间孔隙体积、吸附罐残余空间体积及连接管路的体积总和；第二，将吸附罐与真空系统连接进行抽空，真空度达到 4Pa 后，断开真空泵；第三，将氦气充进充气罐，压力为 P_1，然后打开吸附罐截止阀，使充气罐内气体进入吸附罐，10min 后记录充气罐的平衡压力 P_2，根据玻意耳定律计算出自由空间体积：

$$V_s = \left(\frac{P_1}{P_2} - 1\right) V_d \tag{3.37}$$

式中，V_s 为自由空间体积，cm^3；P_1、P_2 分别为充气前后充气罐内气体的压力，MPa；V_d 为充气罐及管路的体积，cm^3。

取三次计算结果平均值作为自由空间体积，任意两次计算结果相差应不大于 0.3cm^3。

3) 脱气

将吸附罐与真空系统连接进行真空脱气，脱气温度为 60～95℃，当真空度达到 4Pa 后，关闭吸附罐截止阀，断开真空泵及超级恒温器。

4) 吸附等温线测定

第一，将超级恒温器设定为试验温度，在此温度下恒定 2h 以上。

第二，接通甲烷气源，向充气罐充入气体的实验压力为 2MPa 以上，关闭气源 10min

后记录充气罐内甲烷压力 P_1。缓慢打开吸附罐截止阀，当吸附罐内压力达到预定试验压力时，关闭吸附罐截止阀，10min 后再次记录充气罐内甲烷压力 P_2，同时记录室内温度 T_0。

第三，使气体充分吸附，1h 内吸附罐内压力变化不超过 0.02MPa，此时的压力即为吸附平衡压力，P_3 记录此时的压力 P_3 和温度 T_1。

第四，计算充入吸附罐内的甲烷气量为

$$V_t = \left(\frac{P_1}{Z_1} - \frac{P_2}{Z_2}\right) \times \frac{273.2V_d}{0.101325(273.2 + T_0)} \tag{3.38}$$

式中，V_t 为充入吸附罐内气体换算为标准状态下气体体积，cm^3；Z_1、Z_2 分别为 P_1、P_2 压力下室温 T_0 时甲烷的压缩因子，1/MPa；T_0 为室内温度，℃。

吸附罐内游离气量为

$$V_f = \frac{273.2V_s P_3}{0.101325Z_3(273.2 + T_1)} \tag{3.39}$$

式中，V_f 为吸附罐内自由空间的游离气体换算为标准状态下气体体积，cm^3；P_3 为吸附平衡压力，MPa；Z_3 为 P_3 压力下、T_1 温度时甲烷的压缩因子，1/MPa；T_1 为吸附平衡温度，℃。

压力间隔内被吸附的气体体积为

$$\Delta V_a = V_t - V_f \tag{3.40}$$

第五，在试验压力范围内应至少均匀选取六个试验点，依次增加试验压力，测定不同压力时吸附量。

第六，对应各平衡压力下单位质量的样品的吸附量为

$$V_a = \Sigma \Delta V_a / m \tag{3.41}$$

式中，V_a 为平衡压力 P_3 下单位质量样品的吸附量，cm^3/s；m 为煤的干燥无灰基，g。

第七，通过 V_a 对平衡压力进行绘图，即可得到吸附等温线。

5）解吸等温线测定

第一，当吸附法甲烷吸附测定结束后，将测量瓶内充满饱和食盐水，调整平衡瓶，并记录测量瓶内水面初始体积 V'_1。

第二，慢慢打开吸附罐截止阀，放出一部分气体到测量瓶内（以放出气量不超过测量瓶最大容积为准），关闭吸附罐截止阀，调整平衡瓶，10min 后记录测量水面体积 V'_2，同时记录室内温度 T'_0 及大气压力 P'_0。

第三，当 1h 内压力变化不超过 0.02MPa，即吸附罐内重新达到吸附平衡，记录吸附罐内甲烷吸附平衡压力 P'_3。

第四，计算吸附罐内放出气量，换算为标准状态下其体积为

$$V'_t = \frac{273.2 \times P'_0 \times (V'_2 - V'_1)}{(273.2 + T'_0) \times 0.101325} \tag{3.42}$$

式中，V'_1 为测量瓶内初始水面体积，cm^3；V'_2 为充气后测量瓶内水面体积，cm^3。

吸附罐内释放出的游离气量为

$$V_{\mathrm{f}}'=\left(\frac{P_2'}{Z_2}-\frac{P_1'}{Z_1}\right)\times\frac{273.2V_{\mathrm{s}}'}{0.101325(273.2+T_1')} \tag{3.43}$$

式中，T'_1 为解吸平衡温度。

平衡压力下解吸的气体体积为

$$\Delta V_{\mathrm{a}}'=V_{\mathrm{t}}'-V_{\mathrm{f}}' \tag{3.44}$$

第五，依次降压，直到吸附罐内甲烷压力接近吸附法时第一点的平衡压力，在试验压力范围内应至少均匀选取七个试验点，从而得到各压力点的解吸气量。

实验结果按 Langmuir 方程处理，计算 Langmuir 吸附常数及 Langmuir 压力常数，最终得到吸附等温曲线(图 3.96)。

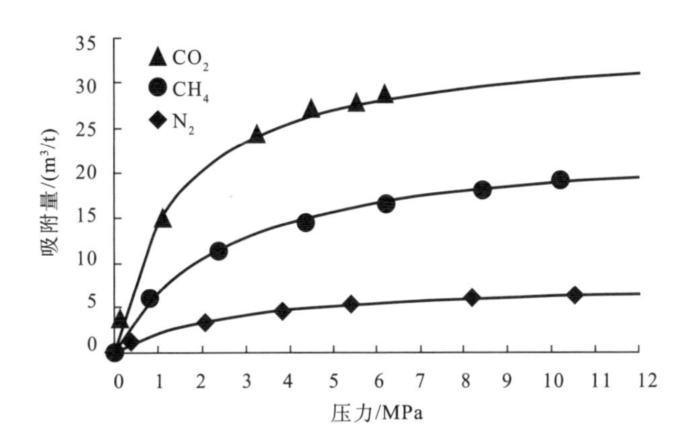

图 3.96　多组分气体等温吸附曲线

3.4.3　孔喉表征技术

1. 定量表征技术

1) 低温氮气/CO_2 吸附技术

页岩纳米级孔隙的定量表征通常采用气体吸附法。依据吸附剂的不同，主要分为氮气吸附和 CO_2 吸附。吸附理论假设孔隙为柱形管状，根据毛细管凝聚模型和理论，在不同的 P/P_0 下，发生毛细凝聚的孔径范围不一样。对应一定的 P/P_0 值，存在临界孔半径 r_{k}，半径小于 r_{k} 的所有孔皆发生毛细凝聚，液氮在其中充填；反之，半径大于 r_{k} 的孔中不会充填液氮。

低温氮气实验的温度为−196℃，得到相对压力 P/P_0 =0.0095～0.995 的氮气吸附和脱附曲线。采用 BET 方程计算其比表面积，其公式如下：

$$\frac{P}{V\left(P_0-P\right)}=\frac{1}{V_{\mathrm{m}}C}+\frac{C-1}{V_{\mathrm{m}}C}\times\frac{P}{P_0} \tag{3.45}$$

式中，P 为实验压力，MPa；P_0 为−196℃下氮气的饱和蒸汽压，0.1MPa；V 为实验吸附量，$\mathrm{cm^3/g}$；V_{m} 为单分子层的饱和吸附量，$\mathrm{cm^3/g}$；C 为常数，与温度和吸附质有关。

BET 方程通常在 P/P_0=0.05～0.35 的范围内成立，即 $P/\left[V\left(P_0-P\right)\right]$ 与 P/P_0 呈直线关

系，通过该直线的斜率和截距即可求得单分子层饱和吸附量 V_m。则样品的比表面积为

$$S_{BET} = A_m N_A \frac{V_m}{22414} \times 10^{-18} \tag{3.46}$$

式中，S_{BET} 为总比表面积，m^2/g；A_m 为–196℃下液氮六方密堆积的氮分子横截面积，$0.162nm^2$；N_A 为阿伏加德罗常数，6.022×10^{23} 个/mol。

对于孔径大于的 2nm 孔隙(介孔+大孔)，其孔径分布、孔隙体积、比表面积均可以通过 Barrett-Joyner-Halenda(BJH) 方程进行计算：

$$r_k = -\frac{2\sigma_{N_2} V_{LN_2}}{RT\ln(P/P_0)} = -\frac{0.953}{\ln(P/P_0)} \tag{3.47}$$

式中，r_k 为开尔文半径，nm；σ_{N_2} 为液氮的表面张力，8.9mN/m；V_{LN_2} 为液氮摩尔体积，$34.64cm^3/mol$；R 为气体常数，8.314J/(mol·K)。

通过不同的理论方法(BET 方程计算比表面积，BJH 方程计算体积分布)得出其孔体积和孔径分布曲线。氮气吸附法能够有效地克服页岩中大比表面和小孔径的孔隙测定难题，针对相应的孔隙特征计算孔隙分布，较准确地反映出页岩中的微孔、介孔的分布情况(Storck et al.，1998)。

2)压汞实验技术

高压压汞法(MICP)是一种毛细管压力曲线测定的方法，20 世纪 40 年代后期，Purcell(1949)首先将压汞法引入石油地质研究工作中，多次测得毛管压力曲线，并以毛细管束理论为依据来研究渗透率的计算方法，成为后来使用压汞资料研究孔隙结构的基础。

压汞法俗称水银注入法，原理是把相对岩石为非润湿相流体的汞注入被抽真空的岩石孔隙系统内，同时必须克服岩石孔隙所造成的毛细管阻力。当某一注入压汞力与岩样孔隙喉道的毛管阻力达到平衡时，便可测得该注汞压力及该压力条件下进入岩样内的汞体积，在对同一岩样注汞的过程中，可在一系列测点上测得注汞压力及其相应压力下的进汞体积。从而得到压力汞注入量的曲线，即压汞曲线。再假定注汞压力与岩石孔隙喉道毛细管压力数值相等，因此，注汞压力又称毛细管压力，用 P_c 表示：

$$P_c = 2\sigma\cos\theta/R \tag{3.51}$$

式中，σ 为界面张力，N/m；θ 为接触角，(°)；R 为孔喉半径，纳米至微米。

根据毛细管压力与孔喉半径 R 成反比，依据注入汞的毛细管压力推算对应孔喉半径，测试范围受控于注汞压力，测试孔径范围为 3.6nm～950μm，对孔径小于 50nm 的孔隙测量存在一定的误差，这是由于致密储层岩性内孔隙十分微小，压汞法受其测试原理的限制，汞不易进入岩石中的纳米级孔隙，且高压汞会造成人工裂缝，影响测定结果。因此，压汞法只能反映孔隙总体分布情况，而不能加以区分。

3)核磁共振测试技术

近年来，核磁共振(NMR)技术分析岩石中流体特性，从而获得地层有效孔隙度、渗透率、可动流体等地质参数，在页岩储层评价方面已经得到了广泛的应用。

核磁共振的基本原理是利用流体中氢核的自旋运动，由于流体分子在岩样孔隙空间内不停地进行扩散运动，这使氢核多次与岩石颗粒表面接触、碰撞，发生两种弛豫过程：

一是受激态高能磁极核将能量传递给同种低能磁极核，自身回到低能级磁核的过程，即质子不可逆的矢相，产生纵向弛豫 T_1；二是受激态高能级磁核能量传递给周围介质粒子，自身回复到低能磁核的过程，即质子将能量传递给岩石颗粒表面，产生横向弛豫 T_2，因此横向弛豫时间 T_2 可用来描述信号衰减的快慢，与碰撞的频率有关，与孔隙直径相对应，小孔对应短 T_2，大孔对应长 T_2，同时也反映了岩石孔隙比表面积(S/V)的大小，在大孔隙中，其 S/V 小，碰撞次数越少，弛豫的时间越长；在小孔隙中，其 S/V 大，弛豫时间短。在单个孔隙中，岩石表面 T_2 弛豫与表面体积比的关系如下：

$$1/T_2=\rho S/V \tag{3.49}$$

式中，T_2 为单个孔内流体的核磁共振横向弛豫时间，ms；ρ 为岩石颗粒表面横向弛豫强度常数，m/ms；S/V 为单个孔隙的比表面积，m^{-1}。

对于岩石孔隙，当其半径小到一定程度后，其中的流体将被毛细管力或黏质阻力束缚而无法流动，因此在 T_2 谱上存在一个截止值，当 T_2 弛豫时间大于 T_2 截止值时，所对应的孔隙流体为可动流体，小于该值所对应的孔隙流体则为不可动流体。可动流体参数反映孔隙的发育、连通程度和微裂缝的发育情况，由于微裂缝本身可动流体含量较高，且微裂缝能够沟通孔隙，增加可动流体含量。

2. 定性表征技术

1) CT 扫描分析技术

微米 CT 是一种无损重构技术，利用 X 射线穿透不同物体会被不同程度吸收这种性质，通过 X 射线强度接收器，根据 X 射线强度变化转换为黑白图片，强度大的颜色白，强度低的颜色黑，设置一个固定的单位度数旋转，使样品从 0°旋转到 360°。最大样品可制成厘米级，但是随着样品的增大，其可视的重构精度就越小。

微米 CT(图 3.97)是在微米尺度下探索更微小孔隙的科技突破，特别是针对致密储层，能够实现纳米级孔隙三维立体观测与重构，其分辨率可达到 50nm，若结合图像处理技术可以对致密岩性的储层连通性和孔隙度等很好地进行评价。但是纳米 CT 与微米 CT 技术都存在样品尺寸和分辨率之间的矛盾，这对非均质性很强的泥页岩而言，其分析的结果可能不具代表性，因此在实际选择样品时，研究人员要充分了解研究区的储层物性特征，选择具有一定代表性的样品，否则只是简单地堆砌数据而已。建议实行工业 CT 扫描，先分类，再对不同类别的样品分别扫描时样品就具有代表性。

2)扫描电镜分析技术

扫描电镜即扫描电子显微镜(scanning electron microscope，SEM)，是利用一束精细聚焦的电子扫描样品表面，而得到背散射电子等不同类型信号随表面形貌不同而发生的变化的图像。

扫描电镜背散射微孔隙图像分析法是近年发展起来的一种新方法，放大倍数介于几十到几万倍之间，能够直接观测孔隙的大小和分布特征。钨灯丝扫描电镜可直观地观测样品矿物组分形态、结构特征，并配有能谱检测仪，能分辨样品的具体矿物构成，是纳

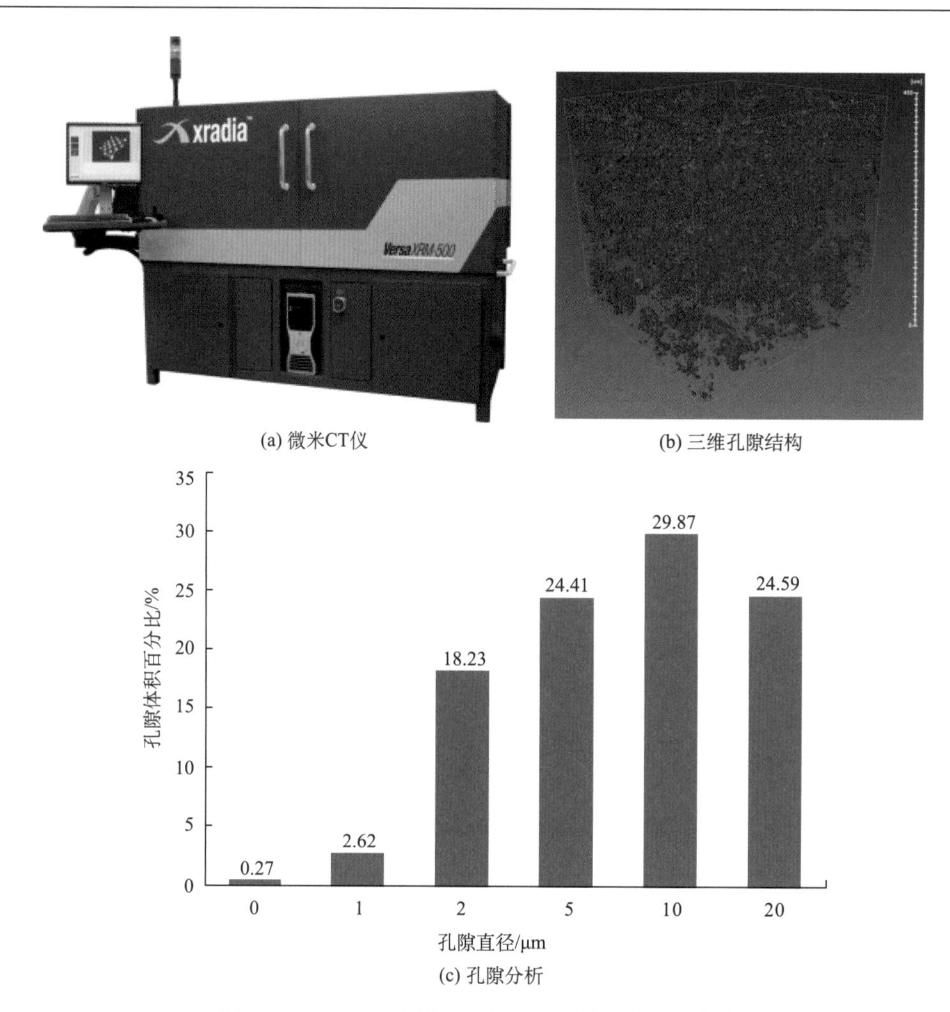

(a) 微米CT仪　(b) 三维孔隙结构

(c) 孔隙分析

图 3.97　微米 CT 仪器、三维孔隙结构及孔隙分析图

米级到微米级孔隙观测的主要仪器。场发射扫描电子显微镜(FE-SEM)具有 0.1nm 的超高分辨率，配有高性能 X 射线能谱仪，能够很好地识别矿物。环境扫描电镜(ESEM)是场发射扫描电镜的一种，具有高真空、低真空和环境扫描三种工作方式，配有 X 射线能谱仪及注射系统、冷台及热台，观察含油含水固体样品、胶体样品及液体样品，可以观测到原油赋存的状态，同时能够观察微观结构动态变化过程。

3.4.4　力学性质分析技术

岩石的力学性质通常包括两个方面：岩石的变形特征和强度特征。岩石的变形特征是指岩石在各种载荷作用下的变形规律(包括岩石的弹性变形、塑性变形、黏性流动和破坏规律)。岩石的强度特征是指岩石在载荷作用下开始破坏时的极限应力值(强度极限)以及应力与破坏之间的关系，它反映了岩石抵抗破坏的能力和破坏规律。

岩石的力学性质与岩石组成及结构特征有密切关系。一般情况下，矿物结晶结构特性对岩石性质的影响很小，岩石的力学性质主要取决于组成矿物颗粒间的联结情况。岩石的工程力学性质除了取决于矿物颗粒在岩石中的结构及其胶结的形式外，还受其孔隙、裂隙、含有薄弱杂质点等的影响。力学性质可通过静态和动态岩石力学参数两方面表征和分析。

1. 静态岩石力学参数

1) 岩石的应力应变曲线

岩石的变形特征和强度特征由岩石试件在单轴或三轴试验机上所得到的应力-应变曲线来描述。图 3.98 是采用刚性试验机，对圆形岩样进行轴向压缩试验，在加载速度充分适应于试件变形速度的条件下，所得到的岩石典型应力-应变曲线。图中 OA 段曲线稍向上凹，这反映了岩石试件内部裂隙逐渐被压密；随着岩石内裂隙被压密进入 AB 段，它的斜率为常数或接近于常数，其斜率定义为岩石的弹性模量 E；随着荷载的继续增大，变形和荷载呈非线性关系，裂隙进入不稳定发展状态，这个破坏的先行阶段，即 BC 段。这一段应力-应变曲线的斜率随着应力的增加逐渐减小到零，曲线向下凹，在岩石中引起不可逆变化。发生弹性到塑性行为过渡的点 B，通常称为屈服点，而相应的应力 σ_s 称为屈服应力。最高点 C 的应力成为强度极限 σ_c(如为单轴试验便称为单轴抗压强度)。CD 段曲线下降，是由于裂缝发生了不稳定传播，新的裂隙分叉发展，使岩石开始解体。CD 段以脆性形态为其特征。C 点以前的阶段，可称为破坏前阶段，这一段的力学表现大体来说，由一般试验机和刚性试验所得到的结果基本没有什么区别，但一般试验机达不到 CD 段过程，所以认为岩石在 C 点发生了破坏。实际岩石是有后破坏特征的，虽然此时裂隙大量发展，但破坏是个渐变过程，不会突然发生破坏，并且在应力超过峰值以后仍然具有一定的承载能力，这在研究岩石的破碎过程和井壁岩石的失稳破坏及支护时应加以考虑的。

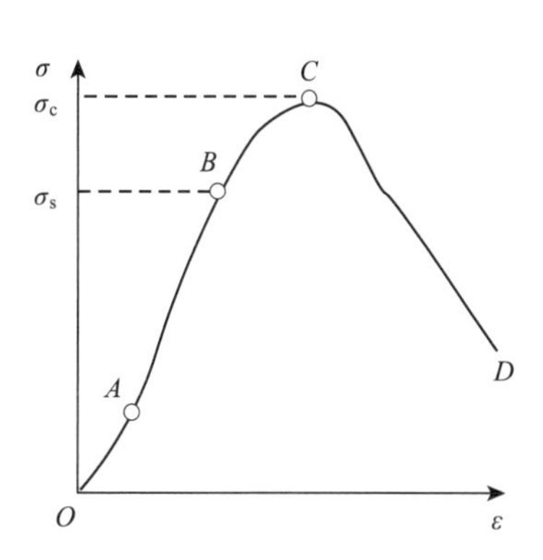

图 3.98　岩石应力-应变曲线

2) 岩石的弹性

虽然岩石与理想的弹性材料相比有很大差别，但仍可以假设其为线弹性材料来测得有关弹性常数以满足破碎岩石和水力压裂施工的要求，与一般弹性材料一样，岩石的弹性常数包括杨氏弹性模量 E、泊松比 ν 、剪切弹性模量 G 和体积弹性模量 K 等。确定岩石弹性常数的实验方法很多，主要有静力法(静载压缩试验)和动力法(声波法)两大类。

(1) 杨氏弹性模量。

对于单轴压缩试验，岩石的弹性模量 E 即为轴向应力 σ 与轴向应变 ε 的比值：

$$E=\frac{\sigma}{\varepsilon} \tag{3.50}$$

具体反映在图 3.98 所示的岩石应力-应变曲线中，即为直线段 AB 的斜率。

通过三轴压缩试验应力-应变曲线也可以利用应力差 $\Delta\sigma$ 与应变差 $\Delta\varepsilon$ 的比值来获得杨氏弹性模量，即

$$E = \frac{\Delta \sigma}{\Delta \varepsilon} \tag{3.51}$$

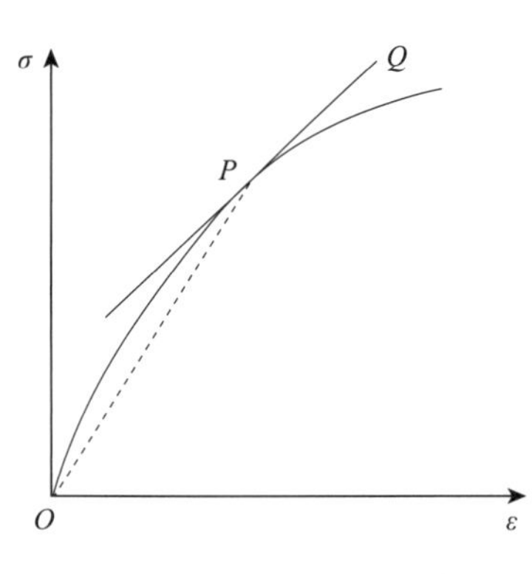

图 3.99　岩石的非线弹性变形

然而，对于某些岩石，其应力-应变曲线是弧形，并不存在明显的直线段，这说明没有唯一的模量。在该情况下，可根据钻井或压裂施工要求确定某一应力水平下的切线模量或割线模量作为该应力条件下的杨氏弹性模量(图 3.99)。图中 P 点习惯上常取为应力等于一半强度极限值点。切线 PQ 的斜率 $\mathrm{d}\sigma/\mathrm{d}\varepsilon$ 即为切线模量，割线 OP 的斜率 σ/ε 即为割线模量。

(2)泊松比。

泊松比是岩石的另一个弹性常数，虽然其重要性次于杨氏模量，但在计算压裂裂缝宽度分布时却是重要的参数。

泊松比 ν 可通过单轴或三轴压缩试验中，计算横向应变 ε' 与轴向应变 ε 的比值来确定：

$$\nu = \left| \frac{\varepsilon'}{\varepsilon} \right| \tag{3.52}$$

泊松比是应力或应变的函数，因此一个泊松比值与一个特殊应力或一段应力范围是相对应的，所选择的应力范围不同，可能导致同一个岩石的泊松比值有很大差异。

(3)剪切模量和体积模量。

剪切模量 G 本质上由线弹性引起的，但在实验室不容易测得，一般通过 E 和 ν 来计算，即

$$G = \frac{E}{2(1+\nu)} \tag{3.53}$$

体积模量 K 是静水压力和它所引起的体积变形之比，经常通过 E 和 ν 来计算，即

$$K = \frac{E}{3(1-2\nu)} \tag{3.54}$$

3)岩石的强度

岩石在一定条件下受外力的作用而达到破坏时的应力，称为岩石在这种条件下的强度，是岩石在特定条件下抵抗外力破坏的能力，强度的单位一般为 MPa。岩石强度的大小取决于岩石本身的组织和结构特点及外力加载条件。

岩石自身组织与结构特点对强度的影响，具体体现在不同的矿物组成、微观结构及构造特征的岩石具有不同的内聚力和内摩擦力。岩石的内聚力表现为矿物晶体或碎屑间的相互作用力，或矿物颗粒与胶结物之间的联结力。岩石的内摩擦力是指岩石颗粒之间的原始接触状态即将被破坏、产生位移时的摩擦阻力，且随应力状态而变化。一般坚固岩石和塑性岩石的强度取决于岩石的内聚力，而松散岩石的强度取决于内摩擦力。

对同一种岩石，不同的外力加载方式，其强度有很大差别，即岩石的强度与应变形式有很大关系。简单应力条件下，只有在压缩情况下，岩石才呈现出很大的强度。一般地，岩石的抗压强度＞抗剪强度＞抗弯强度＞抗拉强度。

由于岩石的组成与结构及外力加载方式都会对岩石的强度产生影响，且岩石的微观结构及宏观结构具有多变性。在实际应用时，必须针对所有要求的具体加载条件对具体的岩石进行强度测试试验，以获取比较准确可靠的强度数据。

在实际的钻井条件下，尤其是深井钻井，岩石处于复杂而不是单一的应力状态，因此，研究这种多向应力作用下岩石的机械性质具有重要的实际意义。三轴应力试验提供了定量测试岩石在复杂应力状态下机械性质的一种良好手段。

常规三轴试验是最常用的一种三轴应力试验方法，是将圆柱形的岩样置于一个高压容器中，首先用液压 P 使其四周处于三向均匀压缩的应力状态下，然后保持该压力不变，对岩样施加轴向载荷，直到使其破坏。它既可以进行三轴压缩试验（$\sigma_1>\sigma_2=\sigma_3=P$，$\sigma_1$、$\sigma_2$、$\sigma_3$ 分别为 x、y、z 三个方向的应力），也可以进行三轴拉伸试验（$\sigma_3<\sigma_1=\sigma_2=P$），如图 3.100 所示。

根据莫尔-库仑（Mohr-Coulomb）强度准则，岩石的强度是随作用于破坏面（或剪切滑动面）的垂直（法向）压应力的增加而增大的。按照莫尔-库仑准则，岩石的强度可表达为

$$\begin{aligned}\tau &= f\sigma + C \\ f &= \tan\varphi\end{aligned} \tag{3.55}$$

式中，τ 为破坏面的剪应力，Pa；σ 为破坏面的正应力，Pa；C 为黏结力，Pa；f 为内摩擦系数；φ 为岩石的内摩擦角。

若将 τ 和 σ 用主应力 σ_1 和 σ_3 表示（$\sigma_1\geqslant\sigma_2\geqslant\sigma_3$，且以压应力为正），由莫尔圆（图 3.101）可知：

$$\sigma = \frac{1}{2}(\sigma_1+\sigma_3)+\frac{1}{2}(\sigma_1-\sigma_3)\cos 2\theta \tag{3.56}$$

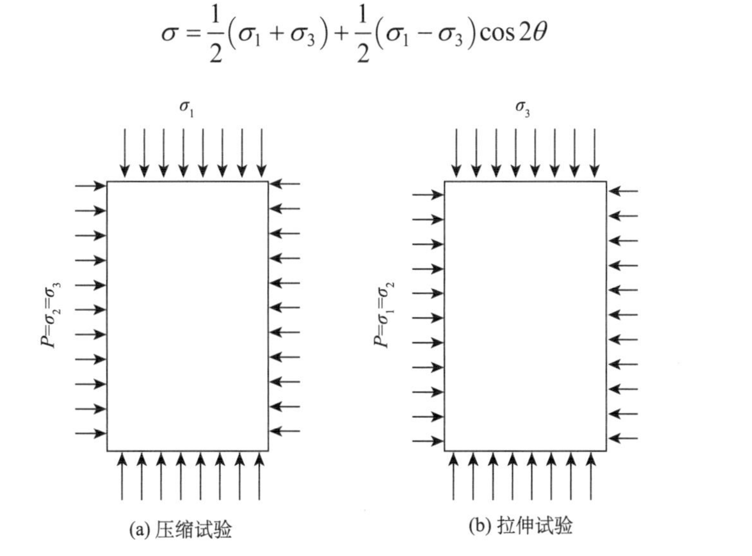

(a) 压缩试验　(b) 拉伸试验

图 3.100　常规三轴试验

$$\tau = \frac{1}{2}(\sigma_1 - \sigma_3)\sin 2\theta \tag{3.57}$$

式中，θ 为剪切破坏面的法线与最大主应力 σ_1 方向之间的夹角，或是该平面与最小主应力之间的夹角，并且有 $\theta = \frac{\pi}{4} + \frac{\varphi}{2}$。

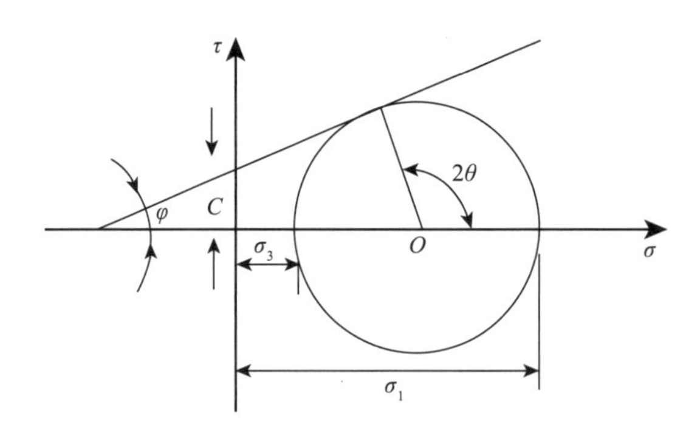

图 3.101　库仑剪切强度曲线

剪切强度曲线在 τ-σ 平面上是一条直线，它与 σ 轴的斜率为 $f=\tan\varphi$，在 τ 轴上的截距为 C。该线表明，岩石的抗剪强度有两部分组成：一部分是黏结力(或即法向力为零时的抗剪强度)；另一部分是滑移面上的内摩擦力，它与正应力 σ 呈正比关系。当莫尔圆与式(3.55)所给出的直线相切时，岩石便发生了破坏。

实践证明，岩石材料的剪切强度曲线在低围压情况下，多近似为直线，且破坏角的实测值与预测值十分吻合。但库仑条件不适合于 $\sigma_3 < 0$(拉应力)的情况，也不适于高围压情况。

2. *动态岩石力学参数*

动态岩石力学参数原理为采用超声脉冲透射法，测量纵波或横波沿岩样长度方向的传播时间，计算岩样的纵、横波速度。利用岩样的体积密度和纵、横波速度计算其动态弹性模量。将岩样装置固定于夹持器中，岩样轴线平行于声波入射方向。测试设备除了夹持器外，还需具备脉冲发生器、换能器、显示和计时装置及加温系统。

1)岩样的制备与处理

岩样钻取、切割、端面磨平，将岩样加工成标准的圆柱体，具体步骤详见《岩石电阻率参数实验室测量及计算方法》(SY/T 5385—2007)的相关规定。直径为 Φ2.54cm 的岩样，长度应在 2.0～8.0cm；直径为 Φ3.81cm 的岩样，长度应在 2. 5～12. 0cm。

岩样端面应与侧面垂直，且两端面应平整、平行。检测方法：将岩样竖放在平台上，用直角尺检测无明显间隙；用杠杆表检测上端面三个以上直径方向，然后掉转方向检测另一端面，要求在不同位置测量的岩样长度和直径的差值应小于 0. 1mm。

对岩样进行洗盐、洗油、烘干处理，具体步骤详见《岩石电阻率参数实验室测量及计算方法》(SY/T 5385—2007)的相关规定。如需测量含水情况下的岩样声波，根据测量要求，配制用于饱和岩样的氯化钠溶液，对岩样进行抽真空和加压饱和流体处理，具体步骤详见《岩石电阻率参数实验室测量及计算方法》(SY/T 5385—2007)的相关规定。

2)测量步骤

测量岩样的长度和直径，使用游标卡尺(最小分辨率为 0.02mm)在岩样圆柱面均匀分布的不同位置测量岩样的长度和直径三次，取平均值。用天平(最小分辨率为 0.001g)称取岩样质量。尺寸和质量的误差在测量值的±0.1%之内。体积密度为

$$\rho = 4m/(\pi d^2 l) \tag{3.58}$$

式中，ρ 为岩样的体积密度，g/cm³；m 为岩样的质量(如果岩样中含流体，则是湿质量)，g；d 为岩样的直径，cm：l 为岩样的长度，cm。

按图 3.102 连接好设备(预热可不放换能器和岩样)，打开脉冲发生器和示波器电源，预热至稳定工作。如果测量温度和压力条件下的声波参数，应打开相应电源使加温和加压系统预热至稳定工作状态。

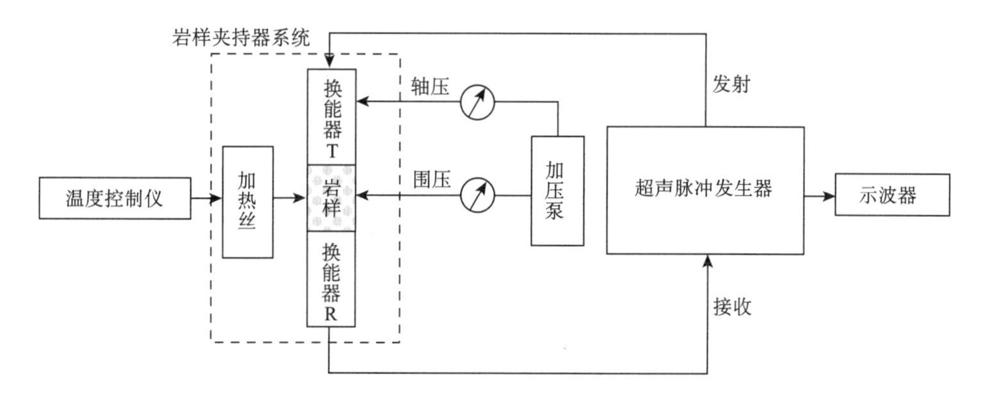

图 3.102　岩样声波特性测量装置示意图

测定仪器系统的声波零延时可采用下述两种方法之一测定仪器系统的声波零延时。

(1)直接对接法：将发射换能器与接收换能器直接对接，用测量岩样用的耦合剂耦合，将温度和压力调至测量岩样所需的值，使温度和压力达到稳定状态，记录纵波和横波的传播到达时间，即为测量系统的纵波或横波零延时。纵波和横波到达时间为波形的起跳时间，测量岩样时记录的起跳点要和测量零延时保持相位一致。如果经验证，换能器及测量系统零延时不随温度和压力条件的变化而变化，则可用常温常压下的零延时作为高温高压下的声波零延时。要求零延时的重复误差：纵波在±1%之内，横波在±2%之内。

(2)标准样品法：用三块以上直径和材质相同、长度不同的标准样品，在与待测样品相同的耦合和温度、压力条件下，分别测量并记录纵波和横波的首波到达时间。测量系统的声波零延时：

$$t_0 = \bar{t} - \frac{n\sum(lt) - \sum l \sum t}{n\sum l^2 - \left(\sum l\right)^2}\bar{l} \tag{3.59}$$

式中，t_0 为测量系统的纵波或横波零延时，μs；n 为标准样品的块数；t、$\bar{t}$ 分别为 n 块标准样品的首波到达时间及其平均值，μs；l、$\bar{l}$ 分别为 n 块标准样品的长度及其平均值，cm。

3. 动态弹性模量测量与计算

将岩样绕轴线依次转动 120°，测量三个方向的纵波传播时间，用来计算纵波速度分散系数。

在给定温度和压力条件下，岩样的声波速度：

$$V=\left[l/(t-t_0)\right]\times 10^4 \tag{3.60}$$

式中，V 为岩样的纵波速度或横波速度，m/s；t 为岩样的纵波传播时间或横波传播时间，即记录的纵、横波首波到达时间，μs；l 为样品长度，cm。

按动态弹性模量测量的纵波传播时间计算的三个纵波速度，偏离它们平均值的最大百分比，定义为岩样的纵波速度分散系数(b)：

$$b=\max\left|(V_{pn}-\overline{V}_p)/\overline{V}_p\times 100\%\right| \tag{3.61}$$

式中，b 为岩样的纵波速度分散系数，%；V_{pn} 为将岩样绕轴线依次转 120°测得的三个方向的纵波速度(n=1, 2, 3)，m/s；$\overline{V}_p$ 为将岩样绕轴线依次转 120°测得的三个方向的纵波速度的平均值，m/s。

计算岩样的动态弹性模量应满足纵波速度分散系数 b 不大于 2%。岩样的动态弹性模量的计算如下：

岩样的杨氏弹性模量：

$$E=\left[\rho V_s^2(3V_p^2-4V_s^2)/(V_p^2-V_s^2)\right]\times 10^{-6} \tag{3.62}$$

岩样的剪切模量：

$$G=\rho V_s^2\times 10^{-6} \tag{3.63}$$

岩样的泊松比：

$$\nu=(V_p^2-2V_s^2)/[2(V_p^2-V_s^2)] \tag{3.64}$$

岩样的拉梅常数：

$$\lambda_L=\rho(V_p^2-2V_s^2)\times 10^{-6} \tag{3.65}$$

岩样的体积压缩模量：

$$K=[\rho(3V_p^2-4V_s^2)/3]\times 10^{-6} \tag{3.66}$$

式(3.62)～式(3.60)中，E 为岩样的杨氏弹性模量，GPa；G 为岩样的剪切模量，GPa；ν 为岩样的泊松比，以小数或百分数表示；λ_L 为岩样的拉梅常数，GPa；K 为岩样的体积压缩模量，GPa；V_p 为岩样的纵波速度(如果测得多个纵波速度，取平均值作为岩样的纵波速度)，m/s；V_s 为岩样的横波速度(如果测得多个横波速度，取最快的作为岩样的横波速度)，m/s。

第 4 章　海相页岩气资源评价

不少机构、学者对我国页岩气资源估算方法、参数做了有效探索(董大忠等，2009；李建忠等，2009；邹才能等，2010a；Kuuskraa，2013；EIA，2014；Yu et al.，2014；蔚远江，2015)。随着我国四川盆地威远、威荣、长宁、昭通、涪陵等海相页岩气田勘探开发不断推进，对海相页岩气资源的形成基础(富有机质页岩有效范围/面积、有效层段/厚度、烃源岩品质)、赋存条件(富有机质页岩储集空间类型、储集物性、微裂缝发育程度、含气量)、富集规律(地层压力、保存状况、埋藏深度、富集区带)等关键参数研究(董大忠等，2009；李建忠等，2009；邹才能等，2010a；蔚远江，2015)，逐步建立起符合我国海相页岩气资源形成与富集特征、勘探开发阶段的评价规范、评价方法、参数体系、参数标准，为我国重点地区海相页岩气资源的客观评价、科学预测奠定了良好基础(朱华等，2009)。

本章以海相页岩气资源的特殊性、勘探开发阶段成果和认识程度为基础，阐述海相页岩气资源评价技术、方法和参数体系，以及海相页岩气资源初步预测和评价结果。

4.1　页岩气资源评价流程

4.1.1　页岩气资源评价任务

页岩气资源评价目标与常规油气资源评价相似，主要解决页岩气资源的形成、富集与分布(Michael et al.，2009，孙龙德等，2013)。从目前对页岩气勘探开发特征及研究成果的分析来看，页岩气资源评价的主要任务包括以下几个方面。

(1) 富有机质页岩沉积与构造演化。首先，富有机质页岩的形成需要大范围、长期持续稳定的还原环境，稳定的沉积环境非常重要。其次，富有机质页岩的良好保存既为大量生气提供雄厚的物质基础，也为所生成的天然气提供必要的储集和保存空间。因此，富有机质页岩的形成与后期构造演化的研究与评价，是页岩气资源评价的基础。

(2) 富有机质页岩基本特征。不同页岩有不同的页岩气资源潜力和勘探开发前景，研究重点包括富有机质页岩类型、岩石剖面组合、空间展布(包括有效面积、顶底地层关系)、有效厚度(包括累计厚度、连续厚度或单层厚度)和埋藏深度等。

(3) 富有机质页岩地化特征。页岩气可以形成于有机质沉积演化的各个阶段。富有机质页岩中 TOC 含量、有机质类型、热成熟度(R_o)是决定页岩气资源潜力的重要物质基础。

(4) 页岩气储层特征。不同页岩储层构成各不相同，主要控制因素包括页岩岩石矿物组成(黏土矿物含量与构成、脆性矿物含量与构成)、储集空间类型(页岩岩石基质孔隙、有机质孔隙、微裂缝)、岩石物性(孔隙度、渗透率)、储层成岩演化、岩石力学性质等。

(5) 页岩气资源潜力。页岩气赋存方式以游离气、吸附气为主，要研究页岩储层游离气含量与影响因素、吸附气含量与影响因素、含气饱和度、含气孔隙度等，进而估算资源量。

实践表明，形成有工业价值的页岩气资源，需具备四个基本地质条件：一是富有机质页岩具有一定规模，即要有勘探开发所需的基本展布面积、最小有效厚度；二是富有机质页岩中要有足够的有机质含量，关键为TOC含量要高于形成常规油气的要求，并达到较高的热演化阶段，有足够的生气能力；三是有足够多的气体保存于页岩层中，其含气量达到工业开采界限；四是要有充足的能量，即较高的地层压力，使之能从页岩致密储层中产出，单井产气量在工业开采价值之上。根据经验来看，具工业前景的页岩气有利区地质条件可概括为“一大、五高、两好”：一大为富有机质页岩展布面积、有效厚度大；五高为有机质丰度高(TOC含量一般大于2%)、热演化程度(R_o)高(一般为1.1%～3.5%)、页岩储层脆性高(石英+碳酸盐等矿物含量大于40%)、页岩层含气量高(总含气量大于2.0m^3/t)、储层压力高(压力系数>1.2)；两好为有机质类型好(以Ⅰ-Ⅱ型为主)、构造条件好(构造相对稳定，远离剥蚀区或断裂带)。同时，达到经济开发条件的页岩气有利区还需具备良好的地表条件和适中的埋深条件。

因此，我国页岩气资源评价主要内容为充分利用我国以往数十年的油气勘探开发积累的基础地质、钻井、测录井、地震等资料，以页岩气形成与富集条件研究为基础，以已有的页岩气勘探开发示范区和钻井为依据，采用统一的页岩气资源评价技术规范、评价方法与参数体系，系统估算我国重点地区页岩气资源量，预测与优选页岩气有利区。通过地质调查、钻井、测井和地震等所有可用的地质资料，对页岩沉积环境进行详细研究，识别和划分出页岩沉积环境或沉积相等，查明富有机质页岩的时空展布；研究富有机质页岩的TOC含量、干酪根类型、热演化程度等，确定有机质含量高、已进入生气窗、生气能力强的页岩厚度、展布范围，编制富有机质页岩厚度、TOC含量、R_o、埋深等平面图、剖面图；以钻井岩心为基础，开展页岩含气量测试、等温吸附实验模拟，综合测井资料，确定富有机质页岩含气量(包括游离气量、吸附气量及比例)；运用成因法、容积法、含气量法、类比法、EUR法等评价方法，估算页岩气资源量，预测页岩气分布，优选页岩气有利区或“甜点区”。

4.1.2 页岩气资源评价流程

研究过程中，充分吸收国内外常规油气、非常规油气资源评价技术精髓，积极借鉴北美页岩气资源评价成功经验，加强我国页岩气资源形成条件、富集规律研究(Jarvie，2004；Montgomery et al.，2005；Chalmsrs and Bustin，2008；Jarvie et al.，2012)。通过不断探索，多次专家论证，初步形成了我国海相页岩气资源评价技术流程(图4.1)。该评价流程、技术规范与标准、评价参数体系等，都将在实践中进一步完善。

目前所建立的技术流程，突出三个环节、两个结果。三个环节详述如下。

(1)对北美页岩气资源评价技术全面调研与详细解剖，建立适合我国地质条件的页岩气资源评价技术规范。北美是目前全球页岩气勘探开发最成功、页岩气资源(储量)评价技术最系统的地区，形成了适合不同勘探开发阶段的页岩气资源评价方法体系。我国需要在深入、系统调研与分析基础上，不断探索适合我国现阶段的页岩气资源评价技术方法。

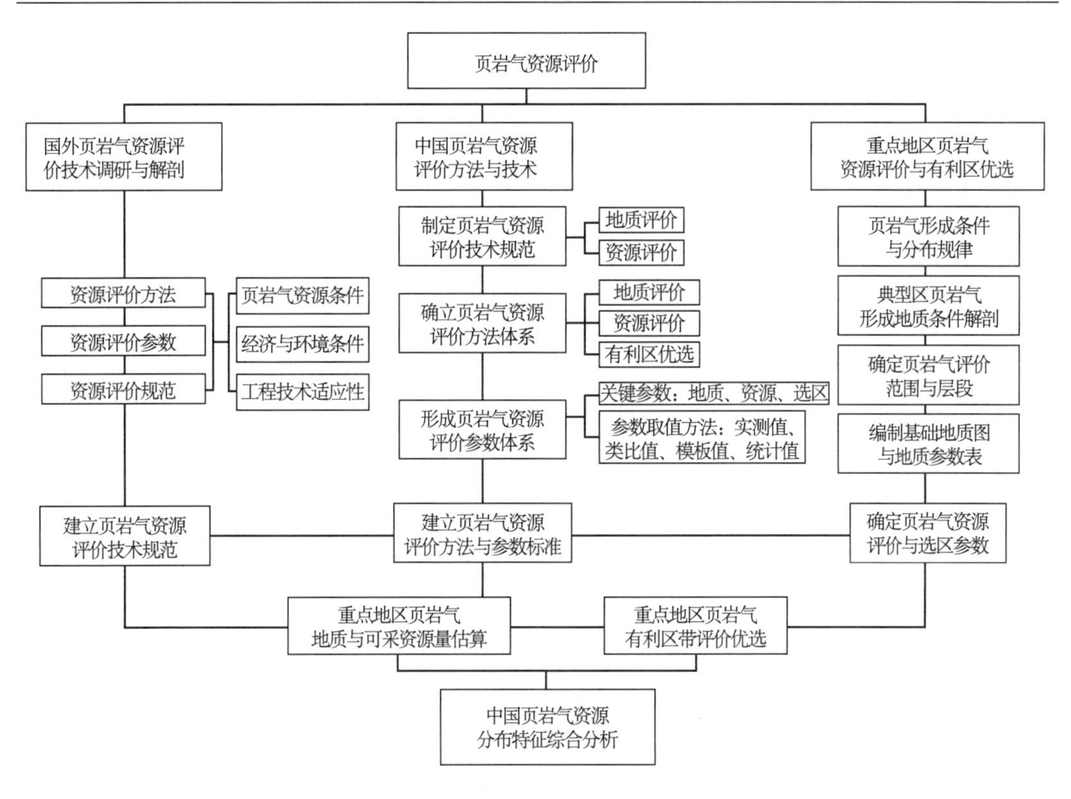

图4.1　我国页岩气资源评价技术流程图

(2)基于我国页岩气资源、经济、环境与工程技术适应性研究，建立我国(海相)页岩气资源评价技术，形成页岩气资源评价方法、参数体系与参数标准。其中，老资料复查与重新认识、露头地质调查与地质评价浅井钻探环节比较重要。因为以往常规油气勘探开发、区域油气地质调查等积累了丰富的地上与地下地质、地球化学、油气水等资料，对老资料全面复查与重新认识，初步确定有页岩气远景的富有机质页岩层系，有利于快速发现富有机质页岩及页岩气显示，进而通过页岩气露头地质调查、地质浅井及地质评价浅井钻探、样品采集与实验分析，可为进一步评价页岩气形成关键地质条件与资源富集影响因素、落实页岩气资源潜力评价参数奠定基础。

(3)开展重点地区页岩气资源形成与富集条件研究，落实资源评价与选区参数。重点解决富有机质页岩基本特征、地球化学特征、储层特征和资源前景等问题。其中，为获取资源评价参数，建立资源评价技术规范，确定参数标准，需要开展相对成熟区的详细解剖、评价，即建立刻度区。目前，国内页岩气勘探开发总体处于起步阶段，即使是起步较早的四川盆地南部威远—长宁页岩气勘探开发先导试验区，以往钻探资料也有限，页岩气钻井不多，尚未达到解剖区条件。本章所介绍的我国页岩气资源评价，是以北美成熟勘探开发区为解剖对象，并确立为不同类型标准区，获取相关页岩气资源评价参数，以此为据，类比评价我国页岩气资源前景。

两个结果为：①估算重点地区页岩气地质资源量与可采资源量；②分析页岩气资源分布与富集条件，优选有利页岩气区带。

4.1.3 页岩气资源评价计算

1. 资源评价方法确定

在充分调研与解剖北美页岩气资源评价技术的基础上，吸取常规及其他较成熟的非常规油气资源评价技术精华(主要是技术思路)，综合考虑我国(海相)页岩气勘探开发所处阶段、我国(海相)页岩气实际地质特点，建立我国现阶段(海相)页岩气资源评价技术及相关规范与标准，并优选建立我国(海相)页岩气主要评价方法。

2. 建立类比区(刻度区)，确定类比参数与标准

采用地质相关性分析，确定影响页岩气资源的主控因素，并按影响程度赋予不同的权重系数。类比参数包括富有机质页岩基本特征、地球化学特征、储层特征、含气性特征、储层改造等相关参数。

3. 参数选取与取值

根据所建立的类比参数体系，对我国页岩(海相)气远景区、盆地逐一进行页岩气资源评价参数系统的建立，形成完整的参数数据表册。综合研究我国不同地区、不同类型盆地、不同地质时代富有机质页岩特征、页岩气形成条件、页岩气资源富集规律，确定不同类型富有机质页岩中页岩气资源影响因素，与刻度区类比，修订或调整权重系数，最终确定待评价区地质参数及类比系数。

4. 页岩气资源量估算

以刻度区资源丰度为基础，以评价区地质参数与类比系数为核心，按区带、层系、盆地估算页岩气地质资源量、可采资源量，最后汇总出我国页岩气地质资源总量、页岩气可采资源总量，并对其勘探开发前景做出评价。依据地质条件、资源潜力等关键因素，评价优选出我国(海相)页岩气有利勘探开发区或“甜点区”。

4.2 页岩气资源评价方法

4.2.1 北美页岩气资源评价

页岩气资源评价方法很多，总体看，主要分为动态评价法和静态评价法，两种方法又包含众多选用不同参数的资源计算方法(图 4.2)。由于页岩储层连续分布，具有较强的非均质性，多种气体富集机制、控制产能的多样性，在页岩气资源评价中既要考虑地质因素的不确定性，也要考虑技术、经济上的不确定性。不同勘探开发阶段适用的方法不同，关键参数不同，参数获取方式不同，资源估算结果也有较大差异。

北美针对页岩气资源(储量)的估算方法主要包括类比法、体积法、物质平衡法、递减曲线分析法及数值模拟法(图 4.2、表 4.1)。其中石油公司资源储量估算的显著特点是以经济效益为核心，在资源储量参数的选取和方法上，要求快速可靠，因此在估算方法

上常用少数几种。例如，一般在勘探初期主要用类比法及容积法；投入开发后，用产量递减曲线法或油气藏模拟法，投入开发的油气田每年或2～3年要用产量递减曲线法重新计算一次油气资源储量的变化。

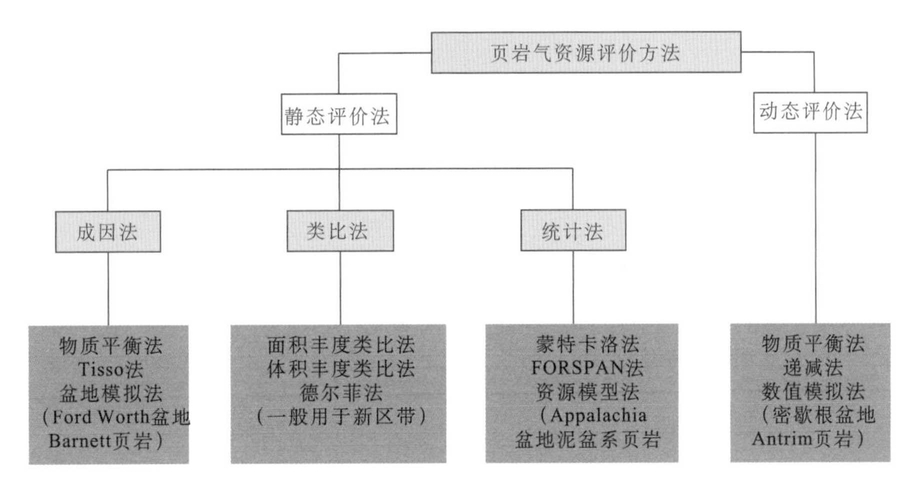

图4.2 北美页岩气资源评价方法示意图

表4.1 北美页岩气资源评价方法简表

评价方法	方法描述	影响因素
类比法	面积法、体积法	①预测区的成油气地质条件基本清楚 ②类比标准区已进行了系统的页岩气资源评价研究，且已发现页岩气田或较多井
	FORSPAN方法	最终潜在资源量估算 评价单元的选取较为关键 变量之间具独立性假设
容积法	游离气+吸附气	页岩储层参数及含气量
递减曲线法	大量生产数据建立 页岩气井生产趋势	递减曲线函数模型选取
油气资源空间分布预测法	统计法的扩展发展 （Chen and Osadetz，2006）	已知油气藏数量与储量规模分布，建立油气资源预测方法，解决资源空间分布难题

与美国相比，我国(海相)页岩气资源评价开展较晚，虽目前已有多家机构或学者对我国(海相)页岩气资源进行了评价，但主要采用了容积法和类比法，如2012年国土资源部采用容积法，估算了全国页岩气资源潜力，全国(不含青藏区)页岩气地质资源量为$134.42\times10^{12}\ m^3$，可采资源量为$25.08\times10^{12}\ m^3$。中国石油勘探开发研究院(2009年)[①]采用类比法，评价我国页岩气地质资源量为86×10^{12}～$166\times10^{12}\ m^3$，可采资源量为15×10^{12}～$20\times10^{12}\ m^3$，美国能源信息署(Kuuskraa，2013)采用容积法估算我国页岩气可采资

① 董大忠，程克明，黄金亮，等. 2009. 中国陆上页岩气资源前景评价. 北京：中国石油勘探开发研究院.

源量为 $31.6\times10^{12}\,m^3$。

1. FORSPAN 法

FORSPAN 模型法是美国地质调查局(USGS)在 1999 年为评价连续型油气藏资源而提出的一种评价方法。该方法以连续型油气藏的每一个含油气单元为对象进行资源评价，即假设每个单元都有油气生产能力，但各单元间含油气性(包括经济性)可以相差很大，以概率形式对每个单元的资源潜力作出预测。

以往也用容积法对连续型油气藏资源潜力作过评价。在容积法中，原始资源量估算常用的参数主要是一些基本地质参数(如面积、厚度、孔隙度等)，这些参数不确定性很强，且各单元间关系密切，缺乏独立性。因此，参数选取及标准确定较困难。FORSPAN 法建立在已有开发数据基础上(图 4.3)，估算结果为未开发原始资源量。因此，该方法适合于已开发单元的剩余资源潜力预测。已有的钻井资料主要用于储层参数(如厚度、含水饱和度、孔隙度、渗透率)的综合模拟、权重系数的确定、最终储量和采收率的估算。如果缺乏足够的钻井和生产数据，评价也可依赖各参数的类比取值。

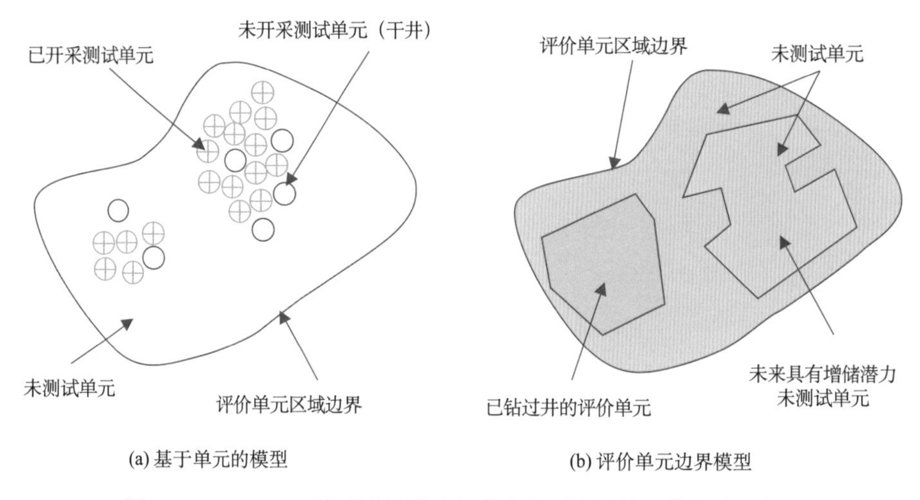

图 4.3　FORSPAN 法对连续型油气藏未发现资源量评价方法示意图

1) FORSPAN 模型的基础

(1) 基于储层性能，其中生产资料数据用于预测潜在的储量。

这种模型特别适合已经部分开发的连续性油气藏。在没有足够的钻探和生产数据的情况下，评估必须使用模拟连续聚集的信息。

(2) 基于全含油气系统(TPS)的概念。

连续性评估单元的正确识别和划分是 FORSPAN 模型的关键要素。

1995 年，USGS 采用 TPS 为基本评估单元，而在 2000 年 USGS 的 NOGA 计划里采用评价单元(AU)为基本单元。一个 TPS 可能等同于一个单一的 AU；在某些情况下一个 TPS 可能细分为两个或者多个 AU。

2) FORSPAN 模型参数

FORSPAN 模型需要输入地质和工程数据，FORSPAN 模型需要正确使用基本的地理、地质、发现史及生产和工程数据。USGS 使用 IHS 能源集团以及 PI/Dwight's US 的钻井和生产数据。另外还使用了 Richard Nehring's NRG 联营公司数据库中油田和储层相关数据。USGS 预测了美国未来 30 年的非常规油气资源量。

评估人员需要利用地理信息系统(GIS)、体积分析及石油工程模型来定义 FORSPAN 模型的以下参数。

(1) AU 的总面积(U)。

AU 的总面积(U)的确定要根据工区的地质特征，如露头、深度或热成熟度来确定其边界。这些边界可能是固定的也可能是不确定的。因此在一个 AU 内应该反映其地质特征的不确定性。另外 TPS 和 AU 的边界应该数字化。AU 的面积可以用一个三角分布的模式及其最大和最小值代替。例如在尤因塔-皮申斯含油气省(Uintah-Piceance Province)，评估人员在镜质体反射率(R_o)的基础上，根据热成熟度的变化确定评估单元的边界(图 4.4)。

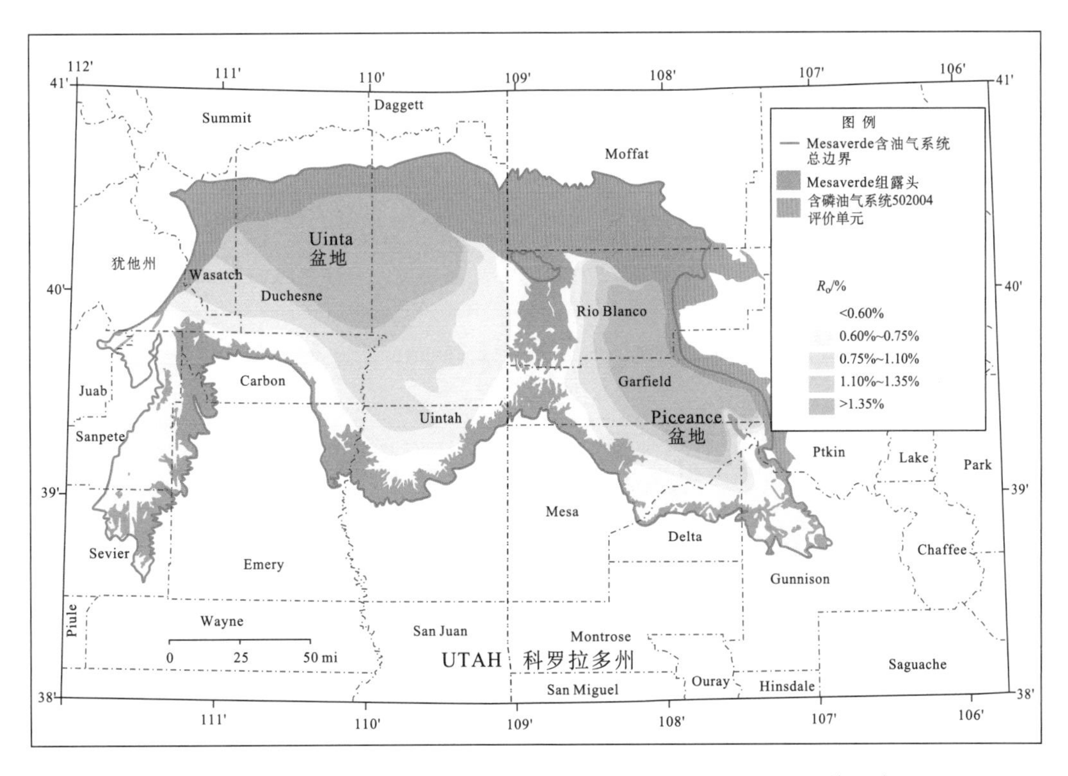

图 4.4 在镜质体反射率(R_o)基础上，根据热成熟度变化确定评估单元边界

Summit.萨米特(地名);Daggett.达格特(地名);Moffat.莫弗特(地名); Wasatch.沃萨奇(地名);Duchesne.杜申(地名);Rio Blanco.里奥布兰科(地名);Juab.贾布(地名);Carbon.卡本(地名);Garfield.加菲尔德(地名);Sanpete.桑皮特(地名);Uintah.尤因塔(地名);Ptkin.皮特金(地名);Lake.湖(地名);Park.公园(地名);Sevier.塞维尔(地名);Emery.埃默里(地名);Mesa.梅萨(地名);Delta.德尔塔(地名);Chaffee.查菲(地名);Piule.皮勒(地名);Wayne.韦恩(地名);San Juan.圣胡安(地名);Montrose.蒙特罗斯(地名);San Miguel.圣米格尔(地名); Gunnison.冈尼森(地名);Ouray.乌雷(地名);Hinsdale.欣斯代尔(地名);Saguache.萨沃奇(地名)

(2) 每个未测试单元对储量的潜在增加量(V)。

当 AU 的边界确定后，需要列出在 AU 范围内所有井的清单，根据这个清单确定出在 AU 范围内已测试单元的总数，然后分析已测试单元和未测试单元。

已测试单元指经过钻井测试、地层测试、岩心和测井分析中有烃类显示，泥浆测井中有烃类显示的单元；未测试单元指没有井的单元(图 4.5)。测试单元的面积由生产井的泄流面积决定(图 4.6)；未测试单元的面积由井的潜在泄流面积决定，由于这方面没有统一，故该面积由三角形概率分布来表示。

(3) 未测试占 AU 总面积的百分比(R)。

该变量的平均值很容易计算，如果知道 AU 总面积及已测试面积占 AU 总面积的比例，就能计算出未测试面积百分比的平均值，而且这个变量的分布为三角概率分布。

(4) 具增储潜力未经测试单元占总 AU 的百分比(S)。

这个变量反映了已知或未知甜点的面积(大小)。可以结合工区的地质背景，科学地推测该变量的值，同时该变量也是用三角概率分布来表示的。

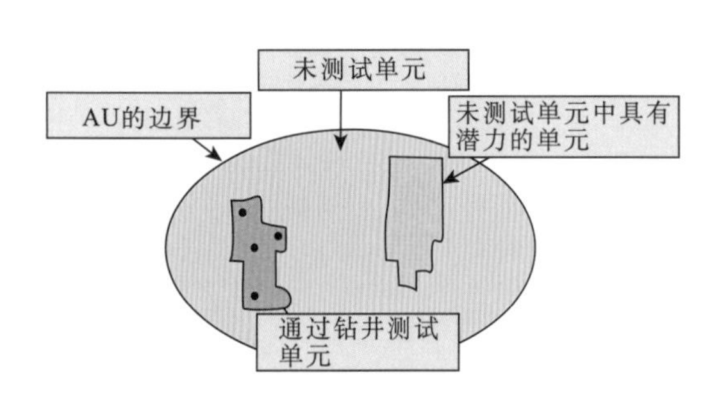

图 4.5　USGS 方法中三种不同单元示意图

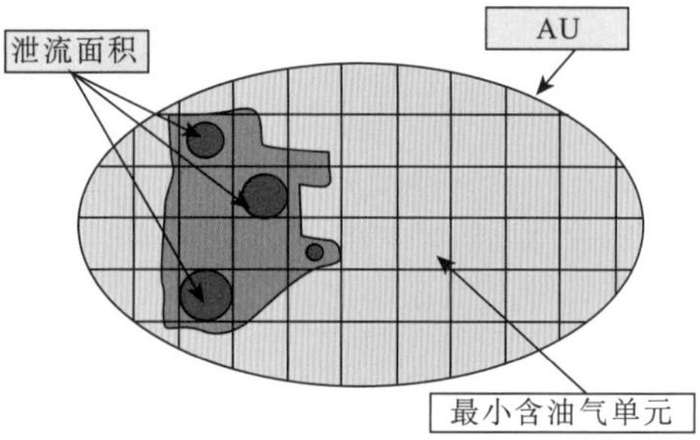

图 4.6　生产井的泄流面积

(5) 每个单元的总采收率(X)。

结合研究区的历史生产数据及对递减曲线的分析，可以模拟估计每个单元的总采收率，且这个变量用一个转向截断对数正态分布图表示(图 4.7)。

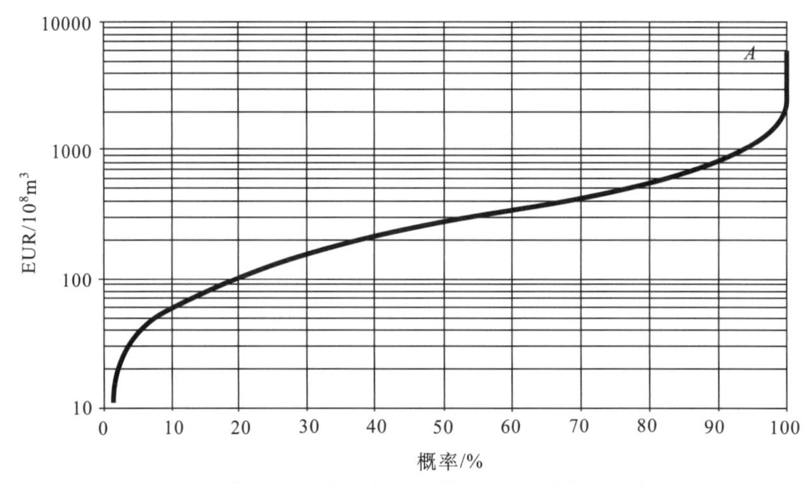

图 4.7　EUR 曲线用于确定未钻区单元 EUR 估算的概率分布图

FORSPAN 法涉及参数众多，基本参数有评价目标特征、评价单元特征(单元大小、已开发和未开发数量、成功率等)、地质地球化学特征和勘探开发历史数据等(图 4.8)。USGS 分别在 2003 年和 2008 年用该方法对 Fort Worth 盆地 Barnett 页岩气资源做了估算，评价结果分别为 $7400\times10^8\ m^3$、$2.66\times10^{12}\ m^3$。第二次评价结果是第一次的 3.6 倍，原因在于 Fort Worth 盆地页岩气藏含气范围扩大至原来的三倍，整个盆地成为有利页岩气产区，其次是页岩气井生产周期变长，由初期评价时的 30 年增长到 50 年，其核心产区的生产周期甚至估算到 80～100 年。这一结果说明页岩气资源量估算结果不是一成不变，而是动态评价过程，同时也说明了页岩气资源的复杂性。

2. 单井(动态)储量(EUR)估算法

单井(动态)储量估算法由美国 ARI 公司提出，核心是以一口井控制的范围为最小估算单元，把评价区划分成若干最小估算单元，通过对每个最小估算单元的储量计算，得到整个评价区的资源量数据，即

$$GIP_{总}=\sum_{i=1}^{n}q_i f \tag{4.1}$$

式中，q_i 为单井储量，$10^8\ m^3$；i 为估算单元；f 为钻探成功率，%。

该方法在页岩气藏资源估算中有五个关键步骤。

(1) 确定评价范围：综合利用评价区早期生产数据，尽可能准确圈定页岩含气边界。如利用烃源岩热成熟度研究成果，圈定出处于生气窗范围内的烃源岩，即可认为是最大的含气面积；或利用页岩厚度资料，以最小净产层厚度法圈定评价边界；或利用其他资料综合确定评价区边界。无论资料多寡，都需综合利用各种信息，以保证所确定的评价区边界有效。

(2) 确定最小估算单元：综合生产数据、储层性质和致密地层标准曲线模型(如 METEOR 模型)，建立经过严格分析的单井泄气范围。以单井泄气范围为最小估算单元，对评价区做出全部划分。

(3) 确定单井储量规模：依据页岩厚度、岩性特征、有机碳含量、成熟度、吸附气含量等有关页岩气藏特征数据，结合页岩气井生产动态，建立综合性的、精确的单井储量模型。该模型可以为一个单值，或是分区建立的多个值，或是一种概率分布。

(4) 确定钻探成功率：尽管可能在生气窗范围内的所有富有机质页岩都具有产气能力，但并不能保证该范围内钻探的所有页岩气井都成功，其原因在页岩沉积上的差异或热演化上的不均一等。在页岩气藏资源估算中，对不成功部分的估算用探井成功率给予扣除。

(5) 确定气藏“甜点”：通过上述四个工作环节，可以估算出每个评价单元及整个评价区的资源前景。进一步结合区域构造、裂缝发育规律等地质因素及地面条件、基础设施等经济因素，评价确定具有地质上富集、经济上高产的气藏“甜点”区块。

标识信息

评价地质家：＿＿＿＿＿＿　日期：＿＿＿＿

地区：＿＿＿＿＿＿　编号：＿＿＿＿

省：＿＿＿＿＿＿　编号：＿＿＿＿

总石油系统：＿＿＿＿＿＿　编号：＿＿＿＿

评价单元：＿＿＿＿＿＿　编号：＿＿＿＿

基于数据的：

评审员备注：＿＿＿＿＿＿

评价单元（Unit）特征

评价单元（Unit）类型：油（<20000ft^3/bbl）或者天燃气（≥20000ft^3/bbl）

每个单元(cell)最低预测最终储量：＿＿（石油评价单元10^6bbl；天然气评价单元10^9ft^3）

已测试单元(cell)数量：

已测试单元(cell)每个单元(cell)最终储量>（最小值）的数量：

确定的（>24口井≥最小值）：＿＿有界限的（1~24口井）：＿＿假设的（没有井）：

每个单元(cell)平均总储量（每个单元≥最小值）：石油评价单元(Unit)10^6bbl；天然气评价单元(Unit)10^9ft^3

早期（三次）发现：＿＿中期（三次）发现：＿＿晚期（三次）发现：

评价单元(Unit)概率：

属性	发生概率（0~1.0）
1.充注：总储量≥最小值…未测试单元(cell)有足够的油气充注：	
2.岩石：总储量≥最小值…未测试单元(cell)有足够的储层、圈闭和盖层：	
3.时机：总储量≥最小值…未测试单元(cell)有足够的地质时间耦合：	
评价单元地质概率（1,2,3产率）	
4.通道：总储量≥最小值…未测试单元(cell)有足够的位置进行石油相关行为：	

未来30年具备增储潜力的未测试单元数量

1.总评价单元Unit面积（acre）：(固定值的不确定性)

最小值	平均值	最大值

2.未来30年具备增储潜力的未测试单元(cell)面积（acre）:(值本质上是可变的)

计算平均值	最小值	中值	最大值

3.未测试单元占总评估单元Unit面积比例（%）：（固定值的不确定性）

最小值	平均值	最大值

4.未来30年具备增储潜力的未测试单元Unit面积比例（%）：（每个单元(cell)总储量≥最小值；固定值的不确定性）

评价单元Unit（名字，编号）：

每个单元cell总储量

未来30年具备增储潜力的未测试单元(cell)每个单元(cell)预测最终储量：

（值是固定不变的）石油评价单元Unit106bbl；天然气评价单元Unit109ft^3

最小值	平均值	最大值

未测试单元cell平均伴生率，评价伴生物（固定的但不知道确定值）

油评价单元（Unit）：	最小值	平均值	最大值
气/油比（cfg/bo）：			
液化气/气(bngl/mmcfg):			
气评价单元（Unit）：			
液体/气体比（bliq/mmcfg）：			

未测试单元（cell）选择辅助数据（值是固定不变的）

油评价单元（Unit）	最小值	平均值	最大值
油的API值（度）：			
油的硫含量（%）：			
钻井深度（m）：			
水的埋深（m）(有水的情况)：			
气评价单元（Unit）			
惰性气体含量（%）：			
CO2含量（%）：			
H2S含量（%）：			
钻井深度（m）：			
水的埋深（m）(有水的情况)：			

成功率：	计算平均值	最小值	中值	最大值
未来成功率（%）：				
历史成功率，测试单元cell（%）：				

评价单元（名字，编号）：

潜在增储量平面分配（固定值的不变性）

1.　Colorado 占了评价单元Unit面积的12.66%

油评价单元（Unit）中的油：	最小值	平均值	最大值
实物体积百分比（%）：			
海相体积百分比（%）：			
气评价单元（Unit）中的气：			
实物体积百分比（%）：			
海相体积百分比（%）：			

2.　　占了评价单元Unit面积的

油评价单元（Unit）中的油：	最小值	平均值	最大值
实物体积百分比（%）：			
海相体积百分比（%）：			
气评价单元（Unit）中的气：			
实物体积百分比（%）：			
海相体积百分比（%）：			

图 4.8　连续性型油气藏 FORSPAN 评价模型基本参数图版

ARI用该方法估算了全美48个州的页岩气资源[①]，可采资源总量约$3.97\times10^{12}\,m^3$，其中探明可采储量为$3398.04\times10^8\,m^3$，待探明可采资源量为$3.63\times10^{12}\,m^3$。而同期USGS(2006)的估算为$1.7\times10^{12}\,m^3$，NPC(2003)的估算为$8212\times10^8\,m^3$。三者差异明显，ARI认为对诸如页岩气藏这样的连续型气藏的资源潜力评估对大量数据的需要和“甜点”的选择变得很困难，成功地引入地质新认识、钻井和完井技术进步、大量专家论证及动态评价非常重要。

3. 容积法

容积法是页岩气生产商常用的评价方法，基础是页岩气的蕴藏方式。页岩气蕴藏在页岩的基质孔隙空间、裂缝内及吸附在有机物和黏土颗粒表面。因此，容积法估算的是页岩孔隙、裂缝空间内的游离气、有机物和黏土颗粒表面的吸附气体积的总和，即

$$\mathrm{GIP}_{总}=\mathrm{GIP}_{游}+\mathrm{GIP}_{吸} \tag{4.2}$$

(1)页岩气藏压力、温度计算。

压力公式为

$$P=HP_{\mathrm{d}} \tag{4.3}$$

式中，P为气藏压力；H为气藏埋藏深度；P_d为压力梯度(实测或$P_d=1.54$psi/m，1psi=6.89476kPa)。

温度公式为

$$T=60+T_{\mathrm{d}}\frac{H}{100} \tag{4.4}$$

式中，T为气藏温度；T_d为地温梯度(实测或$T_d=5.91$℉/100m)。

(2)游离气资源量估算：

$$\mathrm{GIP}_{游}=0.028h\frac{\phi_{\mathrm{g}}}{B_{\mathrm{g}}} \tag{4.5}$$

式中，h为有效页岩厚度；ϕ_g为页岩含气孔隙度；B_g为体积系数，其表达式为

$$B_{\mathrm{g}}=0.0283Z\frac{T}{P} \tag{4.6}$$

其中，Z为气体偏差系数。

(3)吸附气资源量估算：

$$\mathrm{GIP}_{吸}=7.9V_{甲}\rho h \tag{4.7}$$

式中，ρ为页岩密度；$V_{甲}$为页岩吸附气含量，其表达式为

$$V_{甲}=\frac{V_{\mathrm{L}}P}{P_{\mathrm{L}}+P} \tag{4.8}$$

其中，V_L为Langmuir体积，$V_L=f(\mathrm{TOC})$；P_L为Langmuir压力，$P_L=f(T)$。V_L、P_L由岩心分析或测井解释得到，也可通过地质类比借用。

① Core Lab. 2006. 页岩储层综合评价——页岩气储层储层特征和产量预测. 休斯敦：Core Lab.

该方法可简化表示为

$$\mathrm{GIP}_{总}=\mathrm{GIP}_{游}+\mathrm{GIP}_{吸}=Sh(\phi_g S_g+\rho G_s) \tag{4.9}$$

式中，S 为页岩含气面积，km^2；S_g 为含气饱和度，%；G_s 为吸附气含量，$10^8\ m^3/t$。其中孔隙度 ϕ_g、含气饱和度 S_g、吸附气含量 G_s 是影响该方法结果可靠程度的关键参数。

(4)若考虑吸附气占据部分孔隙后游离气资源量的估算

页岩气总孔隙体积可分成吸附气体积、游离气体积和孤立孔隙体积(图 4.9)，在考虑吸附气占据体积的基础上，提出了用于页岩气游离气资源量估算新方法。即

$$G_f=\frac{32.0369}{B_g}\left[\frac{\phi(1-S_w)}{\rho_b}-\frac{1.318\times10^{-6}M}{\rho_s}\left(V_L\frac{P}{P+P_L}\right)\right] \tag{4.10}$$

式中，G_f 为游离气资源量，$10^8\ m^3$；B_g 为页岩气地层体积系数，无量纲；M 为天然气的摩尔质量，g/mol；ρ_s 为吸附气相对密度；P 为页岩气层压力。

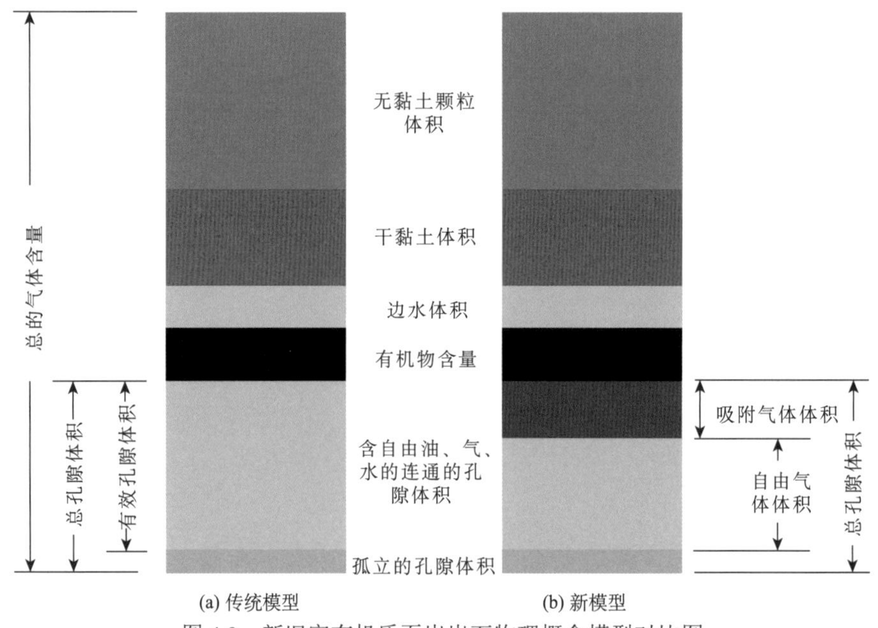

图 4.9　新旧富有机质页岩岩石物理概念模型对比图

新方法中考虑到了页岩的孔隙结构(图 4.10)，通过最初和最终压力步骤方程对吸附气体的体积进行校正。

即

$$\begin{cases} V_1=V_0-\dfrac{n_1M}{\rho_s} \\ V_2=V_0-\dfrac{n_2M}{\rho_s} \end{cases} \tag{4.11}$$

式中，V_0、V_1、V_2 分别为原始孔隙体积、第 1 步孔隙体积、第 2 步孔隙体积；n_1 为对应第 1 步的物质的量；n_2 为对应第 2 步的物质的量。

在等温分析过程中，孔隙体积在后续的每个压力步骤中进一步减小。根据吸附气的

摩尔分数使用吉布斯(Gibbs)等温线来确定。利用状态方程将 Gibbs 等温线转化为孔隙体积，然后用 Gibbs 修正系数(ρ_f/ρ_s ， ρ_f 为游离气相对密度)对孔隙体积进行调整，即

$$G_a = \frac{G'_a}{1-\rho_f/\rho_s} \tag{4.12}$$

式中，G_a 为页岩气总含气量，m^3/t；G'_a 为 Gibbs 等温存储能力，m^3/t。

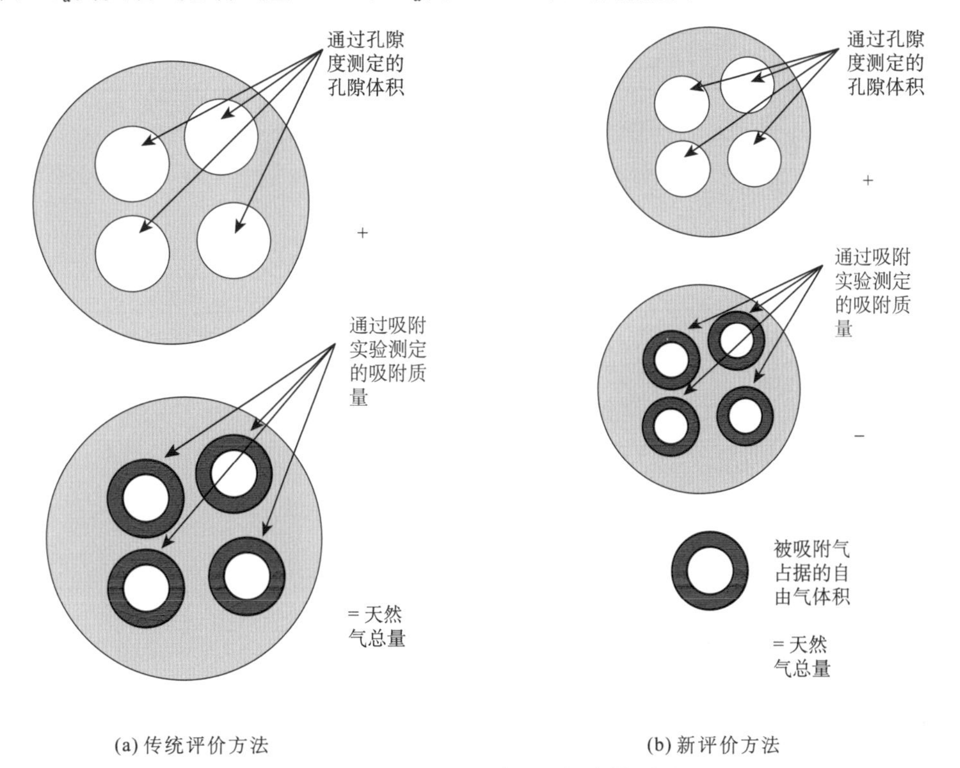

图 4.10　新旧评价方法体积概念模型图

图 4.11 给出了有体积校正与无体积校正情况下的等温线曲线图。可以看出：随着压力的增加，有体积校正与无体积校正的储气能力误差明显增大，最大误差为 38.46%。

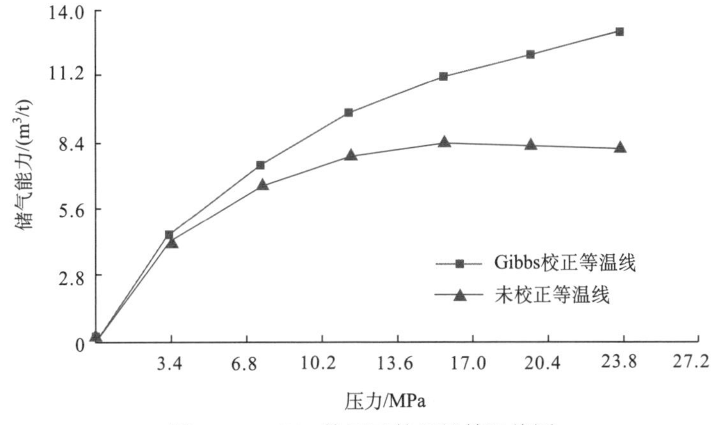

图 4.11　Gibbs 校正下的甲烷等温线图

因而，在当前储层温度和压力条件下进行孔隙体积吸附相的校正显得十分必要。以国外两种不同储层特征的页岩气藏为例，对页岩气储量计算新模型进行了分析(表 4.2)，考虑吸附气体所占体积，会影响页岩气的游离气量 C_f，页岩 A(低吸附能力)的游离气下降了 15.4%，页岩 B(高吸附能力)的游离气下降了 32.9%，且随页岩吸附能力的增强，影响程度增大。

表 4.2　页岩气游离气资源量相关计算表

	页岩 A(低吸附能力)	页岩 B(高吸附能力)
总孔隙度 ϕ	0.06	0.06
含水饱和度 S_w	0.35	0.35
含油饱和度 S_o	0.0	0.0
天然气体积系数 B_g	0.0046	0.0046
天然气摩尔质量 M/(g/mol)	16	16
Langmuir 体积 V_L/(m^3/t)	1.42	3.39
地层压力 P/MPa	27.58	27.58
地层温度 T/℃	82.2	82.2
Langmuir 压力 P_L/MPa	7.93	12.41
页岩体积密度 ρ/(g/cm^3)	2.5	2.5
吸附相密度 ρ_s/(g/cm^3)	0.34	0.34
考虑前游离气量 C_{f1}/(m^3/t)	3.077	3.077
考虑后游离气量 C_{f2}/(m^3/t)	2.602	2.065
考虑前吸附气量 C_{s1}/(m^3/t)	1.103	2.338
考虑后吸附气量 C_{s2}/(m^3/t)	1.103	2.338
考虑前总含气量 C_{t1}/(m^3/t)	4.179	5.415
考虑后总含气量 C_{t2}/(m^3/t)	3.705	4.403

从国内高 TOC 含量和高含气性的长宁、威远、焦石坝等地区龙马溪组页岩来看，Langmuir 体积为 0.49～7.28m^3/t，平均为 2.36m^3/t，属于低—中等吸附能力页岩，表明我国页岩气吸附能力整体相对较低，吸附气所占体积对总含气量影响不大。其次由于吸附相密度 ρ_s 求取复杂，因此在现阶段页岩气资源评价中暂不考虑吸附气所占孔隙体积的影响。

(5)吸附气资源量的估算。

目前比较常用的吸附气含量测定方法是美国矿务局(USBM)直接测定法和等温吸附实验测定法。

USBM 直接测定法具体做法：首先在现场采集岩心样品，在岩心中钻取直径 2.5cm、长度 5cm 的岩心柱，立即放入特制的解吸罐中；模拟在储层压力为 0.028～0.034MPa 条件下，先自然解吸，然后再在真空状态下粉碎、加热、脱气，从解吸开始按每小时计量 4～5 次，直到完全收集测量完毕。所测得的吸附气含量一般由采样过程中的损失气量(V_{lost})、自然状态下的解吸量($V_{measured}$)、真空状态下加热粉碎前后的残余气量($V_{crushed}$)三部分组成。其中损失气为岩心地层钻开后到装罐前散失的气量。损失气的起算时间为岩心提至钻井液压力等于页岩层流体压力的时间，或采用提钻到井深一半的时间(清水泥浆)。损失气的确定目前有四种方法：USBM 直接法、Smith-Williams 方法、Amoco 方法和下降曲线法。其中最广泛应用的是 USBM 直接法，其原理是损失气量与解吸时间的平方根成正比，利用解吸过程前 4h 的数据，可以用曲线回归的方式恢复损失气量。解吸气包括岩心装罐解吸获得的天然气和为获取残余气在碎样过程中释放的天然气。残余气为样品粉碎到一定目数后，解吸获得的天然气量。残余气在页岩气开采时基本上是不可能获得的，因此在吸附气地质储量计算时应扣除这一部分气量。定义 C_t 为从解吸实验得到的吸附气总量，C_s 为能够解吸的吸附气含量，那么解吸系数 R 有如下计算公式：

$$R = \frac{V_{\text{lost}} + V_{\text{measured}}}{V_{\text{lost}} + V_{\text{measured}} + V_{\text{crushed}}} \tag{4.13}$$

由式(4.13)得到解吸的吸附气量为

$$C_s = C_t R \tag{4.14}$$

$$G_{吸} = 0.01 Sh\rho C_s \tag{4.15}$$

式(4.14)和式(4.15)中，C_t 为解吸实验得到的气体总量，m^3/t；C_s 为能解吸的吸附气含量，m^3/t；ρ 为页岩岩石密度，g/cm^3；$G_{吸}$为吸附气资源量，$10^8\ m^3$；S 为有效页岩面积，km^2；h 为有效页岩厚度，m。

等温吸附模拟法是通过页岩样品的等温吸附实验来模拟样品的吸附过程及吸附量，通常采用 Langmuir 模型描述其吸附特征。根据该实验得到的等温吸附曲线可以获得不同样品在不同压力(深度)下的最大吸附含气量，也可通过实验确定该页岩样品的 Langmuir 方程计算参数(图 4.12)。

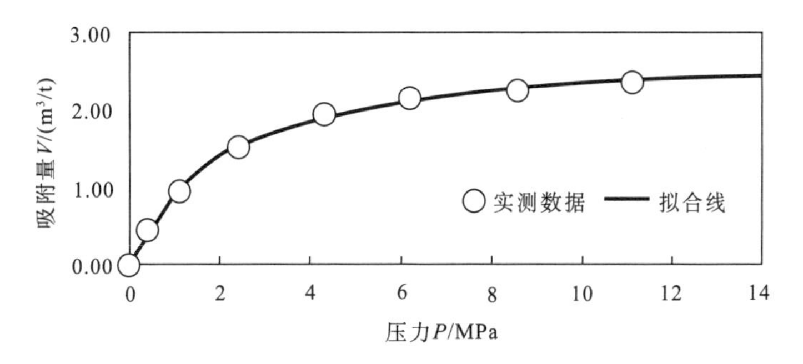

图 4.12 页岩等温吸附实验模拟曲线图

吸附气量计算公式为

$$G_s = V_L \frac{P}{P + P_L} \tag{4.16}$$

吸附气资源量公式为

$$G_{吸} = 0.01 Sh\rho V_L \frac{P}{P + P_L} \tag{4.17}$$

式中，S 为有效页岩面积，km^2；h 为评价单元有效页岩厚度，m；ρ 为评价单元页岩岩石密度，g/cm^3；P 为页岩气地层压力，MPa。

2013 年，Kuuskraa 用容积法对全球 6 个大陆 41 个国家（不包括美国）进行了页岩气资源量评估（表 4.3），其中页岩气原地资源量为 881.70×10^{12} m^3，可采资源量为 187.82×10^{12} m^3。与 2011 年比较，原地资源量增加 258.27×10^{12} m^3，可采资源量增加 24.71×10^{12} m^3。

表 4.3 全球页岩气原地资源量和可采资源量统计表（据 Kuuskraa，2013）（单位：10^{12} m^3）

大陆	2011 年		2013 年	
	风险原地资源量	技术可采资源量	原地资源量	技术可采资源量
北美	109.19	30.27	131.59	31.66
南美	129.38	34.69	57.94	12.37
欧洲	73.26	17.67	180.94	40.52
非洲	112.19	29.51	138.61	25.00
亚洲	160.30	39.76	188.70	38.54
澳大利亚	39.11	11.21	183.92	39.73
合计	623.43	163.11	881.70	187.82

其中对我国 7 个地区进行了页岩气地质资源量和可采资源量估算（表 4.4），地质资源量为 134.36×10^{12} m^3，可采资源量为 31.60×10^{12} m^3。

表 4.4 我国页岩气地质资源量和可采资源量统计表（据 Kuuskraa，2013）（单位：10^{12} m^3）

盆地	层位	2013 年	
		地质资源量	可采资源量
四川盆地	筇竹寺组	14.16	3.54
	龙马溪组	32.45	8.13
	二叠系	20.25	6.09
扬子地台	下寒武统	5.13	1.27
	下志留统	11.75	2.94
江汉盆地	牛蹄塘组	1.30	0.31
	龙马溪组	0.79	0.20
	栖霞组/茅口组	1.13	0.28
大苏北盆地	幕府山组	0.80	0.20
	五峰组/高家边组	4.08	1.02
	上二叠统	0.24	0.06
塔里木盆地	下寒武统	4.98	1.25
	下奥陶统	10.68	2.66
	中—上奥陶统	7.50	1.73
	下三叠统柯吐尔组或俄霍布拉克组	4.56	0.45
准噶尔盆地	平地泉组	4.87	0.48
	三叠系	5.30	0.54
松辽盆地	青山口组	4.39	0.45
合计		134.36	31.60

4. 物质平衡法(压降法)

物质平衡法(压降法)在气田开发的中后期应用十分普遍，比容积法的计算结果更加准确。物质平衡法要求气藏压力测值更为精确，既要求原始地层压力，又要求生产期间不同时段内的平均地层压力，同时要求这一时间段的油气产出体积量。以物质平衡为基础，对平均地层压力和采气量之间的隐含关系进行分析，建立适合气藏的物质平衡方程，通过描绘出 P/Z^* 与 G_p 图，最后计算出总体积，主要计算表达式如下：

$$G_p = V_{b2}\phi_i Z_{sc} T_{sc} \left\{ \left[\frac{(1-S_{wi})P_i}{Z_i} + \frac{RTC_{Ei}}{1000\phi_i} \right] - \left[\frac{\left[1-c_\phi(P_i - P)\right](1-S_{wavg})P}{Z} + \frac{RTC_E}{1000\phi_i} \right] \right\} \tag{4.18}$$

$$Z^* = \frac{Z}{\left[1-c_\phi(P_L - P)\right](1-S_{wavg}) + \dfrac{ZRTC_E}{1000\phi_i P}} \tag{4.19}$$

$$V_{bc} = \frac{-mP_{sc}T}{\phi_i Z_{sc} T_{sc}} \tag{4.20}$$

$$S_{wavg} = \frac{S_{wi}\left[1 + c_w(P_L - P)\right] + \dfrac{W_e - B_w W_p}{\phi_i V_{b2}}}{1 - c_\phi(P_L - P)} \tag{4.21}$$

式(4.18)～式(4.21)中，G_p 为页岩气储层中页岩气总体积，m^3；c_ϕ 为岩石压缩系数，MPa^{-1}；C_E 为相平衡等温线摩尔浓度，mol/L；C_{Ei} 为初始相平衡等温线摩尔浓度，mol/L；c_w 为水的压缩系数，MPa^{-1}；V_{bc} 为计算的孔隙总体积，m^3；V_{b2} 为次生孔隙总体积，m^3；Z^* 为天然气气体因子，无量纲；Z 为气体压缩因子，无量纲；Z_i 为气体初始压缩因子，无量纲；Z_{sc} 为标准状态下气体压缩因子，无量纲；ϕ_i 为初始孔隙度，%；T_{sc} 为标准状态温度，℃；T 为页岩储层温度，℃；S_{wi} 为初始含水饱和度，%；S_{wavg} 为平均含水饱和度，%；P 为页岩储层压力，MPa；W_e 为水侵入量，m^3；W_p 为产水量，m^3；B_w 为水的地层体积系数，储层/水(体积比)；R 为普适气体常数，8.31J/(K·mol)；P_i 为初始储层压力，MPa；m 为对应 V_{b2} 时的 P/Z^* 图的斜率值；P_{sc} 为标准状态下压力，MPa。

5. 德尔菲综合法

德尔菲法是当研究区前期资料或数据不够充分，或者当模型中需要相当程度的主观判断时，采用问卷方式对选定的具有丰富经验和知识的油气地质专家进行意见征询，经过反复几轮的征询，使专家意见趋于一致，从而得到资源量预测结果的一种简单有效的资源评价方法。

为了进一步得到可靠的资源量数值，在以上所有/部分方法计算资源量的基础上，采用德尔菲法的综合思想对所有计算结果进行综合，这样可以得到较可信的资源量。

虽然定量地质学近年来取得了长足的发展，但是从整个地质学本身来说，仍然没有跳出描述性的范畴。人们在没有弄清页岩气富集微观机理及宏观控制因素之前，任何定量模拟都很难达到精度要求。对某一个页岩气区的认识(包括资源量的估算)来说，经验的积累至关重要。在这一意义上，德尔菲法是一种行之有效的页岩气资源评价综合方法，在美国和加拿大等国家，德尔菲法被认为是最关键的一种方法。

德尔菲法的主要优点：适用从新区到钻探成熟盆地的各级资料，程序渐变、迅速，评价结果可表示为概率分布，反映出估算值的不确定性。该方法最大缺点是提交的最终估算结果是以概率分布表示的。针对页岩气勘探开发程度不同，尤其是有些地区地质条件又非常复杂，不能笼统地采用一种资源量计算方法，应根据不同地区的具体情况采用不同的方法，最后对评价结果进行交叉验证，提高评价结果的可靠性。

4.2.2 我国页岩气资源评价

通过北美页岩气资源评价方法解剖，我国页岩气资源潜力评价方法的建立，充分借鉴了北美页岩气资源评价方法原理，重点针对我国页岩气地质条件，结合我国页岩气勘探开发实际阶段，初步确定我国页岩气资源评价方法体系由五种资源量估算方法和一种资源量综合汇总法共同构成，即成因法、类比法、EUR 法、容积法、总含气量法和德尔菲法。

1. 成因法

根据烃源岩热解化学动力生烃和物质平衡原理及烃类运聚理论，在实验分析模拟基础上，估算页岩总生气量、排气量和残余气量，而获得页岩气资源量。具体应用 Tissot 或产烃率方法计算页岩总生气量，或计算原油裂解气和干酪根生气量总和，总结出不同页岩在不同构造、不同成熟度条件下的排烃系数，二者相乘便可求出剩余在页岩地层中的页岩气资源量。计算公式如下：

$$Q = Q_{\text{总生气量}}(1-K_{\text{排}}) \\ =0.01Sh\rho \mathrm{TOC}C_{\mathrm{g}}(1-K_{\text{排}}) \tag{4.22}$$

或

$$Q = (Q_{\text{原油裂解气}}+Q_{\text{干酪根生气}})(1-K_{\text{排}}) \\ =0.01(Sh\rho\mathrm{TOC}C_{\mathrm{o}}O_{\mathrm{g}}+Sh\rho\mathrm{TOC}K_{\mathrm{g}})(1-K_{\text{排}}) \\ =0.01(Sh\rho\mathrm{TOC})(C_{\mathrm{o}}O_{\mathrm{g}}+K_{\mathrm{g}})(1-K_{\text{排}}) \tag{4.23}$$

式(4.22)和式(4.23)中，Q 为评价区页岩气资源量，$10^8\mathrm{m}^3$；$Q_{\text{原油裂解气}}$为评价区页岩原油所生成的气资源量，$10^8\mathrm{m}^3$；$Q_{\text{干酪根生气}}$为评价区页岩干酪根所生成气资源量，$10^8\mathrm{m}^3$；S 为评价单元面积，km^2；h 为评价单元页岩厚度，m；ρ 为评价单元页岩岩石密度，$\mathrm{g/cm}^3$；TOC 为评价单元页岩有机碳含量，%；C_{g} 为页岩有机质总产气率，m^3/kg；C_{o} 为页岩有机质总液态烃产率，kg/kg；O_{g} 为原油裂解气产率，m^3/kg；K_{g} 为干酪根气产率，m^3/kg；$K_{\text{排}}$ 为评价单元页岩排烃率，%。

2. 类比法

由已知页岩气区(刻度区)单位面积页岩气资源丰度(资源量)，类比确定评价区单位面积页岩气丰度(资源量)，然后估算整个评价区页岩气资源量的方法。 计算公式如下：

$$Q = \sum_{i=1}^{n}(S_i f_i a_i) \tag{4.24}$$

式中，Q 为评价区页岩气资源量，$10^8\ m^3$；S_i 为第 i 个评价单元面积，km^2；f_i 为第 i 个评价单元所对应的刻度区页岩气资源丰度，$10^8\ m^3/km^2$；a_i 为第 i 评价单元所对应的刻度区相似系数，$0<a_i\leqslant 1$；n 为评价单元个数。

其中类比相似系数的计算，根据页岩气形成与富集条件的风险(地质、工程)评价结果，逐一将评价单元页岩气形成与富集地质条件、工程技术条件等与所选刻度区条件类比，求出对应相似系数。计算公式如下：

$$a_i = R_e / R_c \tag{4.25}$$

式中，a_i 为评价单元与对应刻度区的相似系数，$0\leqslant a_i\leqslant 1$；$R_e$ 为评价单元页岩气形成与富集条件风险评价结果，即有利系数；R_c 为刻度区页岩气形成与富集条件风险评价结果，即有利系数。

类比区的选择根据评价单元页岩气形成与富集条件，选择具有相似条件的一个或多个刻度区。

3. EUR 法

由单井 EUR 值，据单井泄气面积预测评价单元钻井数，估算评价区页岩气资源量的方法。计算公式为

$$Q = \sum_{i=1}^{n}(S_i / N_i \cdot \mathrm{EUR}_i \cdot a_i) \tag{4.26}$$

式中，Q 为评价区页岩气可采资源量，$10^8\ m^3$；N_i 为第 i 个评价单元中单井控制泄气面积，km^2/口；EUR_i 为第 i 个评价单元对应的 EUR 值，$10^8 m^3$。

其中，单位面积井数根据评价区的类型、类比单井泄气面积确定。

EUR 值通过单井统计或相似刻度区类比确定。采用统计法、类比法，确定 EUR 值概率分布曲线或 EUR 平均值、最小值和最大值。

4. 容积法

页岩气赋存方式包括游离气、吸附气和溶解气。页岩中一般极少溶解气量，页岩气总资源量计算中往往仅计算游离气量和吸附气量。计算公式：

$$Q = \sum_{i=1}^{n}(Q_{游i} + Q_{吸i}) \tag{4.27}$$

式中，Q 为评价区页岩气资源量，$10^8\ m^3$；$Q_{游i}$ 为第 i 个评价单元页岩游离气资源量，$10^8 m^3$；$Q_{吸i}$ 为第 i 个评价单元页岩吸附气资源量，$10^8 m^3$；n 为评价单元个数。

其中，页岩游离气资源量：

$$Q_{游i} = S_i h_i \phi_{gi} S_{gi} / B_g \tag{4.28}$$

式中，$Q_{游i}$ 为第 i 个评价单元页岩游离气资源量，$10^8\ m^3$；h_i 为第 i 个评价单元富有机质

页岩有效厚度，km；ϕ_{gi} 为第 i 个评价单元富有机质页岩含气孔隙度，%；S_{gi} 为第 i 个评价单元富有机质页岩含气饱和度，%；B_g 为页岩气压缩因子，无量纲参数。

页岩吸附气资源量：

$$Q_{吸i} = S_i h_i \rho_i q_{吸i} \tag{4.29}$$

式中，$Q_{吸i}$ 为第 i 个评价单元页岩游离气资源量，$10^8 m^3$；$q_{吸i}$ 为第 i 个评价单元富有机质页岩吸附气含量，m^3/t。

吸附气量确定：含气量是容积法计算页岩气资源量中的关键参数。在勘探开发程度较高或资料较丰富页岩气区，上述参数均应来源于实际数据。在缺乏实际数据情况下，可由等温吸附实验模拟、类比、统计、测井资料解释等方法获得，各种方法所获得的含气量数值具有不同的地质意义和使用条件。

采用类比法或统计法获得含气量数据时，类比区与类比系数参照类比法。由等温吸附实验模拟法获取含气量数据时，吸附气含量为

$$q_{吸i} = \frac{V_L P}{P_L + P} \tag{4.30}$$

式中，P 为地层压力，MPa。

需要注意的是，由等温吸附模拟获得的吸附气含量可能较实际数值要大，需应用实际数据校正后使用。

5. 总含气量法

由实测或类比的总含气量和富有机质页岩面积、厚度，而估算页岩气资源量的方法。计算公式如下：

$$Q = \sum_{i=1}^{n} S_i h_i \rho_i C_{ti} \tag{4.31}$$

式中，Q 为评价区页岩气资源量，亿 m^3；C_{ti} 为第 i 个评价单元富有机质页岩含气量，m^3/t。

含气量确定：总含气量按照一定操作规程和标准，通过钻井取心解析获取或由刻度区类比获得。在勘探开发程度较高或资料较丰富页岩气区，上述参数均应来源于实际数据。缺乏实际数据情况下，可由类比、统计、测井资料解释等方法获得这些参数。

6. 资源量汇总的德尔菲法

对不同方法估算的同一页岩气有利区的页岩气资源量，赋予不同方法不同权重，对所有方法估算结果综合达到评价区资源量的方法。计算公式为

$$Q = \sum_{i=1}^{n} Q_i \left(w_i \Big/ \sum_{i=1}^{n} w_i \right) \tag{4.32}$$

式中，Q 为评价区页岩气资源量，$10^8\ m^3$；Q_i 为第 i 种方法估算的评价区页岩气资源量，

10^8m^3；w_i 为第 i 种方法的权重系数，$0<w_i\leqslant 1$，$\sum_{i=1}^{n} w_i=1$；n 为页岩气资源估算方法数量。

4.3　页岩气资源评价参数体系

4.3.1　页岩气资源评价参数构成

据所建立的页岩气资源评价方法体系，确定出页岩气资源评价方法包含的关键参数共有 30 个(表 4.5)，根据各参数在资源评价中是否直接出现，将评价参数分为直接参数

表 4.5　页岩气资源评价关键参数及取值方式表

参数类别	参数级别	参数名称	建议取值方法					
			确定值	数据点	图件	图版	类比取值	公式
公用参数	直接	S 为有效页岩气评价区面积/km^2	☆		☆			
	直接	h 为有效页岩厚度/m	☆	☆	☆			
	直接	ρ 为页岩岩石密度/(g/m^3)	☆	☆				
类比法参数	直接	F_s 为单位面积页岩气资源丰度/($10^8m^3/km^2$)					☆	
	直接	F_v 为单位体积页岩气资源丰度/[10^8m^3/(km^2·m)]					☆	
	直接	a 为类比相似系数，$0<a\leqslant 1$						☆
成因法参数	直接	TOC 为页岩有机碳质量分数/%	☆	☆	☆			
	直接	C_g 为页岩总产气率/(m^3/t)	☆	☆		☆	☆	
	直接	$K_{排}$ 为页岩排气系数/%	☆			☆	☆	
	直接	C_o 为页岩液态烃产率(t/t)	☆	☆		☆	☆	
	直接	$O_{o\text{-}g}$ 为原油裂解产气率/(m^3/t)	☆	☆		☆	☆	
	直接	O_g 为页岩有机质原油裂解产气率/(m^3/t)	☆	☆		☆	☆	
	直接	K_g 为干酪根产气率/(m^3/t)	☆	☆		☆	☆	
容积法参数	直接	ϕ 为页岩孔隙度/%	☆	☆	☆			
	直接	S_g 为页岩含气饱和度/%	☆	☆	☆			
	直接	B_g 为页岩气体积系数(无量纲)						☆
	间接	Z_g 为天然气压缩因子(无量纲)				☆		
	间接	P_{sc} 为地面标准压力/MPa	☆					
	间接	T_i 为原始地层温度/K	☆					
	间接	P_i 为原始地层压力/MPa	☆					
	间接	T_{sc} 为地面标准温度/K	☆					
	直接	C_s 为单位页岩岩石吸附气量/(m^3/t)	☆	☆		☆		☆
	间接	V_L 为 Langmuir 体积/(m^3/t)	☆					
	间接	P_L 为 Langmuir 压力/MPa	☆					
含气量法参数	直接	C_t 为页岩总含气量/(m^3/t)	☆	☆		☆	☆	
EUR 法参数	直接	N 为页岩气井单井控制泄气面积/(km^2/口)	☆	☆		☆	☆	
	直接	EUR 为页岩气井单井控制最终可采储量/(10^8m^3/口)	☆	☆		☆	☆	☆
德尔菲法	直接	G_i 为第 i 种方法计算的页岩气资源量/10^8m^3						

参数	直接	w_i为第 i 种方法的权重系数(小数)						
	直接	R 为可采系数，除 EUR 法外的所有方法						

和间接参数两种类型，其中直接参数有 23 个，间接参数有 7 个，具体参数见表 4.5。评价参数的准确性直接影响评价方法的有效性，不同类型的参数作用与意义不同。其中，有机碳含量、产烃率图版、排气系数是成因法的关键参数；刻度区(已知区)资源丰度是类比法使用的前提条件，类比相似系数是类比法的关键参数，由已知区带的油气资源丰度评价未知区带的油气资源丰度；孔隙度、含气饱和度和吸附气量是容积法的关键参数；总含气量是含气量法的关键参数；单井泄气面积、单井控制最终可采储量是 EUR 法的关键参数；可采系数是计算可采储量的关键参数。

不同参数具有不同的属性，对应其取值方法也相对多样化，包括确定值、数据点、图、图版值、类比值、公式等六种。

(1)确定值，对某个参数给定一个确定的值，如岩石密度。

(2)数据点，某个参数有多个离散点，在资源量计算中可以利用三角分布、正态分布、对数正态分布等进行处理。

(3)图(图形数据文件)，某个参数的等值线及有效页岩(评价单元)面积的边界文件。

(4)图版值，某个参数的关系图版及概率分布图版，可选取一个或多个参数值。

(5)类比值，类比评价单元页岩气形成与富集条件相关参数与刻度区，得到某参数值。

(6)公式，利用经验公式计算某个参数值。建立多种取值图版、模版、公式，为本书研究的一个亮点，集成并建立了系列关系图版、统计图版和经典图版等，共 38 个。

1. 关系图版

(1)生烃模拟实验图版(图 4.13)。

(2)两个参数的相关性图版(图 4.14)，中间一条线是拟合直线，上下两条线是置信度为 95%的区间范围。

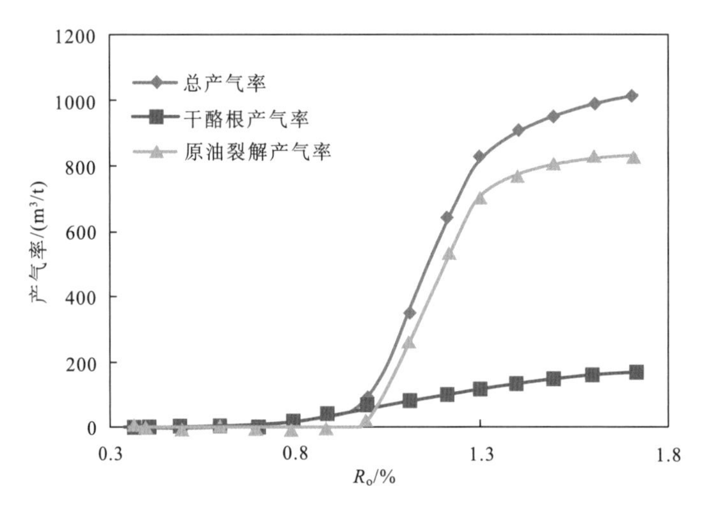

图 4.13　湖相 I 型干酪根产气率图版

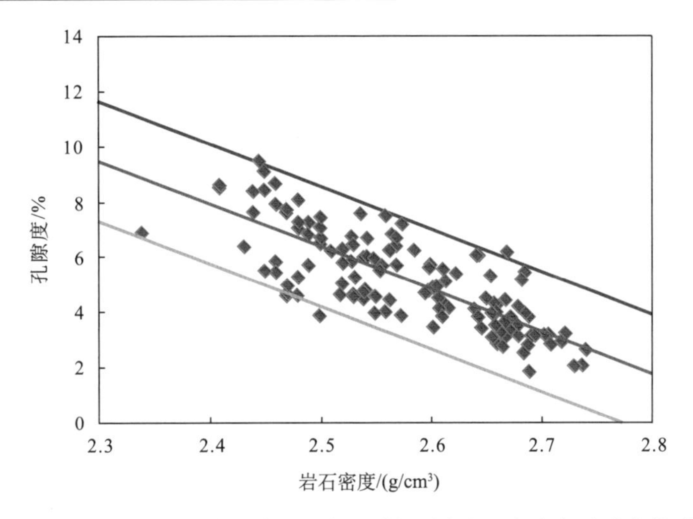

图 4.14　长宁-威远区块五峰组—龙马溪组页岩岩石密度与孔隙度关系图

2. 统计图版

对某个参数的一组数值进行数理统计，寻找符合的分布类型，建立相关统计图版(图 4.15)。研究发现，关键参数可以建立七种分布类型图版：正态分布、对数正态、威布尔、伽马、贝塔、卡方及瑞利分布图版，合理对比参数概率分布形态，选取最符合分布作为数据统计图版，如孔隙度最符合正态分布，因此选取正态分布为孔隙度参数取值统计图版(图 4.15)。

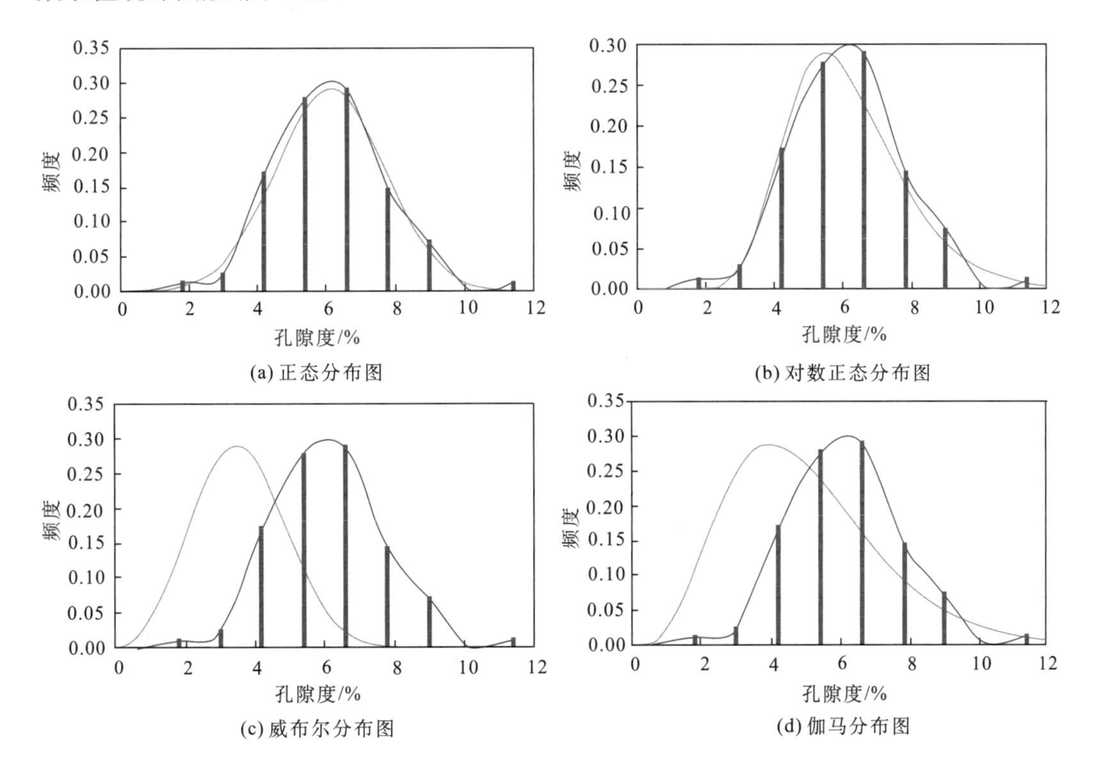

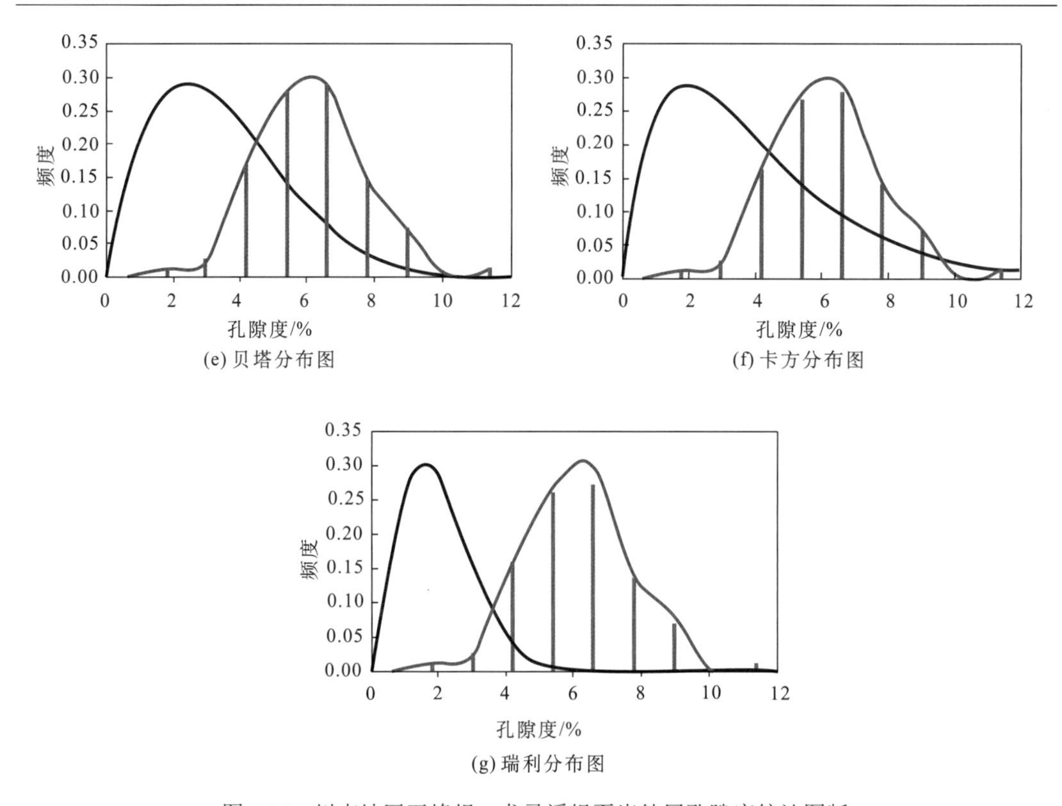

(e) 贝塔分布图

(f) 卡方分布图

(g) 瑞利分布图

图 4.15　川南地区五峰组—龙马溪组页岩储层孔隙度统计图版

3. 经典图版

即个别参数为油气行业认同的经典图版，如 Standing 和 Katz(1941)修改后的天然气压缩因子图版，可对不同条件下的压缩因子进行查询与取值。

4.3.2　页岩气资源评价关键参数

页岩气资源评价方法较多，对应参数也较多。在此首先介绍有效页岩(评价单元)面积、有效页岩厚度和有效页岩岩石密度这三个公用参数(多个方法均使用)，然后分别针对不同方法的关键参数进行阐述。其中，有机碳含量、产气率、排气系数是成因法的关键参数，类比相似系数是类比法关键参数，孔隙度、含气饱和度、吸附气量是容积法的关键参数，总含气量是含气量法的关键参数，单井井控面积、单井控制最终可采储量是 EUR 法的关键参数。

1. 页岩气有效含气(评价单元)面积

页岩气有效含气(评价单元)面积主要由地质边界和非地质边界圈定(图 4.16)。地质边界包括盆地边界、有效页岩边界、断层边界、构造边界，非地质边界包括矿权区边界、人为圈定的计算边界。有效页岩划分标准见后面有效页岩厚度部分。

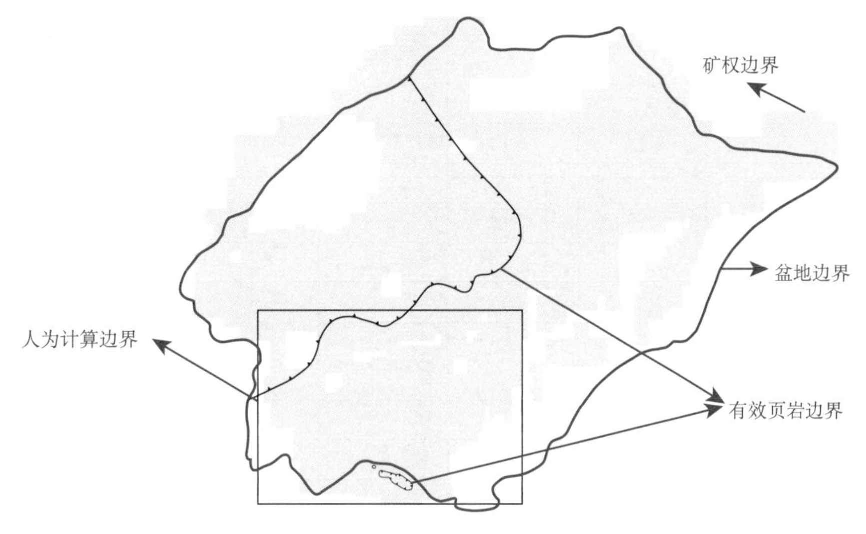

图 4.16　有效页岩(评价单元)面积示意图

2. 有效页岩厚度

有效页岩厚度是指在现代工艺技术条件下，达到储量计算要求的含气层系中具有产气能力的那部分页岩，即黑色高伽马值、富有机质、富脆性矿物、高含气量的页岩。不同沉积环境对应不同的有效页岩划分标准，海相页岩标准如表 4.6 所示。

表 4.6　海相有效页岩划分标准表

关键要素	参数标准
页岩有机质含量	>2.0%
页岩成熟度	>1.3%
页岩含气量	C_t>2.0m^3/t
页岩物性	ϕ>2%，K>100nD，S_w<50%
页岩矿物组成	脆性矿物含量大于 40%，黏土矿物含量小于 40%

(1) 当勘探程度高时，可用上述标准进行有效页岩划分，明确有效页岩厚度，包括两个步骤：①利用岩心标定测井，明确单井有效页岩厚度(图 4.17)；②利用单井有效页岩厚度，结合地震和沉积背景绘制有效页岩厚度平面分布图，明确有效页岩平面展布特征(图 4.18)。

(2) 当勘探程度不高时，根据不同地区不同勘探程度建立不同标准，勘探程度越高，相应的有效页岩厚度越准确(表 4.7)。

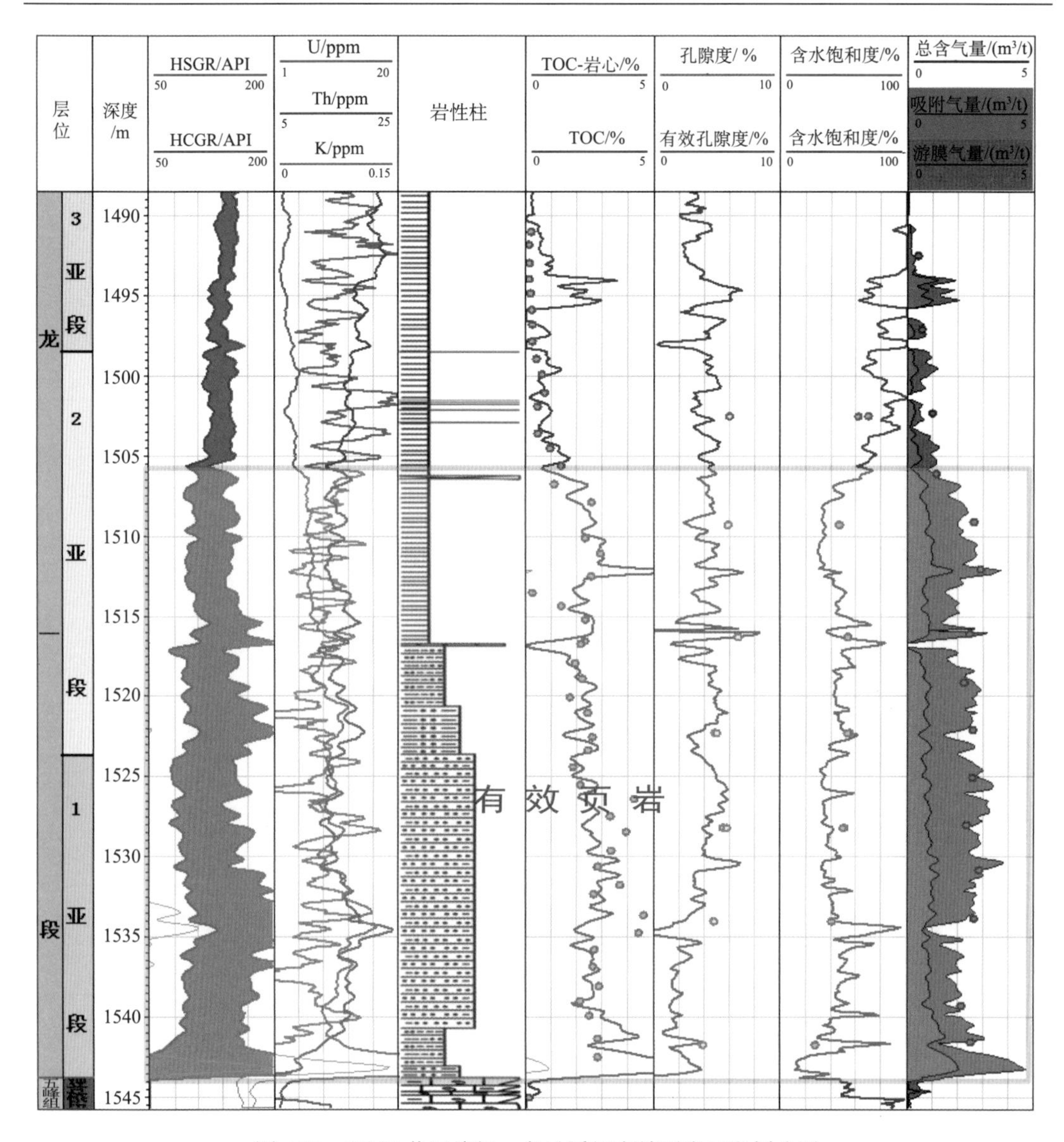

图 4.17　W201 井五峰组—龙马溪组有效页岩层段划分图

表 4.7　有效页岩厚度求取值表

勘探程度	资料	确定依据
中	测井曲线、气测数据、有机碳数据	实测、测井解释 TOC 含量＞2%
低	野外地质剖面，测试样品 TOC 含量	TOC 含量＞2%
	利用地震剖面特征推算厚度	已知推未知
	利用沉积特征确定厚度	已知推未知
特低	邻近地区井资料和以往常规资源评价中获得的烃源岩累计厚度	已知推未知

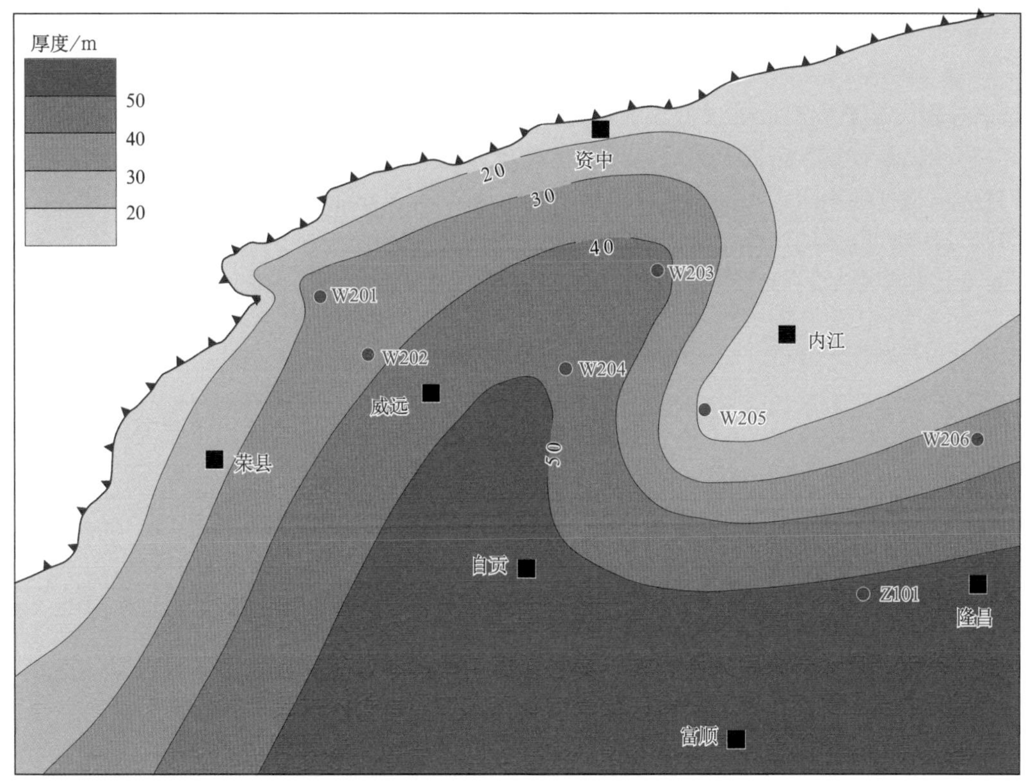

图 4.18　川南地区威远区块五峰组—龙马溪组有效页岩等厚图

3. 有效页岩岩石密度

有效页岩岩石密度是易获取参数，主要通过实测或测井求得，针对同一页岩气藏或页岩气富集区带，页岩岩石密度值变化不大，通常取定值。

4.3.3　类比关键参数取值方法

1. 类比刻度区定义

类比刻度区解剖是页岩气资源评价的重要组成部分。刻度区解剖的目的是通过对地质条件和资源潜力认识较清楚的地区进行分析，总结地质条件与资源条件的关系，建立两者之间的参数纽带，进而为资源潜力的类比分析提供参照依据。刻度区是为取得资源评价关键参数，以保证资源评价的客观性而选择的勘探程度高、资源探明率高、地质认识程度高、类比参数和资源丰度已知的地质单元。刻度区可以是一个盆地(凹陷)、一个区带或一个层系等。为了正确和客观认识地质条件和资源潜力，刻度区的选取在考虑前述“三高”条件的基础上，应尽量考虑不同地质类型的综合，这样可以更充分体现页岩气资源丰度与地质因素之间的关系。

2. 类比评价参数与取值标准

类比评价参数体系与参数取值标准是类比法的基础。类比法评价的主要内容是页岩气富集和成藏条件的评价。一个页岩气评价单元的成藏地质条件主要取决于气藏基本信息、气层特征、储层特征、地化指标、保存条件、单井产量指标及资源指标等七部分展开(表 4.8)，剖析其对应的关联规律和定量关系。

将类比参数按一定标准分级，以百分制进行取值(表 4.8)，将不同参数归一化为定量参数值，每个级别赋予不同的分值，建立类比参数的评分标准。以评分标准为依据，根据评价区与刻度区的类比参数，得到评价区和刻度区的每个类比参数的类比值，并最终求得类比相似系数。

3. 刻度区研究成果与应用

通过刻度区解剖研究(表 4.9)，系统获得页岩气资源丰度和单储系数等多项关键参

表 4.8　类比评价参数体系与参数取值标准表

指标	要素	填写说明或实例	要素评价标准(按 0～100 分取值)
基本信息	页岩气区带名称	如 Barnett 页岩	
	所属地区盆地	如 Fort Worth 盆地	克拉通，90 分；前陆盆地，80 分；湖盆，70 分
	地层时代	如奥陶纪	D—P，90 分；T—K，80 分；Z—S，70 分；E—Q，60 分
	刻度区面积/km^2	实际值	不类比
	气层埋深/m	最浅埋深～最深埋深/平均埋深，如 1500～4500/3000	<1500，60 分；1500～3000，90 分；3000～4000，80 分；>4000，70 分
	发现时间	2007 年	不类比
	探井井数/口	实际钻井口数，无填 0	不类比
	探井进尺/10^4m	实际钻井进尺，无填 0	不类比
	二维地震/km	实际二维地震长度，无填 0	不类比
	三维地震/km^2	实际三维地震面积，无填 0	不类比
	勘探程度	填写高、中、低	不类比
气层特征	压力系数	(最小值～最大值)/平均值，如(1.0～2.0)/1.5	<1，60 分；1～1.2，70 分；1.2～1.5，80 分；>1.5，90 分
	总含气量/(m^3/t)	(最小值～最大值)/平均值，如(0.8～4.5)/2.1	<2，60 分；2～3，70 分；3～4，80 分；>4，90 分
	吸附气含量/%	(最小值～最大值)/平均值，如(0.4～2.1)/1.5	<30，90 分；30～50，80 分；50～70，70 分；>70，60 分
	含水饱和度/%	(最小值～最大值)/平均值，如(50～70)/65	<35，90 分；35～50，80 分；50～65，70 分；>65，60 分
	含气饱和度/%	(最小值～最大值)/平均值，如(30～70)/45	<35，60 分；35～50，70 分；50～65，80 分；>65，90 分
储层特征	有效厚度/m	(最小值～最大值)/平均值，如(25～75)/50	取平均厚度值类比，当评价区厚度/刻度区厚度<1 时，取实际值；当比值>1 时，取 1
	沉积相	如深水陆棚相、深湖相	海相，90 分；湖相，80 分；海陆过渡相煤系，70 分；湖沼煤系，60 分

续表

指标	要素	填写说明或实例	要素评价标准(按 0～100 分取值)
储层特征	微裂缝发育程度	根据实际情况填写发育、欠发育、不发育	网状裂缝发育，90 分；裂缝-层间缝，80 分；层间裂缝，70 分；其他，60 分
	总孔隙度/%	(最小值～最大值)/平均值，如(2～8)/5	<2，60 分；2～4，70 分；4～6，80 分；>6，90 分
	渗透率/nD	(最小值～最大值)/平均值，如(0.001～2)/0.05	不类比
	脆性矿物含量/%	(最小值～最大值)/平均值，如(45～85)/65	<40，60 分；40～50，70 分；50～60，80 分；>60，90 分
	黏土矿物含量/%	(最小值～最大值)/平均值，如(15～55)/35	<40，90 分；40～50，80 分；50～60，70 分；>60，60 分
	杨氏模量/10^9Pa	(最小值～最大值)/平均值，如(8～45)/25	<10，60 分；10～20，70 分；20～30，80 分；>30，90 分
	泊松比	(最小值～最大值)/平均值，如(0.1～0.29)/0.2	<0.2，90 分；0.2～0.25，80 分；0.25～0.3，70 分；>0.3，60 分
	岩石密度/(g/cm^3)	(最小值～最大值)/平均值，如(2.45～2.68)/2.55	<2.55，90 分；2.55～2.65，80 分；2.65～2.75，70 分；>2.75，60 分
地化指标	TOC 含量/%	(最小值～最大值)/平均值，如(2～8.4)/4.0	<1，60 分；1～2，70 分；2～4，80 分；>4，90 分
	成熟度/%	(最小值～最大值)/平均值，如(2～3.0)/2.5	0.9～1.1，60 分；1.5～3，90 分；1.1～1.5 或 3～4，80 分；>4，70 分
	有机质类型	如 I、II 型	I-$Ⅱ_1$型，90 分；$Ⅱ_2$型，75 分；Ⅲ型，60 分
保存条件	构造活动强度	如强、一般、弱、无构造活动	强，60 分；一般，75 分；弱，90 分
	断裂发育程度	实际值	强，60 分；一般，75 分；弱，90 分
单井产量指标	井控面积/km^2	(最小值～最大值)/平均值，如(20～40)/30	不类比
	直井单井平均测试初始气产量/($10^4m^3/d$)	(最小值～最大值)/平均值，如(0.5～2.5)/1.5	直井产量达工业气流标准，90 分 ①<500m，产量 $0.1×10^4m^3/d$；②500～1000m，产量为 $0.2×10^4m^3/d$；③1000～2000m，产量 $0.6×10^4m^3/d$；④2000～3000m，产量 $1×10^4m^3/d$；⑤3000～4000m，产量 $2×10^4m^3/d$；⑥大于 4000m，产量 $5×10^4m^3/d$ 达到工业标准的 2/3，75 分 达到工业标准的 1/3，60 分
	水平井单井平均测试初始气产量/($10^4m^3/d$)	(最小值～最大值)/平均值，如(3～45)/10	水平井达直井工业气流标准，2 倍取值
资源指标	平均单井 EUR/10^8m^3	实际值，不参与类比	计算结果不类比
	地质资源/储量/10^8m^3	实际值，不参与类比	计算结果不类比
	可采系数/%	实际值，不参与类比	计算结果不类比
	可采资源/储量/10^8m^3	实际值，不参与类比	计算结果不类比
	资源量面积丰度/($10^8m^3/km^2$)	实际值，不参与类比	计算结果不类比
	资源量体积丰度/[$10^8m^3/(km^2·m)$]	实际值，不参与类比	计算结果不类比

表 4.9　海相页岩气刻度区类比参数信息表

		刻度区													
		刻度区 1	刻度区 2	刻度区 3	刻度区 4	刻度区 5	刻度区 6	刻度区 7	刻度区 8	刻度区 9	刻度区 10	刻度区 11	刻度区 12	刻度区 13	刻度区 14
基本信息	页岩气区带名称	C-Barnett	J-Haynesville	D-Marcellus	C-Fayetteville	D-Wood Ford	K-Eagle Ford	D-Antrim	D-New Albany	D-Mushwa/otter Park	D-Evie/Klua	O-Utica	S-川南五峰—龙马溪组	S-涪陵五峰—龙马溪组	€-川南筇竹寺组
	所属盆地	美国得克萨斯州FortWorth盆地	美国东南部Louisiana盆地	美国东北部Appalachia盆地	美国东南部Arlcoma盆地	美国中部地区Arlcoma盆地	美国得克萨斯州Burgos盆地	美国中部地区Michigan盆地	美国中部地区Illinois盆地	加拿大British Columbia	加拿大British Columbia	美国东北部Appalachia盆地	四川盆地川南地区	四川盆地涪陵地区	四川盆地蜀川地区
	地层年代	石炭纪	侏罗纪	泥盆纪	石炭纪	泥盆纪	白垩纪	泥盆纪	泥盆纪	泥盆纪	泥盆纪	奥陶纪	志留纪	志留纪	寒武纪
	面积/km^2	16726	23309	245771	23309	12172	2823	3107	112664	8599	8599	127854	40228	4000	55828
	气层埋深/m	1981～2591	3048～4511	914～2591	457～2591	1829～3353	1220～4270	183～671	152～610	1920～3108	2072～3261	2500	1300～5000	(2300～2700)/2645	2600～4300
	发现时间	1981	2007	1880	2004	2003	2008	20 世纪 40 年代	1858			2009	2009		2009
	探井井数/口	15269	2149	839	2620	1525		9000		235	235		13	4	3
	探井进尺/万 m												3.8		0.81
	二维地震/km												2.9		2.9
	三维地震/km^2												256	600	256
	勘探程度	高	中	中	中	中	中	高	高	低	低	中	较低	较低	低
气层特征	压力系数	0.9～1.2	1.61～2.07	0.92～1.38	1.38～1.84								0.5～2.1	1.6	0.78～2.0
	总含气量/(m^3/t)	8.50～9.90	2.83～9.34	1.70～2.80	1.70～6.23	5.70～8.50		1.1～2.8	1.1～2.3	1.30～1.70	1.30～1.70		(1.13～6.05)/2.89	(0.89～5.19)/2.96	(0.41～3.05)/1.55
	吸附气含量/%	40～60		20～85									(10～63)/35	(35～47)/58	
	含水饱和度/%	35	15.0～20.0	12.0～35.0	30	40	30			35	35	20	(16.9～86)/43.0		(11.6～83.8)/53.0
	含气饱和度/%	65	68.2	65.0～88.0	70	60	70			65	65	80	(14.3～85.5)/56.67		(16.2～88.4)/47.0

续表

		刻度区													
		刻度区1	刻度区2	刻度区3	刻度区4	刻度区5	刻度区6	刻度区7	刻度区8	刻度区9	刻度区10	刻度区11	刻度区12	刻度区13	刻度区14
储层特征	有效厚度/m	15～60	61.0～91.0	15.0～61.0	6.0～61.0	37.0～67.0	61	21～37	15～30	115.8	43.9	30.0～50.0	(20.0～63)/40.0	(35.0～45.0)/40.0	(20.0～300.5)/72.0
	沉积相	海相	海相	海相	海相	海相	海相	海相	海相	海相	海相	海相	海相	海相	海相
	微裂缝发育程度	发育	发育	网状缝	发育	发育	发育	网状缝	层间裂缝	发育	发育		高角度缝-层间缝	网状缝	层间缝
	孔隙度/%	4～5	(8～11)/10.23	6	(2～8)/5	(3～9)/6	9	9	10～14	5	5	5	(1.55～12.0)/5.5	(2.78～7.08)/4.80	(0.9～2.5)/1.65
	渗透率/nD	<1000	5600	2000	<1000	25000		<100000	2000	300	300		(4.08～1250.0)/175.1	(1.5～335000)/24800	(1.5～955.0)/145.0
	脆性矿物含量/%	40～60	35～65	30～60	40～70	50～75	80			70	70	60	(14.0～90.0)/53.2	(41.9～70.3)/55.4	(33.8～88.9)/61.2
	黏土矿物含量/%	40～60	35～65	40～70	30～60	25～50	25			23	23	30	(10.0～74.1)/25.8	(16.6～62.8)/40.9	(6.9～51.3)/29.8
	杨氏模量/10^9Pa	13.7～21.2	17.2～27.6	13～25	14～32	12～24							10.3～32.4	25～49	15.8～59.1
	泊松比	0.12～0.22	0.1～0.22	0.22	0.23	0.1～0.25							0.16～0.24	1.192～0.245	0.15～0.23
	岩石密度/(g/cm^3)	2.5		2.35								2.7	(2.34～2.7)/2.54		(2.62～2.80)/2.69
地化指标	TOC含量/%	(2～6)/4.5	0.7～6.2	3～11	4.0～9.8	(1.0～14.0)/5.7	4.3	1～20	1～25	3.5		2.5	(0.24～8.35)/3.04	(2.0～6.9)/3.5	(1.0～8.79)/2.68
	成熟度/%	1.0～2.1	2.2～3.2	1.5～3.0	1.2～4.0	1.1～3.0	0.5～2.0	0.4～1.0	0.4～0.8	3.5	3.8	2.2	(1.9～3.2)/2.3	(2.2～3.1)/2.7	(1.83～3.23)/2.85
	有机质类型	II_1型	I、II_1型	II型，少量III型	I、II_1型	I、II_1型	II型	I型	II型	II型	II型	II型	I、II_1型	I型	I型

续表

		刻度区													
		刻度区 1	刻度区 2	刻度区 3	刻度区 4	刻度区 5	刻度区 6	刻度区 7	刻度区 8	刻度区 9	刻度区 10	刻度区 11	刻度区 12	刻度区 13	刻度区 14
保存条件	构造活动强度	强烈	强烈	强烈	强烈	强	弱			弱	弱	一般	一般	强	强
	断裂发育程度	中等		普遍	普遍	强	弱			弱	弱	强	发育	弱	一般
单井产量指标	井控面积/km^2	(0.0809～0.3237)/0.29947	(0.3237～0.5180)/0.3513	(0.3237～0.647488)/0.3750	0.0728～0.2509	(0.3237～0.6475)/0.3885	(0.3237～0.6475)/0.4586	0.1692～0.6475	0.3237			(0.3642～0.6475)/0.4235	0.4		
	直井单井气产量/($10^4m^3/d$)	1.98～2.83		<2.83168	0.8495～1.8317								(0.01～5.13)/0.93	6	
	水平井单井气产量/($10^4m^3/d$)	4.5307～7.0792	2.83	3.96435～25.4851	1.42～14.2	2.02							(0.04～16.8)/2.1	(5～23)/11.4	(0.07～16.7)/0.69
参数资源指标	单井 EUR/10^8m^3	(0.5295～0.99109)/0.8269	(1.4725～2.4777)/1.8683	(1.0166～2.6900)/1.5648	(0.1699～0.8495)/0.5663	(0.5125～2.0048)/1.1724	(0.8240～2.5740)/1.42	0.0793	0.3115	0.4531	0.4531	0.7702	0.58	1.2	
	地质资源/储量/10^8m^3	92606.4	203000	424800	14700	6512	23600	21523	45312	106386.2	43664.51	86178.42	357937	21000	41300～84800
	可采系数/%	(7～20)/11.5	10～20	17.5	35～40	50	40	20～60	10～20	25	25	21	25	25	25
	可采资源/储量/10^8m^3	12461	70792	74340	11800	3228	5900	5664	5437	26589.48	10901.97	10363.87	89484.25	5250	6.105～13.124
	资源量面积丰度/($10^8m^3/km^2$)	7.1236	8.702	3.827	0.6309	0.535	7.8667	6.9	0.4	12.3719	5.078	0.674	3.2	5.3	0.74～1.52
	资源量体积丰度/[10^8m^3/($km^2 \cdot m$)]	0.1476	0.1146	0.0455	0.0188	0.0103	0.137	0.2389	0.0179	0.1068	0.1157	0.0169	0.2224	0.1	0.0181～0.0660

数，为油气资源评价提供各类评价单元类比参数选取标准，保证评价结果科学合理。页岩气资源评价主要选取北美和国内成熟海相页岩气区带。

(1) 美国得克萨斯州 FortWorth 盆地热成因 Barnett 页岩。

(2) 美国东南部 Louisiana 盆地热成因 Haynesville 页岩。

(3) 美国东北部 Appalachian 盆地热成因 Marcellus 页岩。

(4) 美国东南部 Arlcoma 盆地热成因 Fayetteville 页岩。

(5) 美国中部地区 Arlcoma 盆地热成因 Woodford 页岩。

(6) 美国得克萨斯州 Burgos 盆地热成因 Eagle Ford 页岩。

(7) 美国中部地区 Michigan 盆地混合成因 Antrim 页岩。

(8) 美国中部地区 Illinois 盆地生物成因 New Albany 页岩。

(9) 加拿大 British Columbia 西北地区热成因 Mushwa/Otter Park 页岩。

(10) 加拿大 British Columbia 西北地区热成因 Evie/Klua 页岩。

(11) 美国东北部 Appalachia 盆地热成因 Utica 页岩。

(12) 四川盆地川南地区热成因五峰组—龙马溪组页岩。

(13) 四川盆地焦石坝地区热成因五峰组—龙马溪组页岩。

(14) 四川盆地川南地区热成因筇竹寺组页岩。

4.3.4　成因法关键参数

1. 页岩产气率

页岩产气率可以通过生烃模拟或者是产气率图版获取。通过调研国内外页岩产气率，集成了海相页岩 I 型、II 型干酪根产气率图版(图 4.19)。

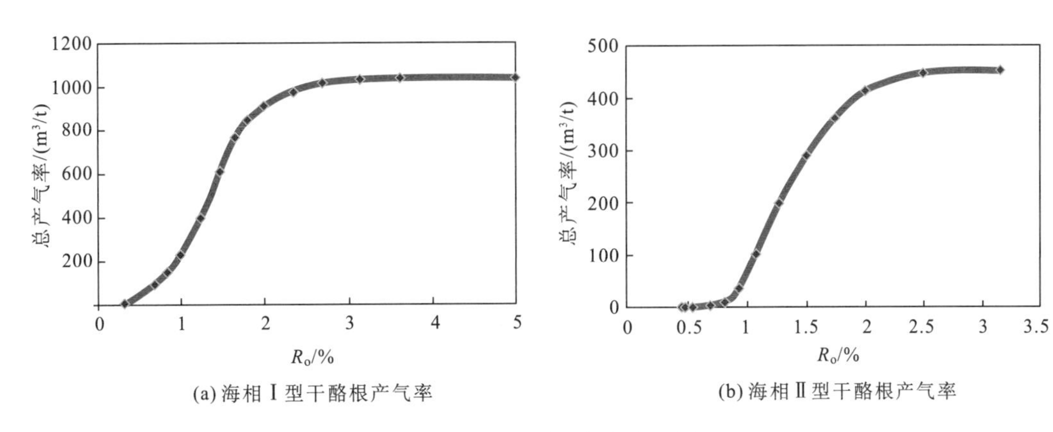

(a) 海相 I 型干酪根产气率　(b) 海相 II 型干酪根产气率

图 4.19　海相页岩产气率图版

求取页岩总产气率包括直接获取页岩总产气率或由原油裂解产气率(或每吨 TOC 转换为液态烃量与液态烃裂解产气率的乘积)和干酪根产气率两个参数值之和。已有产气率图版的评价单元以现有图版为主，没有产气率图版的评价单元选择有机质类型相近的图版取值。

2. 排气系数

排气系数是指评价单元页岩气排出量与总生烃量的比值。确定排气系数可以通过统计分析确定，也可以通过刻度区解剖，建立排气系数与其他地质要素的相关性图版。

通过调研不同页岩镜质体反射率与排气系数的关系，以 R_o 作为横坐标，排气系数作为纵坐标，建立了排气系数的关系图版(图 4.20、图 4.21)，或是根据排气系数做统计概率分布曲线。实际用时，根据评价单元页岩有机质热演化程度镜质体反射率值求取对应排气系数。

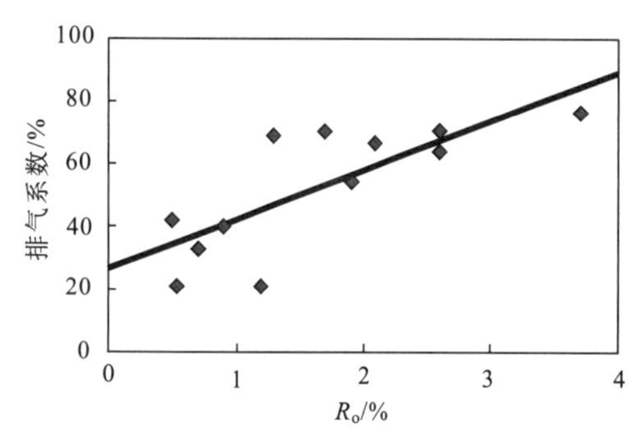

图 4.20　页岩 R_o 与排气系数关系图版

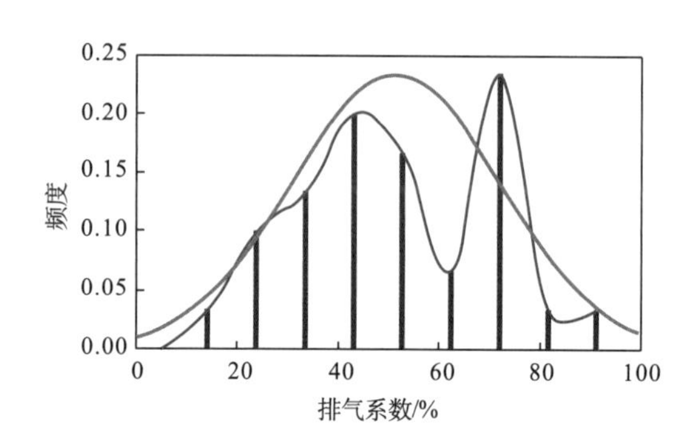

图 4.21　页岩排气系数统计数据图版

3. 有机碳含量(TOC)

有机碳含量 TOC 可以通过实测和测井解释两种方式获得。目前国内 TOC 测试主要采用有机碳、硫分析实验(表 4.10)；TOC 的测井解释模型相对较多，可以根据具体情况，选用不同的计算方法，进行分段计算和分段取值，使计算的结果更准确(表 4.11)。

表 4.10　W204 井五峰组—龙马溪组页岩有机碳、硫分析结果

样品号	实验室编号	井深/m	质量分数/%	
			C	S
16	13023016	3514.35～3514.37	3.69	3.60
17	13023017	3515.26～3515.28	3.16	1.10
18	13023018	3516.34～3516.36	2.58	0.87
19	13023019	3517.60～3517.62	2.87	1.20
20	13023020	3518.59～3518.61	4.13	2.77
21	13023021	3519.61～3519.63	2.13	2.89
22	13023022	3518.58～3520.60	3.10	2.92

续表

样品号	实验室编号	井深/m	质量分数/%	
			C	S
23	13023023	3521.55～3521.57	2.99	2.18
24	13023024	3522.61～3522.63	2.72	1.10
25	13023025	3523.62～3523.64	3.73	2.18
26	13023026	3524.54～3524.56	2.93	1.67
27	13023027	3525.50～3525.52	2.86	1.16

表 4.11　有机碳含量测井解释模型一览表

计算方法	优点	影响因素	适用性
U 含量相关法	线性正相关、算法简单	较少，受 P_2O_5 放射矿物影响	海相页岩应用效果好
Δlg*R* 法	反映含气性和 TOC 含量，算法较复杂	受岩性差异、异常高和低阻地层、成熟度影响	中—低成熟度页岩地层可用
三孔隙度曲线法	TOC 测井值与地层差异大，较直接反映 TOC 含量，算法简单	测井值受井眼扩径影响，岩石骨架取值变化大，误差较大	可用于计算
多曲线回归法	多种测井曲线均有反映	回归参数多，权重变化大，影响因素多	算法复杂，可用于计算

4.3.5　含气量法关键参数

总含气量是含气量法的关键参数，是指每吨岩石中所含天然气折算到标准温度和压力条件下(1 个大气压，0℃)的天然气总量，可以通过岩心实测、测井解释、图版等方法求取。

1. *岩心实测——解吸法*

目前比较常用的总含气量测定方法是解吸法。具体做法是在现场采集岩心样品，一般采集岩心长度 30cm，采样间距 50cm，立即放入特制的解吸罐中；模拟在储层压力为 0.028～0.034MPa 条件下，自然解吸，然后再在真空状态下粉碎、加热、脱气，从解吸开始按每小时计量 4～5 次，直到完全收集测量完毕。所测得的总含气量一般由采样过程中的损失气(lost gas)、自然状态下的解吸气(measured gas)、真空状态下加热粉碎前后的残余气(crushed gas)三部分组成(图 4.22)。

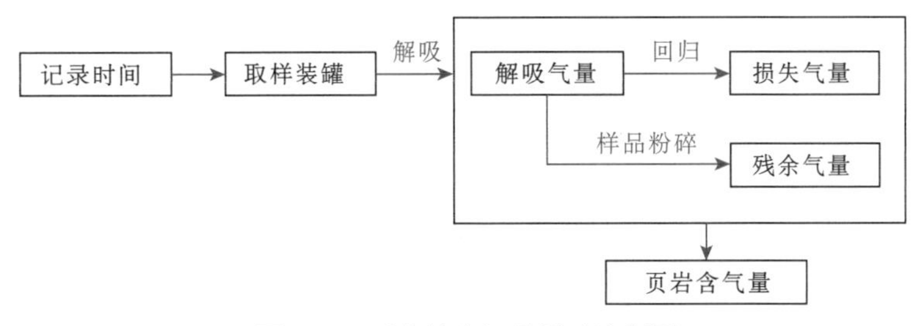

图 4.22　页岩总含气量测试流程图

(1) 解析气量：让岩心在解吸罐中自然解析，直到解析结束时的总解析气量，其表达式为

$$C_{\text{measured}} = \frac{273.15 P_{\text{m}} C_{\text{m}}}{101.325 \times (273.15 + T_{\text{m}})} \tag{4.33}$$

式中，C_{measured} 为标准状态下解吸气量，m^3/t；P_{m} 为现场大气压力，kPa；C_{m} 为实测解吸气量，m^3/t；T_{m} 为现场大气温度，℃。

(2) 残余气量 C_{crushed}：指样品在解吸罐中解吸终止后仍留在岩心中的气体量。球磨法是目前测量残余气量通用的方法。

(3) 损失气量 C_{lost}：岩心地层钻开后到装罐前散失的气量，损失气的起算时间为岩心提至钻井液压力等于页岩层流体压力的时间，或采用提钻到井深一半的时间(清水泥浆)。损失气的测定目前有四种方法：USBM 直接法、Smith-Williams 方法、Amoco 方法和下降曲线法。其中最广泛应用的是 USBM 直接法，其原理是损失气量与解吸时间的平方根成正比，利用解吸过程前 4h 的数据，可以用曲线回归的方式恢复损失气量(图 4.23)：

$$C_{\text{lost}} = C_{\text{measured}} + k\sqrt{t_0 + t} \tag{4.34}$$

C_{lost} 为自地层岩心钻开后到装入取样罐前所散失的气量，简称损失气量，m^3/t；t_0 为损失气时间，h；t 为解吸气实测时间，h；k 为直线段斜率。

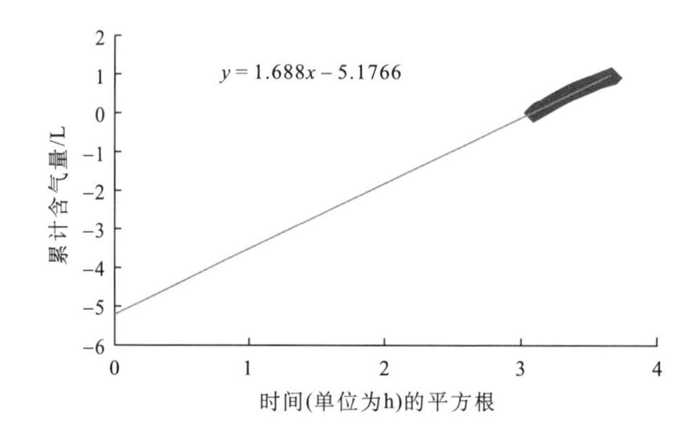

图 4.23　USBM 法估算长宁五峰组—龙马溪组页岩损失气量实例图

2. 图版取值

大量研究认为，页岩有机碳含量与含气量呈正相关关系，而岩石密度与含气量呈负相关关系。有机碳含量越高，含气量越高；岩石密度越低，含气量越高。

(1) 利用 TOC 与总含气量的关系图版(图 4.24)。

(2) 利用岩石密度与总含气量的关系图版(4.25)。

此外，通过调研大量国外页岩含气量资料和长宁-威远产能建设示范区海相古生界页岩含气量分析化验资料，建立了含气量的统计数据图版(4.26)。

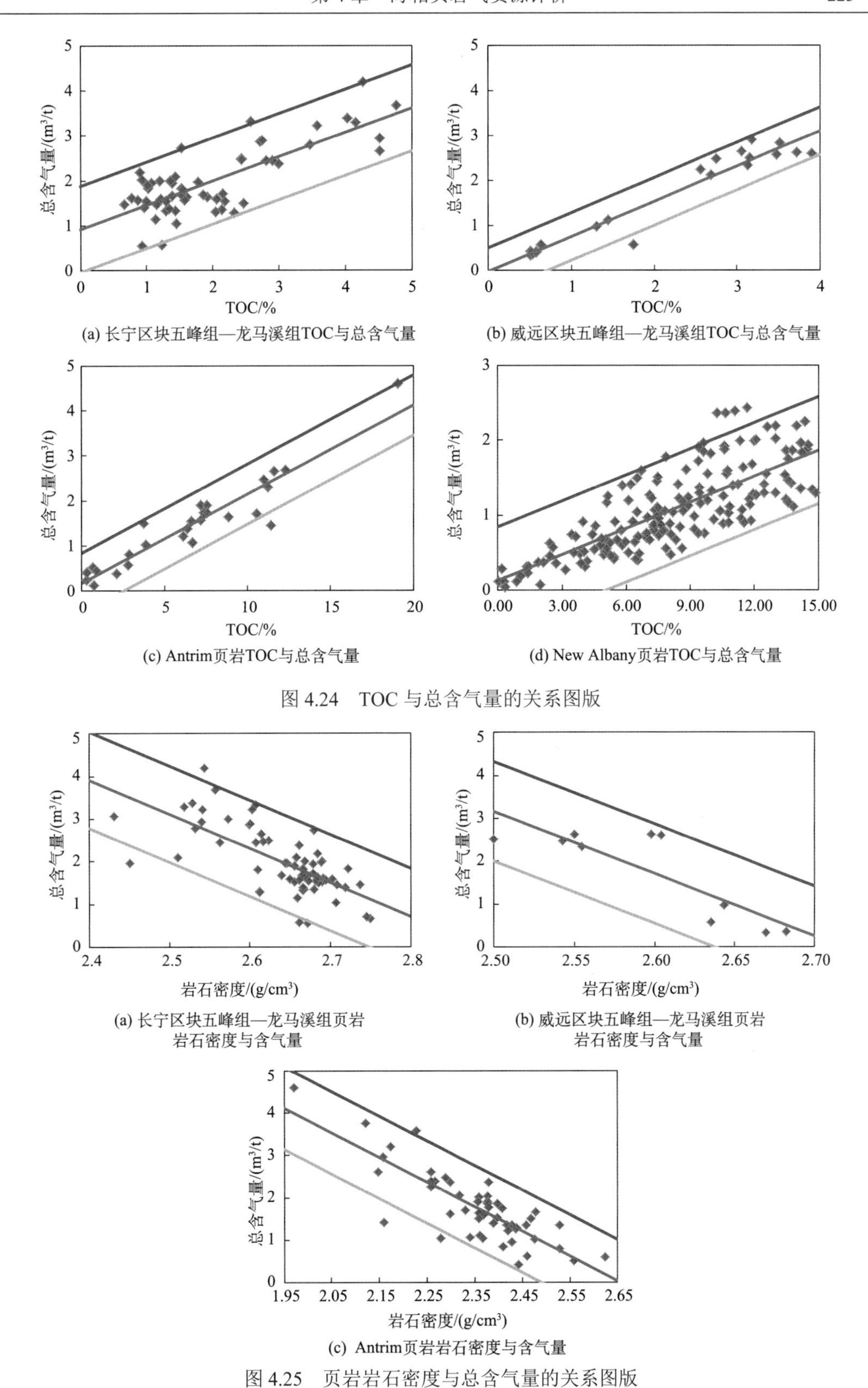

(a) 长宁区块五峰组—龙马溪组TOC与总含气量

(b) 威远区块五峰组—龙马溪组TOC与总含气量

(c) Antrim页岩TOC与总含气量

(d) New Albany页岩TOC与总含气量

图 4.24　TOC 与总含气量的关系图版

(a) 长宁区块五峰组—龙马溪组页岩岩石密度与含气量

(b) 威远区块五峰组—龙马溪组页岩岩石密度与含气量

(c) Antrim页岩岩石密度与含气量

图 4.25　页岩岩石密度与总含气量的关系图版

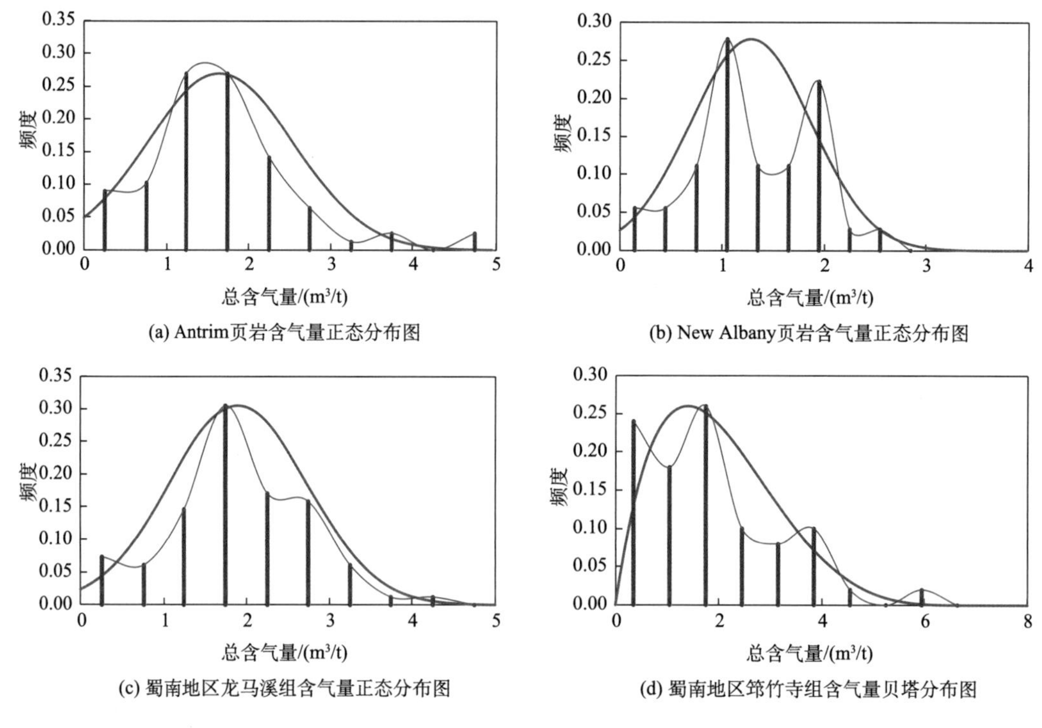

图 4.26　总含气量数据统计图版

4.3.6　容积法关键参数

1. 吸附气量

吸附气是指吸附于页岩有机质和黏土矿物表面的天然气。通过岩心实测或测井解释获得。

岩心实测等温吸附法，吸附气含量可通过等温吸附实验法得到。通过拟合实测样品的吸附气含量与压力值的分布规律，建立两者的关系模型，进而推广到其他实际的计算中(图 4.29)。

吸附气量与压力的关系式可表示为

$$C_{\mathrm{s}}=\frac{V_{\mathrm{L}}P}{P_{\mathrm{L}}+P} \tag{4.35}$$

式中，C_s为吸附气量，m^3/t；V_L为 Langmuir 吸附气体积，m^3/t；P 为地层压力，MPa；P_L为 Langmuir 压力，MPa。

2. 游离气量

游离气量是指以游离状态赋存于孔隙和微裂缝中的天然气含量，主要通过岩心实测或测井解释获得。

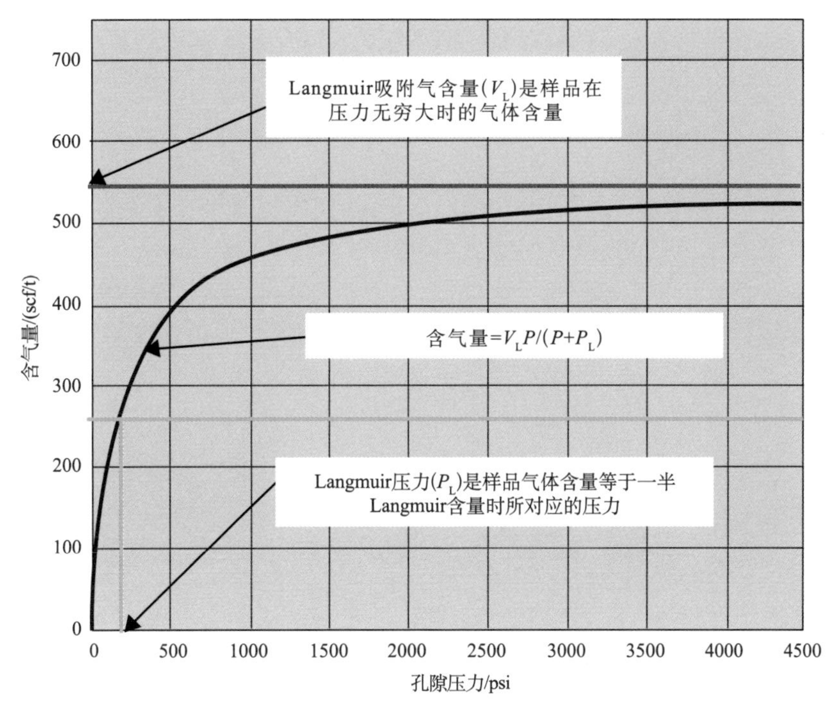

图 4.27　等温吸附曲线

1) 岩心实测

岩心实测游离气量 C_f 通过解吸法和等温吸附法求取，即解吸法实测总含气量 C_t 与等温吸附法求取的吸附气量 C_s 之差，其表达式为

$$C_f=C_t-C_s \tag{4.36}$$

2) 测井解释

根据岩心实测数据建立岩石密度、孔隙度、含水饱和度测井解释模型，进而求得游离气量，其计算公式为

$$C_f=\frac{\phi(1-S_w)}{B_g\rho} \tag{4.37}$$

式中，C_f 为游离气量，m^3/t；B_g 为天然气体积系数；ρ 为页岩岩石体积密度，m^3/t；ϕ 为页岩孔隙度，%；S_w 为含水饱和度，%。

3. 天然气体积系数

天然气体积系数是指地面标准状态(0℃，0.101MPa)下单位体积天然气在地层条件下的体积。采用公式法计算，其公式如下：

$$B_g=\frac{P_{sc}TZ}{PT_{sc}} \tag{4.38}$$

式中，P_{sc} 为标准状态压力(其值为 0.101MPa)，MPa；T 为地层(中深)温度，K；P 为地层(中深)压力，MPa；T_{sc} 为标准状态温度(其值为 273.15K)，K；Z 为天然气压缩因子，无量纲。

4. 天然气压缩因子

天然气压缩因子是指给定温度和压力下，实际气体与理想气体体积之比。具体参数可由图版法、经验公式计算法(主要包括 Gopal 法、Hall-Yarborough 方程和 Dranchuk-Durvis-Robinson 公式等)、统计公式拟合法等方法获得。目前主要采用图版法，在天然气压缩因子图版中，只要知道视对比压力、视对比温度，便可在图版中查得压缩因子(图 4.28)。

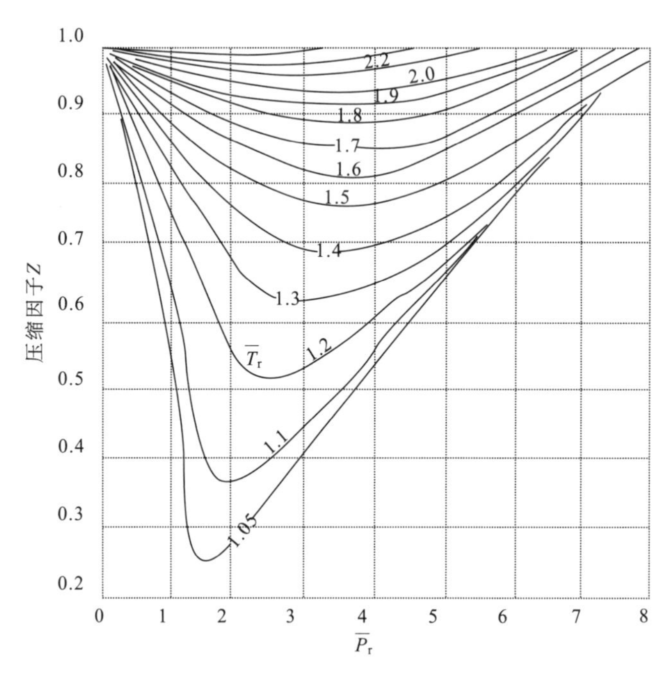

图 4.28　天然气压缩因子图版(据 Standing and Katz，1941，有修改)

$\overline{T}_r$ 为视对比温度；$\overline{P}_r$ 为视对比压力

5. 孔隙度

孔隙度主要通过物性实测、测井解释、图版取值。研究认为岩石密度与孔隙度呈负相关关系。图 4.29 和图 4.30 为以长宁、威远地区五峰组—龙马溪组、筇竹寺组实测岩石密度与孔隙度建立的两个孔隙度关系图版和两个统计数据图版。

4.3.7　EUR 法关键参数

1. 单井控制泄气面积

单井控制泄气面积通过图版和计算取值，根据 Barnett、Marcellus 页岩水平井长度与井控面积的关系，建立井控面积图版(图 4.31)，或根据井控面积数据建立概率分布曲线，作为井控面积的数据统计图版(图 4.32)。计算取值是假定单井控制面积为圆形，通过生产动态法拟合解释参数求得控制半径，得到单井控制面积。以建立的单井 EUR 估算软件计算单井控制泄气面积。

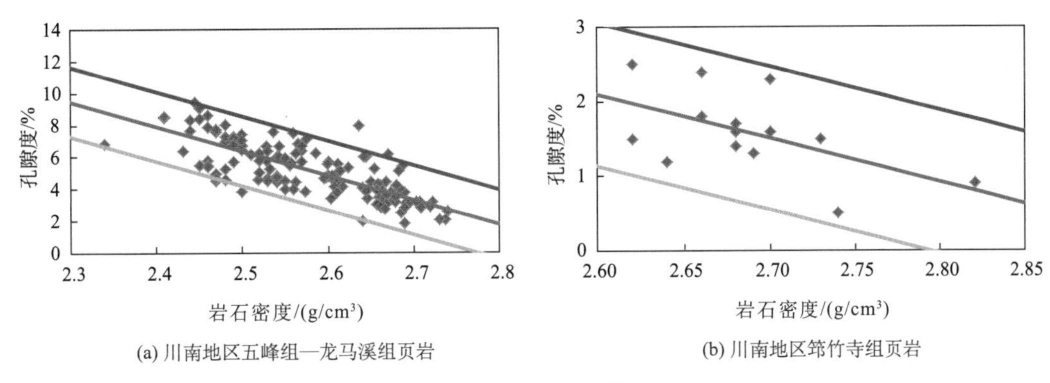

(a) 川南地区五峰组—龙马溪组页岩　(b) 川南地区筇竹寺组页岩

图 4.29　岩石密度与孔隙度关系图版

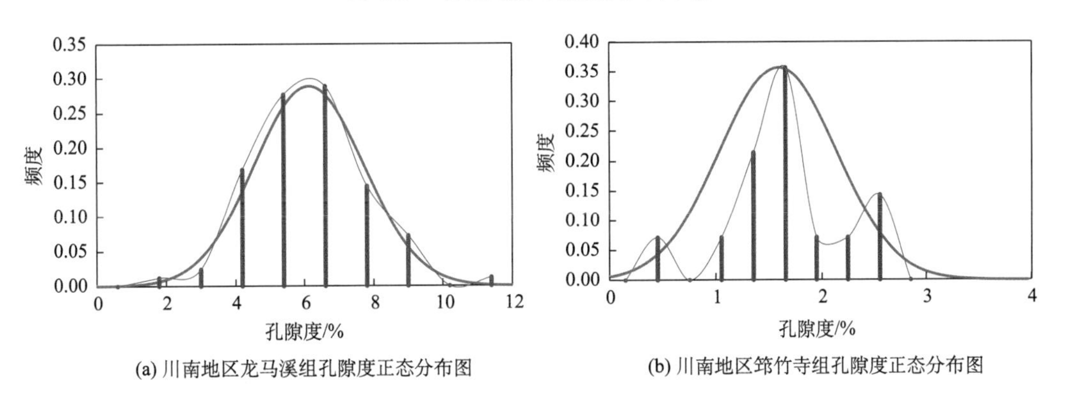

(a) 川南地区龙马溪组孔隙度正态分布图　(b) 川南地区筇竹寺组孔隙度正态分布图

图 4.30　川南页岩储层孔隙度分布统计图版

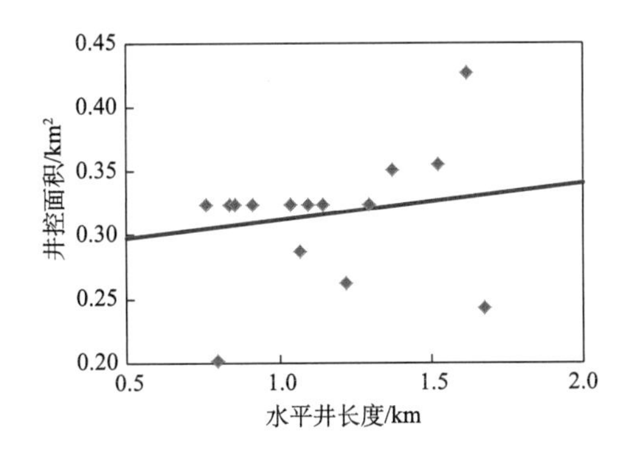

图 4.31　Barnett、Marcellus 页岩水平井长度与单井控制泄气面积关系图版

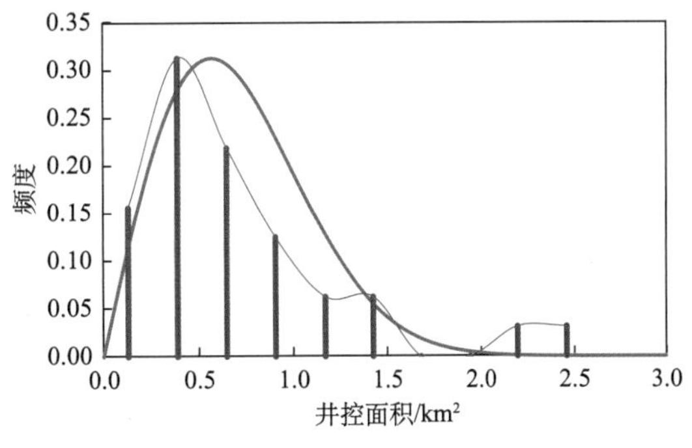

图 4.32　北美页岩气井控面积分布统计数据图版

2. 单井 EUR 取值

单井 EUR 主要通过图版或计算获得。根据北美页岩气水平井长度、单井 EUR、压裂改造加砂量与单井 EUR、页岩气井初始最高产量与单井 EUR、水平井压裂级数与 EUR、井控面积与 EUR 等关系，建立如下系列图版(图 4.33)。

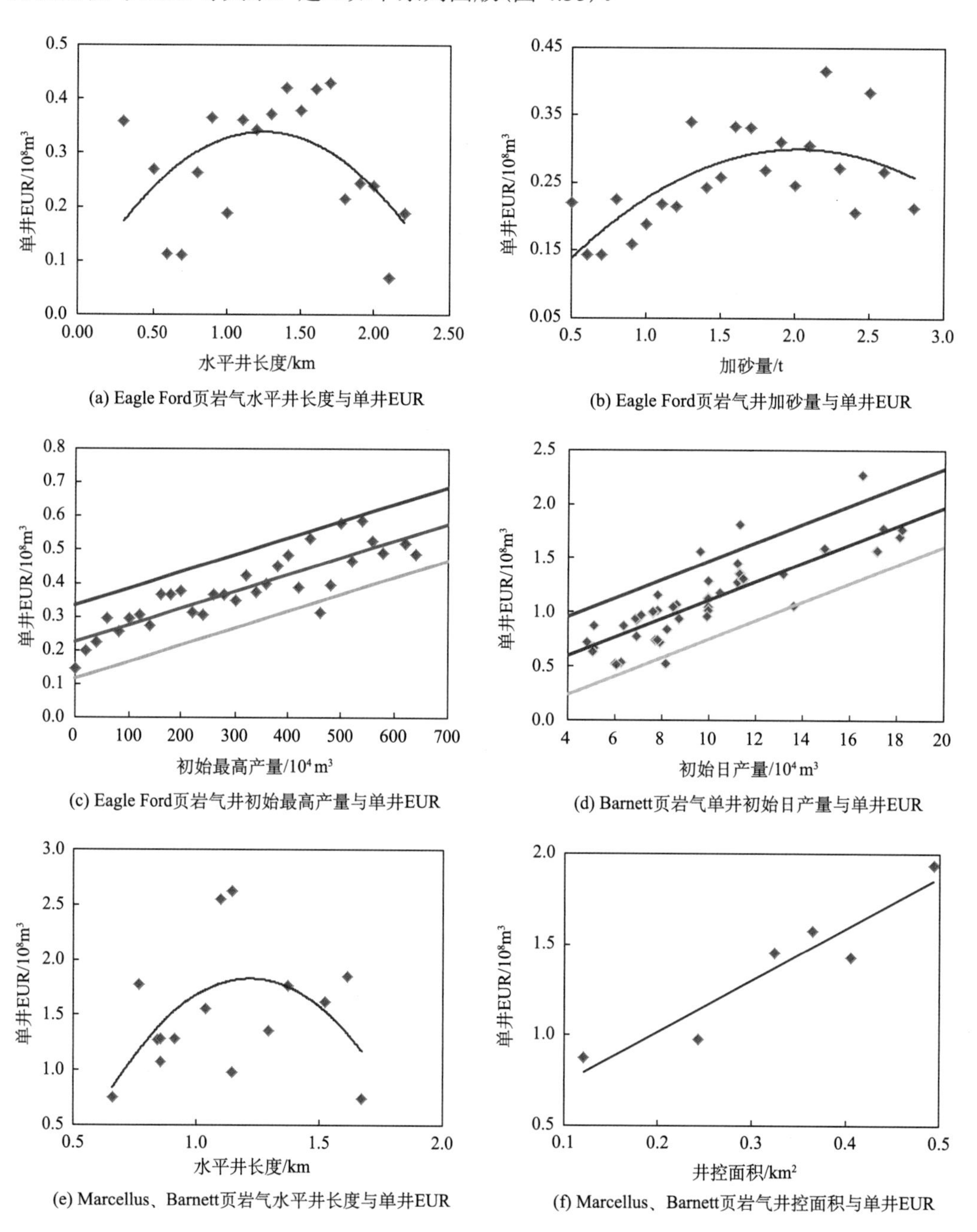

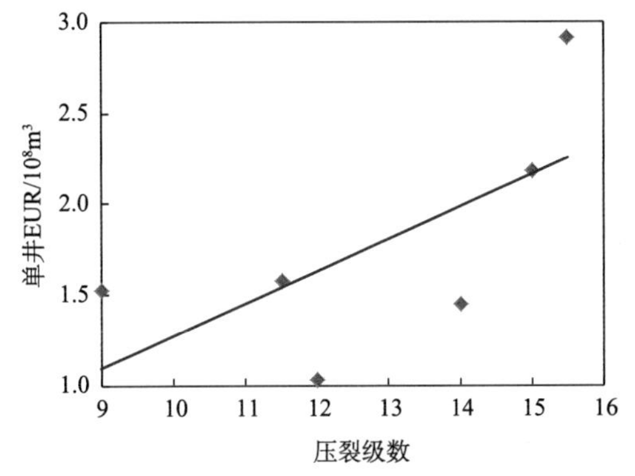

(g) Marcellus、Barnett页岩气水平压裂级数与单井EUR

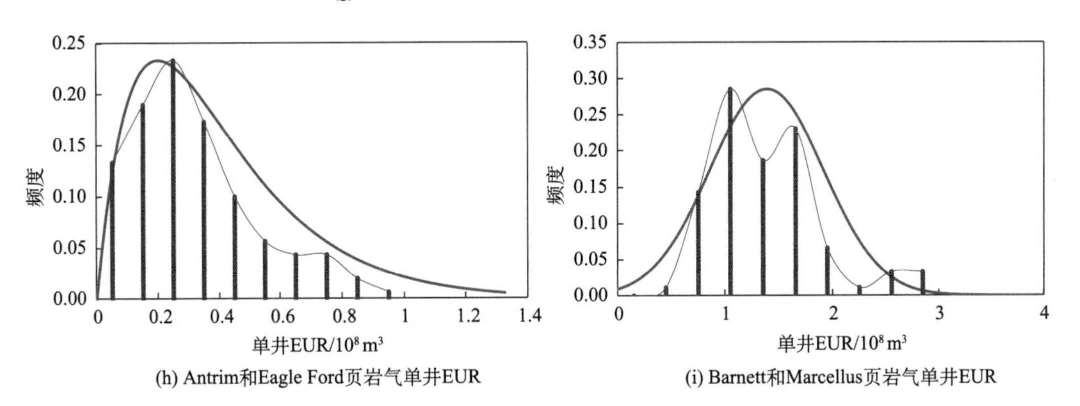

(h) Antrim和Eagle Ford页岩气单井EUR　(i) Barnett和Marcellus页岩气单井EUR

图 4.33　与单井 EUR 系列相关参数统计图版

单井 EUR 是 EUR 法估算页岩气资源的核心参数。除上述统计关系外，EUR 参数求取最直接方法是单井生产动态资料计算。计算 EUR 参数值，首先应该明确页岩气不稳定渗流规律，进而选择合适的 EUR 计算方法。经对比，选择了物质平衡法、流动物质平衡法、生产动态数据计算法等多种方法。

4.3.8　可采系数

可采系数是将地质资源量换算成可采资源量的关键参数，也是德尔菲综合法求取可采资源量的关键参数。它主要与生烃能力、储层特征(类型、规模、孔隙度、渗透率、含气性等)、后期压裂改造程度(矿物组分、杨氏模量、泊松比等)、保存条件(构造作用、压力系数等)等地质因素及开采工艺水平、油气价格等因素有关。可采系数取值方法有图版法、统计法、类比法和计算法四种。

1. 图版法

通过调研页岩地层平均压力与可采系数关系，建立图版(图 4.34)，依据评价单元平均地层压力读取可采系数值。

2. 统计法

通过统计分析，得到不同类型页岩气藏可采系数分布特征图版(图 4.35)。

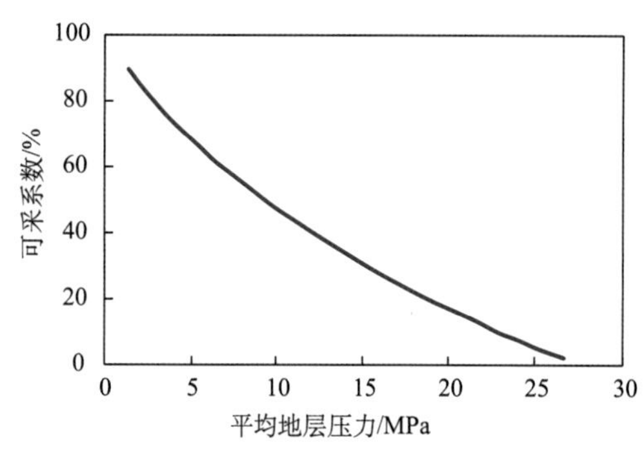

图 4.34　平均地层压力与可采系数图版

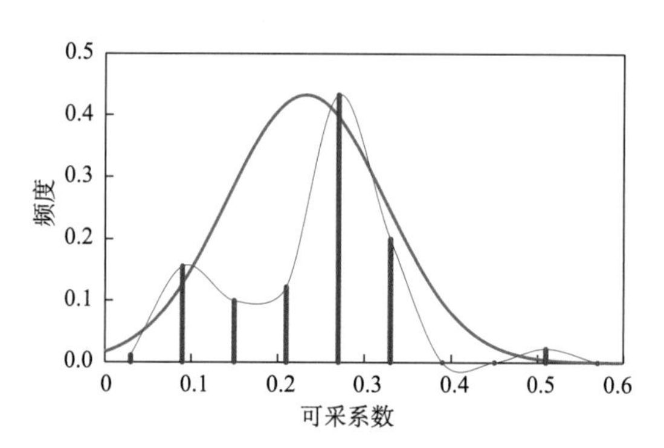

图 4.35　页岩气可采系数统计图版(正态分布图)

3. 类比法

将评价单元地质特征与刻度区进行类比，类比得到评价单元的可采系数值。

4. 计算法

通过研究页岩气藏可采系数与地质参数间的相关性，拟合出可采系数的计算公式。我国尚缺乏生产数据支撑，主要借用国外资料进行探索性的研究。北美公开的资料，依据主元素法来研究影响可采系数的主要因素。计算公式为

$$R=0.21\text{TOC}+0.26R_o-0.16S_w+0.15C_t+0.13P_i+0.07S-0.06H+0.09h+0.05\phi \tag{4.39}$$

式中，R 为可采系数，小数；R_o 为镜质体反射率，%；S_w 为含水饱和度，小数；C_t 为总含气量，m^3/t；P_i 为页岩地层(中部)压力，MPa；S 为有效页岩面积，km^2；H 为页岩地层埋深，m；h 为有效页岩厚度，m；ϕ 为页岩孔隙度，小数。

从式中可以看出，TOC 和 R_o 的权重较大，其次为含水饱和度、含气量及储层压力，其他参数相对来说较为次要。

4.4　页岩气区带评价与选区参数

4.4.1　页岩气区带划分

结合我国页岩气勘探现状和资源特点，可将页岩气分布区划分为目标区(核心区)、有利区和远景区三个级别(图 4.36)。

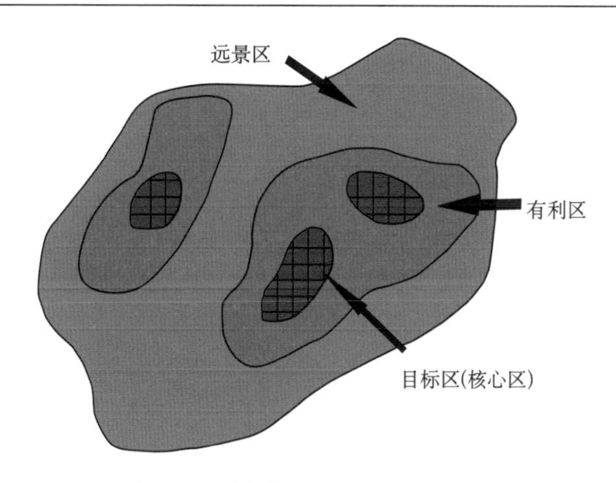

图4.36　页岩气区带评价划分示意图

1. 远景区

页岩气远景区是指页岩气勘探程度较低，但根据目前有限的基础地质资料，认为具备页岩气形成的基本条件，具有页岩气勘探前景的地区。这些地区可利用的地质资料有限，主要是一些地面露头剖面的资料，因此页岩气远景区的评价参数不可能很全面。

从整体出发，以区域地质资料为基础，了解区域构造、沉积及地层发育情况，查明含有机质泥页岩发育的区域地质条件，采用类比、叠加、综合等技术方法，初步分析页岩气形成条件，对评价区域进行定性半定量早期评价，挑选出具有页岩气发育条件的区域，即远景区。

根据我国南方海相页岩气的基本情况，远景区评价应考虑以下九个参数(表4.12)。

表4.12　页岩气远景区评价参数表

	赋值与分级原则			权重
	Ⅰ(75～100)	Ⅱ(50～75)	Ⅲ(<50)	
富有机质页岩连续厚度/m	>30	15～30	<15	0.15
有机质含量/%	>4	2～4	<2	0.2
有机质类型	Ⅰ-Ⅱ$_1$	Ⅱ$_1$-Ⅱ$_2$	Ⅲ	0.05
有机质成熟度/%	1.3～2.5	0.7～1.3或2.5～4.0	>4.0或<0.7	0.05
有利区圈定面积/km^2	>500	500～200	<200	0.1
资源丰度/(10^8 m^3/km^2)	>1.5	1.5～0.5	<0.5	0.1
构造复杂程度	断裂不发育、褶皱宽缓	断裂较少、褶皱较宽缓	断裂发育、褶皱紧闭	0.15
页岩埋深/m	1500～3500	500～1500	<500或3500～4500	0.1
脆性矿物含量/%	>50	50～30	<30	0.1

2. 有利区

页岩气有利区是在远景区基础上，通过地质资料井钻探、少量探井岩心分析测试、有限的地震资料分析及页岩气综合地质评价的基础上，认为该区页岩气形成基本条较好，多项地质静态参数反映出地下具有一定规模的页岩气资源，可以进一步开展页岩气勘探的区块。这些地区尚未进行页岩气开发，还缺乏工程方面的参数。

通过详细的页岩露头地质调查及样品采集，并进一步进行实验分析，掌握页岩的沉积相特征、发育展布特征、构造模式、有机地化指标、储层特征、保存条件等主控因素，利用参数井的实施，初步掌握页岩的含气性，采用综合信息叠加、地质类比、综合评价等多种方法，优选出页岩气有利区。优选标准参数如下。

(1) 页岩 TOC 含量不小于 2.0%，TOC 含量高生烃潜力大，有机质内微-纳米级孔隙发育，为页岩气储存提供了有效空间，页岩含气量高。

(2) 有机质成熟度 R_o 值为 1.1%～4.0%，有机质成熟生气是页岩气成藏的必要条件。

(3) 富有机质页岩连续厚度不小于 30m，厚度越大，资源丰度越高，利于水平井段钻探和压裂体积改造，并能增加单井控制储量。

(4) 脆性矿物含量不小于 40%，较高的脆性矿物含量可以提高页岩脆性，增产改造后易于形成大量网状裂缝体。

(5) 有利埋深小于 4000m，该埋深段页岩气易于保存，页岩储层温度、应力条件适中，钻完井和增产改造成本相对较低，且技术难小。

(6) 构造部位位于相对稳定的盆地、向斜及斜坡区，构造相对稳定，保存条件相对较好。

与远景区相比，页岩气有利区的评价指标(表 4.13)增加了页岩含气量、孔隙度、压力系数、地表地貌四种对页岩气勘探开发影响较大的参数。

表 4.13　页岩气有利区评价参数表

参数	赋分原则			权重
	Ⅰ(75～100)	Ⅱ(50～75)	Ⅲ(<50)	
富有机质页岩连续厚度/m	>30	15～30	<15	0.1
有机质含量/%	>4	2～4	<2	0.05
有机质类型	Ⅰ-$Ⅱ_1$	$Ⅱ_1$-$Ⅱ_2$	Ⅲ	0.05
有机质成熟度/%	1.3～2.5	0.7～1.3 或 2.5～4.0	>4 或<0.7	0.05
有利区面积/km^2	>500	500～200	<200	0.1
含气量/(m^3/t)	>4.0	2.0～4.0	<2.0	0.15
资源丰度/($10^8m^3/km^2$)	>1.5	1.5～0.5	<0.5	0.5
构造复杂程度	断裂不发育、褶皱宽缓	断裂较少、褶皱较宽缓	断裂发育、褶皱紧闭	0.1
页岩埋深/m	1500～3500	500～1500	<500 或 3500～4500	0.05
脆性矿物含量/%	>50	50～30	<30	0.05
地表地貌	平原、丘陵面积	山间坪坝	高山深谷区、湖泊、沼泽	0.05
孔隙度/%	>4	2～4	<2	0.1
压力系数	>1.5	1.2～1.5	<1.2	0.1

3. 目标区(核心区)

页岩气目标区是在有利区基础上，开展评价井钻探试气、三维地震勘探，进一步筛选出地质、工程两方面都更为优越的页岩气甜点区。此时已对区块内影响页岩气井产量的地质及工程因素基本掌握，获得了大量的参数及资料，同时也要进一步考虑经济技术方面的因素，因此对页岩气目标区(甜点区)的评价参数就要力求全面。

(1)地质参数 10 个，占总权重的 0.5：富有机质页岩连续厚度、有机质含量(TOC)、有机质类型、有机质成熟度、有利区圈定面积、含气量、资源丰度、孔隙度、构造复杂程度、顶底板岩性及厚度。

(2)工程参数 8 个，占总权重的 0.25：页岩埋深、压力系数、脆性矿物含量、渗透率、裂缝发育程度、主应力差异系数、水系发育程度、区域勘探程度。

(3)经济参数 5 个，占总权重的 0.25：市场气价、市场需求、交通设施、管网条件、地表地貌。

由于考虑问题的角度不同，有的参数很难准确、具体地归入地质、工程、经济三类中的哪一类，但不影响对页岩气有利区、目标区的评价。

在充分研究页岩气发育主控因素的基础上，进行一定数量的探井实施，落实页岩的含气性及开发基础等参数，采用地质类比、综合信息叠加及勘探开发综合分析等方法，进一步优选出能够获得工业气流或具有工业勘探开发价值的区域，即目标区。

(4)参数优选标准如下：①页岩 TOC 含量不小于 3.0%，TOC 含量高生烃潜力大，有机质内微-纳米级孔隙发育，为页岩气储存提供了有效空间，页岩含气量高；②有机质成熟度 R_o 值为 1.1%～3.5%，有机质成熟生气是页岩气成藏的必要条件；③富有基质页岩连续厚度不小于 40 m，厚度越大，资源丰度相对越高，利于水平井段钻探和压裂体积改造，并能增加单井控制储量；④脆性矿物含量不小于 40%，较高的脆性矿物含量可以提高页岩脆性，增产改造后易于形成大量网状裂缝；⑤有利埋深介于 1500～4000m，该埋深段页岩气易于保存，页岩储层温度、应力条件适中，钻完井和增产改造成本相对较低；⑥目的层段页岩含气量不小于 $3m^3/t$；⑦储层压力系数不小于 1.2，压力系数是页岩气保存条件评价的综合指标，高压、超高压地层页岩气逸散微弱，保存条件良好，含气性好。

4.4.2　页岩气选区评价参数

页岩气勘探风险较大，选区评价需要综合考虑页岩气富集条件、开采工程条件、地面经济条件等因素进行有利区或目标区的优选(Charles et al.，2006；张德军，2015；张迪，2015)。有利区优选既是后期阶段区块资源评价的基础，又为页岩气的早期勘探部署提供了依据。不同地区由于存在沉积及构造条件的差异，其有利区优选的标准和方法也存在一定的差异，通常综合利用各种地质参数、“甜点”理论对页岩气有利分布区进行预测。

北美页岩气勘探实践表明，页岩气产出最好的地区必须有高 TOC 含量、厚度、孔隙度和渗透率及适当的热成熟度、深度、裂缝、温度压力等的良好匹配。一般具有高页岩气产能的理想含气页岩特征是：远岸(远离三角洲)沉积的海相页岩，区域性分布，构造复杂性低；黑色页岩厚度大于 30m，以大于 50m 为佳；总有机碳含量高，TOC 含量>2%，但 TOC 含量以 4.0%～10%为最佳；有机质成熟度适中，R_o在 1.1%～3.5%最好；全岩矿物组成中黏土矿物含量一般低于 30%，硅质或碳酸盐含量相对较高，一般大于 30%；虽然埋藏较浅的页岩气井同样具有商业价值，但埋藏深于 1500m、具有异常高压的含气页岩产能较高。

美国学者认为，页岩气藏必须达到如下条件方能具有商业性：页岩地层具有一定的分布范围(延伸面积下限值取决于页岩厚度)；页岩地层抬升期较排烃期早；页岩 TOC 含量大于 2%；热成熟度 R_o大于 1.0%，但小于 2.1%(当 R_o>2.1%时，页岩气藏可能遭受破坏，CO_2含量增加)；有机质转化率大于 80%；T_{max}>450℃。

很多国际地质与工程专家总结美国典型的页岩盆地页岩气藏特征后认为，页岩气某些储层参数达到一定的阀值，才有望实现页岩气的经济开采。即页岩气经济开采储层参数阀值为：TOC 含量>2%、孔隙度大于 4%、渗透率不小于 100mD、含水饱和度小于 45%、含油饱和度大于 5%。

理论上任何富含有机质的页岩只要其成熟度处于生气窗范围内，所生成的天然气经过初次运移后残留下来的，即可形成页岩气藏。然而，页岩气藏要达到经济、规模开发则需要满足一些基本条件。

页岩气有利区优选上，各油公司所考虑的参数指标、选区评价标准都不尽相同。

(1)哈丁歇尔顿能源公司选区评价参数多达 16 项，地质因素包括页岩净/有效厚度及横向分布、有机质丰度及垂向分布、热演化程度、岩石脆性与年代、孔隙度及其垂向分布、页岩矿物组成、三维地震资料质量、区域构造背景及构造裂缝发育情况、页岩的连续性、渗透率及其分布、页岩气地质储量和可采储量、压力梯度；水源及水处理因素包括水源供应与物流、水处理条件；钻井因素等包括钻井现场条件、已有的输气管网设施。

(2)埃克森美孚公司的页岩气选区参数大致分为两类：第一类基本参数有热成熟度(R_o)、页岩总有机碳含量、气藏压力、页岩净厚度、页岩空间展布、页岩碎裂性(可压裂性)；第二类参数(变量参数)包括裂缝及其类型、吸附气及游离气量高低、基质孔隙类型及大小、深度、有机质含量平均值、岩性、非烃气体分布等。

(3)英国石油(BP)公司选区评价主要考虑的参数有：构造格局和盆地演化、有机相、厚度、原始总有机碳、镜质体反射率、脆性矿物含量、现今深度和构造、地温梯度/温度。

(4)雪佛龙(Chevron)公司页岩气富集关键因素包括：总有机碳含量 TOC 含量> 4%；热成熟度 R_o > 1.3%；黑色页岩厚度大于 30m；脆性相对高的硅质或碳酸盐，黏土含量小于 30%；深度大于 1500m，压力为异常高压；沉积环境海相页岩，远岸(远离三角洲)；复杂性区域性沉积，构造复杂性低。

总体来说，影响页岩气成藏规模和产能大小的主要因素包括有效厚度、有机碳含量、热成熟度、物性、矿物组成、岩石力学性质、盖层与保存条件和含气性。北美页岩气选区评价主要考虑的是八大参数：有效厚度、含气性、有机碳含量、热成熟度、物性、矿物组成、岩石力学性质、盖层与保存(图 4.37)。

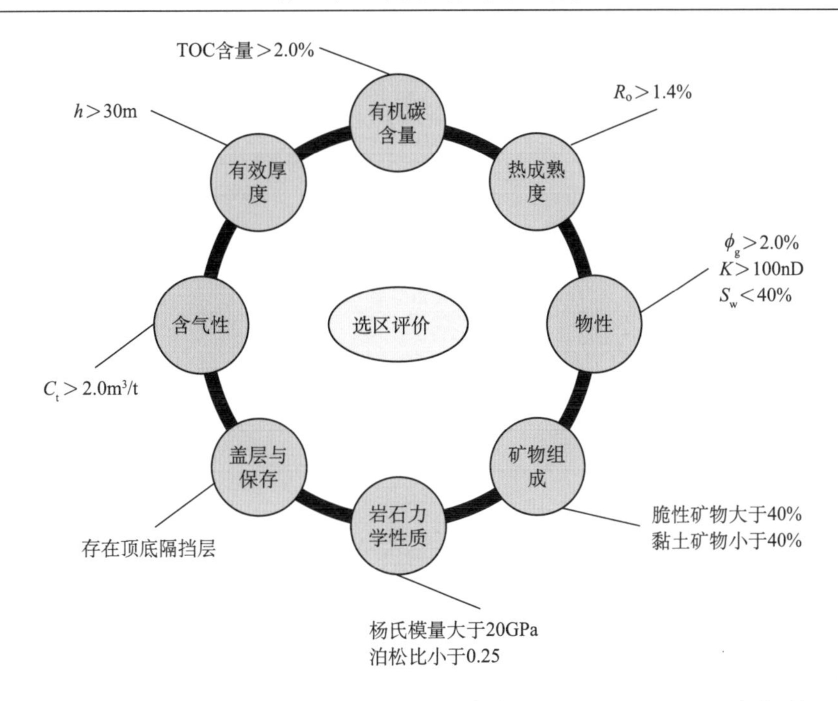

图 4.37　页岩气评价关键地质要素及其一般标准(据 Curtis，2008，有修改)

我国海相页岩气在形成、分布及质量等基本地质条件上与北美具广泛的相似性，都是由古生代海相沉积所形成，盆地演化也具有较多相似性。但中生代以后，我国构造变动相对北美大陆较强，变形程度更复杂，受改造范围和埋深更大(表 4.14)。

表 4.14　我国海相页岩气地质条件与北美主要产气页岩对比

对比条件	中国	北美
时代	古生代—寒武纪和志留纪	古生代—泥盆纪、石炭纪、二叠纪
沉积类型	海相-浅海陆棚	海相
热演化(R_o/%)	古生界：高，R_o 为 2.5%～5%	热演化程度适中，R_o =1.0%～3.5%
构造条件	稳定地块小、活动性强，盆地以叠合盆地为主	稳定地块大，一次抬升
埋深	盆内埋深较大(3000m 以下)或盆外出露区	埋深适中(1000～3000m)
地面	复杂山地、黄土塬、戈壁、沙漠等	简单、有利
水源	北方、中西部缺水	水源较充足

结合我国实际地质条件，参照北美页岩气选区评价指标，董大忠等(2011，2014)按页岩气源岩质量与有效范围、储层质量、页岩气资源潜力与勘探开发前景、生产方式与产能等 4 个方面 17 项参数指标，建立了我国海相页岩气有利区选区评价标准(表 4.15)。

表 4.15　我国海相页岩气选区评价参数指标及标准表

	海相	参数意义
TOC 含量/%	>2.0	气源岩质量与有效范围
有机质类型	Ⅰ-$Ⅱ_1$	
成熟度(R_o)/%	>1.1	
脆性矿物含量/%	>40	储层质量
黏土矿物含量/%	<30	
孔隙度/%	>2	潜力与前景
渗透率/nD	>100	
含气量/(m^3/t)	>2.0	
直井初期日产/(10^4m^3/d)	1.0	
含水饱和度/%	<45	
含油饱和度/%	<5	
地层压力	常压-超压	生产方式与产能
有效页岩连续厚度/m	>30～50	
夹层厚度/m	<1.0	
砂地比/%	<30	
顶底板岩性及厚度/m	非渗透性岩层，>10	
保存条件	构造稳定、改造程度低	

中国石油勘探开发研究院近年在借鉴美国页岩气选区评价标准的基础上，针对我国南方海相页岩的基本地质条件，提出了南方海相页岩气有利区优选要重点考虑的八大参数，它们分别是：页岩厚度、页岩埋深、有机质丰度、有机质成熟度、页岩矿物成分、d页岩物性、页岩力学性质、地层压力系数(图 4.38)。

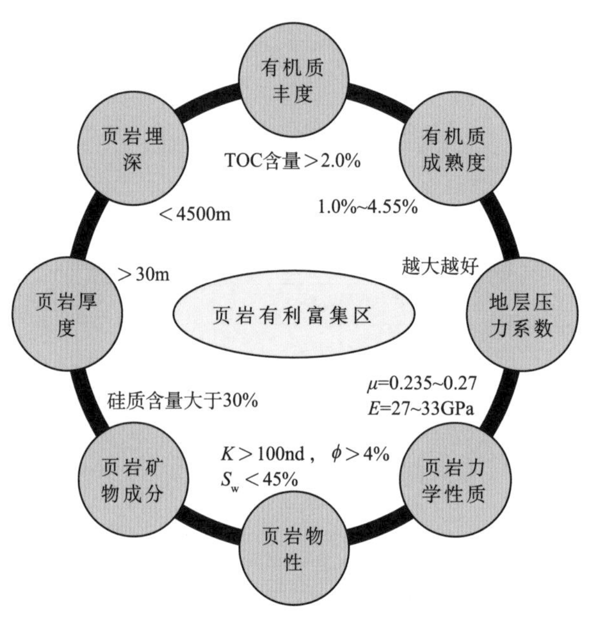

图 4.38　我国南方海相页岩气有利区评价优选关键参数及标准

影响页岩气选区评价的参数很多，在不同勘探及开发阶段考虑的侧重点也有所不同。综合国内外研究成果，把页岩气选区评价参数分为地质参数、工程参数、经济评价参数三类共十余种。

1. 关键地质评价参数、取值依据和下限

1) 有机质丰度

页岩气储层有机质丰度与成熟度对页岩气资源量有重要影响。页岩气吸附实验结果也表明，页岩中有机碳含量与页岩气的生气率具较好的正相关性。在相同温压条件下，富有机质页岩较贫有机质页岩具有更多的微孔隙空间，能吸附更多的天然气，影响吸附气多寡的关键因素是有机碳含量的高低，因此有机质丰度成为页岩气评价的首要地质因素。

类比美国页岩气勘探现状，美国主要含气页岩的有机碳含量均较高(图4.39)。如美国的 Barnett 页岩有机碳含量介于 2.0%～7.0%，Antrim 页岩有机碳含量介于 0.3%～24.0%，New Albany 页岩有机碳含量介于 1.0%～25.0%，Lewis 页岩有机碳含量介于 0.5%～2.5%，Woodford 页岩有机碳含量介于 1.0%～14.0%，Marcellus 页岩有机碳含量介于 0.5%～4.0%，Fayetteville 页岩有机碳含量介于 4.0%～9.3%，Haynesville 页岩有机碳含量介于 4.0%～9.3%。根据美国页岩气勘探取得的成功经验，以及我国页岩有机质含量与含气量的关系，将我国中上扬子地区页岩气有机碳含量评价标准定为 2.0%。

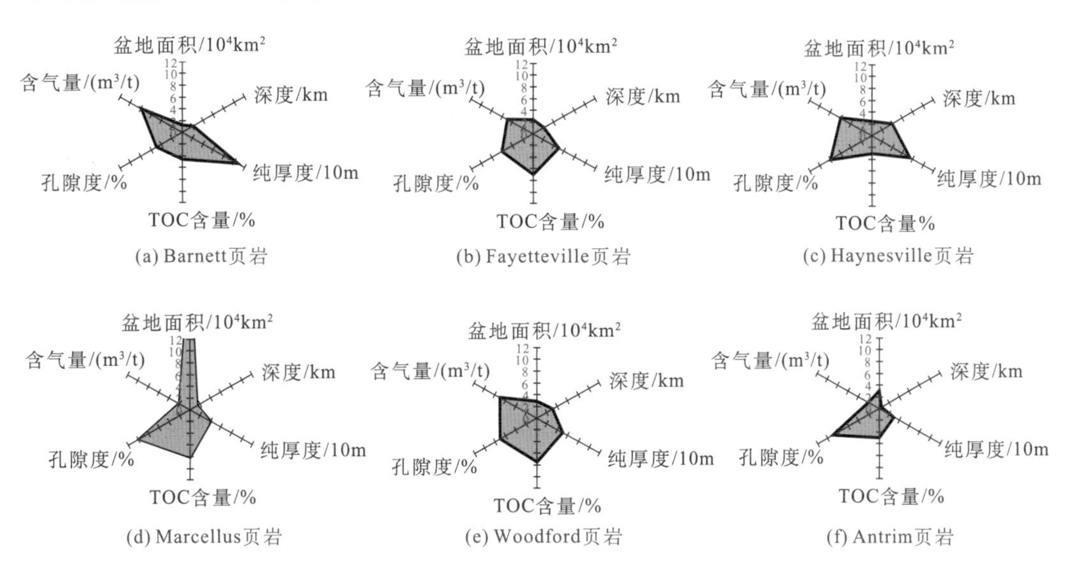

图4.39　美国典型页岩气储层地质参数雷达图

2) 页岩有机质成熟度

页岩储层中有机质成熟度不是影响页岩气成藏的关键因素，但是成熟度越高越有利于页岩气的排烃，也加速页岩气的成藏。根据北美地区资料统计，页岩气成藏要求 R_o＞1.3%。

最佳的 R_o 在 1.3%～3.0%，大于 3.0%时生烃(气)会停止或明显减弱，有机质孔隙也会受到影响。小于 1.3%时多数有机质尚未进入生气高峰(图 4.40)。我国南方海相两套页岩的有机质成熟度普遍较高，R_o 在 2.5%～5%，达到了过高成熟度，除部分地区成熟度太高外总体达到成藏的要求，且有利于页岩气富集。

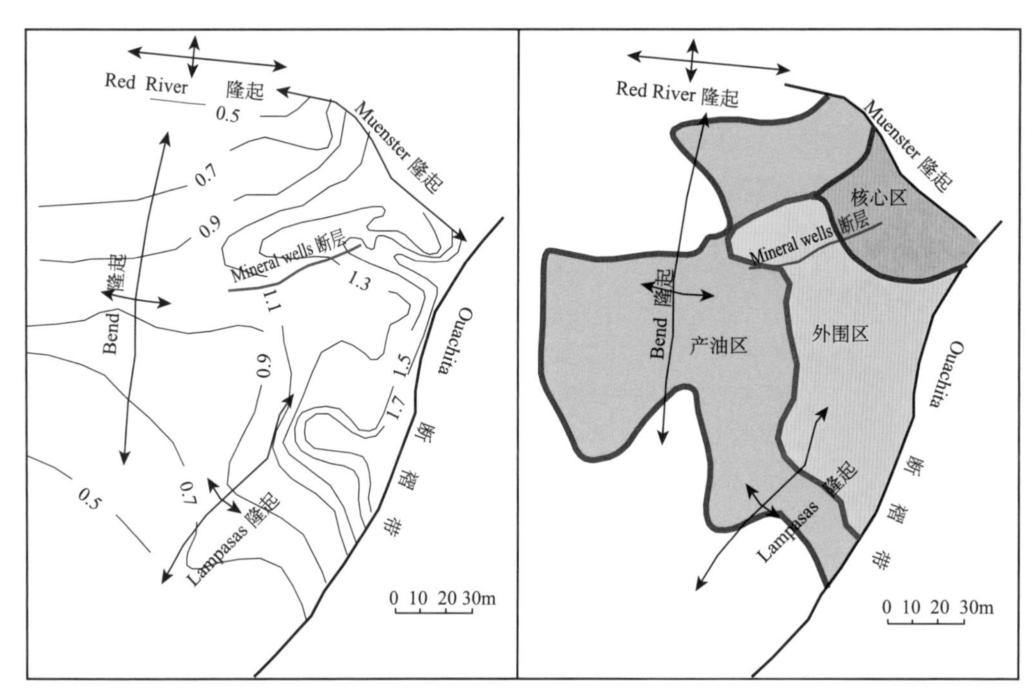

(a) Barnett页岩R_o等值线图 (单位：%)　　(b) Barnett页岩气富集区评价图

图 4.40　Fort Worth 盆地 Barnett 页岩 R_o 等值线与页岩气富集区图(据 Jarvie，2004)

3) 页岩有机质类型

有机质类型主要根据干酪根类型来划分。通常干酪根类型分为三类：I 型干酪根是分散有机质干酪根中经细菌改造的极端类型，或称腐泥型，是高产石油的干酪根；II 型干酪根是生油岩中常见干酪根，有机质主要来源于小到中的浮游植物及浮游动物，生烃潜力较高；III型干酪根是陆生植物组成的干酪根，又称腐殖型，这类干酪根生成液态石油的潜能较小，以成气为主。

研究表明，我国南方海相页岩有机质以腐泥组+藻类组占绝对优势，腐泥组+藻类组相对含量均在 90%以上，类型以 I 型和 II_1 型为主，是很好的页岩气有机质类型，容易形成大量的有机质纳米孔隙。

4) 富有机质页岩连续厚度

富有机质页岩厚度是指 TOC 含量≥2%的黑色页岩连续厚度。具有高伽马、高 TOC 含量的富有机质页岩厚度越大，页岩气富集程度越高。页岩厚度和分布面积是保证有页岩气生成和充足的储渗空间的重要条件，一般要求连续厚度大于 30m。最重要的是垂向上 TOC 含量≥2%的集中段的连续厚度，而不是分散的几层页岩的累计厚度。从水平井钻井、水平井轨迹靶体控制、分段压裂等工程角度考虑，页岩最小连续厚度最低要求在15m以上。

5)有利面积

在含气页岩厚度和有机质丰度确定的情况下，含气页岩的面积决定着页岩气的资源规模。由于页岩气单井产量较低，要实现页岩气经济规模开发，资源规模大小极为关键。美国页岩气评价很少考虑面积因素，因为美国产气页岩分布的多数地区构造稳定，地形相对平坦，一般都能够达到页岩气规模开发所需要的面积。此外，美国多数页岩气公司规模都较小，开发面积主要是考虑所购买的矿权区面积。

美国大规模商业开发的五大含气页岩系统页岩气资源量为 $566\times10^8\sim70792\times10^8m^3$，因此，$500\times10^8m^3$ 的页岩气资源量作为区块资源量的下限，取泥页岩厚度50m，平均含气量 $2m^3/t$，泥页岩平均密度 $2.5t/m^3$，得出含气页岩面积 $200km^2$。区块的含气泥页岩面积应大于 $200km^2$ 为宜。当然，随着含气页岩厚度的增加，其最小面积的下限可以相应降低。对于Ⅰ类有利区，参照涪陵礁石坝地区的面积应大于 $500km^2$，相应Ⅱ类区则可介于 $200\sim500km^2$。

6)含气量

页岩的含气量及资源丰度可以直接反映页岩气藏的规模和产能大小，也是页岩气选区评价的一个重要参数指标。在钻井过程中页岩储具有的较高气测值和频繁出现的气侵井涌甚至井喷等油气显示以及页岩岩心取出后直接冒气等现象都指示页岩具有较好的含气性。

通常利用现场岩心进行含气量测试，也可利用测井资料进行估算，但需岩心实测数据进行标定。北美地区那些埋藏浅而吸附气含量高的页岩气藏主要得益于其有机质含量高。Antrim和New Albany页岩的TOC含量高达25%。因此尽管埋藏浅而游离气量低，但由于有机质富集程度高而能够吸附大量的页岩气，Antrim页岩气藏目前的年产量仍在 $30\times10^8m^3$。北美地区目前商业开发的页岩含气量在 $1.1\sim9.91m^3/t$，其中生物成团气的Antrim和New Albany页岩含气量较低，热成熟页岩气含气量均在 $2.0m^3/t$。选区评价一般要求页岩含气量大于 $2m^3/t$(Rimrock能源公司2008年交流资料)。

四川盆地南部和东北部五峰组—龙马溪组页岩的现场解吸实验结果显示有机质含量增高，含气量明显增加。扬子地区页岩TOC含量与含气量具有明显正相关，相关系数 R=0.83。当TOC含量>4%时，含气量大于 $4m^3/t$；当2%<TOC含量<4%时，含气量小于 $3m^3/t$；当TOC含量<2%时，含气量小于 $1m^3/t$(图4.41)。因此将含气量大于 $2.0m^3/t$ 作为Ⅱ类与Ⅰ类有利区的分界线，对于有利区的优选，在有钻井且进行过现场岩心含气量解吸实验测试的地区，将含气量大于 $4.0m^3/t$ 作为Ⅰ类有利区，$2\sim4m^3/t$ 作为Ⅱ类有利区，而小于 $2.0m^3/t$ 则作为Ⅲ类有利区标准。

7)储层物性(孔隙度和渗透率)

较好的页岩气储层物性条件以及发育的天然裂缝无疑会极大地提高页岩气单井产能和产气规模。北美地区广泛采用一种由美国天然气研究所(GRI)在1996年的致密岩石分析方法来测试页岩气储层的储集物性。GRI分析方法是将页岩样品粉碎后再处理分析，而不是采用常规的柱塞样品进行分析。这主要是因为页岩纹层和裂缝发育很难钻取到合格的柱塞样品，而且柱塞样品的钻取和处理过程中容易产生人工微裂缝，从而人为地增

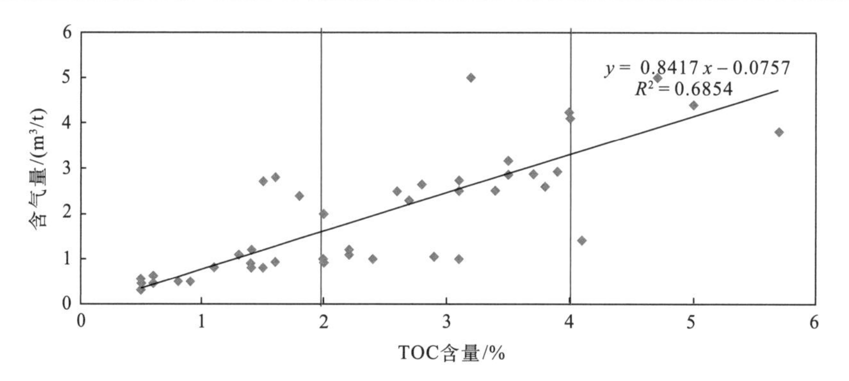

图 4.41　南方五峰组—龙马溪组页岩有机质含量与含气量关系

加基质渗透率甚至孔隙度值，再加之常规分析过程往往耗时过长。目前我国基本上还是采用常规岩石物性分析方法。因此在与北美页岩气储层资料对比分析时，需特别注意分析方法上存在的差异性。北美地区目前开采的几大主力页岩气层都具有较好的页岩气储层物性条件，GRI 方法测定的基质孔隙度一般大于 4%，含气孔隙度一般大于 2%。Haynesville 页岩气田储层总孔隙度分布在 8%～14%，含气孔隙度则可达 5%～11%(图 4.42)。Ⅰ类区基质孔隙度大于 5%，Ⅱ类区介于 2%～5%，Ⅲ类区小于 2%。北美地区页岩气藏的 GRI 方法测试的基质渗透率分布在 50×10^{-9}～$1000\times10^{-9}\mu m^2$，除 Barnett 页岩气层的基质渗透率较低外(一般 $100\times10^{-9}m^2$)，大部分主力气层核心开发区的基质渗透率一般大于 $300\times10^{-9}m^2$。Ⅰ类区基质渗透率大于 0.1mD，Ⅱ类区介于 0.05～0.1mD，Ⅲ类区小于 0.05mD。

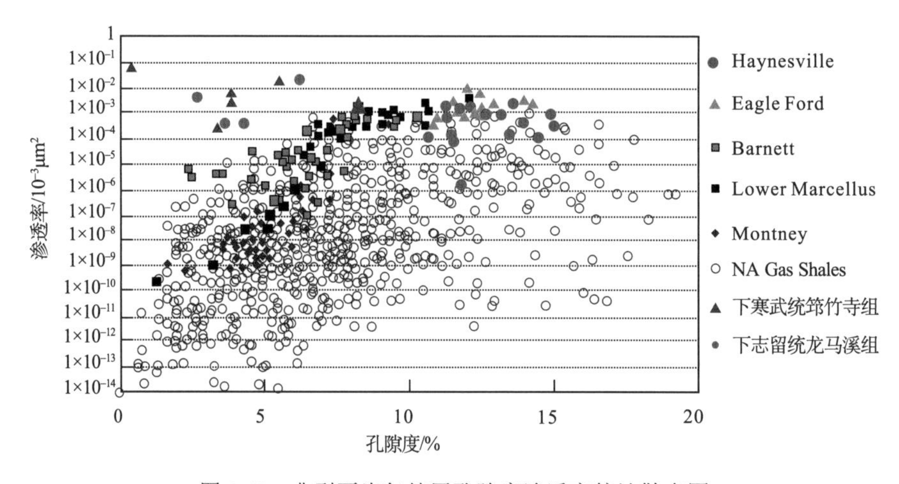

图 4.42　典型页岩气储层孔隙度渗透率统计散点图

8) 构造部位及构造复杂程度

北美地区页岩气盆地主要分布在前陆盆地区域和古生界克拉通地台区。形成时代相对较年轻，多数地区页岩受后期构造活动影响较小。我国南方海相页岩形成时间早，后期受到多期次的构造活动影响，改造作用强。除四川盆地内部相对稳定有利于页岩气保存外，在盆地边缘特别是盆地之外的地区构造活动影响强烈，对页岩气保存明显不利，只在构造活动相对较弱的背斜及向斜部位存在页岩气富集成藏条件(图 4.43)。

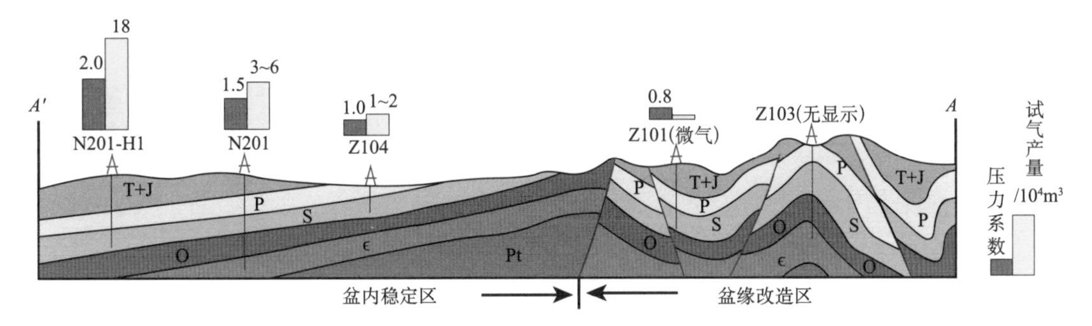

图 4.43　不同构造背景条件与气井试产气量关系示意图

9) 顶、底板岩性及厚度

富有机质页岩层段的顶底板岩性及厚度对页岩气保存意义重大。我国南方海相奥陶系—志留系五峰组—龙马溪组底部的目的层段黑色富有机质页岩脆性较大，而目的层段之上的龙马溪组中上部灰色页岩泥质含量增大、脆性降低、塑性增大，而且厚度较大(200m 左右)，形成了良好的盖层。而作为底板的中奥陶统临湘组、宝塔组泥质灰岩岩性致密、塑性大、泥质含量高，不易形成溶蚀缝洞，也不易形成水层。因此五峰组—龙马溪组页岩气层的顶底具有自封闭成藏的优势。

寒武系筇竹寺组页岩层段的顶板岩性为厚度巨大的灰岩，质纯，在构造及地下水作用下容易形成裂缝及溶蚀缝洞，不利于页岩气的保存。筇竹寺组页岩层段底板为震旦系白云岩，物性较好，多数地区易于形成水层，地下水层的活动对页岩气的保存不利，同时上部的页岩气层压裂时容易沟通底部的水层，对页岩气的开发十分不利(图 4.44)。

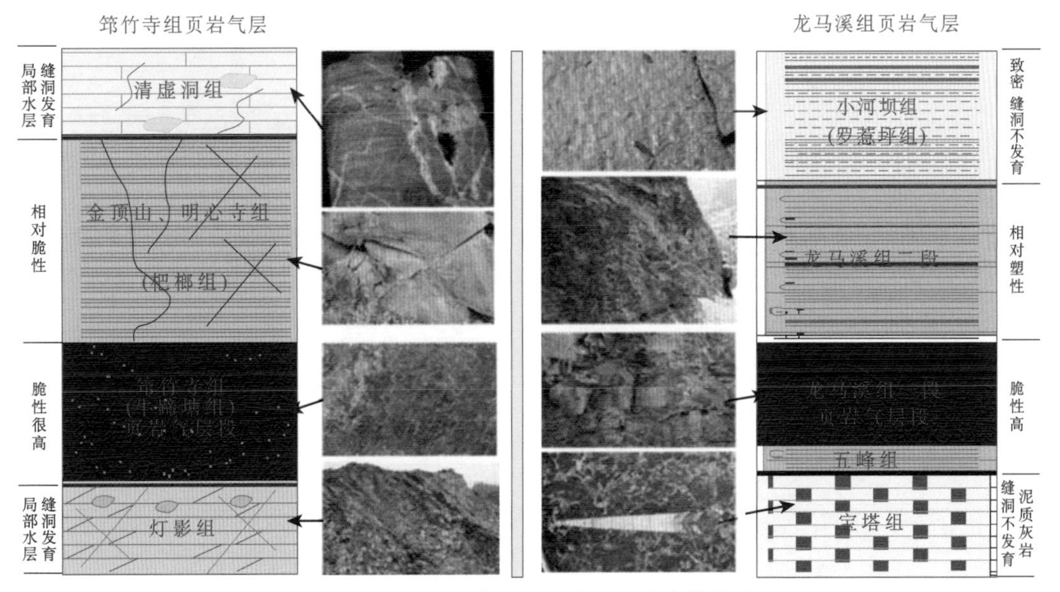

图 4.44　南方两套主要页岩气层成藏模式图

10）资源丰度

资源丰度是指每平方公里范围内所含的页岩气地质资源量，单位为 $10^8m^3/km^2$。资源丰度是页岩气储层厚度和含气量的体现，反映了页岩气资源富集程度，因此是页岩气选区评价中的重要指标。涪陵焦石坝区块页岩气资源丰度达到了 $10\times10^8m^3/km^2$ 以上，长宁-威远地区页岩气资源丰度为 4×10^8～$7\times10^8m^3/km^2$。资源丰度的高低与页岩气单井产量及单井 EUR 呈正相关关系。

2. 关键工程评价参数、取值依据和下限

1）页岩埋深

页岩埋深直接控制着页岩气藏的经济价值及经济效益。川东南地区龙马溪组页岩古埋深都很大，而受燕山-喜马拉雅构造运动的影响，页岩层系又发生较大规模的逆冲与抬升。因此，区内页岩层系深度不是页岩气藏发育的决定因素，而是决定着该页岩气藏是否具有商业开发价值。美国开发的页岩气藏分布在 76.2～3658m 的深度范围段（图 4.45）。

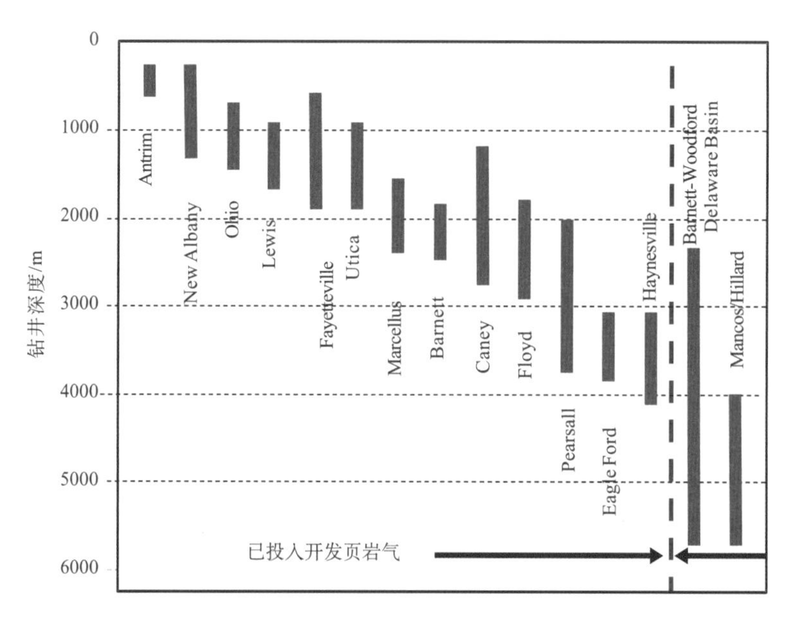

图 4.45　美国页岩气勘探深度统计图

我国南方海相页岩气的勘探开发证实，页岩气层的最佳埋深在 2000～3000m，有利埋深范围在 1500～4000m。当页岩埋深小于 1500m 时，保存条件会受影响，页岩气容易散失，目前大于 4000m 时的压裂技术及经济指标还难以完全达到要求。

2）脆性矿物含量

页岩中脆性矿物主要是石英、黄铁矿、方解石及长石，其中最重要的是石英矿物的含量。

页岩的脆性是评价页岩气是否具有开发经济价值的重要参数之一，它直接影响着产能。页岩基质渗透率非常低，一般小于 $0.1\times10^{-3}\mu m^2$，平均孔隙半径不到 0.005μm，但伴随裂缝的发育，页岩气的产能可大幅度提高，而且页岩气的开发需要人工压裂来维持商业生产。人工压裂的前提是页岩具有脆性，而影响页岩脆性最重要的因素就是页岩中的石英含量，石英含量越高，页岩的脆性越好，越有利于人工压裂。美国投入商业开发的页岩气层，其页岩气中的石英含量普遍在 20%以上，最高达 75%。富含大量脆性矿物是 Barnett 页岩能够通过压裂造缝获得高产的关键因素，其石英含量 35%～50%，黏土矿物含量小于 35%(图 4.46)。

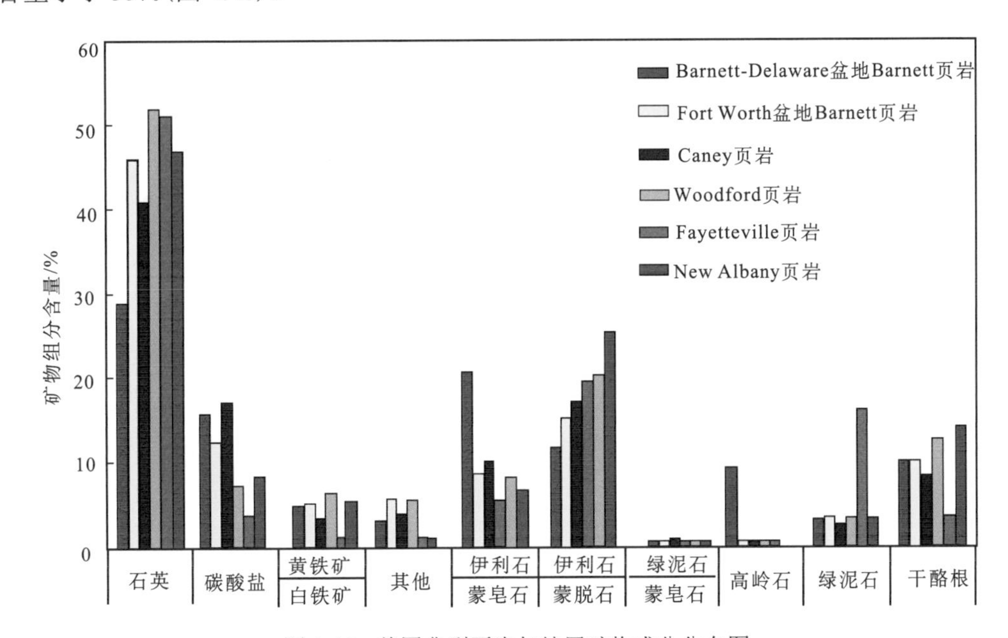

图 4.46　美国典型页岩气储层矿物成分分布图

含气页岩的矿物成分、结构及岩石组合既影响页岩气形成，同时对压裂改造也极为关键。

非有机矿物含量太高，有机质含量必然降低，生成页岩气量有限，不利于页岩气富集。研究认为，若黏土矿物含量增加，有利于扩大矿物颗粒的比表面积，增加页岩气的吸附量，但对压裂改造后的沟通和扩散不利；而石英(SiO_2)含量增加，使含气页岩趋向于脆性，有利于压裂改造后页岩气的汇聚。综合前人的研究成果认为，易于开采同时又具有较高含气量的页岩矿物成分：石英含量大于 35%，而黏土矿物成分一般小于 30%。

页岩的脆性对水力压裂效果及诱导缝的稳定性十分重要。石英的高含量能增加页岩的脆性。页岩脆性也可由杨氏模量和泊松比决定。高产气页岩满足泊松比小于 0.25，杨氏模量大于 2.0。这些页岩在岩心中可发育贝壳状裂缝，类似玻璃。石英在提高页岩脆性中发挥重要作用，一般情况下，脆性页岩中的石英含量要大于 35%或 40%，粉砂质页岩中很大一部分石英为有机成因(海绵骨针和放射虫)，它们会增加页岩的孔隙度，提高游离气的储存能力。

压裂工程上一般采用脆性指数和岩石力学参数来评价页岩气储层的脆性。脆性指数大于 50 就说明其脆性较好，脆性越好越有利于压裂。

3) 压力系数(孔隙压力)

美国页岩气开发表明，提高页岩气储量或产量的最佳压力梯度应该在 0.465psi/ft (1ft=0.3048m) 以上，但是也不应该太高，因为过高的压力将会给钻井带来困难。

我国四川盆地川南地区海相页岩气勘探开发实践表明，页岩储层压力系数与页岩气产量具有明显的正相关关系，压力系数大于1.2或1.3以上的区域为页岩气产量较高区域，称为超压核心区(图 4.47)。超压核心区龙马溪组位于深水陆棚相，是页岩储层发育的有利沉积相带，龙马溪组暗色页岩在超压核心地区厚度达到 100～160m，超压地区龙马溪组页岩储层含气量高、页岩脆性较好，为双优储层。而超压现象说明页岩气没有逸散，保存条件好，超压核心区是页岩气富集的有利区带。超压页岩气储层具有明显的超低含水饱和度现象，超压的形成受页岩沉积、成岩生烃演化、后期构造演化及保存条件的控制。厚度巨大的富有机质页岩为超压的形成提供了物质基础，生烃增压是超压形成的重要内部机制之一，页岩埋深生烃后的最后一次适当的构造抬升及上覆页岩的封闭作用是形成超压页岩气藏的关键构造条件。

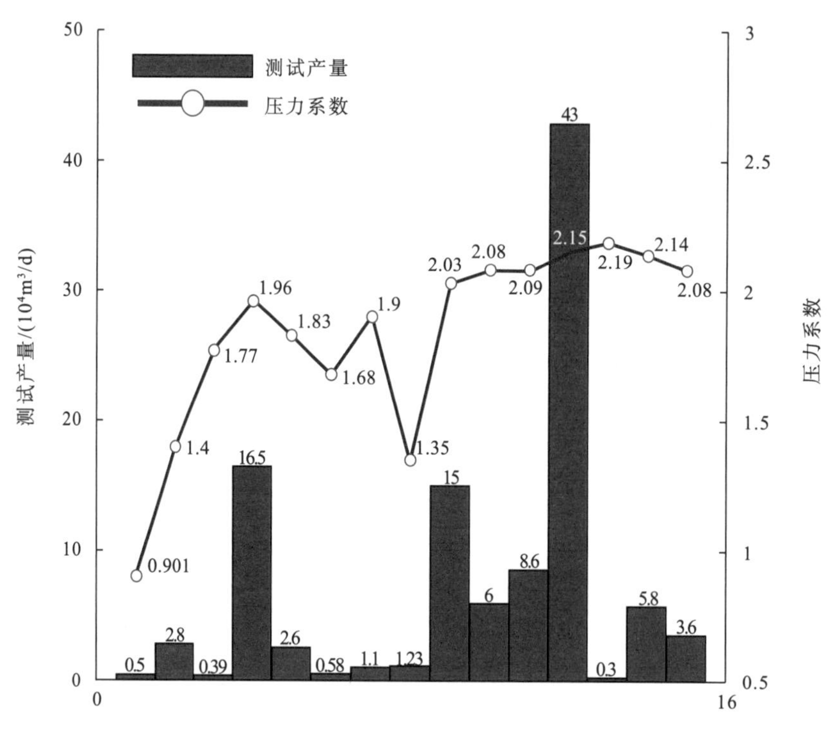

图 4.47　扬子地区页岩储层压力系数与页岩气产量关系图

4) 裂缝发育程度

页岩气目的层段的微裂缝发育程度对页岩的渗透率贡献很大，页岩基质渗透率一般很低。脆性页岩在构造应力作用下通常形成许多垂直于层理面的高角度微裂缝，发育密度差异很大，为 2～20 条/m。这些微裂缝在地下多数是闭合的，人工压裂改造时会部分开启，增加页岩气储层的渗透率。

5) 主应力差异系数(地应力差)

地下某一深度下的岩石所处的应力状态可以用垂直主应力 σ_v、最大水平主应力 σ_H、最小水平主应力 σ_h 三组力进行分解表示。地层的垂直主应力 σ_v 由上覆地层的压力 P_0 确定。水平主应力则受构造应力的影响。水平应力差异系数是评价页岩气储层可压性的核心参数之一，直接关系到压裂裂缝的几何形态。应力差异系数小于 0.30 时，有利于形成人工网络裂缝，且应力差异系数越小越有利于形成裂缝网络。由于压裂裂缝易沿最大水平主应力方向扩展，因此应力差较大时需要较高的净压力才能够形成较为充分的裂缝网络：

$$K_h=(\sigma_H-\sigma_h)/\sigma_h$$

式中，K_h 为地层应力差异系数。

四川盆地焦石坝区块的水平地应力差要小于长宁及威远区块，因此焦石坝区块页岩气储层相对于长宁区块要易于压裂改造。JY1HF 井目的层的最大水平主应力为 63.50MPa，最小水平主应力为 47.39MPa，利用上述公式计算出该井目的层的应力差异系数为 0.34，大于 0.30，压裂是需要较高的净压力才能形成较好的缝网(图 4.48)。长宁地区的应力差异系数多为 0.5 以上，压裂难度大。

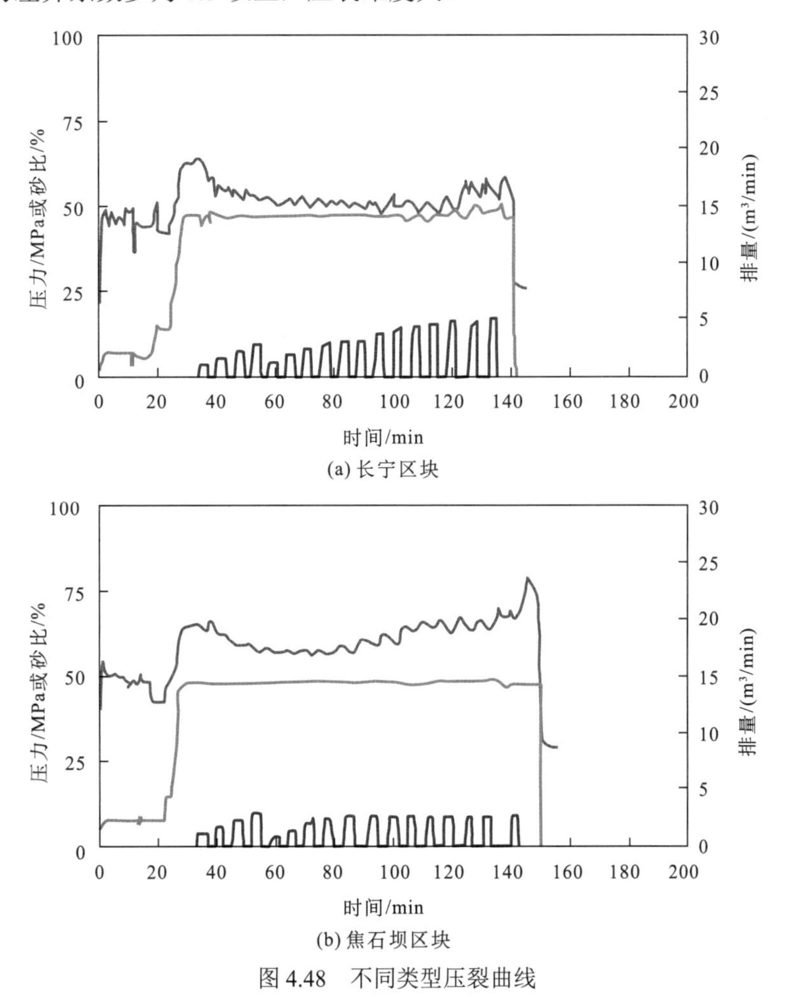

图 4.48 不同类型压裂曲线

6) 水系发育程度

页岩气水平井储层大规模压裂改造需要大量的水资源，因此区块内水系及水资源发育可以很大程度储层降低页岩气开发成本。尽管我国南方地区水资源相对丰富，但也分布不均，而且受地形的影响，有时运输和管输的距离比较大。

7) 区域勘探程度

区域勘探程度的高低，影响对区块内页岩气富集的地下地质条件的认识程度，在缺乏地质资料井、区域探井及地震勘探资料的地区，地质人员很难把握地下的实际地质情况，低勘探程度区很难获得页岩气选区评价所需的参数，许多参数只能进行类比或推测，因而给选区评价带来了不确定性及风险。

3. 关键经济评价参数取值依据和下限

1) 天然气价

页岩气价格对页岩气开发的经济效益影响很大。目前我国对页岩气实行的财政补贴后销售价格较常规气价高。如果开发区块产量较高、成本控制得当及经营管理到位，则页岩气开发具有较好的经济效益。

2) 市场需求

页岩气属于清洁能源，目前我国对天然气(包含页岩气)的需求比较旺盛，而且需求量在逐年增加。在天然气需要较旺盛的大、中型城市附近开发页岩气会减低市场风险、减少管输成本。而在人口较少的山区则市场需要较小，需要管输到中、小型城市。

3) 交通设施

页岩气的勘探开发需要使用大型的钻机及压裂设备，因此需要有较好的交通条件。

4) 管网条件

页岩气的勘探开发需要当地或附近拥有大直径的天然气管道和加气站直通市场，如果缺乏进入市场的合适的管道，会推迟和影响该地区的页岩气开发。

5) 地表地貌

页岩气的规模开发采用的是工厂化的模式，大型的平台需要比较平缓的地形条件。另外页岩气开发需要较密的井网井距，才能提高页岩气资源的动用程度，因此需要开发区块的整体地形相对平坦，能够部署必要的开发平台。我国南方多数地区为山区，只有选择山间平坝和低山丘陵地区才能开展页岩气的规模开发(图 4.49)。

页岩气资源是含油气盆地中蕴藏量最丰富、分布最广泛的一类连续型聚集成藏的非常规油气资源。页岩气藏的形成规模与产能高低主要取决于页岩气储层的有机质含量、有效厚度、成熟度、矿物组成、脆性、孔隙压力、基质渗透率以及原始天然气地质储量(GIP)(或资源丰度)八项关键地质要素。其中，页岩气的地质资源量决定着页岩气藏的规模大小，是页岩气选区评价的一个重要评价内容。

4.4.3　海相页岩气有利区优选方法

我国用于页岩气有利区优选评价的方法主要有层次分析法、双因素分析法、专家模糊评价法等。对比认为，页岩气选区评价比较适合采用的方法为层次分析法。

(a) 美国中南部页岩气开发区地表卫星照片图

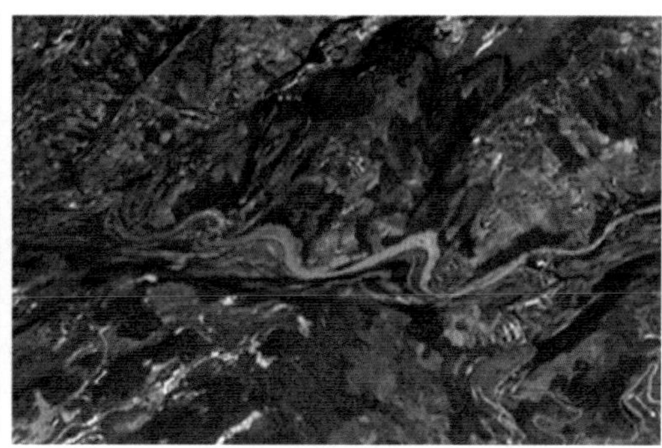

(b) 川南长宁地区地表卫星照片图

图 4.49 中美页岩气开发区地表地貌条件对比

1. *层次分析法*

层次分析法(AHP)是由美国匹茨堡大学运筹学家萨蒂(Saaty)于20世纪70年代初提出的一种层次权重决策分析方法，是一种定量与定性结合得非常实用的多层次、多目标权重分析决策方法。其核心是把所要研究的复杂问题看作一个大系统，通过对系统的多个因素进行分析，划分出各因素间相互联系的有序层次，通过专家对每一层次的风险因素进行客观评判，得出相对重要性的定量表示，利用对应数学模型，计算出每一层次因素的相对重要性权重，从而规划决策和选择解决问题的措施。

运用层次分析法兼顾定性分析的科学性和定量分析的准确性，在系统研究影响页岩气有利区的地质、工程、经济因素的基础上，建立起风险评价模型，推测各要素的权重层次，从而达到对多个页岩气有利区或目标进行打分排队和筛选评价的目的。

2. *层次分析法数学模型*

假设规划决策目标 Z，其影响因素为 $X_i(i=1,2,\cdots,n)$，重要性权重系数为 $Y_i(i=1,2,\cdots,n)$，则 $Z=X_1Y_1+X_2Y_2+\cdots+X_nY_n$。

由于影响因素 X_i 对规划决策目标的影响程度即重要性权重系数 Y_i 有所不同，所以可将目标 Z 的 n 个因素就其影响程度进行两两比较，其比较结果可用判断矩阵 $\boldsymbol{A}$ 表示，即

$$\boldsymbol{A}=\begin{vmatrix} 1 & \frac{Y_1}{Y_2} & \frac{Y_1}{Y_3} & \frac{Y_1}{Y_4} & \cdots & \frac{Y_1}{Y_n} \\ \frac{Y_2}{Y_1} & 1 & \frac{Y_2}{Y_3} & \frac{Y_2}{Y_4} & \cdots & \frac{Y_2}{Y_n} \\ \frac{Y_3}{Y_1} & \frac{Y_3}{Y_2} & 1 & \frac{Y_3}{Y_4} & \cdots & \frac{Y_3}{Y_n} \\ \vdots & \vdots & \vdots & \vdots & & \vdots \\ \frac{Y_n}{Y_1} & \frac{Y_n}{Y_2} & \frac{Y_n}{Y_3} & \frac{Y_n}{Y_4} & \cdots & 1 \end{vmatrix}$$

如果判断矩阵 $\boldsymbol{A}$ 能够满足一致性条件，则解特征值问题 $\boldsymbol{AY}=n\boldsymbol{Y}$ 所得到的

$\boldsymbol{Y}=(Y_1,Y_2,\cdots,Y_n)\boldsymbol{T}$，经归一化后即可作为目标 Z 的影响因素 X_1，X_2，…，X_n 的权重。

3. 页岩气有利区优选评价指标体系

根据前面论述的影响页岩气有利区、目标区的地质、工程、经济三个方面的二十余项因素，确定了页岩气有利区优选的指标体系(图 4.50)。

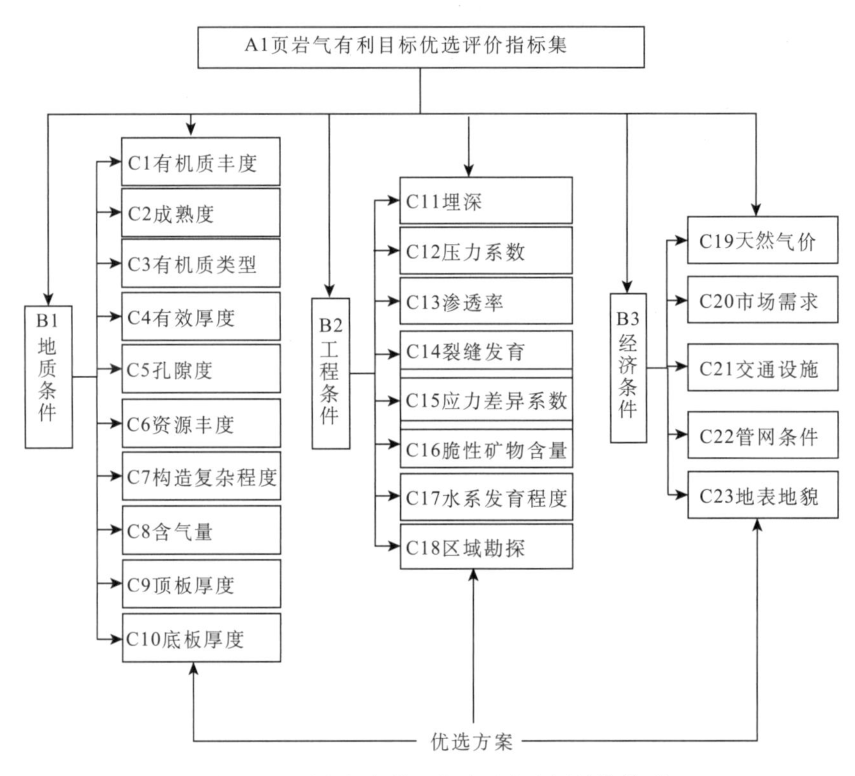

图 4.50 页岩气有利区优选层次分析结构模型

页岩气评价模型包括四个递阶层次结构：第一层为目标层，是页岩气区块优选目标(A1)；第二层为准则层，由三个二级评价指标组成，分别为地质条件(B1)、工程条件(B2)和经济条件(B3)，准则层中每一个二级指标又包括若干次级评价指标(子准则层)；第三层为子准则层(C)，是具体的评价指标，其数据和相关信息可以直接获取或者量化；最底层为方案层，是页岩气有利区块决策时优选方案。

4. 判断矩阵及指标权重的确定

层次分析法中指标权重的确定尤为重要，关系到后期综合评价得分及核心因素的分析。有利区和目标区的评价参数及权重有所不同，此处重点论述有利区的评价权重。权重确定主要通过专家赋值结合判断矩阵进行计算(管全中等，2015)。

1)判断矩阵

构造判断矩阵是层次分析法解决问题的关键所在，判断矩阵表示的是针对上一层次中的某个因素而言，本层次与之相关的各个因素之间的相对重要性。例如对目标层 $\boldsymbol{A}$、

$\boldsymbol{B}$ 层次中各个相关因素相对 $\boldsymbol{A}$ 层次的重要性，其表示形式如下：

$$\boldsymbol{B}=\begin{bmatrix} b_{11} & b_{12} & b_{13} & \cdots & b_{1n} \\ b_{12} & b_{22} & b_{23} & \cdots & b_{2n} \\ b_{13} & \cdots & \cdots & \cdots & \cdots \\ \vdots & \vdots & \vdots & \vdots & \vdots \\ b_{1n} & b_{2n} & \cdots & \cdots & b_{nn} \end{bmatrix}$$

式中，b_{ij} 表示矩阵 $\boldsymbol{B}$ 第 i 行第 j 列的数值，表示对目标层 $\boldsymbol{A}$ 来说，指标 $\boldsymbol{B}_i$ 对 $\boldsymbol{B}_j$ 相对重要性的判断值。在层次分析法中，判断值刻度采用 1～9 及其倒数作为比例标度，主要原因是它符合人们判断的心理习惯，且操作、计算简单。当 b_{ij} 取 1，3，5，7，9 时分别表示指标 $\boldsymbol{B}_i$ 比 $\boldsymbol{B}_j$ 同等重要、稍重要、明显重要、很重要和极重要，中间数值 2，4，6，8 及其倒数具有类似的含义。

但是，在比例刻度取值时容易受到个人主观等因素的影响，因此，一方面需要参考或咨询同行和专家的意见；另一方面需要遵循两两比较要素“同层性、归一性、量级性”三原则，将人为干扰降至最小。

2）各层次单排序

层次单排序是对各层中因素对上一层的某一因素的相对重要性排序，即权重的大小，可归结为计算各判断矩阵的最大特征值和特征向量。单一准则下相对权重计算方法主要有和法（算术平均）、根法（几何平均）、对数最小二乘法（LLSM）、最小二乘法（LSM）及特征根法（EM），特征根法是最为常用的方法，即计算满足 $\boldsymbol{BW}=\lambda_{\max}\boldsymbol{W}$ 中的 $\lambda_{\max}$ 和 $\boldsymbol{W}$，其中 $\lambda_{\max}$ 是判断矩阵 $\boldsymbol{B}$ 的最大特征值，是一个常数；$\boldsymbol{W}$ 是与 $\lambda_{\max}$ 相对应的特征向量，记 $\boldsymbol{W}(1\times i)$；然后，对特征向量 $\boldsymbol{W}$ 进行归一化处理即可得到各个评价指标的权重系数。

3）一致性检验

由于客观事物的复杂性和认识的多样性及所用的标度等多种因素的限制，在构造判断矩阵过程中，并不要求判断具有传递性和一致性。因此，需要对判断矩阵的一致性（质量）进行检验，步骤如下：

（1）计算一致性指标 IC：

$$\mathrm{IC}=\left(\lambda_{\max}-n\right)/\left(n-1\right)$$

式中，$\lambda_{\max}$ 为最大特征值；n 为评价指标数。

（2）查找相应的平均随机一致性指标 IR。

（3）计算一致性比例 RC：

$$\mathrm{RC}=\mathrm{IC}/\mathrm{IR}$$

当 RC<0.1 时，表示判断矩阵的一致性是可以接受的，否则应对该判断矩阵做适当修正。

4.5 海相页岩气资源量估算

4.5.1 我国海相页岩气资源量估算

笔者团队重点对南方地区古生界筇竹寺组、五峰组—龙马溪组海相页岩气资源进行估算，也估算了其他地区海相页岩气资源，包括鄂尔多斯盆地中奥陶统平凉组、塔里木盆地寒武系—奥陶系、羌塘盆地中生界(Yu et al., 2014；蔚远江，2015)。

1. 关键参数确定

1) 有效厚度确定

为确定页岩气资源量估算中的页岩有效厚度，首先确定富有机质页岩集中段厚度。我国海相富有机质页岩集中段发育，连续厚度大，多数情况下在各页岩地层段的中—下部稳定分布。根据统计，我国南方地区下寒武统筇竹寺组页岩层段总厚度为23～670m，TOC含量大于2.0%的富有机质页岩层段厚2～180m，富有机质页岩占页岩层段总厚度比例为0.7%～80%，区域平均厚度比例为34%，集中段厚度30～90m。五峰组—龙马溪组页岩层段总厚16～677m，TOC含量>2.0%富有机质页岩层段厚度1～135m，富有机质页岩占页岩层段总厚度比例为0.7%～46%，区域平均厚度比例为19%，集中段厚度20～120m。在富有机质页岩集中段及厚度确定基础上，以Ⅰ-Ⅱ干酪根 R_o≥1.1%为条件，划分出成气页岩层段，该层段即为有效厚度段。

2) 有利区确定

页岩气有利区的确定是在富有机质页岩层段(有效厚度)确定基础上进行的。当确定了有效厚度后，再增加埋深(800～4500m)、连续分布面积(大于100km^2)、地表地形条件、构造保存条件(如远离断裂带不小于3.5km)等条件后，通过编制各单因素图件和单因素图形叠加落实页岩气有利区范围(表4.16)。通过上述方法，逐一落实我国海相页岩气有利区。南方海相页岩气面积为26×10^{4}km^2，上扬子区为17.5×10^{4}km^2，占39%。

3) 含气量确定

北美已开发页岩的含气量为1.1～9.9m^3/t，Rimrock Energy(2008)、Schlumberger(2009)、EIA(2011a，2011b)等公司或机构认为有利页岩气区的含气量最低下限2m^3/t。我国页岩气勘探实践处于早期评价与局部工业化开发阶段，页岩含气量数据有限，对页岩含气性的判断较大程度上依据已有钻井的气显示。四川盆地及周缘南方海相页岩气井页岩含气量测试数据统计，发现海相页岩含气性与北美含气页岩特征相似，具有较好的含气性，尤其在高TOC含量页岩段含气性非常好，一般都能达到页岩气资源富集条件的下限要求，且页岩含气量与TOC含量正相关关系明显(图4.51)。

五峰组—龙马溪组含气量：据统计，常压区及TOC含量为2.5%～3.7%的地区，含气量为2.2～5.0m^3/t，平均为2.9m^3/t；超压区及TOC含量为2.0%～4.7%的地区，含气量为4.0～7.7m^3/t，平均为6.1 m^3/t。

表 4.16　我国主要海相页岩气有利区资源评价参数简表

盆地/地区	层位	有利区面积/km^2	有效厚度/m	平均埋深/m
四川	$Є_1q$(筇竹寺组)	28000	50～70	4000
	O_3w—S_1l(五峰组—龙马溪组)	57000	40～90	3200
滇黔桂	$Є_1q$	60400	70～90	2300
	O_3w—S_1l	12250	30～50	1500
	D_{2-3}(中上泥盆统)	35560	20～40	3500
	C_1j(旧司组)	32900	50～70	1500
渝东-湘鄂西	$Є_1q$	66000	70～90	3500
	O_3w—S_1l	24080	50～70	2500
中扬子	$Є_1q$	61750	30～50	4000
	O_3w—S_1l	58950	20～30	3500
	D_{2-3}	14000	20～60	2800
下扬子	$Є_1q$	64780	70～90	4000
	O_3w—S_1l	11280	25～35	3200
鄂尔多斯	O_2p(平凉组)	3702.57(TOC 含量>2%)	25～35	
塔里木	Є—O			>4500
羌塘	J	68.57	13～40	>4000

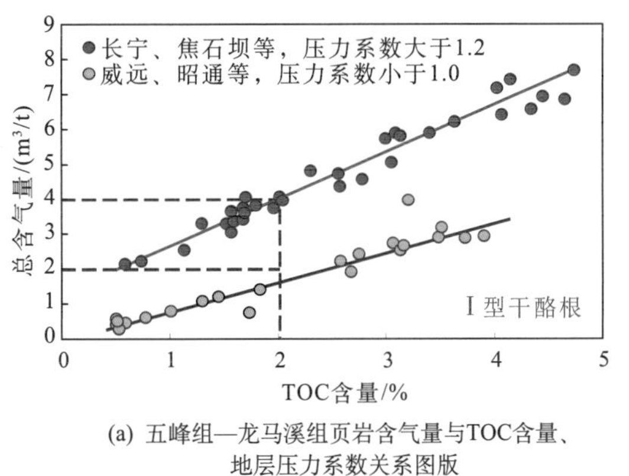

(a) 五峰组—龙马溪组页岩含气量与TOC含量、地层压力系数关系图版

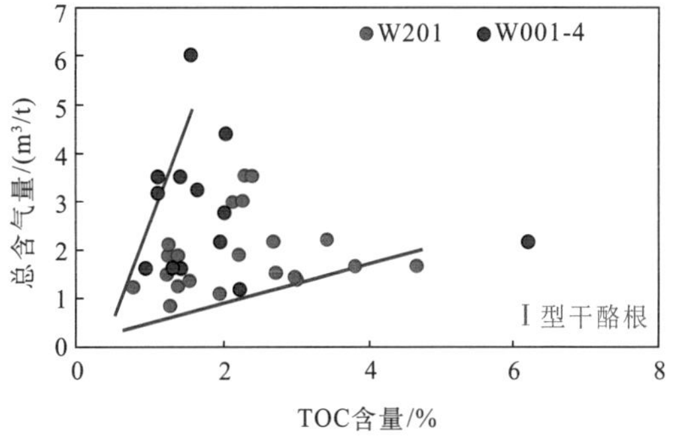

(b) 筇竹寺组页岩含气量与TOC含量关系图版

图 4.51　四川盆地及邻区海相页岩含气量取值图版

筇竹寺组页岩含气量：TOC 含量为 1.0%～4.5%，含气量为 1.0～4.9m^3/t，平均为 2.5m^3/t。筇竹寺组页岩含气性在深度上的变化与龙马溪组既有相似性也有明显差异，总的变化趋势为随深度增加含气量增加。据此判断，我国海相富有机质页岩具有较好的含气潜力，尤其是南方古生界海相页岩含气量均达到或超过了北美有利页岩气区含气量最低下限。

2. 页岩气资源量估算

根据以上关键参数落实，利用面积丰度类比法和含气量法对我国海相页岩气技术可采资源量进行了估算（表 4.17）。我国海相页岩气资源主要分布于南方地区，尤其以四川盆地及周边地区最为集中。南方海相页岩有利区叠合面积约 $15\times10^4km^2$，集中段平均厚度为 30～260m，含气量平均为 $2\sim3m^3/t$，岩石密度为 $2.55\sim2.65g/cm^3$；采收率按 8%～25%，平均为 12%赋值。综合估算我国海相页岩气可采资源量为 $8.82\times10^{12}\ m^3$，其中四川盆地为 $5.14\times10^{12}\ m^3$（Ⅰ+Ⅱ类近 $5\times10^{12}\ m^3$）。

表 4.17　我国海相页岩气资源量预测结果表

地区/盆地	层系	面积/km^2	厚度/m	地质资源量/10^8m^3				技术可采资源量/10^8m^3			
				95%	50%	5%	期望值	95%	50%	5%	期望值
四川	Z—S	49162	40～220	233183	257202	278219	257202	46637	51440	55644	51440
滇黔桂	Z—C	44374	40～220	55984	61483	66481	61483	11197	12297	13296	12297
渝东-湘鄂西	Z—S	29906	40～260	69150	76165	82679	76165	13830	15233	16536	15233
中扬子	€、S	17565	30～120	29765	32621	34976	32621	5953	6524	6995	6524
下扬子	€、S	6957	40～200	12722	13865	15008	13865	2544	2773	3002	2773
合计		147964	13～260	400804	441336	477364	441336	80161	88267	95473	88267
占全国比例/%		34.79		60.30	55.02	53.03	55.02	72.96	68.69	67.04	68.69

从前述页岩气资源量估算关键参数取值看，资源评价剔除了构造改造区和埋深小于1000m 的地区，实际包含了部分经济性评价的内涵，具体评价结果并非单纯为技术可采资源量，而是一类偏经济的技术可采资源量，可作为国家现阶段制定政策的依据，有较好的稳妥性：①基础数据取值的稳妥性。通过分析富有机质页岩集中段、厚度与分布、有机碳含量、成熟度（R_o）与脆性矿物含量等关键指标，建立了页岩气有利区评价优选标准，与美国有较好的一致的评价基础。②页岩气有利区的稳妥性。通过排除法，剔除地面条件差、强烈改造区、埋深大和埋深过小的页岩分布区，保证预测的稳妥性。③方法选择更适应现阶段评价，保证评估结果数量级的稳妥性。

总体看，对页岩气资源总量的评价准确性和评价结果的稳妥性，旨在保证国家决策制定的稳妥性。从资源量内涵看，虽然用技术可采来表达，考虑到类比法选择的类比对象是美国，计算的结果实际很大程度上为经济技术可采资源量。此外，我们还剔除了改造区和埋深过大与过浅区（小于 1000m）页岩气的预测，实际上也考虑了经济因素，预测结果应该是一偏经济的技术可采资源量。

3. 海相页岩气资源分布特征

我国落实的海相页岩有利叠合面积为 $14.8\times10^4km^2$，厚度 20～260m，海相页岩气技术可采资源总量为 $8.00\times10^{12}m^3$（P_{95}①）～$9.55\times10^{12}m^3$（P_5），期望值 $8.82\times10^{12}m^3$（约 P_{50}），占我国页岩气总资源量的 68.7%。

我国海相页岩气资源主要分布在三大领域：一是四川盆地，技术可采资源总量为 4.66

① P_{95} 表示概率为 95%，其余类似表达同。

$\times10^{12}m^3(P_{95})\sim5.56\times10^{12}m^3(P_5)$，期望值 $5.14\times10^{12}m^3(\approx P_{50})$，占海相页岩气总资源量的 58.3%；二是四川盆地周边，包括滇东-黔北、渝东-湘鄂西，技术可采资源总量为 $2.5\times10^{12}m^3(P_{95})\sim2.98\times10^{12}m^3(P_5)$，期望值 $2.75\times10^{12}m^3(\approx P_{50})$，占海相页岩气总资源量的 31.2%；三是中—下扬子地区，技术可采资源总量为 $0.85\times10^{12}m^3(P_{95})\sim0.99\times10^{12}m^3(P_5)$，期望值 $0.93\times10^{12}m^3(\approx P_{50})$，占海相页岩气总资源量的 10.0%。由此可见，四川盆地及周缘是海相页岩气资源的主体，技术可采资源总量为 $7.16\times10^{12}m^3(P_{95})\sim8.54\times10^{12}m^3(P_5)$，期望值 $7.89\times10^{12}m^3(\approx P_{50})$，占海相页岩气总资源量的 89.5%。

4.5.2　海相页岩气资源富集规律

初步归纳总结认为，我国海相页岩气资源具有如下富集规律。

1. 保存条件好的构造稳定区页岩气资源富集

与北美页岩气区构造特征相比，我国海相页岩气区(南方地区包括四川盆地)构造复杂。四川盆地自震旦纪沉积以来，经历了加里东、海西、印支-燕山、喜马拉雅等多期构造运动叠加改造，导致沉积地层发生强烈褶皱形变、抬升剥蚀，保存条件十分复杂。钻探揭示不同构造部位页岩气富集程度及保存条件差异明显，具有良好稳定构造(尤其是正向构造背景)和保存条件成为海相页岩气聚集与富集的重要场所，四川盆地内构造稳定的正向构造，包括箱状背斜、宽缓背斜、(高陡)断背斜等，断裂不发育，五峰组—龙马溪组保存较好，有利于页岩气藏形成、聚集与富集。相反，四川盆地边缘及盆地外，是构造改造程度较强地区，地层抬升、断层发育、保存条件差，页岩气藏、聚集与富集程度低(Hubbert，1953，Dembicki，1989；Catalan，1992；Liu et al.，2003，2006；张金川等，2004，2008；周波和罗晓容，2006；Huang et al.，2012；邹才能等，2014b)，对这些地区页岩气的勘探“动中找静”成为关键。

四川盆地长宁页岩气田处于盆地边缘长宁背斜构造西南斜坡区，长宁背斜构造顶部五峰组—龙马溪组被抬升剥蚀，近剥蚀区五峰组—龙马溪组地层压力为常压-低压，往西南长宁页岩气田区即长宁背斜西南翼斜坡区五峰组—龙马溪组保存好，地层普遍超压，压力系数为 1.3～2.0，已钻页岩气井获高产工业气流。长宁页岩气田往南的云南昭通区为构造改造区，保存条件较差，不少井未能获得气流或仅获低产气流。四川盆地东部的涪陵页岩气田位于万州复向斜焦石坝背斜构造区，五峰组—龙马溪组保存好，地层超压，压力系数达 1.5 以上，焦石坝页岩气田钻井 486 口，投入生产井 440 口，单井平均测试日产气量 $32.72\times10^4m^3$，单井最高日产气量 $59.1\times10^4m^3$，气田整体日产气能力达到 $1836\times10^4m^3$，累计生产页岩气 $278.6\times10^8m^3$，充分显示出正向宽缓构造区非常有利于页岩气成藏和富集(图 4.52、图 4.53)。而盆地外构造改造区彭水、盆地边缘的丁山等构造区页岩气成藏条件及富集程度要差得多。彭水地区的 PYHF-1 井五峰组—龙马溪组测试日产气仅 $2.3\times10^4m^3$，地层压力为常压，压力系数为 1.0，表明构造强变形带向斜区具有一定的保存条件但遭受部分破坏，页岩气单井产量低。勘探实践与综合评价认为，以背斜为主的正向构造单元有利于页岩气富集，是海相页岩气勘探开发核心区优选的重要目标。

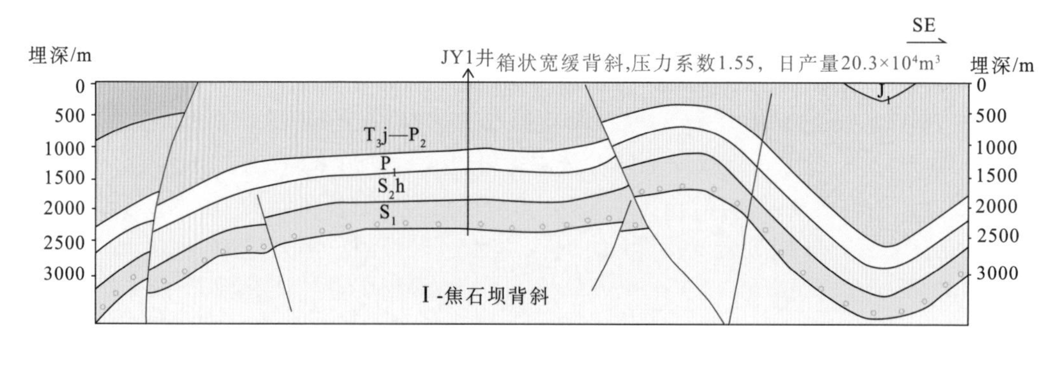

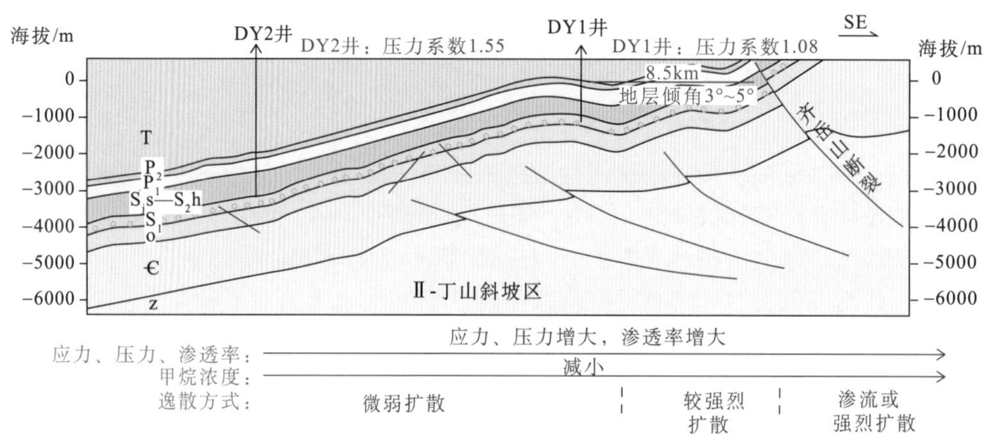

图 4.52　稳定构造区与改造剥蚀区页岩气成藏富集效果图

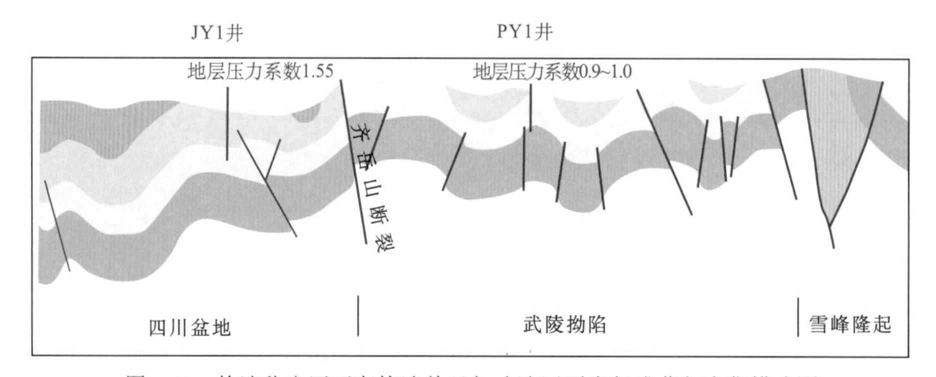

图 4.53　构造稳定区正向构造单元与改造区页岩气成藏与富集模式图

2. 深水陆棚相区富有机质页岩厚度大、品质高，页岩气资源富集

富有机质页岩形成、沉积规模、优质页岩发育程度等都会明显受到沉积环境影响，也是(海相)页岩气运聚和富集的基本条件。海洋深水陆棚相为生物原始产率高、欠补偿缺氧环境，是形成厚层、规模分布富有机质页岩最有利和最主要的相带。五峰组—龙马溪组沉积期在全球性海侵背景下，上扬子地区(以四川盆地为主)在川南、川东-鄂西、川东-北等地区的沉积环境为低能、缺氧半深水-深水陆棚相环境，大量生物繁盛，如藻类、放射虫、海绵、笔石等，尤其是笔石大量繁盛，形成了较大规模的富含笔石、放射虫等

生物化石的笔石页岩，高TOC含量页岩层段厚度大、纵横向分布稳定。已有钻井及露头剖面统计，四川盆地及周边富有机质页岩厚度为20～100m，如富顺-永川页岩气产区页岩厚40～100m，威远页岩气田页岩厚30～40m，长宁页岩气田页岩厚30～60m，涪陵地焦石坝页岩气田页岩厚为38～90m。厚度较大的优质页岩层段既为页岩气形成奠定了良好的物质基础，也为页岩气富集提供了有利的场所。五峰组—龙马溪组页岩气层段TOC含量高，钙质硅质含量高(图4.54)，页岩脆性强，页岩层理/页理、微裂缝发育。五峰组—龙马溪组页岩孔隙度为3%～10%，平均为4.75%，且由构造翼部向构造顶部页岩储层孔隙度增加(图4.55)。

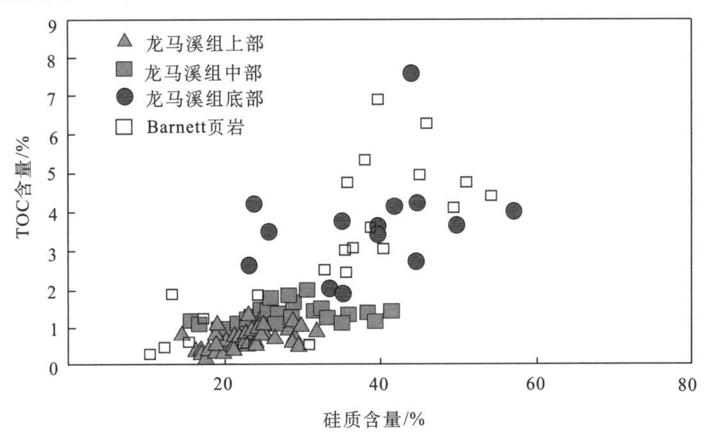

图4.54 五峰组—龙马溪组页岩TOC含量与硅质含量关系图

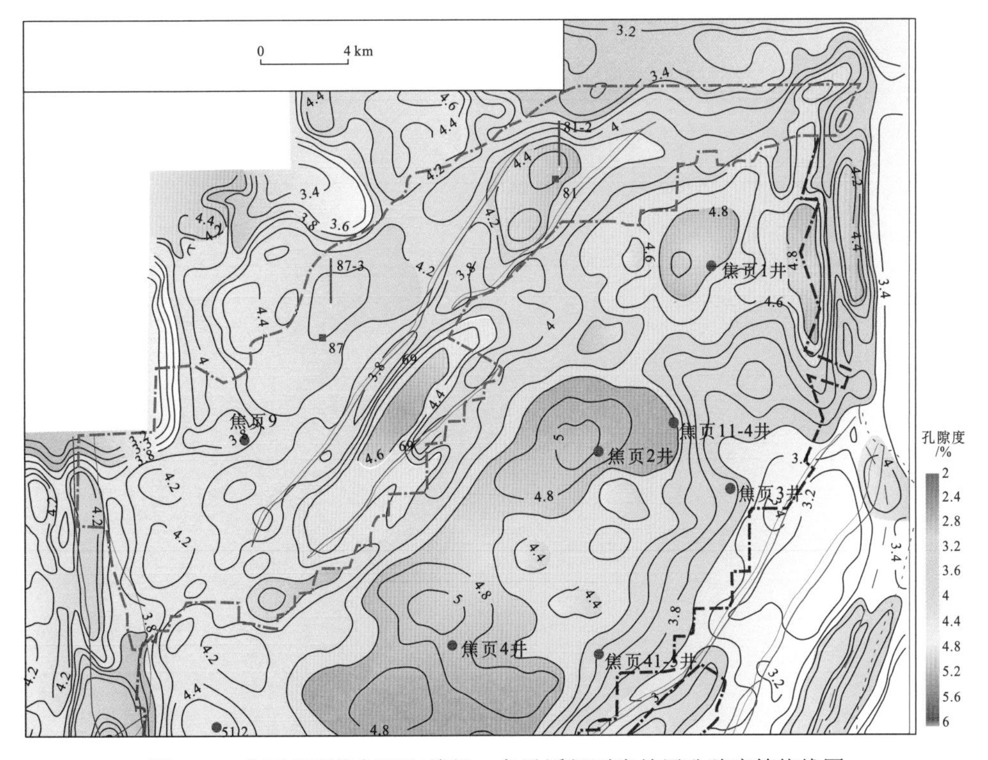

图4.55 焦石坝页岩气田五峰组—龙马溪组页岩储层孔隙度等值线图

3. 页岩储层有一定埋深、地层超压条件下，页岩气资源富集

超压是指地层压力系数大于 1.2，超压是页岩含气性好、富集高产的重要条件。实际上，地层超压不仅表明页岩地层具有良好的保存条件，同时还需要具有一定的埋深。统计发现单井测试产量与地层压力系数具明显正相关关系(图 4.56)，地层压力越高，含气性越好，产量越高。同时，五峰组—龙马溪组产层压力系数与埋深成正比，产层埋深越大，地层压力系数越高，单井测试产量越高。长宁-昭通、威远、富顺-永川、焦石坝等地区已获页岩气井中，埋深在 1500～3500m，平均 2500m 左右，压力系数为 1.2～2.2。当埋深大于 2500m 时，地层压力系数大于 1.5，直井单井测试产量大于 $2.0\times10^4m^3/d$，水平井单井测试产量大于 $10.0\times10^4m^3/d$，对应高含气量五峰组—龙马溪组超压段页岩含气量大于 $4.0m^3/t$，长宁气田含气量平均为 $4.1m^3/t$，涪陵焦石坝气田含气量平均为 $4.6m^3/t$，彭水气田地层压力系数为 1.0，含气量为 $2.3\sim2.92m^3/t$。

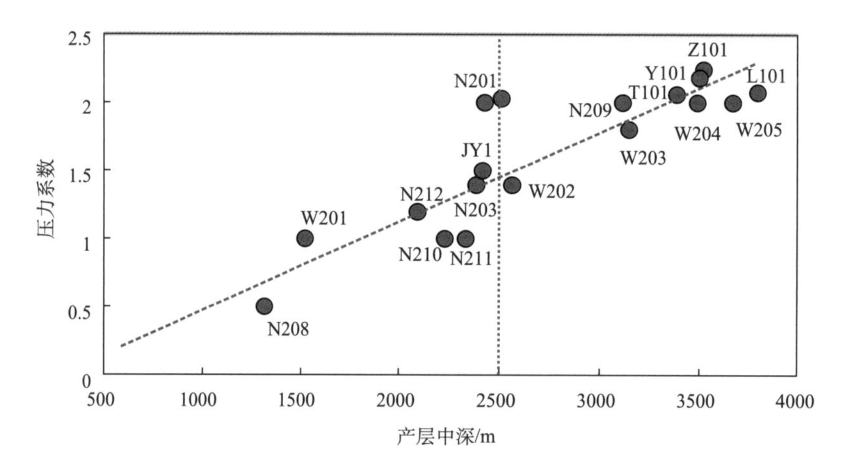

图 4.56　四川盆地五峰组—龙马溪组页岩气产层埋深与压力系数关系图

第 5 章　海相页岩气发展前景展望

21 世纪以来，页岩气经过近 20 年的快速发展，已成为重要的天然气增储上产领域。全球范围海相页岩气资源丰富，分布十分广泛。综合看来，海相页岩气也是中国非常规油气勘探开发的最重要、最现实领域，未来发展前景仍较可观。

5.1　全球海相页岩气资源分布

世界页岩气资源丰富，且随着勘探开发的持续深化，页岩气资源量会呈不断攀升趋势。据近年不同学者和机构(Rogner，1997；Kuuskraa，2013；EIA，2014)预测，全球范围内页岩气资源绝大部分为海相页岩气资源。据 EIA 数据，全球 10 个地理区域的 42 个国家、95 个盆地、137 套页岩地层中的页岩气地质资源量约 $1013\times10^{12}m^3$、技术可采资源量 $210.6\times10^{12}m^3$，其中海相页岩气资源的分布以北美洲(美加)、亚洲(中印)地区为主，其次为拉丁美洲、中东与非洲、太平洋地区。

5.1.1　美洲地区及北美海相页岩气资源分布

美洲地区页岩气资源主要分布在北美的美国、加拿大、墨西哥和南美的阿根廷(表 5.1)。

表 5.1　美洲地区主要国家页岩气可采资源量(据 Kuuskraa，2013)　(单位：$10^{12}m^3$)

国家	页岩气技术可采资源量	国家	页岩气技术可采资源量
美国	24.4	委内瑞拉	4.7289
加拿大	16.2256	智利	1.3592
墨西哥	15.4328	阿根廷	22.7102
乌拉圭	0.0566	哥伦比亚	1.5574
巴西	6.9377	巴拉圭	2.1238
玻利维亚	1.0194		

北美页岩气产气盆地主要分布在被动大陆边缘演化为前陆盆地的区域和古生代克拉通台地区，页岩气主要发现于古—中生界(泥盆系—白垩系)海相地层中，海相页岩气产层几乎包含了所有的海相页岩烃源岩。

美国海相页岩气资源十分丰富，目前已在 50 个盆地近 20 套页岩地层中发现页岩气，预测页岩气地质资源量高达 $141.6\times10^{12}\sim169.9\times10^{12}m^3$，技术可采资源量(Lewis 页岩除外)为 $9.5\times10^{12}\sim24.4\times10^{12}m^3$。目前主产区及潜在产区分布于美国南部、中部及东部。著名的页岩气产区包括 Barnett、Marcellus、Haynesville、Fayetteville New Albany 和 Antrim

等(表 5.2)。

表 5.2　北美已开发含气页岩特征表

	页岩层系								
	Barnett	Marcellus	Fayetteville	Haynesville	Woodford	Eagle Ford	Antrim	Montney	Horn River
时代	石炭纪	泥盆纪	石炭纪	侏罗纪	泥盆纪	白垩纪	泥盆纪	三叠纪	泥盆纪
面积/10^4km^2	1.3	24.0	2.3	2.3	2.9	0.3	3.1	14.2	2.1
深度/m	1980～2895	610～2438	305～2134	3200～4200	1829～3353	1220～4270	183～671	900～2740	1920～3109
净厚度/m	30～183	15～61	6～61	61～91	37～67	61	21～37	73～122	116～128
TOC/%	4.5	3～12	4.0～9.8	0.5～4.0	1～14	4.25	1～20	3	3.5～5
孔隙度/%	4～5	10	2～8	8～9	3～9	9	9	2～9	2.0～4.3
R_o/%	1.0～2.1	1.5～3.0	1～4	2.2～3.2	1.1～3.0	0.5～2.0	0.4～0.6	1.5	3.8
含气量/(m^3/t)	8.5～9.9	1.7～2.8	1.7～6.2	2.8～9.3	5.6～8.5		1.1～2.8	1.1～3.2	1.4～4.3
井控面积/10^4m^2	24～65	16～65	32～65	16～227	259	32～65	16～65	32	32～130
地质资源量/10^8m^3	92606	424800	14726	203054	14726	23600	21523	39927	107038
技术可采资源量/10^8m^3	12461	74340	11781	71083	3228	5900	5664	13875	37378
2019 年产量/10^8m^3	199	2299	129	925	317	450	27	21	24

Barnett 页岩气区块是美国最早的页岩气产区之一，位于得克萨斯州 Fort Worth 盆地中部，主要由含钙硅质页岩和含黏土灰质泥岩构成，随着勘探技术不断提高，其技术可采资源量逐年增长。Marcellus 页岩气区块是美国页岩气产层面积最大的页岩气产区，位于纽约西部、宾夕法尼亚州、俄亥俄州及弗吉尼亚州西部，据预测其页岩气总资源量相当于得克萨斯 Barnett 页岩气资源量的 5 倍。Fayetteville 页岩气区块位于阿肯色州 Arkoma 盆地，直井的最初产量为 0.5×10^4～$1.6\times10^4m^3/d$，水平井技术使产量增加到 2.8×10^4～$9.9\times10^4m^3/d$。NewAlbany 页岩气区块位于伊利诺伊州的南部及印地安娜州和肯塔基州，埋藏深度为 152～1493m，厚 30.5～122.0m，直井的最初产能为 7.0×10^4～$21.2\times10^4m^3/d$，水平井的最初产能最高达到 $57\times10^4m^3/d$。Antrim 页岩气区块位于密歇根州，产气区位于盆地北部 Michigan 湖和 Huron 湖之间高角度裂缝发育带，埋藏较浅，单井产量为 1.4×10^4～$1.7\times10^4m^3/d$，生产井长期保持稳产，钻井费用低。Haynesville 页岩气区块位于路易斯安那州北部及得克萨斯州东部，埋深大，产量高。

加拿大页岩气资源分布广、层位多，预测页岩气资源量超过 $16.2\times10^{12}m^3$，含气页岩集中在西加拿大的阿尔伯达省和不列颠哥伦比亚省，以及东加拿大的魁北克、新

Scotion Shelf、新不伦瑞克。

西加拿大发育有 6 个大型沉积盆地，即不列颠哥伦比亚北部的 Horn River、Cordova Embayment、Liard 和 Bowser 盆地，阿尔伯达中部及不列颠哥伦比亚的 Deep Montney 盆地，阿尔伯达中部和南部的 Colorado 盆地，其中 Colorado 页岩、侏罗系及古生界页岩和东南部的泥盆系 Muskwa 页岩等 15 个有利页岩气储层具有开发潜力，估算原地页岩气资源量为 $28\times10^{12}\sim37.5\times10^{12}m^3$，技术可采页岩气资源量为 $10.05\times10^{12}m^3$。其中 Muskwa 页岩和 Barnett 页岩的埋藏深度相当，但 Muskwa 页岩厚度更大、渗透性更好(储层厚度为 530m，孔隙度为 4%，渗透率为 $230\times10^{-3}\mu m^2$)，页岩气和致密气年产气量为 $190\times10^8m^3/km^2$，地质结构更简单，而且不含水。

东加拿大发育 4 个潜在页岩气层：魁北克 Appalachia 褶皱带 ST. Lawrence Lowlands 盆地的 Utica 页岩和 Lorraine 页岩、新 Scotion Shelf 省北部的 Windsor 盆地的 Horton Bluff 页岩和新不伦瑞克省 Maritimes 盆地 Moncton 次盆地 Frederick Brook 页岩。这些页岩气层都处在勘探初期，Lorraine 和 Frederick Brook 页岩资料不足，仅估算 Utica 和 Horton Bluff 页岩气原地资源量为 $4.64\times10^{12}m^3$，技术可采资源量为 $0.93\times10^{12}m^3$。

5.1.2　亚洲地区及中国海相页岩气资源分布

亚洲地区页岩气资源主要分布在中国，其次为巴基斯坦、印度和印度尼西亚(表 5.3)。

表 5.3　亚洲地区主要国家页岩气可采资源量(据 Kuuskraa，2013)　(单位：$10^{12}m^3$)

国家	页岩气技术可采资源量	国家	页岩气技术可采资源量
中国	31.6	巴基斯坦	2.9733
蒙古国	0.1133	约旦	0.1982
印度	2.7184	印度尼西亚	1.3026
泰国	0.1416	土耳其	0.6796

我国各地质历史时期海相富有机质页岩广泛分布，主要发育在前古生代及早古生代，分布于南方、华北、塔里木和青藏 4 个地区。海相页岩气有利区主要为南方的扬子地台古生界(下寒武统筇竹寺组、下志留统龙马溪组)、鄂尔多斯盆地、四川盆地等地区。

目前，不同机构和学者采用类比法、体积法等多种方法，对我国海相页岩气资源进行了估算，结果相差较大(表 5.4)(董大忠等，2016b；邹才能等，2016)。其中，美国能源信息署(Kuuskraa，2013；EIA，2014)估算的地质资源量为 $115.24\times10^{12}\sim144.50\times10^{12}m^3$，可采资源量 $29.66\times10^{12}\sim34.19\times10^{12}m^3$；2012 年国土资源部的估算为地质资源量 $59.08\times10^{12}m^3$，可采资源量 $8.19\times10^{12}m^3$；中国工程院估算为可采资源量 $8.80\times10^{12}m^3$；2016 年中国石油勘探开发研究院对重点地区的预测为地质资源量 $45.98\times10^{12}m^3$，可采资源量 $8.82\times10^{12}m^3$。总体看来，我国海相页岩气资源丰富，地质资源量为 $45.98\times10^{12}\sim144.5\times10^{12}m^3$，可采资源量为 $8.19\times10^{12}\sim36.1\times10^{12}m^3$。

表 5.4　中国页岩气资源量预测结果统计表(据董大忠等，2016b；邹才能等，2016)(单位：$10^{12}m^3$)

预测机构学者	评价时间	资源类型	海相	海陆过渡相	陆相	合计
Rogner	1997 年	地质资源量				99.8
中国石油勘探开发研究院	2009～2012 年	地质资源量				86～166
		可采资源量				12～18
中国地质大学	2010 年	可采资源量				15～30
国土资源部油气战略中心	2011 年	可采资源量				31
美国能源信息署	2011 年，2013 年	地质资源量	115.24～143.34		19.16	144.50
		可采资源量	29.66～34.19		1.91	36.10
国土资源部	2012 年	地质资源量	59.08	40.08	35.26	134.42
		可采资源量	8.19	8.97	7.92	25.08
中国工程院	2012 年	可采资源量	8.80	2.20	0.50	11.50
中国石油勘探开发研究院	2014 年	地质资源量	45.98	31.64	4.25	81.86
		可采资源量	8.82	3.48	0.55	12.85
中国石化勘探开发研究院	2015 年	可采资源量		18.6		18.6

5.1.3　全球其他地区海相页岩气资源分布

全球其他地区海相页岩气资源分布如表 5.5 所示。欧洲页岩气资源分布广泛，但并不均匀，除俄罗斯外，主要集中在波兰、法国、乌克兰和罗马尼亚，技术可采资源量分别为 $4.1909\times10^{12}m^3$、$3.8794\times10^{12}m^3$、$3.6246\times10^{12}m^3$ 和 $1.4442\times10^{12}m^3$。此外，德国、英国、丹麦和奥地利等国家预测了页岩气资源(表 5.5)。

表 5.5　全球其他地区主要国家页岩气可采资源量(据 Kuuskraa，2013)(单位：$10^{12}m^3$)

洲	国家	页岩气技术可采资源量
欧洲	俄罗斯	8.0703
	波兰	4.1909
	乌克兰	3.6246
	罗马尼亚	1.4442
	保加利亚	0.4814
	立陶宛	0
	法国	3.8794
	德国	0.4814
	荷兰	0.7362
	挪威	0
	英国	0.7362
	丹麦	0.9061
	瑞典	0.2832
	西班牙	0.2265

续表

洲	国家	页岩气技术可采资源量
非洲	突尼斯	0.6513
	阿尔及利亚	20.0201
	埃及	2.8317
	利比亚	3.4547
	摩洛哥	0.5663
	南非	11.0436
大洋洲	澳大利亚	12.3745

非洲页岩气资源分布不均衡，主要集中在阿尔及利亚、南非，技术可采资源量分别为 $20.0201\times10^{12}m^3$、$11.0436\times10^{12}m^3$，其次为利比亚和埃及，技术可采资源量分别为 $3.4547\times10^{12}m^3$ 和 $2.8317\times10^{12}m^3$，突尼斯和摩洛哥仅有少量页岩气资源。

位于大洋洲的澳大利亚，预测海相页岩气技术可采资源量为 $12.3745\times10^{12}m^3$。

5.2　海相与非海相页岩气对比

5.2.1　非海相页岩气

同海相页岩气相比，非海相页岩气包括陆相页岩气、海陆过渡相页岩气两类，各具特色。

1. 陆相页岩气

陆相页岩气是指形成和赋存于陆相沉积环境下沉积的页岩层系中的页岩气。研究认为，作为陆相页岩气储层必须具备：①页岩单层厚度大于其上下其他岩性层(夹层)的厚度；②砂岩或其他岩性夹层厚度小于储层总厚度的 30%；③页岩 TOC 含量大于 1.0%。与海相页岩相比，陆相页岩层段普遍存在砂岩或粉砂岩夹层，孔隙类型多样，除页岩中的微孔隙、微裂隙外还包括砂岩或粉砂岩夹层中的各类孔隙(王香增，2014)。

综观全球范围，由于我国独特的陆相沉积盆地背景和油气地质条件，陆相页岩气主要形成和分布于我国。不同机构采用类比法、容积法+体积法等综合方法，对我国陆相页岩气资源进行估算(表 5.4)(董大忠等，2016b；邹才能等，2016)。我国陆相页岩气地质资源量为 4.25×10^{12}～$35.26\times10^{12}m^3$，可采资源量为 0.50×10^{12}～$7.92\times10^{12}m^3$。

我国主要含油气盆地陆相页岩分布特征如表 5.6 所示。层位上，陆相页岩气资源分布在石炭系、二叠系、三叠系、侏罗系、白垩系和古近系—新近系众多层系；区域上，鄂尔多斯盆地三叠系、四川盆地侏罗系、渤海湾盆地古近系是陆相页岩气发育的重点盆地。

表 5.6 我国主要含油气盆地陆相页岩分布特征

地区	页岩层	时代	埋深/m	页岩厚度/m	TOC 含量/%	有机质类型	成熟度 R_o/%	石英含量/%	黏土矿物含量/%
准噶尔盆地	风城组	P_1f		50～300	0.4～21.0	Ⅰ-Ⅱ₁	0.54～1.41		
	夏子街组	P_2x		50～150	0.4～10.8	Ⅰ-Ⅱ₁	0.56～1.31		
	乌尔禾组	$P_{2\text{-}3}w$		50～450	0.7～12.8	Ⅰ-Ⅱ₁	0.80～1.00		
鄂尔多斯盆地	延长组长 7 段	T_3ch_7	1500～2500	30～160	0.3～36.2	Ⅰ-Ⅱ₁	0.70～1.00	43～47	24～31
	延长组长 9 段	T_2ch_9		10～15	0.3～11.3	Ⅰ-Ⅱ₁	0.90～1.30	29～56	15～27
松辽盆地	青山口组一段	K_2q_1		50～500	0.4～4.5	Ⅰ-Ⅱ	0.50～1.50		
	青山口组二、三段	$K_2q_{2\text{-}3}$		25～360	0.2～1.8	Ⅱ	0.50～1.40		
四川盆地	自流井组	$J_{1\text{-}2}zh$	600～4200	189～273	0.2～23.9	Ⅰ-Ⅱ₁	1.5～1.8	52～79	10～45
东营凹陷	沙河街组三段	E_3s_3	1500～4200	10～600	0.5～13.8	Ⅰ-Ⅱ₁	0.4～1.2	6～35	13～49
	沙河街组四段	E_3s_4	1576～5200	250～350	1.5～9.2	Ⅰ-Ⅱ₁	0.4～2.0	5～51	3～46
泌阳凹陷	核桃园组	Eh	<3000	80～620	2.0～2.98	Ⅰ-Ⅱ₁	1.0～1.7	>50	<30

目前，虽然在鄂尔多斯盆地、四川盆地、南华北盆地、柴达木盆地等地区发现陆相页岩气的存在，钻遇一些页岩气流井，单井初始测试产量总体较低，尚未形成稳定工业产量，不能建立规模产能。自 2011 年至今，鄂尔多斯盆地延长石油矿权区的甘泉-下寺湾地区实施三叠系延长组陆相页岩气工业化生产示范区建设，初步落实陆相页岩气地质储量 $677\times10^8m^3$，建成 $1.18\times10^8m^3/a$ 生产能力，1 口井投入生产发电，日产气约 $0.4\times10^4m^3$(王香增等，2014；王香增和任来义，2016)。

陆相页岩气仍处于地质评价、甜点区评选及工业化探索阶段。陆相页岩气开发，形成规模产量技术是关键；目前尚未实现工业性生产突破，勘探开发前景需要持续探索。

2. 海陆过渡相页岩气

海陆过渡相页岩气是指以石炭系—二叠系为主在海陆过渡沉积环境下沉积的富含煤有机质页岩层系中的页岩气，其有机质多以陆源高等植物为主，页岩与煤层共存、砂岩与页岩不等厚互层。我国石炭系—二叠系海陆过渡相富有机质页岩，包括准噶尔盆地石炭系滴水泉组—巴山组页岩(C_1d—C_2b)，华北地区石炭系太原组(C_3t)、二叠系本溪组(P_1b)、山西组页岩(P_1sh)和南方地区二叠系梁山组—龙潭组页岩(P_1l—P_2l)。

资料显示，我国海陆过渡相页岩分布面积大、成气时间早、持续时间长。据不完全统计，已发现的常规天然气储量中，50%以上储量的气源岩为海陆过渡相页岩。海陆过渡相优质页岩累计厚度较大但单层厚度变化大(一般为 5～15m)，纵、横向变化快，总含气量偏低，有机质纳米孔隙发育量相对较少，页岩层段常与致密砂岩或煤层伴生(郭少斌等，2015)。

据不同机构对中国海陆过渡相页岩气资源进行估算的结果(表 5.4)(董大忠等，2016a，2016b；邹才能等，2016)：地质资源量为 $31.64\times10^{12}\sim40.08\times10^{12}m^3$，可采资源量为 $2.20\times10^{12}\sim8.97\times10^{12}m^3$。

目前，海陆过渡相页岩气发展整体处于地质综合评价、有利区优选和直井勘探评价阶段，钻探结果展现出较好的勘探前景(王中鹏等，2015)，鄂东缘进入页岩气生产试验。

总体评价，我国海陆过渡相页岩具有与煤层伴生，高 TOC 含量集中段厚度小，且连续性、储集空间、含气性变化大和脆性指数中等等特征。海陆过渡相页岩气勘探开发已有发现，前景正逐步明朗(董大忠等，2016b)。

5.2.2　海相与非海相页岩气特征对比

我国在多旋回构造与多沉积环境演变过程中，发育海相、海陆过渡相和陆相三类页岩气(储层)并在含油气盆地中广泛分布。与海相页岩相比(表 5.7)，非海相(陆相和海陆过渡相)页岩具有自身鲜明特点，相互之间差异比较明显。

表 5.7　我国海相与非海相富有机质页岩特征对比

沉积环境	海相	陆相和海陆过渡相
代表时代	震旦及前震旦、下古生界	中生界—新生界
主要岩性	黑色页岩	暗色泥岩及页岩、煤系页岩
主要沉积相	深水陆棚相	陆相、湖沼、河沼相
伴生地层	海相碎屑岩、碳酸盐岩	陆相碎屑岩、煤层
平面分布	大面积广泛稳定分布	相变快、分割性强，分布局限
剖面特点	单层厚度大，常与碳酸盐岩互层	累计厚度大，常伴频繁砂岩夹层
发育规模	区域分布，局部被叠合于现今的盆地范围内	局部发育，受现今盆地范围影响大(中生界差异较大)
页岩露头产状	书页状、板片状，风化明显：球状、鱼鳞状	块状、纹层状，风化特征不甚明显：球状、不规则状
主体分布区域	南方、华北、西北、青藏(扬子地区古生界，华北地区古生界—元古界，塔里木寒武系—奥陶系，羌塘三叠系—侏罗系)	华北、西北、东北(松辽盆地白垩系，渤海湾盆地古近系，鄂尔多斯三叠系，四川三叠系—侏罗系，准噶尔—吐哈盆地侏罗系，塔里木三叠系—侏罗系，柴达木古近系—新近系；鄂尔多斯石炭系本溪组、下二叠统山西组—太原组，准噶尔石炭系—二叠系，塔里木石炭系—二叠系，华北石炭系—二叠系，南方二叠系龙潭组)
热演化程度	高—过成熟	中—低成熟
有机质类型	Ⅰ、Ⅱ型	Ⅱ、Ⅲ型为主
有机质丰度	TOC 含量高，1.85%～4.36%，最高达 11%～25.73%	TOC 含量变化大，陆相 2%～8%，海陆过渡相 2.4%～22%
天然气成因	热裂解、生物再作用(R_o>1.1%～1.3%)	生物、热解(R_o>0.9%～2.5%)
伴生产物	残余沥青	凝析油、油页岩
游离气储集介质	孔隙裂缝(层理)为主	裂缝、孔隙及层间砂岩夹层
主要类型	浅埋型—深埋型	以深埋型为主
地层压力	低压—常压—超压	常压—高压

1. 分布特征

海相页岩单层厚度大、分布范围大、面积广，空间连续性好，以中欠补偿深海-半深海盆地、台地边缘深缓坡、半闭塞—闭塞的欠补偿海湾最利于富有机质页岩发育；区域上主要分布在我国南方扬子地台、华北地台及塔里木地台，以深水陆棚相沉积为主。如四川盆地古生界寒武系筇竹寺组、志留系龙马溪组页岩，厚度为200～400m，分布面积为13.5×10^4～$18\times10^4km^2$。

非海相页岩较海相页岩分布相对局限，陆相盆地(尤其是断陷型湖盆)内的页岩常被次一级的拗陷所分割，累计厚度较大，总体规模较小。陆相页岩主要分布在陆相沉积盆地中—新生界，在平面上规模相对小、展布受到河湖相控制，以湖湾和半深湖-深湖沉积环境最易形成富有机质页岩。如四川盆地、鄂尔多斯盆地三叠系、松辽盆地白垩系、渤海湾盆地古近系陆相页岩，厚度200～2500m。海陆过渡相煤系地层中页岩具有单层薄、累积厚度大、频繁互层等特点，煤系地层富含有机质泥页岩主要在大型拗陷和断陷盆地发育，多为海陆过渡环境的湖沼相、河沼相及海湾潟湖相等沉积，煤系页岩常见多套碳质页岩并与煤层相伴生，一般出现在煤层顶、底板或夹层中，如南方地区的二叠系龙潭组(P_2l)海陆过渡相碳质页岩分布面积约$53\times10^4km^2$，厚度20～300m。

2. 构造

海相页岩在盆内埋深大(1500～5000m)、盆外改造强，沉积演化过程中遭受过多次构造抬升，且抬升幅度大；非海相页岩的后期改造相对弱，保存条件较好，继承性明显。

3. 地层建造

海相页岩往往单层厚度大，常与海相碎屑岩、碳酸盐岩互层或伴生，露头富有机质页岩分化明显，风化特点明显。非海相页岩表现为频繁的砂泥互层，累积厚度大，常含有粉砂岩、粉砂质泥岩、细砂岩甚至砂岩夹层，部分夹煤层，单层有效厚度变化大，地表风化特征不甚明显。

4. 矿物组成

页岩矿物组成与页岩物性(如孔隙度、渗透性和可改造性等)密切相关。海相页岩碳酸盐矿物相对较高，有机质孔更为发育。非海相页岩黏土矿物含量相对较高，石英含量相对海相页岩较低，但脆性矿物长石、碳酸盐含量较高，页岩的可压裂性并不一定比海相页岩差多少。

5. 有机质组成

海相黑色页岩有机碳含量普遍较高，TOC平均含量为1.85%～4.36%，最高达11%～25.73%，有机质类型以Ⅰ和Ⅱ型为主。非海相页岩有机质含量对水深和气候变化敏感，类型多样，有机碳含量变化较大。陆相页岩TOC平均含量为2%～3%，沉积中心处最高可达7%～8%，以Ⅰ型和Ⅱ型为主，其干酪根类型会影响生气窗对应的成熟度、生烃潜力、有机质孔发育程度和吸附能力(琚宜文等，2016)。海陆过渡相页岩 TOC 含量为 2.4%～22%，垂向变化快，具有一定旋回性，干酪根类型以III型为主。

6. 热演化程度

海相页岩热演化程度高，R_o 值为 2.0%～5.5%。非海相页岩热成熟度整体较低—适中(R_o 值为 0.9%～2.5%)，当叠加有其他热事件时，可达较高成熟度；陆相页岩有机质主要处于生油窗内，以生油为主，盆地中心或者埋深较大的地区进入生气阶段。非海相页岩气常以生油过程中的热解气、伴生气为主，页岩中常出现油气共存的现象。

7. 储层特征

低孔、低渗特征决定了页岩气开采需要依赖有效的人工压裂措施，形成“人造气藏”，埋藏深度越大，岩性越致密，页岩气保存条件越好，但开发难度也增大。海相页岩有效厚度(通常指单层厚度)大，如川西威远页岩气田及川南长宁页岩气田，区域地应力复杂，水平两向应力差大(变化范围为 10～20MPa)，储层压裂改造时不易形成网状体积裂缝，有时以水平方向的顺层裂缝为主，改造体积偏小(4000×10^4～$8000\times10^4m^3$)。

陆相页岩较海相页岩埋藏深度略小，压实相对较弱，物源多样性强，孔隙类型和孔隙形态丰富，储层含气量低(1.0～2.0m^3/t)，储层脆性矿物含量低(20%～40%)，可压性较差。海陆过渡相页岩岩性频繁交互、常有薄互层(5～10m)，物性差(孔隙度为 1.0%～3.0%)，其有效厚度应拓展为累计有效厚度，有效厚度越大，越有利于页岩气富集(琚宜文等，2016)，总体可压性较海相页岩差。

我国页岩地层发育，无论是海相、海陆过渡相还是陆相，只要含有丰富的有机质和适宜的成熟度，均可形成具有经济开采价值的页岩气富集。海相页岩具有“一老二杂三高”的特点，即地质时代较老、经历的构造演化复杂、含气层系复杂、高有机碳含量、高脆性、高演化程度；陆相页岩有“一新一深二低”为特点，即时代新、埋藏深、成熟度低、脆性矿物含量低，油气兼生。

三类页岩气成藏基本特征对比表明(表 5.8)，海相页岩气成藏条件最好，其次是海陆过渡相页岩气，陆相页岩气最差。中国南方海相页岩气富集需具备的有利地质条件是富有机质页岩集中段发育、热演化程度适中、有机质孔隙发育、含气量高、顶底板保存条件良好、埋深适中，其中五峰组—龙马溪组页岩气成藏条件有利、资源经济性好，筇竹寺组成藏条件相对较差、有利区范围有限(赵文智等，2016)，震旦系陡山沱组等其他层系成藏条件尚待探索研究。

我国海相页岩气以四川盆地及邻区(上扬子区)五峰组—龙马溪组为重点，基本实现了工业化生产。至 2019 年底，评价落实有利勘探开发面积 $4.5\times10^4km^2$，累计探明含气页岩面积约 2000km^2，探明页岩气地质储量超 $1.8\times10^{12}m^3$，在川南展现出超 10 万亿立方米级、川东万亿立方米级大气区的雏形。勘探开发实践证实，海相页岩气大面积高丰度富集高产“甜点区”“甜点段”在地质上具“含气性优”、工程上具“可压性优”和效益上为“经济性优”的三优特征。综合看来，海相页岩气是中国非常规油气勘探开发的最重要、最现实领域。

表 5.8　我国三类页岩气成藏基本特征简表

类型	有利区范围	集中段特征	生气潜力	含气性	可压裂性
海相页岩	面积大（10×10^4～20×10^4km²）	厚度大连续（30～80m）	生气量大（Ⅰ-Ⅱ$_1$，R_o=2.0%～5.0%，原油裂解气为主）	含气量高（有机质孔隙发育，比表面积大，含气量1.0～8.0m³/t）	好（脆性矿物含量为40%～60%，黏土矿物以伊利石为主）
海陆过渡相页岩	面积较大（5×10^4～10×10^4km²）	厚度小不连续（10～20m）	生气量偏小（Ⅱ$_2$-Ⅲ，R_o=1.0%～2.5%，热裂解气为主）	含气量低～中（有机质孔局部发育，比表面积小到中等，含气量0.5～4.0m³/t）	一般（脆性矿物含量为30%～50%，黏土矿物以伊蒙混层较高）
陆相页岩	分布局限（<5×10^4km²）	厚度较大变化快（20～200m）	生气量小（Ⅰ-Ⅱ$_2$，R_o=0.5%～1.3%，生油为主）	含气量偏低（有机质孔不发育，比表面积小，含气量0.5～2.2m³/t）	差（脆性矿物含量为20%～40%，黏土矿物以蒙脱石、高岭石为主）

5.3　海相页岩气理论技术进展

通过10余年的探索，我国海相页岩气立足长宁-威远、昭通、涪陵等开发示范区，初步形成了一套适合我国地质条件的页岩气勘探开发理论与技术体系，四川盆地海相页岩气基础地质理论认识取得了重要的进展，埋深3500 m以浅海相页岩气开发技术成熟配套，埋深介于3500～4000m海相页岩气开发技术基本形成。

5.3.1　基础理论取得重要进展

1. 五峰组—龙马溪组海相页岩储层具高有机质含量和高纳米级孔隙度的“两高”特征

2010年，通过对川南页岩储层分析，龙马溪组底部有机碳含量超过3%的页岩厚度介于10～20m，W201井首次在国内发现孔径范围为5～100nm的纳米孔隙(王志刚，2015；邹才能等，2015a、2015b)。采用分子动力学模拟，考虑页岩微观孔隙表面水膜厚度，甲烷可动孔喉半径均值为5.0 nm(邹才能等，2017；张琴等，2019)。通过大量五峰组—龙马溪组页岩样品的分析发现，纳米孔隙是页岩气的主要储集空间(图5.1)，占总有效孔隙

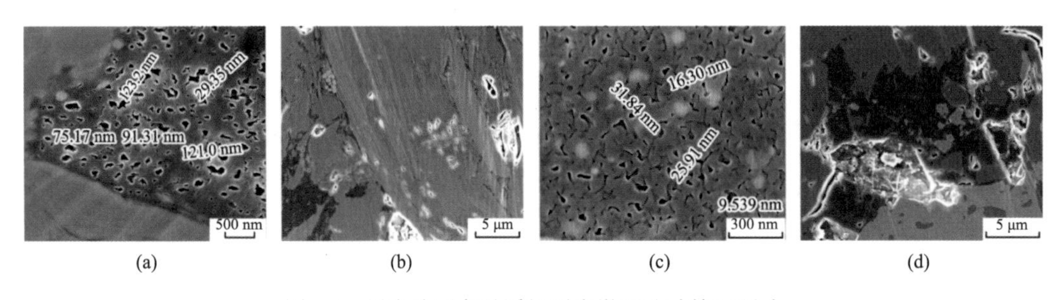

图5.1　川南地区龙马溪组页岩微观孔隙镜下照片

度的 60%～80%(邹才能等，2015a、2015b)。研究发现，川南地区五峰组—龙马溪组页岩 TOC 含量＞3%储层的孔隙度介于 3%～8%。

2. 五峰组—龙马溪组海相页岩发育 5 类层理，层理类型控制着页岩储层的品质

五峰组—龙马溪组海相页岩主要发育 5 大类层理：块状层理、递变层理、韵律层理和泥纹层、水平层理、交错层理(施振生等，2020a)。条带状粉砂型水平层理泥纹层含量最高，泥纹层由于物质组成、孔隙类型及结构、面孔率、孔径分布、微裂缝类型及密度等均优于粉砂纹层，故其储层品质为最佳(施振生等，2020b)。条带状粉砂型水平层理由于顺层缝最发育，水平渗透率达 184.285 mD、垂直渗透率仅为 0.655 mD，两者相差达 291 倍。顺层缝能有效沟通无机矿物孔隙、纳米级有机质孔等，可以成为油气水平运移的高速通道(许丹等，2015)。含气页岩由于垂直渗透率低，阻碍了页岩气垂向逸散而有利于被保存；而高水平渗透率则大大改善了页岩储层的水平渗流能力，并且能够在水平井水力压裂改造后形成复杂裂缝网络，从而提高页岩气产量(邹才能等，2017)。

3. 揭示海相深水陆棚笔石黑色页岩气富集机理，建立页岩气“甜点区”和“甜点段”勘探地质理论

多地质事件耦合形成了四川盆地及其邻区五峰组—龙马溪组“深水”优质页岩“甜点段”(邹才能等，2015a、2015b；马新华等，2020)，形成时间介于距今 447.42～440.77Ma，发育大量笔石化石(邹才能等，2019)，具生物硅含量高和 TOC 含量高的特征。四川盆地及其邻区页岩储层分布连续、构造稳定区保存条件好、储层“超压”等是控制页岩气井高产的主要地质因素(王红岩等，2013)，创建了“沉积－成岩作用控储、保存条件控藏、Ⅰ类储层连续厚度控产”的“三因素控制”海相页岩气富集高产理论。针对涪陵页岩气田特征，郭旭升(2014)提出了复杂构造区海相页岩气深水沉积和有效保存“二元富集”规律，即深水陆棚优质泥页岩发育是页岩气“成烃控储的基础”，良好的保存条件是页岩气“成藏控产”的关键。郭彤楼和张汉荣(2014)建立了焦石坝页岩气藏“阶梯运移、背斜汇聚、断－滑控缝、箱状成藏”的高产富集模式；郭旭升等(2014)认为富有机质泥页岩的发育程度、保存条件、天然裂缝的发育和泥页岩的可压裂性等是下古生界海相页岩气富集高产的主控因素。邹才能等(2014)提出了常规-非常规天然气“有序聚集”的认识，并建立了页岩气富集“甜点区”与“甜点段”理论。马永生等(2018)提出优质页岩甜点段具有高 TOC 值、高脆性、高孔隙度、高含气性的特征，是富集高产物质基础，保存条件是复杂构造区页岩气地质评价的关键因素，可压裂性评价识别工程“甜点”，明确水平井穿行层位，采用适应性压裂工程工艺，是获得页岩气高产的核心，纳米级储集空间与赋存状态决定了页岩气具有特殊的渗流特征。通过不断开发实践，形成了页岩气形成与富集特征研究方法、有利区带或层系地质评价与优选技术、页岩储层识别与预测技术，明确高脆性富有机质页岩(TOC 含量>4%、脆性矿物含量超过 70%)是优质页岩储层，U/Th 值通常大于 1.25，其中龙马溪组底部 3～5m 是最优的水平井靶体段(马新华等，2020)。

4. 川南深层页岩储层保存条件好、孔隙度与中浅层相比差异不大、储层裂缝发育，页岩气富集高产、富集模式多样

由于受深部储层高压力形成孔内支撑、高强度石英矿物形成刚性骨架支撑和封闭成岩环境有机酸长期钙质矿物溶蚀三项因素的影响，使埋深超过 3500m 的深层页岩孔隙度介于 3.9%～5.8%，孔隙度与浅层差异不大(邹才能等，2015a、2015b；施振生等，2020c)。川南深层页岩上覆巨厚地层构成高密闭体，有机质生烃后形成高压力封存，泸州地区储层压力系数介于 1.8～2.2，地层能量充足，气井生产前 3 个月套压在 30MPa 以上。川南深层宽缓向斜发育横向拉张和层间滑移两类裂缝，裂缝密度向核部增大，可以有效提升页岩储层的连通性，泸 203 井位于向斜核部，该井测试日产页岩气量达 $138\times10^4\mathrm{m}^3$。

通过深层、常压页岩气富集机理的研究，明确了深层页岩仍然能够发育“高孔”优质储层，具有“高压、高孔、高含气量”的特征，且以游离气为主；“石英抗压保孔”和“储层流体超压”是深层优质页岩高孔隙度发育的关键(郭旭升等，2020)。“流体压力高、微裂缝发育、低地应力”是有利目标的关键要素；形成深层页岩气高陡构造、向斜“超压富气”和盆缘低缓断鼻、斜坡“超压富气”2 种超压富集模式。通过对四川盆地外部桑柘坪、武隆、道真 3 个残留向斜页岩气富集规律研究分析，提出改造期次、强度、埋深、分布面积等是盆外残留向斜保存条件差异的主要因素，也是导致地层压力系数和产量差异的主要原因(郭彤楼等，2020)。渝东南盆缘转换带常压页岩气富集受多期构造控制，不同构造样式保存条件存在差异，是影响页岩含气性的关键因素，建立了常压背斜型、斜坡型、向斜型和逆断层下盘型 4 种页岩气藏聚散模式(何希鹏等，2020)，认为盆外常压页岩气存在宽缓向斜构造富集型、逆断层遮挡向斜富集型和复向斜洼中隆富集型 3 类富集模式。

5. 基于“人造气藏”理念，多段压裂形成缝网体系、构建流动系统，初步形成页岩气开发理论框架

页岩储层致密，以“甜点段”为目标，通过水平井多段压裂形成密集缝网，构建“人造高渗区，重构渗流场”，建立“人造气藏”，是页岩气井获得高产的关键(邹才能等，2017)。建立多机制、多尺度、多场耦合渗流模型模拟和气井产能递减分析，明确典型井前 1 年、3 年、5 年、7 年分别采出单井最终可采储量的 25%、47%、60%、70%，第 8 年吸附气产量贡献率超过 50%(高树生等，2018；黄世军等，2016)。

5.3.2　关键工程技术取得重大进展

1. 水平井多段压裂等关键工程技术指标大幅度提升，深层页岩气开发技术基本成熟

(1)创建了适合中国南方多期构造演化 3500m 以浅海相页岩气高效勘探开发的 6 大配套关键技术体系，包括多期构造演化与高过成熟页岩气综合地质评价技术、复杂地下与地面条件页岩气开发优化技术、多压力系统和复杂地层条件下的水平井组优快钻井技术、高水平应力差与高破裂压力储层水平井分段体积压裂技术、试采开发技术和页岩气特色的高效清洁开采技术，埋深 3500m 以浅页岩气开发关键技术指标大幅度提升，实现

了第一代向第二代的技术发展跨越。水平段“一趟钻”钻井技术日趋成熟，具备了 1500～2000m 水平段钻井、造斜段—水平段进尺最高达 2407m 和最高 26 级压裂改造技术能力。

(2) 创新形成了海相页岩气立体开发调整提高采收率技术体系，采用“多簇射孔、高强度加砂、暂堵转向”压裂工艺技术，全面提升长水平段水平井的压裂改造效果，形成一个平台 4～6 口水平井的钻井、压裂、生产交叉施工的准“井工厂化”作业能力。以 W204 井区为例，水平井水平段长度、压裂段数、加砂量、液量、加砂强度和测试产量由 2016 年的 1506m、19.9 段、2246t、41377m^3、1.7t/m 和 $16.4\times10^4m^3/d$，分别提升至 2020 年的 1965m、23.0 段、5180t、52646m^3、2.7t/m 和 $29.2\times10^4m^3/d$(图 5.2)，单井 EUR 由 $0.49\times10^8m^3$ 提升至 $1.02\times10^8m^3$。

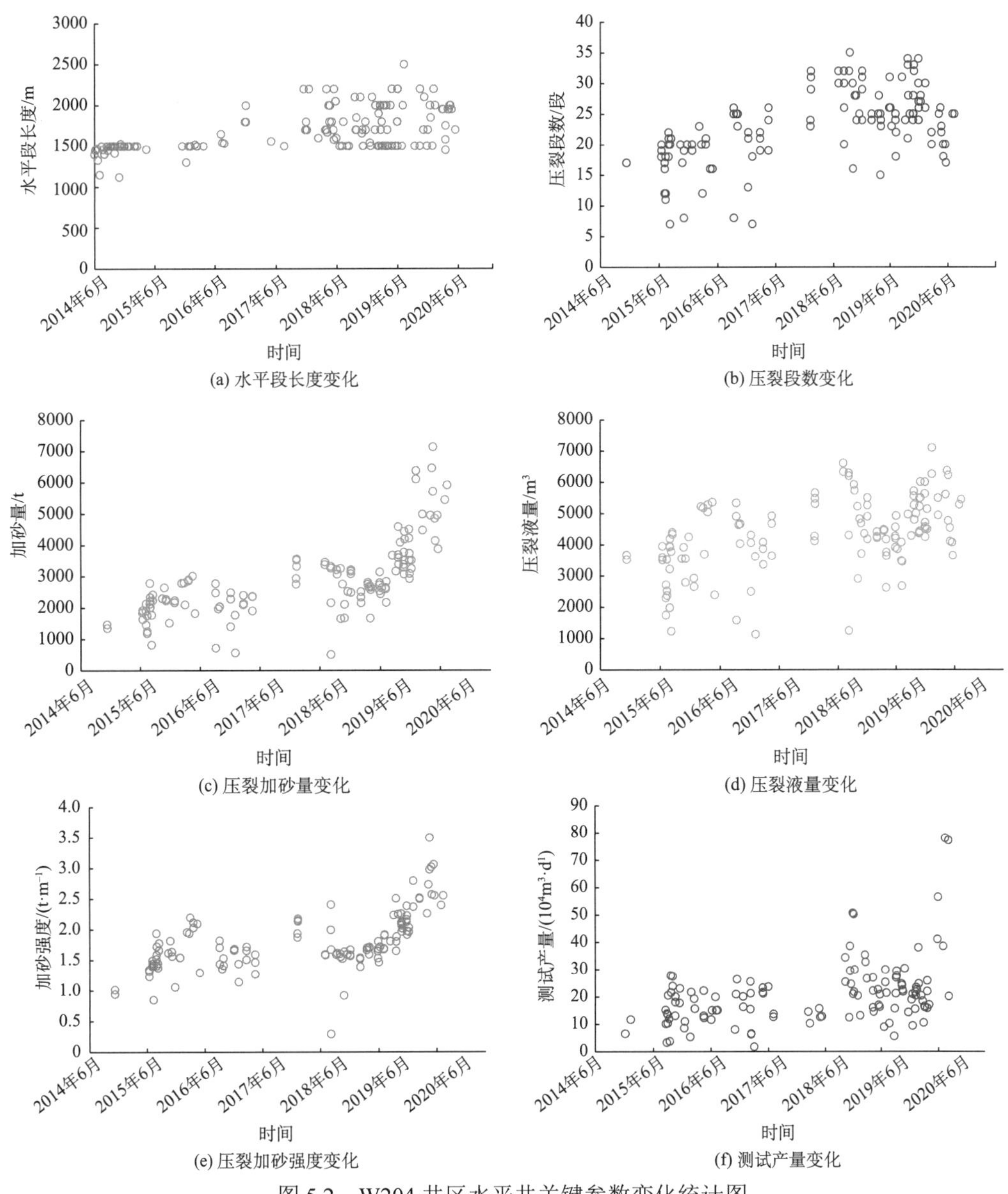

图 5.2　W204 井区水平井关键参数变化统计图

(3)加大了深层页岩气关键技术攻关，初步形成深层页岩气地质综合评价技术、气藏工程技术、优快钻井技术、体积压裂关键技术，攻关形成常压页岩气低成本工程工艺技术体系，实现了3800 m深层页岩气商业开发。针对深层页岩储层高温、高应力的特点，采用地表泥浆冷却和大功率压裂装备等，可以基本满足埋深介于3500～4000m页岩气资源的有效开发。

目前，海相页岩气适应性的关键装备、工具和材料实现了中国制造。在压裂设备方面，成功研制世界首台3000型压裂泵车、超大功率电动成套压裂装备、连续油管作业车、易钻复合桥塞等配套装备和工具，有力保障了山地环境下长时间、高压力、大功率压裂施工。在配套工具方面，全面推广应用趾端滑套、牵引器，可溶桥塞等配套工具，提高施工时效性，降低施工费用，单井工程费用平均降低70万元。在油基钻井液性能优化提升方面，改善了高密度油基钻井液流变性能，钻井液密度最高1.86g/cm^3。同时，配合电网改造，规模化应用压裂车和电动设备组合，比常规车组节约费用18%～34%。通过低成本压裂材料、施工工艺及配套工具的应用，平均单井压裂成本由2800万元降低到2000万元以下，单井压裂综合费用相比初期降低30%左右，满足了投资刚性约束条件下效益开发需求。

2. 通过地质工程一体化，实现页岩气开发最优化，是页岩气实现高效开发关键

2014年，在地质工程一体化理念的指导下，创新了页岩气勘探开发的适用性模式。在川南页岩气开发中，中国石油通过一体化设计、一体化管理和一体化滚动优化，实现了“高产量、高EUR、高采收率”的目标(马新华等，2020；刘乃震等，2018；吴宗国等，2017)。基于高分辨率构造、地质属性的多尺度天然裂缝，国内首次在页岩气田中建立了全区和平台尺度三维地质力学模型，钻井、完井压裂、生产、开发四大工程系统的地质工程一体化全覆盖(梁兴等，2017；谢军等，2017)，实现了水平井箱体最优化、改造参数最优化、生产制度最优化、开发技术政策最优化(谢军等，2017)。技术进步和规模应用使勘探开发成本明显下降，中浅层水平井钻井周期缩短到46～70d，单井成本可以努力降至5000万元以下。深层页岩气高产模式：水平井高产需优质储层厚度超过5m，钻遇水平段长度大于1500m，压裂簇数(单段7～8簇)+加砂强度(超过2.5t/m)+暂堵转向，页岩气测试产量将超过50×10^{4}m^3/d(马新华等，2020)。

3. 地下光纤监测、人工智能大数据分析和数字化井场管理等新技术加快推广应用，页岩气开发成本有望继续降低

针对页岩气“人造气藏”的特点，中国石油和中国石化在四川盆地页岩气开发过程中已经引入光纤检测技术，以评价页岩气人造气藏开发效果，以优化工程技术；针对页岩气勘探开发工作量大，各油田已经逐步开展人工智能大数据分析，深度挖掘有效信息，提升页岩气开发效果；通过储层-井筒-地面数字化、信息化建设，实现了“数据共享、专业分析、综合利用、辅助决策”(梁兴等，2017；谢军等，2017；刘乃震等，2018)。页岩气数字化开发管理实现了井场的无人值守，大幅降低页岩气现场工作强度，有效降低页岩气井开发的管理成本(梁兴等，2017；谢军等，2017；刘乃震等，2018)。

页岩气开发模式和管理体系正在逐步形成，核心是提高生产效率、向管理要效益。近期开展了针对性的探索主要体现在 4 个方面：一是建立生产组织机构，包括成立页岩气勘探开发领导小组，实行一体化管理；二是制定周密的运行计划，围绕“勘探、生产、现场、成本、安全、环保”等方面建章立制，实现生产过程有章可循、规范运转；三是规范施工组织，例如实行内部竞争、内部设计单位直接参与设计和生产跟踪，保证技术执行到位；四是创建良好的企地关系，包括联合参股、邀请地方负责人担任联营机构领导等，一方面解决用地、用水等问题，另一方面增加就业，支持地方经济发展，有效解决了征地与居民干扰生产等非技术问题。

5.4　北美海相页岩气成功经验

5.4.1　北美页岩气主要成功经验

北美页岩气勘探开发成功经验有助于其他国家在页岩气勘探开发初期少走弯路，加快全球页岩气勘探开发进程。

1. 资源基础是页岩气革命取得成功的首要前提

从资源角度来看，富有机质页岩在美国广泛分布，页岩气资源丰富，是页岩气勘探开发成功的重要基础。Kuuskraa (2013) 预测美国页岩气技术可采资源量为 $24.4\times10^{12}m^3$，位居世界第二。美国页岩气盆地比较集中，主要分布在东部和中南部，赋存条件都较好，开采难度相对较小。

与此同时，美国天然气基础设施非常完善。美国拥有世界上规模最大的、最完善的天然气管网系统，管道里程超过 40 多万公里，位居世界首位，各管道间联络线发达，城市配气网络十分完善，天然气管线遍布美国各州。完善的基础设施为降低页岩气开发成本，推动页岩气迅速市场化、商品化创造了有利条件。美国能源市场环境非常健全，在历次天然气市场结构调整中，美国政府始终遵循管道公司功能单一化、管输市场竞争化的思路，通过“控制中间，放开两头”，建立了管输市场公开准入制度，保证了天然气生产商公平使用天然气管道，提高了市场效率，保证了页岩气价值的合理体现。美国的能源市场结构极具竞争性，页岩气开采初期绝大部分都由中小企业进行，有效分散了巨额投资，降低了开采准入门槛，同时，中小企业为了获取更高回报，创新能力增强，从而有效推动页岩气产业的快速发展。

2. 政策支持确保了美国页岩气产业与环境的协调发展

美国政府从一开始就坚持长期重视非常规油气资源的开采，一系列能源战略和政策支持为页岩气开发提供了方向和动力。

一是能源独立和能源清洁化政策，为美国页岩气产业发展提供了机遇。两次石油危机以来，历届美国政府都承诺采取措施实现“能源独立”，导致美国能源结构及能源战略变化。特别是 20 世纪末以来，美国越来越倾向于清洁的天然气，不断提高天然气在一次能源消费中的比重。美国政府非常关注页岩气开采对环境的污染，通过制定相应的环境法案，确保了美国页岩气产业与环境的协调发展。同时，美国的能源战略也转向本土供应，减少进口。

二是一系列优惠政策的出台，促进了美国页岩气产业的快速发展。在能源独立战略的指导下，从 20 世纪 70 年代末，美国政府就开始鼓励开发本土的非常规资源，通过《能源意外获利法》等落实对非常规天然气的税收减免和财政补贴政策，并长期坚持执行对页岩气开采的政策优惠。这些补贴政策最早开始于 1978 年的《天然气政策法案》。1980 年，美国国会通过《原油暴利税法》，其第 29 条明确规定：从 1980 年起，美国本土钻探的非常规天然气(煤层气和页岩气)可享受每桶油当量 3 美元的补贴。美国国会后来又将第 29 条法案的执行期续延了两次至 1992 年。该政策有效地激励了非常规气井的钻探。1992 年，美国国会再次对《原油暴利税法》中第 29 条进行修订，对 1979～1999 年期间钻探、2003 年之前生产的页岩气实行税收减免政策。美国对页岩气的税收减免政策前后共持续了 23 年，在 1997 年颁布的《纳税人减负法案》中，美国政府依然延续对非常规能源实行税收减免政策，直到 2006 年美国政府出台新的产业政策。新的产业政策规定，在 2006 年投入运营用于生产非常规能源的油气井，可在 2006～2010 年享受每吨油当量 22.05 美元的补贴，即相当于每桶油当量 3 美元的补贴。

三是除联邦政府出台的一系列产业政策外，州政府也出台相应的税收减免和诸多鼓励政策，如自 20 世纪 90 年代初起，页岩气资源丰富的得克萨斯州对页岩气的开发免收生产税，实行每立方米 3.5 美分的州政府补贴(占州政府全年税收的 7.5%)。这些补贴政策与联邦政府的政策并不冲突，在很大程度上鼓励了石油天然气公司对页岩气资源进行开发。

美国共有 48 个州开发页岩气，这些州政府都有各自针对天然气和页岩气的政策和法令，尤其是税收政策各不相同。例如，阿肯色州对页岩气开采的头三年免税，得克萨斯州对高成本井(包括页岩气井)——2009 年单井钻井成本超过 4500 万美元提供免税优惠，其优惠额度不超过投入资本的一半。与页岩气开发费用相比，美国州政府的财政支持力度还是偏弱，页岩气开发企业曾一度在天然气价格低迷时放弃在美国开发页岩气。直到 2003 年后，由于技术进步大幅降低了页岩气的开发成本，加之天然气价格上涨，才真正实现页岩气的商业化开发。

此外，传统油气上游开发的税收优惠政策也应用到非常规油气开发领域。对油气行业实施五项税收优惠，包括无形钻探费用扣除、有形钻探费用扣除、租赁费用扣除、工作权益视为主动收入、小生产商的耗竭补贴等。

总之，从美国的相关政策演变可以看出，20 世纪 90 年代前，联邦政府侧重对市场机制的建设和维护，依靠市场而不是优惠措施和规制来形成天然气价格，用市场化的价格调节产量；20 世纪 90 年代之后，在已形成的天然气市场基础上，联邦政府侧重对技术进步的支持。

3. 经济背景决定了页岩气成为最合适的战略选择

页岩气在北美的成功并非一朝一夕。位于纽约州 Fredonia 镇的北美第一口页岩气井钻于 1821 年，直到 1981 年 George Mitchell 在 Barnett 页岩取得第一口页岩气井压裂成功突破，页岩气才真正实现广泛的商业性开采。21 世纪以来，在页岩气储层评价技术、钻完井技术及压裂改造技术突破后，页岩气勘探开发成本大幅下降，页岩气产量才出现爆发式增长。

从经济环境的角度看，一是国际油价在 21 世纪后特别是 2003 年后进入新一轮上升通道，使页岩气开采变得可行；二是美国长期低利率政策使借贷成本变得很低，被激发出来的投资热情在遭遇网络经济泡沫之后，只能寻找新的投资方向，页岩气最终成为最合适的选择。

4. 持续的研发支持和技术突破是美国页岩气开发的根本保证

美国政府十分重视页岩气技术的研发，并对其进行持续的支持。

(1) 20 世纪 70 年代，美国政府开始专门设立非常规油气资源研究基金，如美国能源部、能源研究与开发署就共同组织开展了“东部页岩气工程”。他们联合美国地质调查局、州级地质调查所、大学及工业团体，共同开展针对页岩气开发的项目研究，产生了大批科研成果，对页岩气能进入实质性开采起到了关键性作用。

(2) 为推动本土非常规气的勘探和开发，美国政府专门成立了非盈利性机构——美国天然气研究所，旨在整合其国内天然气领域的技术研究人才，开展非常规能源技术研究。

(3) 美国政府不仅资助政府所属的研究机构，还投入一定的研究经费给中小型技术公司，使页岩气开发技术的研发可以在多专业领域内同时开展。在专项基金的资助下，美国能源部所属的 Sandia 国家实验室很快研发出包括微地震成图、页岩及煤层水力压裂等技术。1991 年，在美国能源部和美国联邦能源管理委员会的共同资助下，得克萨斯州天然气公司 Mitchell Energy 在该州北部的 Barnett 页岩成功完钻第一口页岩气水平井，该项目主要技术支持由美国天然气研究院提供。1998 年，同样是在政府的资助下，Mitchell Energy 公司研发了具有经济可行性的清水压裂技术。直到今天，该技术仍为核心技术，被广泛应用于页岩气开发。2002 年水平钻井技术被用于提高页岩气井的产能。页岩气开采技术已被评为 2009 年世界石油科技十大进展之一。2004 年，美国政府开始新一轮的基金资助，《美国能源法案》规定，政府将在未来 10 年内每年投资 4500 万美元用于包括页岩气在内的非常规天然气研发。迄今为止，美国能源部、美国联邦能源管理委员会等多个政府部门先后累计投入了 60 多亿美元用于页岩气勘探开发，其中用于培训和研究的费用近 20 亿美元，一些核心技术的突破正是源于长期的项目支持和资金投入。

通过长期持续的科技研发投入，美国从 20 世纪 90 年代起在全球率先掌握并应用包括水平井钻井、水力压裂、随钻测井、地质导向钻井、微地震检测等页岩气开采关键技术，完成了从气藏分析、数据收集、地层评价、钻井、压裂、完井和开发生产的系统技术集成，探索出了一套先进的、低成本的页岩气开采技术，形成了一套成熟的勘探、评价和开发体系。

第一项重要技术突破是水平井钻井技术。与直井相比，水平井在页岩气开发中具有无可比拟的优势：①虽然水平井成本为直井的 1.5～2.5 倍，但初始开采速度、控制储量和最终评价可采储量却是直井的 3～4 倍。②水平井与页岩层中裂缝(主要为垂直裂缝)

相交机会大，可明显改善储层流体的流动状况。统计结果表明，水平段为 200m 或更长时，比直井钻遇裂缝的机会多几十倍。③在直井收效甚微的地区，水平井开采效果良好。④减少了地面设施，开采延伸范围大，避免地面不利条件的干扰。

第二项重要技术突破是压裂技术：①水力压裂。由于页岩气产能较低，通常埋深大、地层压力高的页岩储层必须进行水力压裂改造才能够实现经济性开采。水力压裂技术以清水为压裂液，支撑剂较凝胶压裂少 90%，并且不需要黏土稳定剂与表面活性剂，大部分地区完全可以不用泵增压，较之美国 20 世纪 90 年代实施的凝胶压裂技术可节约成本 50%～60%，并能提高最终采收率。②水平井分段压裂技术。在水平井段采用分段压裂，能有效产生裂缝网络，尽可能提高最终采收率，同时节约成本。目前已增至 20 段甚至更多。③重复压裂。当页岩气井初始压裂处理已经无效或现有的支撑剂因时间关系损坏或质量下降，导致产量大幅下降时，重复压裂能重建储层到井眼的线性流，恢复或增加生产产能，可使估计最终采收率提高 8%～10%，可采储量增加 60%，是一种低成本增产方法。④同步压裂。在相隔 152～305m 的范围内，钻两口平行的水平井同时进行压裂，利用压裂液及支撑剂在高压下从一口井向另一口井运移距离最短的方法，来增加水力压裂裂缝网络的密度和表面积。

目前，全球正掀起一场“页岩气革命”，继美国之后，加拿大、波兰、德国、奥地利、中国、阿根廷、哥伦比亚等 20 余国启动了页岩气资源评价及勘探开发试验，加拿大、中国、阿根廷实现了页岩气工业生产。

5. 完善的体制和机制为美国页岩气开发创造了良好的环境

美国拥有完善的体制和机制，覆盖了从区块登记、勘探、开发和管理及管网运输等各个环节，有利于实现多元化创新和新型商业模式的出现，为页岩气的勘探开发提供了很好的外部环境和竞争机制。

(1)较低的准入门槛和充分竞争的市场环境，有利于发挥中小企业的作用。美国政府一直致力于打造多元化的投资环境，降低勘探开发准入门槛，建立自由市场机制。1978 年，美国国会通过了《天然气政策法案》，放松了对天然气价格的管控，使气价的变动完全由市场需求来决定，联邦政府只通过环境保护和管道建设进行有限介入，这在一定程度上使天然气市场成为具有竞争性的市场。

成熟的市场机制保障各行为主体激励充分，自由竞争与合作，产业效率高，形成了专业服务和技术类公司(如物探公司、钻井公司)、金融机构和政府监管部门共同参与的高效率的社会分工体系，使页岩气开采的单个环节投入小、效率高、作业周期短、资金回收快及资本效率高，同时也带动了整个产业链的大发展，使管网等基础设施得到较快发展。

页岩气开采相对于传统油气开采成本更高，风险更大，促使中小企业更加注重技术创新，推动行业技术进步。

(2)完善的配套设施和市场化的价格形成机制，促进了页岩气开发的商业化。美国页岩气产业的快速发展，与美国天然气价格的放松管制、天然气开发和运输业务的垂直分离及发达的天然气管网设施密切相关。美国天然气管网和城市供气网络十分发达，天然

气管网总长超过 40×10^4km。依托现有四通八达的天然气管网和城市供气网络，大大减少了页岩气在开发利用环节的前期投入，降低了市场风险，迅速实现了商品市场化。另外，美国还实现了天然气开发和运输的全面分离，对开发商和管道运输商进行不同的政策监管，保证天然气生产商和用户对管道拥有无歧视准入条件，这样就避免了垂直垄断的出现。政府在对管道运费进行监管的同时，完全放开天然气价格，为页岩气顺利进入市场创造了条件，有力支持了页岩气开发的商业化。

(3)完善的法律体系和有效的市场监管，保障了美国页岩气产业的健康发展。美国拥有完善的、极具竞争力的产权体系，有助于各利益相关方(勘探方、开发方、矿业权拥有方、管道拥有方、销售方、购买方等)责权利划分明确，进入和退出方便。由于土地属于私有，土地和土地下矿产都属于土地所有者，土地所有者可以和油气公司共享巨额页岩气收入，收益分配清晰，很少碰到产权问题。另外，美国政府的页岩气监管系统也十分完善，几乎任何问题都有主管部门负责监管，权责明晰，及时解决了页岩气生产过程中出现的一些问题，这种分工明确且行之有效的行业监管也是美国页岩气开发取得成功的重要因素之一。

6. 企业家精神和充满活力的中小企业是美国页岩气产业发展的动力源泉

美国页岩气产业的发展，首先是企业家精神的成功。有了企业家精神才会有观念创新和技术创新。有效的产权和市场制度也使企业家精神得到充分发挥，中小公司在不进则退、优胜劣汰的市场竞争中成为技术创新和商业化的主力。

纵观美国页岩气产业的发展，富有创新精神的企业家和数以万计的中小企业在其中发挥了重要作用。乔治·米歇尔(George Mitchell)先生及其创办的 Mitchell 能源开发公司就是其中之一。米歇尔先生在 20 世纪 80 年代初就投身于页岩气的开发事业。当时，Fort Worth 盆地的 Barnett 页岩并不是勘探目的层。但是 Barnett 页岩中丰富的天然气显示和意外的小规模产量引起了 Mitchell 公司的兴趣，遂将主要的精力集中在如何更有效地在 Barnett 页岩中完井，以及如何提高采收率上。他们将实验室设在得克萨斯州 Fort Worth 盆地，先后钻探了 30 多口试验井，耗费 17 年时间，耗资数十亿美元，测试了多种钻井和各种地层压裂的方法，以及压裂液支撑剂的组合。正是在米歇尔及其公司的坚持下，终于在 1997 年取得了重大突破，掌握了水基压裂技术，极大地提高了页岩气单井产量。数十年如一日专注于页岩气的开采，2009 年最终获得商业性成功，终于把束缚在页岩里的天然气大规模地、经济地开采了出来。可以说，页岩气革命是那种执着的企业家精神和科学技术的充分体现。2010 年作为页岩气钻井和压裂技术的先驱，乔治·米歇尔先生被美国天然气技术研究所授予终身成就奖。正是被称为“美国页岩气之父”的乔治·米歇尔先生以其伟大的企业家精神启动了这场页岩气革命，并带动了席卷全球的能源革命。

7. 专业化分工协作机制和专业的技术服务起到了支撑作用

在开放的竞争环境下，美国培育了一大批门类齐全的页岩气专业化技术服务公司，如哈里伯顿、斯伦贝谢、贝克休斯等，形成了一个技术创新特征明显的新兴产业。这些专业服务公司具有强大的技术优势，门类齐全，自主研发仪器装备，专业化程度很高。此外，这些专业服务公司有很大的发展自由度，不受产业制度束缚，构建了高度社会化的专业分工体系。油气公司的页岩气勘探开发项目，如水平井钻井、完井、固井和多段压裂等工程及测井、实验测试等一般都委托专业技术服务公司来完成。在页岩气产业链中，某专业公司在完成本环节服务后即可退出，转由下一环节的服务公司接替，形成了相互衔接、配套服务的局面，即大家熟知的“工厂化”作业模式。

5.4.2 对我国页岩气发展的启示

根据美国页岩气开发启示，我国页岩气开发利用将成为实现我国能源安全供给、多元化发展的重要战略选择。快速发展页岩气对改善我国能源结构、减少温室气体排放、推动实现低碳经济发展等都具有十分重要的作用。

1. 技术的创新和突破需要良好的科技创新环境

页岩气革命之所以成功，除美国具有良好的资源条件和雄厚的技术基础、明确的国家战略和完善的配套设施外，还具有良好的科技创新环境。具体来说，良好的科技创新环境包括以下几个方面：①有效的市场需求和竞争的环境为创新提供了动力；②较低的准入门槛为企业创新提供了机会和空间；③专业化的分工与协作有利于创新资源的获取；④政府的持续投入提供了雄厚的创新基础和源泉；⑤多元化的投资主体提供了创新所必需的条件；⑥富有创新精神的企业家和充满活力的中小企业使创新得以实现。

2. 新兴产业发展需要产业链、创新链和价值链的融合与完善

页岩气产业的成功发展，再次证明一个产业的兴起、发展和兴盛，没有技术突破和发展是不行的，但仅有技术的突破和发展也是万万不能的。不仅需要技术的突破，还需要各方面经济技术条件的配套和支持，包括市场培育、专业的技术服务、基础设施建设、相关产业的发展等。此外，要想使整个产业充满活力，还要构建灵活、完整的价值链。正是在页岩气产业的各个环节，从储层评价到勘探开发，从钻井完井到油气运输，任何一个环节都可创造价值并实现价值，顺利实现企业的进入和退出，才大大激发了各类投资主体和企业的进入，使技术创新和产业链的形成得以顺利完成。

3. 政府在新兴产业发展中发挥重要作用

第一，要通过国家战略的制定，为新兴产业的发展指明方向。美国长期坚持能源独立战略，页岩气开发引起美国社会各界的关注。

第二，要对新兴产业发展所必需的技术提供持续的研发支持。小企业在美国页岩气产业发展中起到了关键作用，美国政府通过对研发的持续支持所产生的大量成果在其中起到了更重要的作用。

第三，市场培育是新兴产业发展初期政府应该做的主要工作。美国页岩气产业发展过程中，随着油气价格的波动，产业发展经历了高潮和低谷，美国政府通过研发支持、生产补贴、税收优惠等措施，降低了企业成本，使企业得以存活，产业得以持续发展。

第四，要创造一个良好的产业发展环境。美国政府通过降低进入门槛，打破垄断，建立专业技术服务市场，鼓励各类资金进入和资产兼并重组，完善油气管网等，使产业发展所需的各类要素资源得以有效流动，大大促进了产业发展。

第五，要加强行业监管。在新兴产业的发展过程中，难免遇到各种问题，只有建立完善的监管体系，才能规范市场，使产业得到有序发展。

2019 年我国石油对外依存度高达 72%，表明随着中国经济的发展，我国对能源的刚性需求持续上升，对能源进口的依赖程度已很严重。借鉴美国经验，尽早实现我国页岩气规模性商业开发，是保障国家能源安全的迫切需求。但是，由于技术和资金障碍、土地与水资源约束、开采成本、定价机制、管道资源与管网管理等诸多限制因素，我国页岩气开发难以复制美国的“页岩气革命”，不能简单照搬北美模式，需要通过有的放矢的基础研究和工程技术先导性试验，发展适合我国地面地下条件、资源赋存特点的工程技术。

“页岩气革命”对我们的意义，并不在于这一举措可以立竿见影地开发出多少能源来，而在于美国政府为此目标而长期默默地制定和完善各种鼓励页岩气开发的优惠、扶持、补贴政策，制定监管制度和法律。比起市场上看得见的页岩气开发，政府“看不见的手”为页岩气开发所做的政策服务才更值得借鉴。对于我们而言，在开发技术不太成熟或开发成本依然很高的情况下，页岩气的开发不宜操之过急。也许，比起实际的开发，投入人力和物力去进一步研究页岩气的开发，以科研突破驱动带动新能源的开发，是一条更值得走的道路。

5.5　海相页岩气发展前景展望

5.5.1　页岩气发展趋势预测

页岩气给世界各国提供了一条廉价、低碳的途径来满足能源需求，目前页岩气储量不断在新的地区被发现，这些将给世界能源市场带来巨大影响。

1. 美国：从进口国转向出口国

全球页岩气革命最早发生在美国，页岩气给美国及全球能源行业带来了一系列转变。

首先，页岩气改变了美国能源消费结构。美国的能源消费主要依赖石油、天然气和煤炭。可再生能源技术也有一定发展。在相当长时期内，天然气将是美国主要消费的能源类型，占美国能源消费的比例超过 1/4，而页岩气将是未来美国天然气的主要来源，约占 70%。因此，页岩气生产改变了美国，甚至更大范围的能源市场。当前美国页岩气产业发展正欣欣向荣，宾夕法尼亚州、路易斯安那州和得克萨斯州等的页岩气资源全部进入生产阶段。

其次，页岩气改变了美国能源进口格局。传统上，美国依靠加拿大进口满足天然气需求，页岩气开发生产，使其在 2017 年实现了天然气消费上自给自足。2008 年，美国天然气进口量占其总供给量的 13%。美国正在全球天然气市场中发挥更重要的作用——美国已经调整部分原来处理和转换进口天然气的设施，以 LNG 形式出口页岩气资源。

再次，页岩气改变了美国能源投资方向。美国页岩气发展速度和规模给潜在资源生产商带来很大压力，要求他们快速增强自身人力资源和技术实力。美国加大了投资用于解决页岩气钻探、处理和运输的专业设备供给不足的问题。美国的能源公司除了大规模开发本国页岩气资源外，正逐步放眼海外，向阿根廷等页岩气资源巨大、但尚未形成规模产量的国家进行投资和技术输出。

2. 加拿大：逐渐脱离美国市场

加拿大历史上拥有大量常规天然气资源，美国在发生页岩气革命前，曾是加拿大几十年来最主要的天然气进口国。近年来，加拿大学习美国经验开发本国页岩气资源。虽然目前还没有开始大规模开采页岩气，年产量仅 $50\times10^8\sim60\times10^8m^3$，但许多公司已对阿尔伯达省、不列颠哥伦比亚省、魁北克省和新不伦瑞克省的页岩气资源进行勘探和开发。天然气占据加拿大能源消费结构的重要比例，并很有可能超过石油消费所占的比例。随着常规天然气资源的不断开发，页岩气包括致密气将成为加拿大天然气资源的重要来源。根据加拿大国家能源委员会(NEB)报告，页岩气可能在相当长时间内帮助满足加拿大国内天然气需求发展更大规模的出口。

随着美国天然气产量不断增长，加拿大需要为其过剩的天然气产量开拓其他市场，目前缺少天然气液化处理设施和向北美以外地区运输的 LNG 船。但业界已经准备投资建设这些必要的基础设施。

2011 年 10 月，NEB 发放了首个长期出口 LNG 许可证，为在不列颠哥伦比亚省东北部投资 50 亿美元建设 LNG 出口终端扫清了障碍。该终端将向日本、韩国和中国出口 LNG，这是加拿大生产商首次获准进入美国以外的市场。

3. 阿根廷：寻求崛起时机

南美洲的阿根廷、巴西和哥伦比亚等国拥有大量的页岩气资源，而阿根廷是该地区目前唯一开发页岩气资源的国家，成为继美国、加拿大、中国后，第四个页岩气生产国，2019 年页岩气产量接近 $100\times10^8m^3$。

页岩气开发对阿根廷意义重大。大多数居民都希望在未来 3～5 年内实现页岩气商业化生产。阿根廷政府支持页岩气开发，以降低对进口天然气的依赖。目前该国主要依赖来自玻利维亚和卡塔尔的天然气进口。

阿根廷正大规模开发页岩气，一方面可促进本国经济发展，另一方面有助于获得更加合理的天然气价格。

4. 欧洲：不确定的未来

在西欧，大量的页岩气和其他非常规资源出现在英国、荷兰、德国、法国和斯堪的纳维亚半岛地区。许多公司前期已经进行了一些勘探活动，并对页岩气资源有了基本认识。由于受到经济、环境和法规方面的约束，大规模生产页岩气的前景仍受到质疑。

一方面，欧洲关于页岩气开发管理规定与美国、澳大利亚相比，相对不太完善。获得勘探开发许可不确定性和风险较高，其主要制约因素在环保方面。同时，由于法国、斯堪的纳维亚和西欧其他地区的页岩气资源临近人口密集地区，要想开发这些地区潜在的页岩气资源不大可能。另一方面，欧洲各国也缺乏技术和基础设施，页岩气长期投资经济上可行性存在问题。尽管技术创新有望降低页岩气的生产成本，但在短期内还不可能实现。欧洲投资者还在密切跟踪美国页岩气产业进展，关注美国公司是否开发本国页岩气资源和出口天然气。

在东欧，除波兰页岩气资源潜力备受关注外，土耳其和乌克兰也有一定资源潜力。波兰曾竭尽全力寻求开发其大量的页岩气资源。为降低本国对俄罗斯天然气进口的依赖，波兰公司努力同科学家、研发机构、国家实验室和地质服务及监管部门合作，发展页岩气产业。如果波兰、匈牙利和其他国家能够实现本国页岩气商业化生产，俄罗斯天然气对欧洲的影响将不断缩小。目前，欧洲天然气 1/4 的进口量都是从俄罗斯经过乌克兰输入的，并且经常由于两国合同争议面临断供的危险。

欧洲一些国家页岩气的开发给俄罗斯常规天然气生产构成了巨大威胁。但欧洲对页岩气生产是否会对环境产生影响的争论持续不断，俄罗斯也表现得十分活跃。正是由于在常规天然气储量和产量上占有绝对主导地位，俄罗斯在页岩气开发上受到了很大阻碍。但目前，俄罗斯国内投资者在对页岩气长期潜力的判断上也已经分成两派：一些公司认为，开发页岩气没有太大意义，尤其是考虑到当前的天然气价格条件下；另一些公司则在页岩气发展方面下很大赌注。比如，俄罗斯石油天然气公司已经同埃克森美孚公司达成战略合作协议，共同进行与页岩气相关的技术研发，这表明俄罗斯石油天然气公司至少意识到了页岩气未来的潜力。

东欧投资者也在密切关注美国页岩气的发展进程。如果美国公司决定仅为满足本国需求而进行生产，那么美国页岩气产量的大发展将对欧洲影响很小。但更为可能的是，美国公司加大投资以满足进入欧洲天然气市场的需要，那么欧洲对从加拿大和俄罗斯进口的天然气依赖将会降低，这样一来，俄罗斯很可能转而关注日益增长的亚洲市场。

5. 亚太地区：着手开发页岩气资源

在亚太地区，澳大利亚和中国值得一提。澳大利亚由于受到输气管网、天然气液化厂和其他基础设施限制，页岩气发展处于不成熟阶段，而且经济上可行性也不确定。此外，澳大利亚页岩气产区比较偏僻，实现商业化生产难度很大。尽管现在外国石油公司和本国石油公司合作在多地进行页岩气勘探评价，但尚未有商业化生产。

许多专家认为，澳大利亚页岩气产量实际上至少要在 10 年以后，而且将面临很多挑战：由于缺少基础设施，澳大利亚页岩气钻井成本大约是美国的 3 倍；澳大利亚缺少技术工人和作业者、钻井技术和经验；在煤层气发展过程中，对压裂技术的担忧开始显现，很有可能波及页岩气领域；页岩气难以同煤层气形成竞争，因为煤层气临近人口密集地区，而页岩气产区位置偏僻，需要大量运输成本。

综合分析，对澳大利亚公司来说，与页岩气相关的最大问题是开发成本。目前，还没有足够的鼓励措施吸引油公司对页岩气进行大规模投资。如果条件有所改善，澳大利亚将准备开发新的出口市场，比如马来西亚、日本、韩国和中国，尤其是一些寻求能源进口多元化的国家和地区。而如果澳大利亚公司未来能够发现足够多的储量，并能进行开采和向市场分销，那么规模经济效应也许会使得页岩气生产具有可行性。

我国从 2005 年开始勘探开发页岩气资源，页岩气资源十分丰富。在“十二五”规划中，我国强调勘探非传统和可替代的能源资源，同国外油公司结成战略合作伙伴，以此获得勘探开发页岩气的理论和技术。我国页岩气地质特征与美国有很大区别，美国开采页岩气方法不能完全在中国成功复制。

自然资源部已经允许主要油气公司参与页岩气勘探开发工作，且在中国南方开展了两轮勘探许可招标出让。页岩气生产在中国还处在早期阶段，目前的相关规章制度还在不断完善。中国也同国外石油公司合作进行了页岩气勘探开发。

5.5.2 中国页岩气发展前景

1. 中国页岩气资源潜力

中国陆上自元古界到新近系发育了海相、海陆过渡相和陆相三类富有机质页岩，页岩层系多，分布面积广。2009 年以来，国内外不同机构(学者)的多次预测，中国页岩气资源潜力(表 5.4)(董大忠等，2014，2016a，2016b)，页岩气地质资源量(不含青藏地区)为 83.3×10^{12}～$134.4\times10^{12}m^3$，可采资源量为 10×10^{12}～$36\times10^{12}m^3$，具有较好的发展前景。

截至 2019 年，我国探明页岩气地质储量 $17865\times10^8m^3$，均集中在四川盆地五峰组—马溪组海相页岩气区，埋深小于 3500m 为主。我国陆上海相页岩气有利区面积合计 $26.6\times10^4km^2$，其中四川盆地海相页岩气资源量超 $5.0\times10^{12}m^3$，占 21.4%，资源相对较为落实，是页岩气勘探开发最为现实的领域。南方下古生界寒武系筇竹寺组和志留系龙马溪组有效页岩厚度普遍较大，稳定分布，有机质含量高，纳米级孔隙发育，含气性好，是页岩气主要富集层系。

2010 年以来，国家强力支持页岩气产业发展。2016 年，国家能源局发布了《页岩气发展规划（2016—2020 年）》。2015 年，财政部发布《关于页岩气开发利用财政补贴政策的通知》，对 2016～2018 年开发利用的页岩气补贴 0.3 元/m^3、2019～2020 年开发利用的页岩气补贴 0.2 元/m^3。2018 年，财政部、国家税务总局印发《关于对页岩气减征资源税的通知》，对 2018 年 4 月 1 日～2021 年 3 月 31 日生产的页岩气减征 30% 资源税。

截至 2019 年底，经历 10 余年勘探开发实践，我国在四川盆地创建了海相页岩气地质理论，关键勘探开发技术基本成熟配套，实现了埋深 3500 m 以浅页岩气工业化开发，埋深 3500～ 4000m 深层页岩气单井产量突破进展。

中国石油实现了川南地区五峰组—龙马溪组海相页岩气的有效开发，初步落实威远-泸州-长宁-昭通页岩气大气区，截至 2019 年底，累计探明页岩气地质储量 $10610\times10^8m^3$，2019 年页岩气年产量 $80.3\times10^8m^3$。中国石化实现了川东涪陵和川南威荣区块五峰组—龙马溪组海相页岩气的有效开发，建成了涪陵页岩气大气田，实施了页岩气立体开发，截至 2019 年底，累计探明页岩气地质储量 $7255\times10^8m^3$，2019 年页岩气年产量 $73.4\times10^8m^3$。

2. 我国页岩气产量预测

我国页岩气产量预测依据：①借鉴美国页岩气开采经验，采用平台式“工厂化”模式，区块间接替；②每一平台井组平均 6 口水平井，控制面积 5.0 km^2；③单井平均初始产量 $6.0\times10^4m^3/d$，稳产期 20 年，第 1 年稳产，第 2 年递减 50%，20 年累计产量(EUR) $1.13\times10^8m^3$（图 5.3）；④针对中国地质、地表条件复杂，人口稠密等特征，设定钻井成功率为 80%～85%。

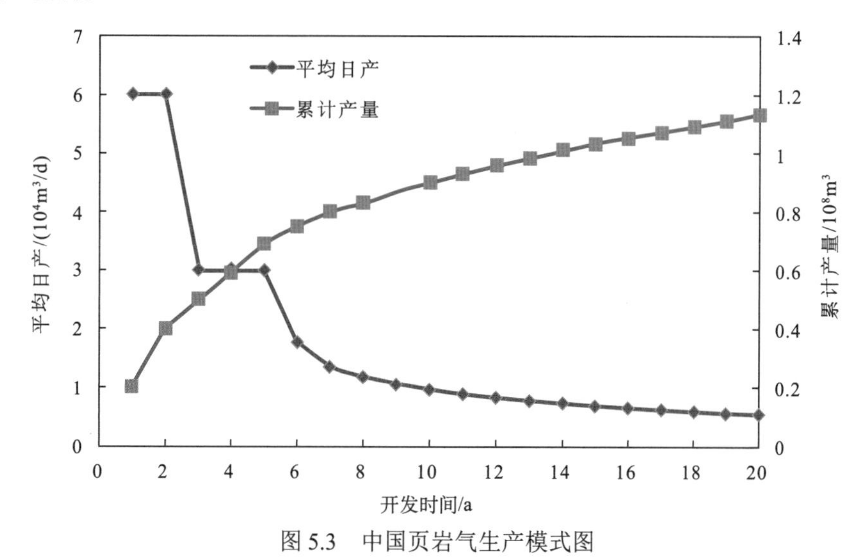

图 5.3 中国页岩气生产模式图

我国页岩气产量预测结果：按上所述图 5.3 模式预测，我国页岩气产量若达到 $300\times10^8m^3/a$，则可供页岩气开发的面积需要 $1.6\times10^4km^2$；若产量达到 $600\times10^4m^3/a$，可供开发的面积增加到 $3.6\times10^4km^2$。依目前认识与勘探实践看，四川盆地及邻区埋深 1500～4500m 的页岩气勘探开发有利区面积约 $9.43\times10^4km^2$，其中核心区面积约 $4.4\times10^4km^2$，以四川盆地南部、东部及东北部为主。由此可见，进一步落实出面积在 2.0×10^4～$3.5\times10^4km^2$ 的有利页岩气勘探开发“甜点区”把握性较大，未来中国页岩气产量有望达 500×10^8～$800\times10^8m^3$。

从我国当前天然气勘探开发总体形势来看，页岩气具备产量快速增长的基本条件，是未来中国天然气产量增长的重要力量。初步预判，在目前的技术条件下，2025 年中国页岩气产量将有望达到 $300\times10^8 m^3$，2030 年将达到 350×10^8～$400\times10^8 m^3$（图 5.4），是未来中国天然气产量增长的重要组成。

3. 中国页岩气发展前景展望

前景展望 1：考虑当前页岩气勘探开发关键技术与装备稳定发展，气价保持稳定，市场与政策补贴到位，地面设施建设具备；埋深小于 3500m 以浅海相页岩气进一步实现规模开发，以四川盆地为重点，五峰组—龙马溪组为主要目的层系，其他地区海相、海陆过渡相、陆相页岩气尚无重大突破。以 2020 年页岩气产量 $200\times10^8m^3$ 为基础，初步预判 2025 年我国页岩气产量可达到 $300\times10^8m^3$，2030 年页岩气产量有望达到 350×10^8～$400\times10^8m^3$(图 5.4)。

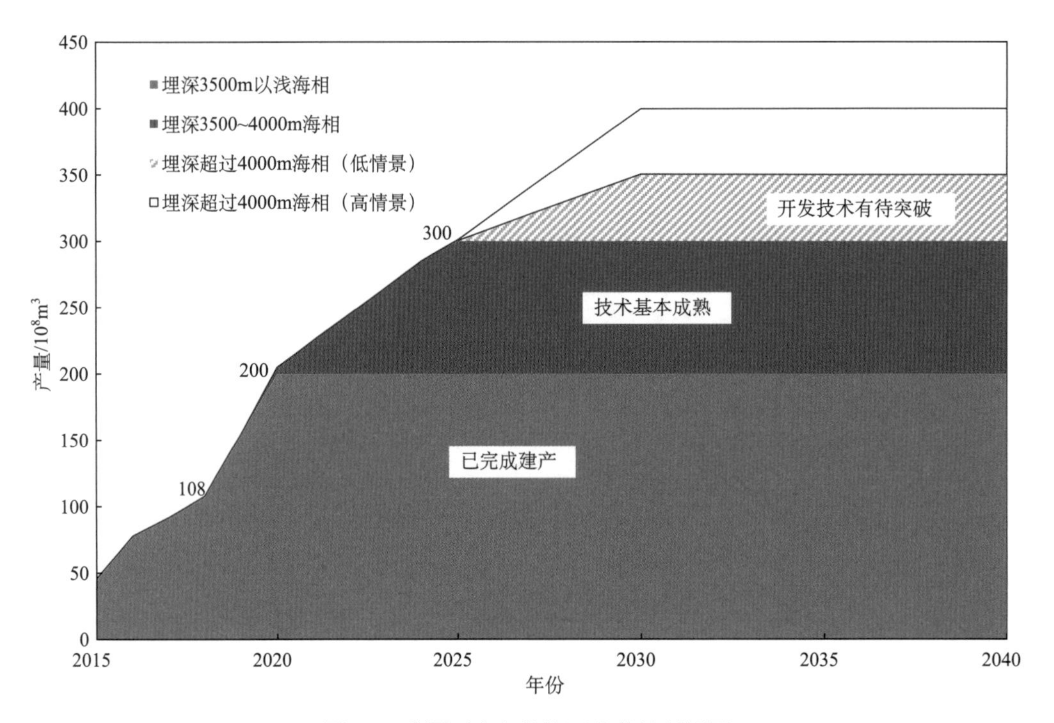

图 5.4　我国页岩气勘探开发前景预测图

前景展望 2：考虑未来关键技术与装备主体实现新突破，气价保持稳定增长，市场进一步发育，政策补贴到位，地面设施建设基本完备；以埋深 2000～4000m 范围超压区为主，五峰组—龙马溪组页岩气大规模开发，其他地区海相页岩气实现工业化开发，海陆过渡相、陆相页岩气取得重大突破。在 2020 年页岩气产量 $200\times10^8m^3$ 基础上，初步预判 2025 年我国页岩气产量可达到 $350\times10^8m^3$，2030 年页岩气产量有望达到 400×10^8～$450\times10^8m^3$。

前景展望 3：考虑未来关键技术与装备全面突破且主体实现国产化，气价持续增长，市场更加发育，政策支持充分到位，地面设施建设完备；低压—常压区页岩气实现工业开发，埋深 1500～5000m 范围的海相页岩气规模化开发，海陆过渡相、陆相页岩气实现工业化生产。在 2020 年页岩气产量 $200\times10^8m^3$ 基础上，初步预判 2025 年我国页岩气产量将达到 $350\times10^8m^3$，2030 年页岩气产量可实现 450×10^8~$600\times10^8m^3$。

目前，中国页岩气研究与开发利用已引起国家和相关机构的高度重视，正在开展一系列理论研发、技术攻关和先导试验，海相页岩气开发在四川盆地已取得了重大的进展，陆相、海陆过渡相页岩局部见苗头。总体看，在借鉴美国发展经验基础上，中国页岩气中长期开发利用前景值得期待，虽仍然需要进行针对性的技术准备与工业化应用探索，但通过加强工程技术攻关和先导试验、引入市场机制和扶持政策等措施，扎实推进，必将在今后实现规模工业化开发基础上迈出更大的发展步伐。

展望未来 5～10 年，我国页岩气勘探开发重点仍为南方海相页岩气，2025 年前后进一步实现页岩气勘探开发“理论、技术及成本”革命(邹才能等，2016)，页岩气产能达到 350×10^8～$400\times10^8m^3$，在四川盆地有望与常规天然气一起建成 5000×10^4t 级油当量的大气区。

5.5.3　页岩气开发关键技术展望

页岩气开发的关键技术是水平井钻完井技术和压裂改造技术，其发展在很大程度上决定了页岩气勘探开发的效果。针对页岩气藏储层具有低孔隙度、低渗透率的特点，页岩气水平井钻井技术倾向于采用欠平衡钻井和控压钻井技术来保护页岩气储层。新一代的旋转地质导向系统、随钻测井系统(LWD)和随钻测量系统(MWD)、有效的井底钻具组合(BHA)、符合页岩气地质特征的优质钻井液体系、新型的泡沫水泥固井技术等一系列的配套技术会形成适用于页岩气井先进的、完整的一套水平井钻井技术。随着开发技术的不断成熟和提高，水平井将会向多分支水平井、羽状水平井、长水平段井、PAD 水平井这一类技术要求更高、钻井形式更复杂的方向发展，以获得更大的泄气面积、更高的单井产量，取得更大的经济效益。

页岩气储层压裂改造技术虽然在国外已经发展应用的较好，但是仍存在着许多需要克服的问题。发展方向主要有以下五个方面：①水平井井眼轨迹位置与岩石三个主应力之间的关系模拟和预测技术；②水平井压裂裂缝形态预测技术，复杂网状裂缝压裂监测的技术需要突破；③研发性能更优质的压裂液；④压裂作业关键工艺参数的优化，如清水压裂中可采用混合技术，先用清水打开裂缝，再注入携砂能力强的压裂液带入支撑剂；⑤大力开展返排液回收及再利用技术，降低成本，保护环境。

参 考 文 献

陈建渝, 唐大卿, 杨楚鹏. 2003. 非常规含气系统的研究和勘探进展. 地质科技情报, 22(4): 55-59.
陈尚斌, 朱炎铭, 王红岩, 等. 2010. 中国页岩气研究现状与发展趋势. 石油学报, 31(4): 689-694.
陈世悦, 张顺, 王永诗, 等. 2016. 渤海湾盆地东营凹陷古近系细粒沉积岩岩相类型及储集层特征. 石油勘探与开发, 43(2): 198-208.
陈祖庆, 杨鸿飞, 王静波, 等. 2016. 页岩气高精度三维地震勘探技术的应用于探讨——以四川盆地焦石坝大型页岩气田勘探实践为例. 天然气工业, 36(2): 9-20.
程克明, 王世谦, 董大忠, 等. 2009. 上扬子区下寒武统筇竹寺组页岩气成藏条件. 天然气工业, 29 (5): 40-44.
程克明, 王铁冠, 钟宁宁, 等. 1995. 烃源岩地球化学. 北京: 科学出版社.
崔景伟, 朱如凯, 崔京钢. 2013. 页岩孔隙演化及其与残留烃量的关系: 来自地质过程约束下模拟实验的证据. 地质学报, 87(5): 730-736.
崔思华, 班凡生, 袁光杰. 2011. 页岩气钻完井技术现状及难点分析. 天然气工业, 31(4): 72-75.
丁文龙, 许长春, 久凯, 等. 2011. 泥页岩裂缝研究进展. 地球科学进展, 26(2): 135-144.
董大忠, 程克明, 王世谦, 等. 2009. 页岩气资源评价方法及其在四川盆地的应用. 天然气工业, 29 (5): 33-39.
董大忠, 邹才能, 李建忠, 等. 2011. 页岩气资源潜力与勘探开发前景. 地质通报, 31(Z1): 324-336.
董大忠, 邹才能, 杨桦, 等. 2012. 中国页岩气勘探开发进展与发展前景. 石油学报, 33(S1): 107-114.
董大忠, 高世葵, 黄金亮, 等. 2014. 论四川盆地页岩气资源勘探开发前景. 天然气工业, 34(12): 1-15.
董大忠, 王玉满, 李新景, 等. 2016a. 中国页岩气勘探开发新突破及发展前景思考. 天然气工业, 36(1): 19-32.
董大忠, 邹才能, 戴金星, 等. 2016b. 中国页岩气发展战略对策建议. 天然气地球科学, 27(3): 397-406.
董大忠, 施振生, 孙莎莎, 等. 2018. 黑色页岩微裂缝发育控制因素: 以长宁双河剖面五峰组—龙马溪组为例. 石油勘探与开发, 45(5): 763-774.
付小东, 秦建中, 腾格尔, 等. 2011. 烃源岩矿物组成特征及油气地质意义——以中上扬子古生界海相优质烃源岩为例. 石油勘探与开发, 38(6): 671-684.
高树生, 刘华勋, 叶礼友, 等. 2018. 页岩气井全生命周期物理模拟实验及数值反演. 石油学报, 39(4): 435-444.
高玉巧, 蔡潇, 张培先, 等. 2018. 渝东南盆缘转换带五峰组—龙马溪组页岩气储层孔隙特征与演化. 天然气工业, 38(12): 15-25.
关德师, 牛嘉玉, 郭丽娜. 1995. 中国非常规油气地质. 北京: 石油工业出版社.
关士聪. 1985. 从沙参二井井喷谈起. 石油与天然气地质, 6(S1): 15-17.
管全中, 董大忠, 王玉满, 等. 2015. 层次分析法在四川盆地页岩气勘探区评价中的应用. 地质科技情报, 34(05): 91-97.
郭焦锋, 高世楫, 赵文智, 等. 2015. 我国页岩气已具备大规模商业开发条件. (2015-04-20)[2015-08-15]. http: //www. cet. com. cn/wzsy/ gysd/ 1522362. shtml.
郭少斌, 付娟娟, 高丹, 等. 2015. 中国海陆交互相页岩气研究现状与展望. 石油实验地质, 37(5): 535-540.
郭彤楼, 刘若冰. 2013. 复杂构造区高演化程度海相页岩气勘探突破的启示——以四川盆地东部盆缘

JY1 井为例. 天然气地球科学, 24(4): 643-651.
郭彤楼, 张汉荣. 2014. 四川盆地焦石坝页岩气田形成与富集高产模式. 石油勘探与开发, 41(1): 28-35.
郭彤楼, 蒋恕, 张培先, 等. 2020. 四川盆地外围常压页岩气勘探开发进展与攻关方向. 石油实验地质, 42(5): 837-845.
郭旭升. 2014. 南方海相页岩气“二元富集”规律—四川盆地及周缘龙马溪组页岩气勘探实践认识. 地质学报, 88(7): 1209-1218.
郭旭升, 李宇平, 刘若冰, 等. 2013. 四川盆地焦石坝地区龙马溪组页岩微观孔隙结构特征及其控制因素. 天然气工业, 34(6): 9-16.
郭旭升, 胡东风, 文治东, 等. 2014. 四川盆地及周缘下古生界海相页岩气富集高产主控因素——以焦石坝地区五峰组一龙马溪组为例. 中国地质, 41(3): 894-901.
郭旭升, 胡东风, 黄仁春, 等. 2020a. 四川盆地深层—超深层天然气勘探进展与展望. 天然气工业, 40(5): 1-14.
郭旭升, 李宇平, 腾格尔, 等. 2020b. 四川盆地五峰组—龙马溪组深水陆棚相页岩生储机理探讨. 石油勘探与开发, 47(1): 193-201.
郝建飞, 周灿灿, 李霞, 等. 2012. 页岩气地球物理测井评价综述. 地球物理学进展, 27(4): 1624-1632.
何希鹏, 王运海, 王彦祺, 等. 2020. 渝东南盆缘转换带常压页岩气勘探实践. 中国石油勘探, 25(1): 126-136.
贺振华, 胡光岷, 黄德济. 2007. 致密储层裂缝发育带的地震识别及相应策略. 石油地球物理勘探, 40(2): 190-195.
胡东风, 张汉荣, 倪楷, 等. 2013. 四川盆地东南缘海相页岩气保存条件及其主控因素. 天然气工业, 34(6): 17-23.
胡文海, 陈冬晴. 1995. 美国油气田分布规律和勘探经验. 北京: 石油工业出版社.
黄世军, 张雄君, 贾振, 等. 2016. 页岩气压裂水平井开发效果的数值模拟. 天然气工业, 25(1): 4-8.
吉利明, 邱军利, 夏燕青, 等. 2012. 常见黏土矿物电镜扫描微孔隙特征与甲烷吸附性. 石油学报, 33(02): 249-256.
贾爱林, 位云生, 金亦秋. 2016. 中国海相页岩气开发评价关键技术进展. 石油勘探与开发, 43(6): 949-955.
姜在兴, 梁超, 吴靖, 等. 2013. 含油气细粒沉积岩研究的几个问题. 石油学报, 34(6): 1031-1039.
蒋裕强, 董大忠, 漆麟, 等. 2010. 页岩气储层的基本特征及其评价. 天然气工业, 30(10): 7-12.
琚宜文, 戚宇, 房立志, 等. 2016. 中国页岩气的储层类型及其制约因素. 地球科学进展, 31(8): 782-799.
康玉柱. 2012. 中国非常规致密岩油气藏特征. 天然气工业, 32(5): 1-4.
李春昱. 1982. 亚洲大地构造图说明书. 北京: 地质出版社.
李建忠, 董大忠, 陈更生, 等. 2009. 中国页岩气资源前景与战略地位. 天然气工业, 29 (5): 11-16.
李荣, 孟英峰, 罗勇, 等. 2007. 页岩三轴蠕变实验及结果应用, 西南石油大学学报, 29 (3): 57-59.
李婷婷, 朱如凯, 白斌, 等. 2015. 酒泉盆地青西凹陷下沟组湖相细粒沉积岩纹层特征及研究意义. 中国石油勘探, 20(1): 38-47.
李霞, 周灿灿, 李潮流, 等. 2013. 页岩气岩石物理分析技术及研究进展. 测井技术, 37(4): 352-359.
李霞, 周灿灿, 赵杰, 等. 2014. 泥页岩油藏测井评价新方法——以松辽盆地古龙凹陷青山口组为例. 中国石油勘探, 19(3): 57-65.
李新景, 吕宗刚, 董大忠, 等. 2009. 北美页岩气资源形成的地质条件. 天然气工业, 29(5): 27-32.
李志明, 张金珠. 1997. 地应力与油气勘探开发. 北京: 石油工业出版社.
梁狄刚, 郭彤楼, 边立曾, 等. 2009. 中国南方海相生烃成藏研究的若干新进展(三)——南方四套区域性海相烃源岩的沉积相及发育的控制因素. 海相油气地质, 14(2): 1-19.
梁兴, 王高成, 张介辉, 等. 2017. 昭通国家级示范区页岩气一体化高效开发模式及实践启示. 中国石油勘探, 22(1): 29-37.
刘传联, 徐金鲤, 汪吕先. 2001. 藻类勃发: 湖相油源岩形成的一种重要机制. 地质论评, 47(2): 207-210.
刘春成. 2013. 北美页岩油气地球物理"甜点"预测技术//中国地球物理 2013-第二十三专题论文集. 北京: 中国地球物理学会.
刘江涛, 李永杰, 张元春, 等. 2017. 焦石坝五峰组—龙马溪组页岩硅质生物成因的证据及其地质意义. 中国石油大学学报(自然科学版), 41(1): 34-41.
刘乃震, 王国勇, 熊小林. 2018. 地质工程一体化技术在威远页岩气高效开发中的实践与展望. 中国石油勘探, 23(2): 59-68.
刘树根, 马文辛, Luba J, 等. 2011. 四川盆地东部地区下志留统龙马溪组页岩储层特征. 岩石学报, 27(8): 2239-2252.
刘伟. 2015. 四川长宁页岩气"工厂化"钻井技术探讨. 钻采工艺, (4): 24-27.
刘文平, 张成林, 高贵冬, 等. 2017. 四川盆地龙马溪组页岩孔隙度控制因素及演化规律. 石油学报, 38(2): 175-184.
刘旭礼. 2016. 页岩气水平井钻井的随钻地质导向方法. 天然气工业, 36(5): 69-73.
刘振峰, 曲寿利, 孙建国, 等. 2012. 地震裂缝预测技术研究进展. 石油物探, 51(2): 191-198.
刘振武, 撒利明, 杨晓, 等. 2011. 页岩气勘探开发对地球物理技术的需求. 石油地球物理勘探, 46(5): 810-818.
龙志平, 沈建中. 2016. 煤层气"井工厂"钻井模式设计与应用. 石油机械, 44(6): 19-23.
卢龙飞, 秦建中, 申宝剑, 等. 2018. 中上扬子地区五峰组—龙马溪组硅质页岩的生物成因证据及其与页岩气富集的关系. 地学前缘, 25(4): 226-236.
马新华, 李熙喆, 梁峰, 等. 2020. 威远页岩气田单井产能主控因素与开发优化技术对策. 石油勘探与开发, 47(3): 555-563.
马永生, 蔡勋育, 赵培荣. 2018. 中国页岩气勘探开发理论认识与实践. 石油勘探与开发, 45(4): 561-574.
聂海宽, 唐玄, 边瑞康. 2009. 页岩气成藏控制因素及中国南方页岩气发育有利区预测. 石油学报, 30(4): 484-491.
蒲泊伶, 包书景, 王毅, 等. 2008. 页岩气成藏条件分析——以美国页岩气盆地为例. 石油地质与工程, (03): 33-36, 39.
蒲泊伶, 蒋有录, 王毅, 等. 2010. 四川盆地下志留统龙马溪组页岩气成藏条件及有利地区分析. 石油学报, 31(2): 225-230.
钱凯, 周云生. 2008. 石油勘探开发百科全书, 北京: 石油工业出版社.
邱振, 江增光, 董大忠, 等. 2017. 巫溪地区五峰组—龙马溪组页岩有机质沉积模式. 中国矿业大学学报, 46(5): 1134-1143.
邱振, 邹才能, 李建忠, 等. 2013. 非常规油气资源评价进展与未来展望. 天然气地球科学, 24(2): 238-246.
施振生, 孙莎莎. 2020. 海相页岩层理及孔隙特征. 北京: 石油工业出版社: 1-191.
施振生, 邱振, 董大忠, 等. 2018. 四川盆地巫溪 2 井龙马溪组含气页岩细粒沉积纹层特征. 石油勘探与开发, 45(2): 339-348.
施振生, 董大忠, 王红岩, 等. 2020a. 含气页岩不同纹层及组合储集层特征差异性及其成因——以四川盆地下志留统龙马溪组一段典型井为例. 石油勘探与开发, 47(4): 829-840.
施振生, 王红岩, 林长木, 等. 2020b. 威远—自贡地区五峰期—龙马溪期古地形及其对页岩储层品质的控制. 地层学杂志, 44(2): 163-173.
石强. 1998. 利用自然伽马能谱测井定量计算粘土矿物成分方法初探. 测井技术, (5): 349-352.
孙龙德, 邹才能, 朱如凯, 等. 2013. 中国深层油气形成、分布与潜力分析. 石油勘探与开发, 40(6):

641-649.
孙赞东, 贾承造, 李相方, 等. 2011. 非常规油气勘探与开发(下). 北京: 石油工业出版社.
谭茂金, 张松扬. 2010. 页岩气储层地球物理测井研究进展. 地球物理学进展, 25(6): 2024-2030.
唐志军, 周金柱, 赵洪山, 等. 2015. 元坝气田超深水平井随钻测量与控制技术. 石油钻采工艺, 37(2): 54-57.
万金彬, 李庆华, 白松涛. 2012. 页岩储层测井评价及进展. 测井技术, 36(5): 441-447.
汪虎, 何治亮, 张永贵, 等. 2019. 四川盆地海相页岩储层微裂缝类型及其对储层物性影响. 石油与天然气地质, 40(1): 41-49.
王道富, 王玉满, 董大忠, 等. 2013. 川南下寒武统筇竹寺组页岩储集空间定量表征. 天然气工业, 33(7): 1-10.
王冠民. 2012. 济阳坳陷古近系页岩的纹层组合及成因分类. 吉林大学学报(地球科学版), 42(3): 666-671.
王冠民, 钟建华. 2004. 湖泊纹层的沉积机理研究评述与展望. 岩石矿物学杂志, 23(1): 43-48.
王红岩, 刘玉章, 董大忠, 等. 2013. 中国南方海相页岩气高效开发的科学问题. 石油勘探与开发, 40(5): 574-578.
王鸿祯. 1982. 中国地壳构造发展的主要阶段. 地球科学, (3): 163-186.
王慧中, 梅洪明. 1998. 东营凹陷沙三下亚段油页岩中古湖泊学信息. 同济大学学报, 26(3): 315-319.
王兰生, 邹春艳, 郑平, 等. 2009. 四川盆地下古生界存在页岩气的地球化学依据, 天然气工业, 29 (5): 59-62.
王琳, 毛小平, 何娜. 2011. 页岩气开采技术. 石油与天然气化工, 40(5): 504-509.
王敏. 2014. 页岩油评价的关键参数及求取方法研究. 沉积学报, 32(1): 174-181.
王社教, 王兰生, 黄金亮, 等. 2009. 上扬子地区志留系页岩气成藏条件. 天然气工业, 29 (5): 45-50.
王世谦, 陈更生, 董大忠, 等. 2009. 四川盆地下古生界页岩气藏形成条件与勘探前景. 天然气工业, 29 (5): 51-58.
王淑芳, 邹才能, 董大忠, 等. 2014. 四川盆地富有机质页岩硅质生物成因及对页岩气开发的意义. 北京大学学报(自然科学版), 3: 476-486.
王香增. 2014. 陆相页岩气. 北京: 石油工业出版社.
王香增, 任来义. 2016. 鄂尔多斯盆地延长探区油气勘探理论与实践进展. 石油学报, 37(增刊 1): 79-86.
王香增, 高胜利, 高潮. 2014. 鄂尔多斯盆地南部中生界陆相页岩气地质特征. 石油勘探与开发, 41(3): 294-304.
王祥, 刘玉华, 张敏, 等. 2010. 页岩气形成条件及成藏影响因素研究. 天然气地球科学, 21(2): 350-356.
王玉满, 董大忠, 李建忠, 等. 2012. 川南下志留统龙马溪组页岩气储层特征. 石油学报, 33(4): 551-561.
王玉满, 董大忠, 程相志, 等. 2014a. 海相页岩有机质碳化的电性证据及其地质意义——以四川盆地南部地区下寒武统筇竹寺组页岩为例. 天然气工业, 34(8): 1-7.
王玉满, 董大忠, 杨桦, 等. 2014b. 川南下志留统龙马溪组页岩储集空间定量表征. 中国科学: 地球科学, 44(6): 1348-1356.
王玉满, 黄金亮, 李新景, 等. 2015a. 四川盆地下志留统龙马溪组页岩裂缝孔隙定量表征. 天然气工业, 35(09): 8-15.
王玉满, 董大忠, 李新景, 等. 2015b. 四川盆地及其周缘下志留统龙马溪组层序与沉积特征. 天然气工业, 35(3): 12-21.
王正普, 张荫本. 1986. 志留系暗色泥质岩中的溶孔. 天然气工业, 6 (2): 117-119.
王志刚. 2015. 涪陵页岩气勘探开发重大突破与启示. 石油与天然气地质, (1): 1-6.
王中鹏, 张金川, 孙睿. 2015. 西页 1 井龙潭组海陆过渡相页岩含气性分析. 地学前缘, 22(2): 243-250.
蔚远江. 2015, 藏北羌塘盆地海相泥页岩地质特征及页岩气资源潜力研究// 中国石油勘探开发研究院博士后研究成果论文集(1995—2015), 北京: 石油工业出版社.
魏志红, 魏祥峰. 2013. 页岩不同类型孔隙的含气性差异——以四川盆地焦石坝地区五峰组—龙马溪组为例. 天然气工业, 34(6): 37-41.
吴克柳, 陈掌星. 2016. 页岩气纳米孔气体传输综述. 石油科学通报, 1(1): 91-127.
吴奇, 梁兴, 鲜成钢, 等. 2015. 地质—工程一体化高效开发中国南方海相页岩气. 中国石油勘探, 20(4): 1-23.
吴宗国, 梁兴, 董健毅, 等. 2017. 三维地质导向在地质工程一体化实践中的应用. 中国石油勘探, 22(1): 89-98.
谢军, 张浩淼, 佘朝毅, 等. 2017. 地质工程一体化在长宁国家级页岩气示范区中的实践. 中国石油勘探, 22(1): 21-28.
熊周海, 操应长, 王冠民, 等. 2019. 湖相细粒沉积岩纹层结构差异对可压裂性的影响. 石油学报, 40(1): 74-85.
许丹, 胡瑞林, 高玮, 等. 2015. 页岩纹层结构对水力裂缝扩展规律的影响. 石油勘探与开发, 42(4): 523-528.
阎存章, 董大忠, 程克明, 等. 2009. 北美地区页岩气勘探开发新进展. 北京: 石油工业出版社.
杨锐, 何生, 胡东风, 等. 2015. 焦石坝地区五峰组-龙马溪组页岩孔隙结构特征及其主控因素. 地质科技情报, 34(5): 105-113.
杨振恒, 腾格尔, 李志明. 2011. 勘探选区模型——以中上扬子下寒武统海相地层页岩气勘探评价为例. 天然气地球科学, 22(01): 8-14.
《页岩气地质与勘探开发实践丛书》编委会. 2009. 北美地区页岩气勘探开发新进展. 北京: 石油工业出版社.
张爱云, 武大茂, 郭丽娜, 等. 1987. 海相黑色页岩建造地球化学与成矿意义. 北京: 科学出版社.
张德军. 2015. 页岩气水平井地质导向钻井技术及其应用. 钻采工艺, 38(4): 7-10.
张迪. 2015. 水平井地质导向技术在四川威远 204 井区页岩气开发中的应用. 石油地质与工程, 29(6): 111-114.
张发强, 罗晓容, 苗胜, 等. 2004. 石油二次运移优势路径形成过程实验及机理分析. 地质科学, 39(2): 159-167.
张金川, 金之钧, 袁明生. 2004. 页岩气成藏机理和分布. 天然气工业, 24 (7): 15-18.
张金川, 聂海宽, 徐波, 等. 2008. 四川盆地页岩气成藏地质条件. 天然气工业, 28 (2): 151-156.
张林晔, 李政, 朱日房, 等. 2009. 页岩气的形成与开发. 天然气工业, 29(1): 124-128.
张琴, 梁峰, 梁萍萍, 等. 2019. 页岩分形特征及主控因素研究——以威远页岩气田龙马溪组页岩为例. 天然气工业, 39(1): 78-84.
赵建华, 金之均, 金振奎, 等. 2016. 四川盆地五峰组—龙马溪组含气页岩中石英成因研究. 天然气地球科学, 27(2): 377-386.
赵文智, 李建忠, 杨涛, 等. 2016. 中国南方海相页岩气成藏差异性比较与意义. 石油勘探与开发, 43(4): 499-510.
郑和荣, 高波, 彭勇民, 等. 2013. 中上扬子地区下志留统沉积演化与页岩气勘探方向. 古地理学报, 15(5): 645-656.
中华人民共和国国家技术监督局, 中国国家标准化管理委员会. 2015. 页岩气地质评价方法: GB/T31483—2015. 北京: 中国标准出版社.
周波, 罗晓容. 2006. 单个裂隙中油运移实验及特征分析. 地质学报, 80(3): 454-458.
周德华, 焦方正. 2012. 页岩气"甜点"评价与预测——以四川盆地建南地区侏罗系为例. 石油实验地质, 34(02): 109-114.
周文, 闫长辉, 王世泽, 等. 2007. 油气藏现今地应力场评价方法及应用. 北京: 地质出版社.

朱华, 姜文利, 边瑞康, 等. 2009. 页岩气资源评价方法体系及其应用——以川西坳陷为例. 天然气工业, 29 (12): 130-134.

邹才能, 等. 2014. 非常规油气地质学. 北京: 地质出版社.

邹才能, 董大忠, 王社教, 等. 2010a. 中国页岩气形成机理、地质特征及资源潜力. 石油勘探与开发, 37 (6): 641-653.

邹才能, 张光亚, 陶士振, 等. 2010b. 全球油气勘探领域地质特征、重大发现及非常规石油地质. 石油勘探与开发, 37 (2): 129-145.

邹才能, 董大忠, 杨桦, 等. 2011a. 中国页岩气形成条件及勘探实践. 天然气工业, 31(12): 26-39.

邹才能, 陶士振, 侯连华, 等. 2011b. 非常规油气地质. 北京: 地质出版社.

邹才能, 朱如凯, 白斌, 等. 2011c. 中国油气储层中纳米孔首次发现及其科学价值. 岩石学报, 27(6): 1857-1864.

邹才能, 杨智, 陶士振, 等. 2012. 纳米油气与源储共生型油气聚集. 石油勘探与开发, 39(1): 13-26.

邹才能, 陶士振, 侯连华, 等. 2014a. 页岩油气地质学. 北京: 地质出版社.

邹才能, 杨智, 张国生, 等. 2014b. 常规-非常规油气“有序聚集”理论认识及实践意义. 石油勘探与开发, 41(1): 14-27.

邹才能, 董大忠, 王玉满, 等. 2015a. 中国页岩气特征、挑战及前景(一). 石油勘探与开发, 42(6): 689-701.

邹才能, 杨智, 朱如凯, 等. 2015b. 中国非常规油气勘探开发与理论技术进展. 地质学报, 89(6): 979-1007.

邹才能, 董大忠, 王玉满, 等. 2016. 中国页岩气特征、挑战及前景(二). 石油勘探与开发, 43(2): 166-178.

邹才能, 丁云宏, 卢拥军, 等. 2017a. “人工油气藏”理论、技术及实践. 石油勘探与开发, 44(1): 144-154.

邹才能, 赵群, 董大忠, 等. 2017b. 页岩气基本特征、主要挑战与未来前景. 天然气地球科学, 28(12): 1781-1796.

邹才能, 龚剑明, 王红岩, 等. 2019. 笔石生物演化与地层年代标定在页岩气勘探开发中的重大意义. 中国石油勘探, 24(1): 1-6.

Aguilera R F, Aguilera R. 2004. A triple porosity model for petrophysical analysis of naturally fractured reservoirs. Petrophysics, 45(2): 157-166.

Anderson R Y, Dean W E. 1988. Lacustrine varve formation through time. Palaeogeography, Palaeoclimatology, Palaeoecology, 62(1): 215-235.

Athy L F. 1930. Density, porosity, and compaction of sedimentary rocks. American Association of Petroleum Geologists Bulletin, 14: 1-24.

Campbell C V. 1967. Lamina, laminaset, bed and bedset. Sedimentology, 8: 7-26.

Catalan. 1992. An experimental study of secondary oil migration. AAPG Bulletin, 76(5): 638-650.

Chalmsrs G R L, Bustin R M. 2008. Lower Cretaceous gas shales of northeastern British Columbia, Part II: Geological controls on gas capacity and regional evaluation of a potential resource. Bulletin of Canadian Petroleum Geology , 56 (1): 22-61.

Charles B, John K, Roberto S, et al. 2006. 页岩气藏的开采. 油田新技术(斯伦贝谢公司): 18-31.

Chen Z, Osadetz K G. 2006. Undiscovered petroleum accumulation mapping using model-based stochastic simulation. Mathematical Geology, 38(1): 1-16.

Curtis J B. 2002. Fractured shale-gas systems. AAPG Bulletin, 86(11): 1921-1938.

Curtis M E, Ambrose R J, Sondergeld C H, et al. 2011. Investigation of the relationship between organic porosity and thermal maturity in the Marcellus Shale. //The North American Unconventional Gas Conference and Exhibition, The Woodlands.

Dan B, SimonH, Jennifer M, et al. 2010. Petrophysical evaluation for enhancing hydraulic stimulation in horizontal shale gas wells//The SPE Annual Technical Conference and Exhibition, Florence.

Daniel M J, Ronald J H, Tim E R, et al. 2008. Unconventional shale-gas systems: The Mississippian Bamett shale of North-Central Texas as one model for thermogenic shale-gas assessment. AAPC Bulletin, 92 (8) : 1164-1180.

Dembicki. 1989. Secondary migration of oil. AAPG Bulletin, 73 (8): 1018-1021.

Diamond W P, Levine J R. 1981. Direct Method Determination of the Gas Content of Coal: Procedures and Results. Washington DC: United State Department of the Interior.

Dicman A, Lev V. 2012. A new petrophysical model for organic shales//SPWLA 53rd Annual Logging Symposium, Cartagena.

Ding J C, Chen X Z, Jiang X D, et al. 2015. Application of AVF inversion on shale gas reservoir TOC prediction. Geophysics, 1: 3461-3465.

Dorigo M. 1992. Optimization, Learning and Natural Algorithms. Milan: Dipartimento di Elettronica, Politecnico di Milano.

Duncan P , Lakings J . 2006. Microseismic monitoring with a surface array//The First EAGE Passive Seismic Workshop-Exploration and Monitoring Applications, Dubai.

EIA. 2011a. Shale gas and the outlook for U. S. natural gas markets and global gas resources. Washington DC: EIA.

EIA. 2011b. Shale gas in the United States: Recent developments and outlook. Washington DC: EIA.

EIA. 2014. Annual Energy Outlook 2014. Washington DC: EIA.

EIA. 2018. Annual Energy Outlook 2018. Washington DC: EIA.

Glaser K S, Miller C K, Johnson G M, et al. 2014. Seeking the sweet spot reservoir and completion quality in organic shales. Oilfield Review, 25 (4): 16-29.

Griffiths C M, Dyt C, Paraschivoiu E, et al. 2001. Sedsim in Hydrocarbon Exploration// Katsube T J, Issler D R. Pore-size Distributions of Shales from the Beaufort-Mackenzie Basin, northern Canada. Ottawa, Ontario: Geological Survey of Canada.

Guo Z, Li X, Chapman M. 2012. A shale rock physics model and its application in the prediction of brittleness index, mineralogy, and porosity of the Barnett Shale//The 2012. SEG Annual Meeting, Las Uegas.

Hammes U, Hamlin H S, Thomas E E, et al. 2011. Geologic analysis of the Upper Jurassic Haynesville Shale in east Texas and west Louisiana AAPG Bulletin. 10: 1643-1666.

Harris K T, 2009. Geopolitics of Oil. New York: Nova Science Publishers, Inc.

Hickey J, Henk F. 2006. Barnett Shale, Fort Worth Basin: Lithofacies and implications (abs.)//AAPG Southwest Section Meeting, Short Course, Midland.

Hill D C, Lombardite T E, Martin J P. 2002. Fractured gas shale potential in New York//Annual Conference-Ontario Pertroleum Institute 2002, London.

Hill D G, Lombardi T E, Martin J P. 2004. Fractured shale gas potential in New York. Northeastern Geology and Environmental Sciences, 26(1/2): 57-78.

Huang X, Dyt C, Griffiths C, et al. 2012. Numerical forward modelling of ‘fluxoturbidite’ flume experiments using Sedsim. Marine and Petroleum Geology, 35: 190-200.

Hubbert. 1953. Entrpment of petroleum under hygrodynamic conditions . Bulletin of the American Association of Petroleum Geologists, 37 (8): 1954-2026.

Ingemar W, Robert N, Goldber G. 2001. Standards in isothermal microcalorimetry. Pure and Applied Chemistry, 73 (10) : 1625-1639.

Jarvie D M, Hill R J, Pollastro R M. 2004. Assessment of the gas potential and yields from shales: The Barnett

Shale model//Cardott B J. Unconventional Energy Resources in the Southern Midcontinent, Symposium. Oklahoma Geological Survey Circular 110: 37- 50.

Jarvie D M, Jarvie B M, Weldon D, et al. 2012. Components and processes impacting production success from unconventional shale resource systems//10th Middle East Geosciences Conference and Exhibition, Manama.

Jarvie D M. 2004. Evaluation of hydrocarbon generation and storage in Barnett shale, Fort Worth Basin, Texas. Austin: The University of Texas at Austin.

Jones G D, Xiao Y. 2005. Dolomitization, anhydrite cementation, and porosity evolution in a reflux system: Insights from reactive transport models. AAPG Bulletin, 89(5): 577-601.

King G R, 华桦. 1994. 关于有限水侵的煤层和泥盆系页岩气藏的物质平衡方法, 天然气勘探与开发, 1: 64-72.

Ko L T, Loucks R G, Zhang T, et al. 2016. Pore and pore network evolution of Upper Cretaceous Boquillas (Eagle Ford-equivalent) mudrocks: Results from gold tube pyrolysis experiments. AAPG Bulletin, 100(11): 1693-1722.

Kondo S, Islukawa T, Abe l. 2001. Adsorption Science. Beijing: Chemical Industry Press.

Kuuskraa V A, Scott H S. 2009. Worldwide gas shales and unconvintional gas: A status report. Arlington: Advanced Researces International Inc.

Kuuskraa V A. 2013. EIA/ARI world shale gas and shale oil resource assessment. Arlington: Advanced Resources International, Inc.

Lambert A M, Kelts K R, Marshall N F. 1976. Measurements of density underflows from Walensee, Switzerland. Sedimentology, 23: 87-105.

Lei Y, Luo X, Wang X, et al. 2015. Characteristics of silty laminae in Zhangjiatan Shale of southeastern Ordos Basin, China: Implications for shale gas formation. AAPG Bulletin, 99(4): 661-687.

Liu K Y, Eadington P. 2003. A new method for identifying secondary oil migration pathways. Journal of Geochemical Exploration, 78-79: 389-394.

Liu K Y., Pang X Q, Jiang Z X, et al. 2006. Quantitative estimate of residual or palaeo-oil column height. Journal of Geochemical Exploration, 89: 239-242.

Liu Z, Sun S, Sun Y, et al. 2013. Formation evaluation and rock physics analysis for shale gas reservoir: A case study from China south. EAGE Annual Meeting Expanded Abstracts.

Löhr S C, Baruch E T, Hall P A, et al. 2015. Is organic pore development in gas shales influenced by the primary porosity and structure of thermally immature organic matter? Organic Geochemistry, 87: 119-132.

Loucks R G, Reed R M, Ruppel S C, et al. 2009. Morphology, genesis, and distribution of nanometer-scale pores in siliceous mudstones of the Mississippian Barnett shale. Joumal of Sedimentary Research, 79: 848-861.

Loucks R G, Reed R M, Ruppel S C, et al. 2012. Spectrum of pore types and networks in mudrocks and a descriptive classification for matrix-related mudrock pores. AAPG Bulletin, 96(6): 1071-1098.

Macquaker J H, Keller M A, Davies S J. 2010. Algal blooms and "marine snow": Mechanisms that enhance preservation of organic carbon in ancient fine-grained sediments. Journal of Sedimentary Research, 80: 934-942.

Macquaker J H, Taylor K G, Keller M A, et al. 2014. Compositional controls on early diagenetic pathways in fine-grained sedimentary rocks: Implications for predicting unconventional reservoir attributes of mudstones. AAPG Bulletin, 98(3): 587-603.

Marita G, Wensaas L, Collins P. 2013. Methods for seismic sweet spot identification, characterization and prediction in shale plays. The SPE/AAPG/SEG Unconventional Resources Technology Conference, Denver.

Mavor M J, Dhir R, Mclennan J D, et al. 1991. Evaluation of the hydraulic fracture stimulation of the Colorado 32-7 No. 9 Well, San Juan Basin. Cheminform, 28(16): 1079-1082.

Mclane M, Gouveia J, Citron G P, et al. 2008. Responsible reporting of uncertain petroleum reserves. AAPG Bulletin, 92(10): 1431-1452.

Merriam D F, Davis J C. 2001. Geologic modeling and simulation: Sedimentary systems. Teaching Sociology, 2(2): 77-97.

Modica C J, Lapierre S G. 2012. Estimation of kerogen porosity in source rocks as a function of thermal transformation: Example from the Mowry Shale in the Powder River Basin of Wyoming. AAPG Bulletin, 96(1): 87-108.

Montgomery S L, Jarvie D M, Bowker K A, et al. 2005. Mississippian Barnett Shale, Fort Worth Basin, northcentral Texas: Gas-shale play with multi-trillion cubic foot potential. AAPG Bulletin, 89 (2) : 155-175.

Nelson R A. 2011. Comparison of Data Sources to Constrain Fracture Intensity in Static Fracture Models. GCAGS Transactions: 309-316.

O'brien N R. 1989. The origin of lamination in middle and upper Devonian black shales, New York state. Northeastern Geology, 11: 159-165.

Ogiesoba O C, Klokov A. 2017. Examples of seismic diffraction imaging from the Austin Chalk and Eagle Ford Shale, Maverick Basin, South Texas. Journal of Petroleum Science and Engineering, 157: 248-263.

Passey O R, Creaney S, Kulla J B, et al. 1990. A practical model for organic richness from porosity and resistivity logs. AAPG Bulletin, 74: 1777-1794.

Picard M D. 1971. Petrographic criteria for recognition of lacustrine and fluvial sandstone, P. R. Spring oil-impregnated sandstone area, southeast Uinta Basin, Utah. Salt Lake City: Utah Geological and Mineralogical Survey.

Pilcher R S, Kilsdonk B, Trude J. 2011. Primary basins and their boundaries in the deep-water northern Gulf of Mexico: Origin, trap types, and petroleum system implications. AAPG Bulletin, 95(2): 219-240.

Piper D J. 1972. Turbidite origin of some laminated mudstones. Geological Magazine, 109: 115-126.

Princel C M , Steele D D, Devier C A. 2009. Permeability estimation in tight gas sands and shales using NMR: A new interpretive methodology//AAPG International Conference and Exhibition, Rio de Janeiro, 12: 15-18.

Purcell W R. 1949. Capillary pressures-their measurement using mercury and the calculation of permeability therefrom. Journal of Petroleum Technology, 1(2): 39-48.

Rickman R, Mullen M, Petre E, et al. 2008. A Practical use of shale petrophysics for stimulation design optimization: A11 shale plays are not clones of the Barnett shale//The SPE Annual Technical Conference and Exhibition, Denver.

Rogner H H. 1997. An assessment of world hydrocarbon resources. Annual Review of Energy and the Environment, 22(1): 217-262.

Ross D J K, Mare B R. 2009. The importance of shale composition and pore structure upon gas storage potential of shale gas reservoirs. Marine and Petroleum Geology, 26 (6) : 916-927.

Roxana Varga, Roberto Lotti, Alex Pachos, et al. 2012. Seismic inversion in the Barnett Shale successfully pinpoints sweet spots to optimize well-bore placement and reduce drilling risks. Seg Technical Program Expanded Abstracts, 4609.

Ruger A. 1997. P-wave reflection coefficients for transversely isotropic models with vertical and horizontal axis of symmetry. Geophysics, 62(3): 13-722.

Schieber J. 2010. Common themes in the formation and preservation of intrinsic porosity in shales and mudstones-illustrated with examples across the Phanerozoic // The SPE Unconventional Gas Conference, Pittsburgh.

Schieber J, Southard J, Thaisen K. 2007. Accretion of mudstone beds from migrating floccule ripples. Science, 318(5857): 1760-1763.

Schieber J, Lazar R, Bohacs K, et al. 2016. An SEM study of porosity in the Eagle Ford Shale of Texas: Pore types and porosity distribution in a depositional and sequence-stratigraphic context. Marine & Petroleum Geology, 110: 167-186.

Standing M B, Katz D L. 1941. Density of natural gases. Transations AIME: 140-149.

Storck S, Bretinger H, Wilhelm M. 1998. Characterization of micro-and mesoporous solids by physisorption methods and pore-size analysis. Applied Catalysis A: General, 174(1-2): 37-146.

Thomsen L. 1986. Weak elastic anisotropy. Geophysics, 51 (10): 1954-1966.

Tinnin B, Mcchesney M D, Bello H. 2015. Multi-source data integration: Eagle Ford shale sweet spot mapping//The SEG Unconventional Resources Technology Conference, San Antonio.

Wang Y, Liu L, Zheng S, et al. 2019. Full-scale pore structure and its controlling factors of the Wufeng-Longmaxi shale, southern Sichuan Basin, China: Implications for pore evolution of highly overmature marine shale. Journal of Natural Gas Science and Engineering, 67: 134-146.

Wright R F, Larssen T, Camarero L, et al. 2005. Recovery of acidified European surface waters. Environmental Science & Technology, 39(3): 64-72.

Yawar Z, Schieber J. 2017. On the origin of silt laminae in laminated shales. Sedimentary Geology, 360: 22-34.

Yu Y J, Zou C N, Dong D Z, et al. 2014. Geological conditions and prospect forecast of shale gas formation in Qiangtang Basin, Qinghai-Tibet Plateau. Acta Geologica Sinica (English Edition), 88(2): 598-619.